"双高建设"新型一体化教材

水污染治理技术

Water Pollution Treatment Technology

主　编　李然　彭怡
副主编　潘洁　江熙　王琳　徐静

北　京
冶金工业出版社
2024

内容提要

本书共分8个教学项目，主要内容包括水污染治理技术概述，污水的预处理、一级处理、二级处理、三级处理，污泥处理与处置，常见污水处理工艺，污水处理厂设计与运营。本书内容理论与实践紧密结合，通过典型技能和任务驱动教学，调动学生积极性，满足高等职业教育人才培养要求。

本书可作为职业院校环境工程技术、给排水工程技术专业教材，也可作为水处理设计、运维相关从业人员的培训教材和参考资料。

图书在版编目(CIP)数据

水污染治理技术/李然，彭怡主编．—北京：冶金工业出版社，2024.6
“双高建设”新型一体化教材
ISBN 978-7-5024-9846-7

Ⅰ.①水…　Ⅱ.①李…　②彭…　Ⅲ.①水污染防治—高等职业教育—教材　Ⅳ.①X52

中国国家版本馆CIP数据核字(2024)第084518号

水污染治理技术

出版发行　冶金工业出版社　　**电　话**　(010)64027926
地　址　北京市东城区嵩祝院北巷39号　　**邮　编**　100009
网　址　www.mip1953.com　　**电子信箱**　service@mip1953.com

责任编辑　杨盈园　刘林烨　美术编辑　彭子赫　版式设计　郑小利
责任校对　王永欣　责任印制　禹　蕊
三河市双峰印刷装订有限公司印刷
2024年6月第1版，2024年6月第1次印刷
787mm×1092mm　1/16；20印张；484千字；310页
定价46.00元

投稿电话　(010)64027932　投稿信箱　tougao@cnmip.com.cn
营销中心电话　(010)64044283
冶金工业出版社天猫旗舰店　yjgycbs.tmall.com
(本书如有印装质量问题，本社营销中心负责退换)

前　言

“水污染治理技术”是高等职业教育环境工程技术、给排水工程技术等专业的专业核心课程之一，也是水处理相关职业资格证的重要证书课程。本书对接专业人才培养目标，面向水处理工艺设计、设施运维、环保咨询、企业污水和市政污水处理及管理等工作岗位，针对市政生活污水、工业（包括但不限于冶金、化工等工业）废水培养学生具备水处理基本理论、污水处理基本信息分析，水污染治理单元操作和单元过程基本原理、设计计算、选型和运行，污水处理厂污泥处理与处置技术，典型污水处理工艺设计计算和调试运行等基本知识和核心技能。通过本书的学习，学生具备水污染源分析、污水处理工艺设计及方案制定、水处理设备选型、水处理工艺优化等基本能力。

本书遵循职业教育教学规律，以促进“三教”改革为目标，通过项目驱动、任务引领进行结构组织，在以市政生活污水处理为主线的基础上，依据高等职业教育人才需求特点，加入冶金、化工典型工业污水处理教学内容；并结合目前水污染治理技术和发展趋势，突出新技术应用和节水降耗的特点，加入了膜处理、高级氧化、UASB 等教学内容，以满足行业发展对人才的需求。

本书的每一个任务都包括“主要理论”“技能”“任务”三个部分，以突出职业教育人才培养规律和特点，教师可根据实际教学实训条件和技能要求，合理选择和参考各项任务，进行任务驱动教学并对学生学习情况进行过程评价。另外，某些教学任务还提供了课程思政点以供任课教师作为课程思政教学设计的参考。

本书通过融媒体的方式，加入针对主要理论和技能的重点、难点教学视频，以满足学生课后线上自主学习的需求。

本书编写人员有：项目 1、项目 5 由李然编写；王琳进行项目 1、项目 2、项目 3、项目 4 任务、技能案例收集整理；项目 2、项目 6 由江熙编写；项目 3 由潘洁编写；项目 4、项目 7、项目 8 由彭怡编写；徐静进行项目 5、项目 6、项目 7、项目 8 任务、技能案例收集整理；陶灵娟、张丁苓负责各任务课程思政点提炼、整理，配套教学课件制作。李然、彭怡、潘洁、江熙进行了教材配套教学视频录制。全书由李然统稿。

本书在编写过程中运用了云南省协同环保工程有限公司等相关企业提供的典型案例，云南省交通规划设计研究院徐大伟进行了项目 8 配套教学视频录制，也采纳了企业、行业专家的宝贵意见和建议，并参考引用了相关文献资料，在此一并表示感谢。

由于编者水平有限，书中不足之处，望读者批评指正。

编　者

2023 年 8 月

目　录

项目1 水污染治理技术概述

全球水资源配比情况，如图 1-1 所示，地球的总水量约为 14 亿立方千米，其中 97. 5%以上为海洋水，地球淡水仅占总量的 2. 5%左右，约为 0. 35 亿立方千米，不到全球总水量的 3%，其中地表水占 1. 73%、地下水占 0. 77%。淡水中的 3/4 在南北极的冰帽和冰川中，目前极少被利用；而能供人类直接利用而且易于取得的淡水资源为 400 万立方千米左右，仅占地球总水量的 0. 28%。

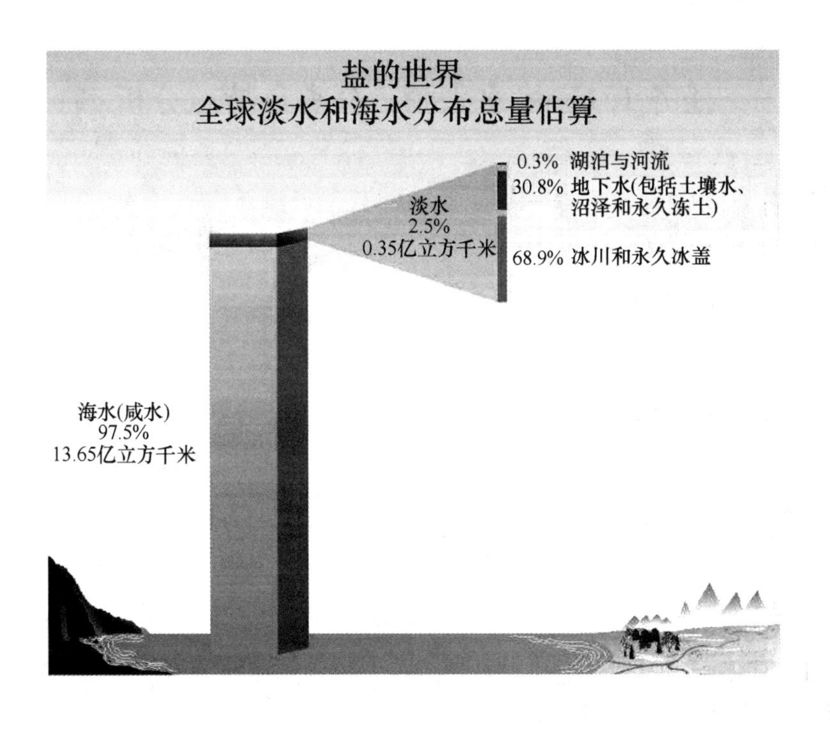

图 1-1 全球水资源配比情况

我国江河平均年径流量为 2. 8 亿立方千米，仅次于巴西、俄罗斯、加拿大、美国、印度尼西亚，居世界第 6 位。但是，人均径流量只有世界人均径流量的 1/4，每亩耕地水量也只有世界平均值的 2/3。世界 7 个水资源丰富国家比较，如图 1-2 所示。

随着经济的迅速发展，用水量日益增加，而水资源由于受到工业废水和生活污水的污染，水质日益恶化。许多水资源不能满足水体功能要求，一些地方呈现出水质型缺水的特点。因此，正确认识中国水资源的特点，合理开发利用，防止水污染，保护水资源是刻不容缓的任务。

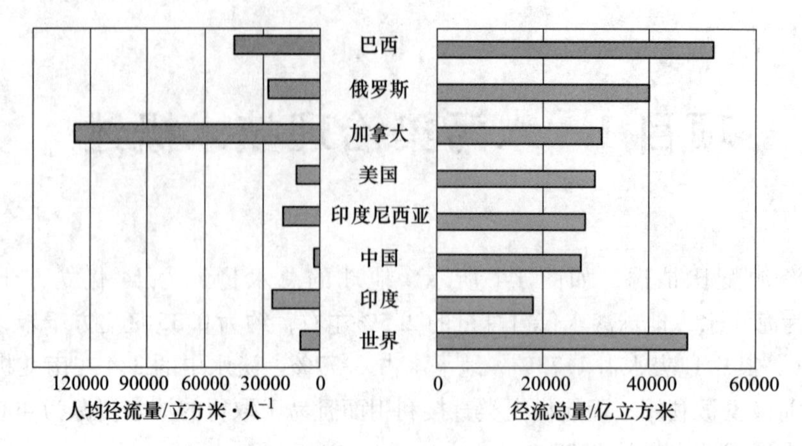

图1-2　世界7个水资源丰富国家比较

任务1.1　污水来源、分类及特点分析

【知识目标】

（1）了解课程所要解决的任务。
（2）掌握水污染的来源及特点。

【技能目标】

能进行水污染源调查及分析。

【素养目标】

养成节约用水、保护水环境的基本素质。

1.1.1　主要理论

1.1.1.1　水循环

水循环分为自然循环和社会循环两种。

A　水的自然循环

地球上的水通过运动和相变从地球一个圈层转向另一个圈层，或从一种空间转向另一种空间。水循环是一个复杂过程，如图1-3所示，海陆表面的水分因太阳辐射而蒸发进入大气。在适宜条件下水汽凝结形成降雨，其中大部分直接降落在海洋中，形成水分在海洋与大气间的内循环；另一部分水汽被输送到陆地上空，以雨的形式降落到地面，出现三种情况：一是通过蒸发和蒸腾返回大气；二是渗入地下形成土壤水和潜水，形成地表径流最终注入海洋，后者即水分的海陆循环；三是内陆径流不能注入海洋，水分通过河面和内陆湖面蒸发再次进入大气圈。

水的自然循环使各种自然地理过程得以延续，也使人类赖以生存的水资源不断得到更新从而永续利用。因此，水无论对自然界还是对人类社会都具有非同寻常的意义。

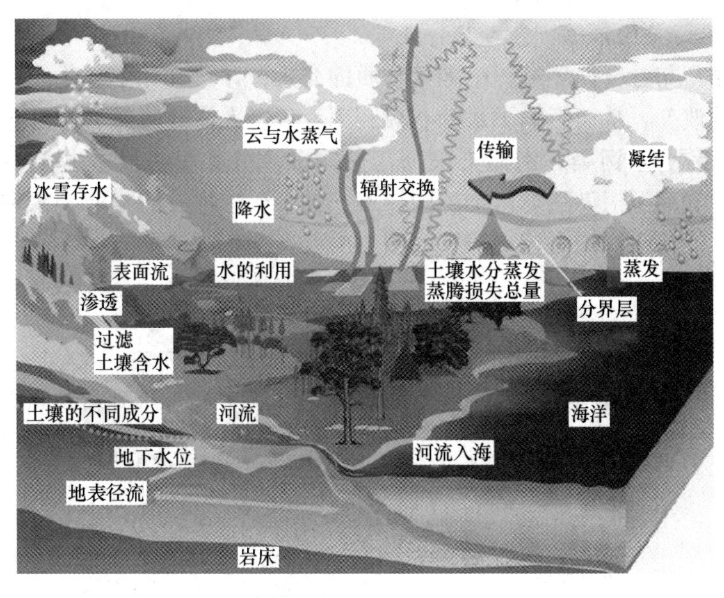

图 1-3　水的自然循环

B　水的社会循环

有了人类社会以来，除了自然循环外，也形成了水的社会循环。水的社会循环是指人类为了满足生活和生产的需求，不断取用天然水体中的水，经过使用，一部分天然水被消耗，但绝大部分变成生活污水和生产废水排放，重新进入天然水体。

与水的自然循环不同，在水的社会循环中，水的性质在不断地发生变化。例如，在人类的生活用水中，只有很少一部分是作为饮用或食物加工以满足生命对水的需求，其余大部分水是用于卫生目的，如洗涤、冲厕等，这部分水经过使用会挟入大量污染物质。工业生产用水量很大，除了用一部分水作为工业原料外，大部分是用于冷却、洗涤或其他目的，使用后水质也发生显著变化，其污染程度随工业性质、用水性质及方式等因素而变。在农业生产中，化肥、农药使用量的日益增加使得降雨后的农田径流会挟带大量化学物质流入地面或地下水体。

如图 1-4 所示，在水的社会循环中，生活污水和工农业生产废水的排放，既是形成自然界水污染的主要根源，也是水污染防治的主要对象。

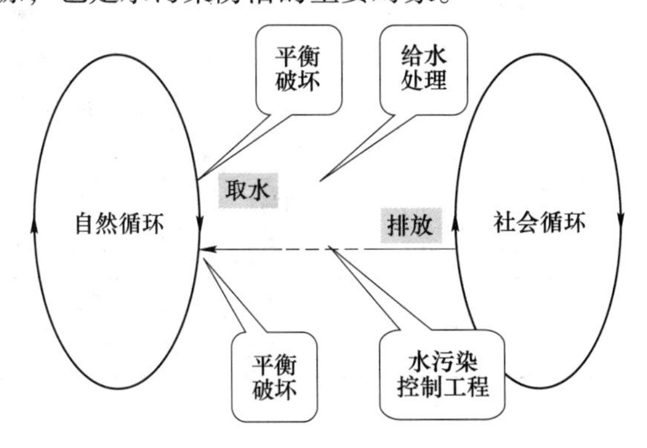

图 1-4　水的社会循环对自然循环的影响

1.1.1.2　水污染的来源、分类及特点

水在自然循环与社会循环过程中因某物质的介入，导致其化学、物理、生物或者放射性等方面特性的改变，从而影响了水的有效利用，危害人体健康或者破坏生态环境，造成水质恶化的现象称为水污染。水污染根据污染物来源分类很多，本书主要讲述工业污染源、生活污染源和面源污染三类污染源的特点，其中合法排放的工业废水和有统一污水收集处理系统的生活污水属于点污染源，如图1-5所示。

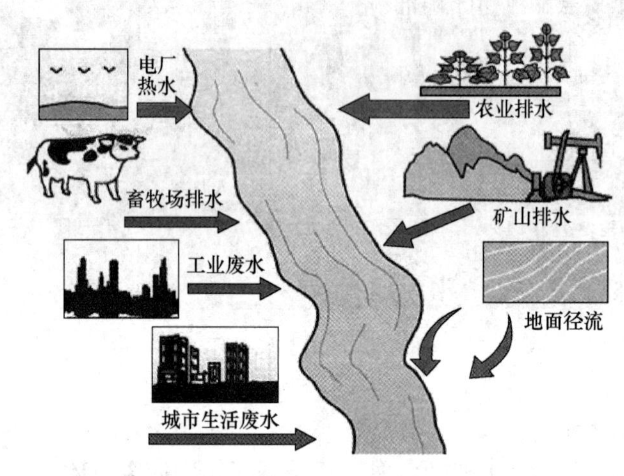

图1-5　水污染来源

A　工业污染源

工业污染源是工业生产中的一些环节，如原料生产、加工过程、加热或冷却过程等所用的设备、装置和场所排出含有不同污染物的废水，通过各种输送方式进入水体。除由降水径流引起的污染发生源外，合法的工业污水排放属于点污染源。不同工业、不同产品、不同工艺过程及不同原材料等排出的废水水质、水量差异很大，因此，工业废水具有面广、量大、成分复杂、毒性大、不易净化、难处理的特点。

表1-1列出了主要工业污水及其来源。

表1-1　主要工业污水及其来源

污水种类	污水的主要来源
重金属污水	采矿、冶炼、金属处理、电镀、电池、特种玻璃及化工生产等
放射性污水	铀、钍、镭矿的开采加工，医院及同位素实验室
含铬污水	采矿、冶炼、电镀、制革、颜料、催化剂等工业
含氰污水	电镀、金银提取、选矿、煤气洗涤、核电站、焦化、金属清洗
含油污水	炼油、机械厂、选矿厂及食品厂
含酚污水	焦化、炼油、化工、煤气、染料、木材防腐、合成树脂等
有机污水	化工、酿造、食品、造纸等
含砷污水	制药、农药、化工、化肥、采矿、冶炼、涂料、玻璃等

B　生活污染源

生活污染源是指人类消费活动产生的污水，城市和人口密集的居住区是主要的生活污

染源，水的生活污染源来自居住建筑（住宅、工房）、公共建筑（旅社、学校、医院、饭店、菜场、浴室、公厕等）、事业单位的某些建筑（如机关、研究部门等）以及工厂中生活、办公用房等排出的污水。城市内除雨水和工业废水外的各种污水都是生活污染源。生活污水一般不含有毒物质，但含有大量的有机物（占 70%）、病原菌、寄生虫卵等，排入水体或渗入地下将造成严重污染。生活污水的水质成分呈较规律的变化，用水量则呈较规律的季节变化，随着城市人口的增长及饮食结构的改变，其用水量不断增加，水质成分有所变化。

与工业废水排放逐年降低相反，我国的生活污水排放量呈逐年上升趋势。

C　面源污染

面源污染（Diffused Pollution，DP），也称非点源污染（Non-point Sourse Pollution，NSP），是指溶解和固体的污染物从非特定地点，在降水或融雪的冲刷作用下，通过径流过程而汇入受纳水体（包括河流、湖泊、水库和海湾等）并引起有机污染、水体富营养化或有毒有害等其他形式的污染。根据面源污染发生区域和过程的特点，一般将其分为城市和农业的面源污染两大类。

自 20 世纪 60 年代以来，虽然点源污染逐步得到了控制，但是水体的质量并未因此而有所改善，人们逐渐意识到农业面源污染在水体富营养化中所起的作用。农业面源污染是面源污染的最主要组成部分。

面源污染具有广域、分散、微量等特点。微量是指污染物浓度通常较点源污染低，但污染物的总负荷非常巨大；广域和分散是指面源污染地理边界和发生位置难以识别和确定，随机性强、成因复杂、潜伏周期长、涉及范围广、控制难度大。

1.1.2　技能

以查阅资料法、实地考察法为主，对区域（包括校园、村庄、小区等）及熟悉的企业进行水污染源调查分析，说明污染源的类型、特点、主要污染物种类和去向等要素。

1.1.3　任务

进行校园水污染源调查，说明主要污染源的类型、特点、主要污染物及去向，见表 1-2。

表 1-2　校园水污染源调查

名称	类型	特点	主要污染物	去向	调查方法
生活污水	点源	排放量与学校工作、学习时间有关	油类、有机物、洗涤剂	学校再生水站	实地考察、查阅资料

课程思政点：

（1）水污染现状及国家水生态环境的日益改善，分析滇池的污染及近年来滇池水生态系统改善情况，强调“生态文明建设”和“绿色”新发展理念，引入“五位一体”总体布局和“新发展理念”思政内容。

（2）以水污染来源中的农村面源污染为切入点，结合新农村环境综合整治，引入国家乡村振兴战略。

（3）以水污染危害为切入点，引入“建设美丽中国”“打好污染预防攻坚战”思政内容。

任务1.2 污水水质指标认识

【知识目标】

掌握相关污水水质指标及其意义。

【技能目标】

（1）能对特定水样进行感官性指标观察或利用快速分析仪器对简单的水质指标进行测定。

（2）具备污废水基本特性辨析的能力。

【素养目标】

具备前续知识的迁移与应用及自学能力。

1.2.1 主要理论

污水水质指标

污水含有的污染物千差万别，可用分析和检测的方法对污水中的污染物质作出定性、定量的检测以反映污水的水质。国家对水质的分析和检测制定有许多标准，其指标可以分为物理、化学、生物三类。

有些指标用某一物理参数或某一物质的浓度来表示，是单项指标，如温度、pH值、溶解氧等；而有些指标则是根据某一类物质的共同特性来表明在多种因素的作用下所形成的水质状况，称为综合指标，比如生化耗氧量表示水中能被生物降解的有机物的污染状况，总硬度表示水中含钙、镁等无机盐类的多少。

1.2.1.1 物理性指标

A 感官性指标

（1）温度。许多工业废水排出温度较高，排入水体使水体温度升高，引起水体热污染。水温升高影响水生生物的生存和对水资源的利用。氧气在水中的溶解度随温度升高而减少，一方面水中溶解氧减少，另一方面水温升高加速耗氧反应，最终使水体缺氧或水质恶化。

（2）色度。一般纯净的天然水清澈透明，即无色。但带有金属化合物或有机化合物等有色污染物的污水呈现各种颜色。生活污水一般呈灰色，但若污水中溶解氧过低，污水中有机物厌氧腐烂，则呈黑色。电镀废水一般呈绿色、蓝色或橘黄色，印染废水呈红色、黄色和蓝色，乳制品生产废水呈白浊状。了解工业废水的排放类型和色度，有利于污水厂的操作和运行。

（3）嗅和味。可定性反映某种污染物的多少，天然水无嗅无味，当水体受到污染会产生异样气味。水的异臭来源于还原性硫和氮的化合物、挥发性有机物和氯气等污染物质。

（4）浊度。浊度是反映水中低浓度悬浮颗粒和胶体数量的指标，一般用浊度仪测定，单位为 NTU。由于色度会影响浊度，因此浊度不能直接反映水中悬浮物颗粒的浓度。

B　固体物质

水中所有残渣的总和称为总固体（TS），总固体包括溶解物质（DS）和悬浮固体物质（SS）。水样经过滤后，滤液蒸干所得固体即为溶解性固体（DS），滤渣脱水烘干后即是悬浮固体（SS）。固体残渣根据挥发性能可分为挥发性固体（VS）和固定性固体（FS）。将固体在 600 ℃的温度下灼烧，挥发掉的量即是 VS，灼烧残渣即是 FS。溶解性固体表示盐类的含量，悬浮固体表示水中不溶解的固态物质的量，挥发性固体反映固体中有机成分的量。

水体含盐量多将影响生物细胞的渗透压和生物的正常生长。悬浮固体将可能造成水道淤塞。挥发性固体是水体有机污染的重要来源，如图 1-6 所示。

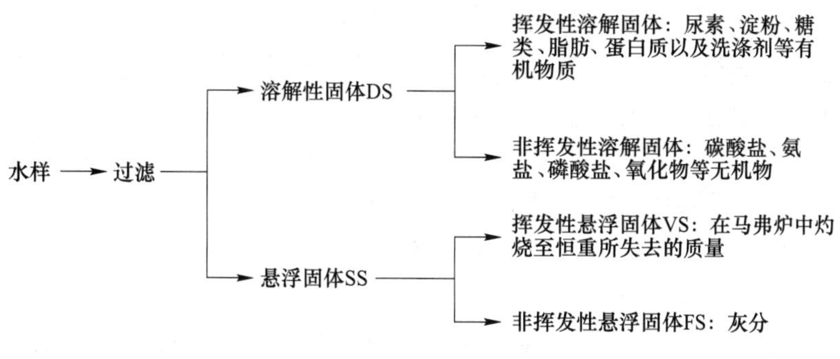

图 1-6　水体中的固体物质

1.2.1.2　化学性指标

A　无机污染物指标

（1）pH 值。一般要求污水处理后的 pH 值在 6~9 之间。当天然水体遭受酸碱污染时，pH 值发生变化，抑制水体中生物的生长，妨碍水体自净，还腐蚀船舶。若天然水体长期遭受酸碱污染，将使水质逐渐酸化或碱化，对正常生态系统造成影响。

（2）碱度。碱度是污水中和酸能力的表征，以每升污水中含有的碳酸钙质量为计量单位，也称为碳酸盐碱度。

（3）植物性营养元素。污水中的 N、P 为植物营养元素，从农作物生长角度看，植物营养元素是宝贵的物质，但过多的氮、磷进入天然水体易导致富营养化，导致水体植物尤其是藻类的大量繁殖，造成水中溶解氧的急剧变化，影响鱼类生存，并可能使某些湖泊由贫营养湖发展为沼泽和干地。

含氮化合物：污水中氮以有机氮、氨氮（包括铵离子和游离氨）、硝态氮（包括硝酸盐氮和亚硝酸盐氮）形式存在，所有存在形式的氮之和称为总氮。

含磷化合物：磷也是有机物中的一种主要元素，是仅次于氮的微生物生长的重要元素，主要来自于人体排泄物以及合成洗涤剂、牲畜饲养及含磷工业废水。磷在废水中主要以正磷酸盐、聚磷酸盐、有机磷等多种形式存在，通常以总磷表示水中各种形式存在的磷的含量。

（4）电导率。电导率反映水的导电性能，生活污水一般在50~1500 μS/cm，有的工业废水可高达10000 μS/cm以上。电导率反映水中溶解性无机离子的数量，废水来源不同，电导率也有差异。

（5）重金属。在环境中存在着各种各样的重金属污染源，重金属离子在水体中浓度达到0.01~10 mg/L，即可产生毒性效应；而一些重金属离子在微生物的作用下，会转化为毒性更大的金属有机化合物；水生生物从水体中摄取重金属后在体内积累，并经食物链进入人体，甚至还会通过遗传或母乳传给婴儿；重金属进入人体后，能在体内某些器官中积累，造成慢性中毒，有时10~30年才显露出来。

B　有机污染物指标

（1）溶解氧（DO）。溶解在水中的分子态氧称溶解氧，通常记作DO，用mg/L表示，是衡量水体自净能力的重要指标，也是污水处理系统中的重要指标之一。天然水的溶解氧取决于水体与大气中氧的平衡。清洁地表水溶解氧接近饱和。由于藻类的生长，溶解氧可能过饱和。水体受有机、无机还原性物质污染时溶解氧降低。当大气中的氧来不及补充时，水中溶解氧逐渐降低以至于趋于零，此时厌氧菌繁殖，水质恶化，导致鱼虾死亡。因此，污水处理系统中溶解氧的含量也决定了优势菌种的种类。

（2）生化需氧量（BOD）。水体中所含的有机物成分复杂，利用水中有机物在一定条件下被微生物分解所消耗的溶解氧量来间接表示水体中有机物的量称为生化需氧量，单位为mg/L。有机物生化耗氧过程与温度、时间等因素有关，一般有机物彻底氧化需要20 d，通常把20 ℃、5 d测定的需氧量作为衡量污水的有机物浓度指标，即BOD_5。

（3）化学需氧量（COD）。化学需氧量是指在强酸性加热条件下，用重铬酸钾作氧化剂处理水样时所消耗氧化剂的量，并以其等效的氧的量来表示，即COD_{Cr}(mg/L)。化学需氧量反映了水中受还原性物质污染的程度，水中还原性物质包括有机物、亚硝酸盐、亚铁盐、硫化物等。如采用高锰酸钾作为氧化剂，则写作COD_{Mn}。与BOD_5相比，COD_{Cr}能够在较短的时间内（3~4 h）较精确地测出污水中耗氧物质的含量，不受水质限制。它的缺点是不能表示被微生物氧化的有机物量及污水中的还原性无机物消耗的部分氧，有一定误差。

如果污水中各种成分相对稳定，那么COD与BOD之间应有一定的比例关系。一般地，$COD>BOD_{20}>BOD_5>COD_{Mn}$。其中，$BOD_5/COD$比值（简称B/C）可作为污水是否适宜生化法处理的一个衡量指标。一般情况下，B/C大于0.3的污水才适于生化处理。

1.2.1.3　生物性指标

A　细菌总数

水中细菌总数反映了水体有机污染物程度和受细菌污染的程度，常以“细菌个数/mL”计。如：饮用水小于100个/mL，医院排水小于500个/mL。细菌总数不能说明污染的来源，必须结合大肠菌群数来判断水体污染的来源和安全程度。

B　大肠菌群

水是传播肠道疾病的重要媒介，病原菌是导致患病的细菌。一般通过检测特定的指示菌来反映污水中病原菌的数量。而大肠菌群被视为最基本的粪便污染指示菌群，一般包括总大肠杆菌、粪大肠杆菌、大肠埃希氏菌等。大肠菌群自身不是病原菌，但比病原菌数量多，更耐消毒，易于计数，因此将其作为水质监测的指示菌。

除以上常见指标外，污水水质指标还包括总砷、放射性、挥发酚、氟化物、余氯等，这些指标根据不同需求构成衡量污水排放、利用的相关标准，见表 1-3。

表 1-3　水质标准中主要指标浓度值　（mg/L）

主要指标		COD_{Cr}	BOD_5	SS	NH_3-N	TP
一般污水		250~300	100~150	150~200	30（TKN=40）	4~5
国家排放标准 GB 18918	一 A	50	10	10	5（8）	1
	一 B	60	20	20	8（15）	1.5
	二级	100	30	30	25（30）	3
	三级	120	60	50	—	5
中水回用（冲厕）		—	10	5	10	—
地表水	Ⅰ类	小于 15	小于 3	无漂浮沉积物	0.5	0.02
	Ⅱ类	小于 15	3		0.5	0.1（0.25）
	Ⅲ类	15	4		1	0.1（0.05）
	Ⅳ类	20	6		2	0.2
	Ⅴ类	25	10		2	0.2
一般景观用水		COD_{Mn}	8	透明度大于 0.5 m	0.5	0.05
生活饮用水		感官性状与一般化学指标，毒理学指标，细菌学指标，反射性指标				

1.2.2　技能

能初步根据污水来源辨析污水主要污染指标，根据感官性指标初步判断污水性质。并且根据污水各指标特征数据对污水特性进行分析。例如：

（1）污水夏季温度会高于冬季，当有工业废水排入污水收集系统时，水温在短时间内会明显上升。

（2）当生活污水 DO 接近于零时，污水中有机物厌氧腐化，生活污水由正常的灰色呈现为黑色，并产生有臭鸡蛋气味的硫化氢气体。

（3）生活污水正常 pH 值在 6~9 范围，若偏高或偏低，说明有工业废水进入生活污水收集系统。

（4）根据工业性质不同工业废水呈现出不同颜色；若生活污水呈现出灰色或黑色之外的其他颜色，说明有工业废水混入。此外，生活污水混入某些工业废水，例如苯类、酚类物质，污水臭味也会发生变化。

（5）生活污水 B/C 比一般为 0.5 左右，城市污水 COD 一般为 200~600 mg/L，并会随着处理过程变化而变化，正常运行的污水处理厂二级出水 B/C 一般为 0.1 左右。

1.2.3 任务

根据任务 1.2 中水污染源调查内容，或由任课教师提供某些典型污废水水样，学生进行水样感官性指标观察，选择快速测定仪器对浊度、pH 值进行测定，并进行简单的污水特性描述，见表 1-4。

表 1-4 水样特性描述

序号	水样名称	颜色	气味	水温	pH 值	浊度	水样特性初步描述
1							
2							
3							
⋮							

课程思政点：

以环境标准的法律属性为切入点，强调环境标准在课程中的重要性，通过典型案例，例如污水偷排等违法案例，结合中国特色社会主义法治道路等思政元素学习思考。

任务 1.3 污水处理相关标准应用

【知识目标】

（1）掌握水体自净过程和水环境容量概念及在水污染治理中的意义。

（2）掌握水污染控制标准、相关水环境标准。

【技能目标】

具有查阅相关法规、标准的能力。

【素养目标】

养成遵循规范标准、实事求是的职业意识。

1.3.1 主要理论

1.3.1.1 水体自净和水环境容量

A 水体自净

污染物随污水排入水体后，经过物理、化学与生物化学的作用，使污染物浓度降低或总量减少，受污染的水体部分地或完全地恢复原状，这种现象称为水体自净作用。按照净化机理可分为物理净化、化学净化和生物化学净化三类。

a 物理净化

进入水体中的污染物通过混合与稀释、沉淀、挥发等作用使污染物浓度降低，称为物理净化作用。污水排入水体后，在流动的过程中，逐渐和水体相混合，污水被水体稀释，浓度降低，但总量不减。污水污染物中的可沉降物质，部分会沉于水底；可挥发性物质部分会挥发至空气中。这两种作用都可使水体中污染物的浓度降低，但易对环境造成二次污染。

水体物理净化作用取决于以下 3 个方面：

（1）水体的流动状况。水体对污染物的迁移和稀释作用是由水体的平流运动、离散和扩散因素所决定的，一般来说，水体流动越快，湍流越急，污染物在水体中就混合得越快、越均匀，扩散得也就越远。例如，在奔腾的江河中，稀释、扩散就很快，而在滞流的湖泊、水库中扩散得就慢。

（2）水体径流量与废水排放量比。水体径流量与废水排放量比即稀释比，如果废水排放量越小，水体径流量越大，即稀释比越大，则污染物在水体中充分混合，稀释后，浓度越低。

（3）污染物及水体的理化性质。污染物本身的理化性质对其在水体中的稀释、扩散有一定的影响，如有的污染物密度较大，很容易沉淀，在水体中稀释、扩散程度比较差，大部分沉淀在排放口周围的底泥中。有些污染物质很容易与水中某些物质反应生成沉淀物，也很难在水体中稀释、扩散。同样，水体本身的性质也会给污染物在水体中的稀释、扩散带来一定的影响，如水体的酸碱度将影响到污染物是否在水中发生中和反应而生成沉淀物质，水中的悬浮物能吸附某些污染物而沉淀到底泥中，悬浮物含量越多，易被悬浮物吸附的污染物扩散就越慢。

另外，污染物在水中的稀释扩散作用还与排污口位置及排放形式有关，排污口位于水体湍流最强的地方或采用一些特殊的排放形式，将会使污染物在水体中稀释扩散得更快，这是污水排江排水处置技术中很关键的一环。

b　化学净化

水体中的污染物通过氧化还原、酸碱反应、分解合成、吸附凝聚等过程，使存在形态发生变化及浓度降低。

（1）氧化还原：水体化学净化的主要作用。

（2）酸碱反应：水体中存在的地表矿物质以及游离二氧化碳、碳酸盐等，对排入的酸、碱有一定的缓冲能力，使水体的 pH 值维持稳定。

（3）吸附与凝聚：胶体微粒的存在，使之产生吸附、混凝和凝聚过程。

c　生物化学作用

水体的生物净化作用是指水中污染物由于水生生物，特别是微生物的生命活动，使其形态发生变化及浓度降低的过程。图 1-7 为水体中氮的生物自净过程。

B　水环境容量

水体的自净作用说明了自然环境中存在着对污染物质具有一定的消纳能力，这种容纳能力称为水环境容量。

水环境容量是指在不影响水的正常用途的情况下，水体所能容纳的污染物的量或自身调节净化并保持生态平衡的能力。水环境容量是制定地方性、专业性水域排放标准的依据之一，环境管理部门利用它确定在固定水域能够允许排入多少污染物。其容量的大小与下列因素有关：

（1）水体特征。水体的各种水文参数（河宽、河深、流量、流速等），背景参数（水的pH值、碱度、硬度、污染物质的背景值等），自净参数（物理的、物理化学的、生物化学的）和工程因素（水上的工程设施，如闸、堤、坝以及污水向水体的排放位置、排放方式等）。

（2）污染物特征。污染物的扩散性、持久性、生物降解性等都影响环境容量，一般来说，污染物的物理化学性质越稳定，环境容量越小。耗氧有机物的水环境容量最大，难降解有机物的水环境容量很小，而重金属的水环境容量则甚微。

（3）水质目标。水体对污染物的接纳能力是相对于水体满足一定的用途和功能而言，水的用途和功能要求不同，允许存在的水体污染物量也不同。我国地面水环境质量标准将水体分为五类，每类水体允许的标准决定着水环境容量的大小。另外，由于各地自然条件和经济条件的差异较大，水质目标的确定还带有一定的社会性，因此水环境容量还是社会效益参数的函数。

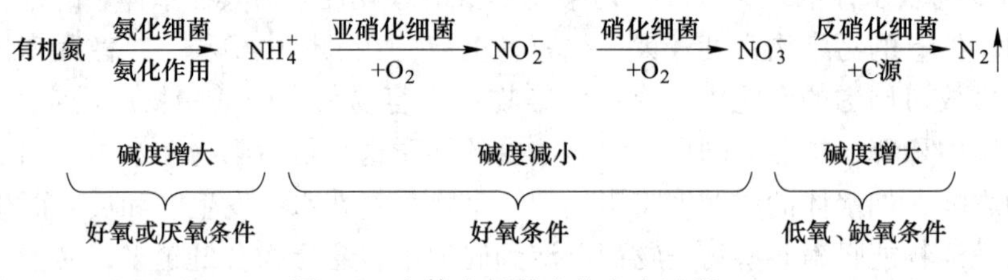

图1-7　水体中氮的生物自净过程

假如某种污染物排入某地面水体，此水体的水环境容量可以用式（1-1）表示：

$$W = V(S - B) + C \tag{1-1}$$

式中　W——某地面水体的水环境容量；

V——该地面水体的体积；

S——地面水某污染物的环境标准（水质目标）；

B——地面水中某污染物的环境背景值；

C——地面水的自净能力。

水环境容量既反映了满足特定功能条件下水体对污染物的承受能力，也反映了污染物在水环境中的迁移、转化、降解、消亡规律。当水质目标确定之后，水环境容量的大小就取决于水体对污染物的自净能力。

综上所述，水环境容量具有以下意义：（1）理论上它是环境的自然规律参数和社会效益参数的多变量函数，反映污染物在水体中迁移、转化规律，也满足特定功能条件下对污染物的承受能力；（2）实践上它是环境管理目标的基本依据，是水环境规划的主要环境约束条件，也是污染物总量控制的关键参数，容量的大小与水体特征、水质目标、污染物特征有关。

1.3.1.2　污水处理相关标准

水环境生态标准是水污染防治的重要依据，分为国家标准、地方标准和行业标准。地方标准是地方为进一步改善生态环境质量和优化经济社会发展，对本行政区域提出的标准补充规定或者更加严格的规定。行业性污染物排放标准适用于特定行业或者产品污染源的排放控制。

A　水环境质量标准（GB 3838—2002 代替 GB 3838—1988、GHZB 1—1999）

为确定污水排放地面水体时的处理目标，国家发布了《地表水环境质量标准》（GB 3838—2002）。该标准按照地表水的五类使用功能，规定了水质项目及标准值、水质评价、水质项目的分析方法以及标准的实施与监督，项目分为：地表水环境质量标准基本项目、集中式生活饮用水地表水源地补充项目和集中式生活饮用水地表水源地特定项目。

标准按资源功能区分地面水体为五类，并分别规定其水质标准，资源价值越高，水质要求越高。这五类水体为：

（1）Ⅰ类主要适用于源头水、国家自然保护区；

（2）Ⅱ类主要适用于集中式生活饮用水水源地一级保护区、珍贵鱼类保护区、鱼虾产卵场等；

（3）Ⅲ类主要适用于集中式生活饮用水水源地二级保护区、一般鱼类保护及游泳区；

（4）Ⅳ类主要适用于一般工业用水区及人体非直接接触的娱乐用水区；

（5）Ⅴ类主要适用于农业用水区及一般景观要求水域。

同一水域兼有多类功能类别的，依最高类别功能划分。

B　污水综合排放标准（GB 8978—1996 代替 GB 8978—1988）

为保护江河、湖泊、运河、渠道、水库和海洋等地面水以及地下水水质的良好状态，保障人体健康、维护生态平衡，促进国民经济和城乡建设的发展，国家发布了《污水综合排放标准》（GB 8979—1996）。该标准按照污水排放去向，分年限规定了 69 种水污染物最高允许排放浓度及部分行业最高允许排水量。

该标准分为三级：

（1）排入 GB 3838—2002 中Ⅲ类水域（划定的保护区和游泳区除外）和排入 GB 3097 中二类海域的污水，执行一级标准。

（2）排入 GB 3838—2002 中Ⅳ、Ⅴ类水域和排入 GB 3097 中三类海域的污水，执行二级标准。

（3）排入设置二级污水处理厂的城镇排水系统的污水，执行三级标准。

《污水综合排放标准》将排放的污染物按其性质及控制方式分为两类。第一类污染物是指能在环境或动植物体内蓄积，对人体健康产生长远不良影响者。含有此类有害污染物的废水，不分行业和污水排放方式，也不分受纳水体的功能类别，一律在车间或车间处理设施排出口取样，其最高允许排放浓度必须符合该标准中已列出的“第一类污染物最高允许排放浓度”的规定。第二类污染物是指其长远影响小于第一类的污染物质，在排污单位排出口取样，其最高允许排放浓度必须符合该标准中列出的“第二类污染物最高允许排放浓度”的规定。

C　城镇污水处理厂污染物排放标准（GB 18918—2002）

为贯彻《中华人民共和国环境保护法》《中华人民共和国水污染防治法》《中华人民共和国海洋环境保护法》《中华人民共和国大气污染防治法》《中华人民共和国固体废物污染环境防治法》，促进城镇污水处理厂的建设和管理，加强城镇污水处理厂污染物的排放控制和污水资源化利用，保障人体健康，维护良好的生态环境，结合我国《城市污水处理及污染防治技术政策》，制定了《城镇污水处理厂污染物排放标准》（GB 18918—2002）。

标准分年限规定了城镇污水处理厂出水、废气和污泥中污染物的控制项目和标准值。排入城镇污水处理厂的工业废水和医院污水，应达到《污水综合排放标准》（GB 8978）、相关行业的国家排放标准、地方排放标准的相应规定限值及地方总量控制的要求。表 1-5 为一些与水污染控制有关的国家标准。

表 1-5　一些与水污染控制有关的国家标准

标准编号	标准名称	备注
GB 3838—2002	地表水环境质量标准	代替 GHZB 1—1999
GB 3097—1997	海水水质标准	
GB 5749—2022	生活饮用水卫生标准	代替 GB 5749—2006
GB 11607—1989	渔业水质标准	
GB 5084—2021	农田灌溉水质标准	代替 GB 5084—2005
GB/T 18921—2020	城市污水再生利用　景观环境用水	
GB/T 18920—2020	城市污水再生利用　城市杂用水水质	
GB 8979—1996	污水综合排放标准	代替 GB 8978—1988
GB 3544—2008	制浆造纸工业水污染物排放标准	GB 3544—2001
GB 25466—2010	铝工业污染物排放标准	
GB 25467—2010	铜、镍、钴工业污染物排放标准	
GB 21900—2008	电镀污染物排放标准	
GB 31570—2015	石油炼制工业污染物排放标准	
GB 13457—1992	肉类加工工业水污染物排放标准	
GB 21909—2008	制糖工业水污染物排放标准	
GB 4287—2012	纺织染整工业水污染物排放标准	
GB 4284—1984	再生铜、铝、铅、锌工业污染物排放标准	

注：GB 指国家标准。

根据城镇污水处理厂排入地表水域环境功能和保护目标，以及污水处理厂的处理工艺，将基本控制项目的常规污染物标准值分为一级标准、二级标准、三级标准。一级标准分为 A 标准和 B 标准。一类重金属污染物和选择控制项目不分级。

一级标准的 A 标准是城镇污水处理厂出水作为回用水的基本要求。当污水处理厂出水引入稀释能力较小的河湖作为城镇景观用水和一般回用水等用途时，执行一级标准的 A 标准。

城镇污水处理厂出水排入国家和省确定的重点流域及湖泊、水库等封闭、半封闭水域时，执行一级标准的 A 标准，排入 GB 3838 地表水Ⅲ类功能水域（划定的饮用水源保护区和游泳区除外）、GB 3097 海水二类功能水域时，执行一级标准的 B 标准。

城镇污水处理厂出水排入GB 3838地表水Ⅳ、Ⅴ类功能水域或GB 3097海水三、四类功能海域，执行二级标准。

非重点控制流域和非水源保护区的建制镇的污水处理厂，根据当地经济条件和水污染控制要求，采用一级强化处理工艺时，执行三级标准。但必须预留二级处理设施的位置，分期达到二级标准。

D　城市污水再生利用系列标准

为贯彻我国水污染防治和水资源开发利用方针，提高城市污水利用效率，做好城市节约用水工作，合理利用水资源，实现城市污水资源化，减轻污水对环境的污染，促进城市建设和经济建设可持续发展，制定了《城市污水再生利用》系列标准，属于推荐性国家标准，系列标准分为五项：

（1）《城市污水再生利用分类》；

（2）《城市污水再生利用城市杂用水水质》；

（3）《城市污水再生利用景观环境用水水质》；

（4）《城市污水再生利用补充水源水质》；

（5）《城市污水再生利用工业用水水质》。

1.3.2　技能

污水处理满足处理功能与效率要求而排放标准的确定主要取决于处理出水的最终处置方式，如果排入水体，则取决于接纳水体的功能质量要求和水体的环境容量，如果回用，则取决于回用水用户对水质的要求。对城市污水处理设施出水水质有特殊要求的，须进行深度处理，这是污水处理最重要的目标，也是污水处理厂产品的基本质量要求。通常环境管理部门是根据《污水综合排放标准》及相关的行业排放标准来控制污水的排放浓度，一些经济发展水平较高的地区还规定了更为严格的地方排放标准。无论是何种需要处理的污水，也无论是采取何种处理工艺及处理程度，都应以处理系统的出水能够达标为依据和前提，按照法律、法规、政策的要求预防和治理水体环境污染。

遵循以上原则，同学们应能根据污水处理的任务和目的，查阅相关现行标准和法律法规，能对标准进行分析和应用于实际污水处理项目，并能初步确定关键污染物的指标出水值和处理程度。

1.3.3　任务

根据以下污水处理或再生水利用项目，查阅相关标准，确定出水水质指标值（以下项目仅作为案例参考使用，教师可根据现有资源和条件进行项目设置）。

（1）项目名称：某高校再生水利用污水处理厂。

（2）项目地点：云南省昆明市（滇池流域）。

（3）项目规模：10000 m^3/d。

（4）污水来源：主要来自于学生生活污水，食堂排水和行政办公排水。

（5）出水去向：本项目处理后的出水首先用于学校园林绿化、公共卫生间和学生宿舍的冲厕，利用不完的出水排入市政排水管网。

（6）任务有：

1）请调查相关资料，确定污水原水水质和主要污染物。

2）确定并查阅相关标准。

3）根据原水水质确定出水水质并计算各污染物的去除率。

4）完成表 1-6（供参考，可根据实际情况进行表格设计）。

表 1-6　污水原水水质和主要污染物

主要指标项目							
原水水质							
出水水质							
去除率/%							
参考标准	发布日期	适用范围				是否现行标准	替代标准（若有）
（1）							
（2）							
（3）							
（4）							

课程思政点：

以环境标准的法律属性为切入点，强调环境标准在课程中的重要性，通过典型案例，例如污水偷排等违法案例，结合“中国特色社会主义法制道路”等思政元素学习思考。

任务 1.4　基本污水处理工艺认知

【知识目标】

（1）掌握水污染控制的基本原则。

（2）熟悉水污染控制的基本方法和流程。

【技能目标】

能根据相关规范、标准及工艺判别污水处理程度。

【素养目标】

具备问题分析、语言和文字表达基本素养。

1.4.1　主要理论

1.4.1.1　水污染防治的目标和原则

A　主要目标

2015 年 4 月，国务院发布了“水污染防治行动计划”（即“水十条”）。“水十条”工作目标为：

（1）到 2020 年，全国水环境质量得到阶段性改善，污染严重水体较大幅度减少，饮用水安全保障水平持续提升，地下水超采得到严格控制，地下水污染加剧趋势得到初步遏制，近岸海域环境质量稳中趋好，京津冀、长三角、珠三角等区域水生态环境状况有所好转。

（2）到 2030 年，力争全国水环境质量总体改善，水生态系统功能初步恢复。到 21 世纪中叶，生态环境质量全面改善，生态系统实现良性循环。

（3）到 2030 年，全国七大重点流域水质优良比例总体达到 75%以上，城市建成区黑臭水体总体得到消除，城市集中式饮用水水源水质达到或优于Ⅲ类比例总体为 95%左右。

B　主要原则

实施“水十条”把握的原则为：

（1）地表与地下、陆上与海洋污染同治理。

（2）市场与行政、经济与科技手段齐发力。

（3）节水与净水、水质与水量共考核。

（4）实施最严格的水环境管理制度。

“水十条”提出的水污染防治目标和原则对水污染治理从末端治理向清洁化改造，企业、工业园区水环境监测、污染防控、环保设施运营等第三方治理服务发展，城镇生活污染治理、污水处理设施提标改造、污泥处理处置等相关工程设计、设备制造、设施建设和运营维护，城镇污水处理设施和服务向农村延伸，再生水利用和节水设施建设等方面具有积极的推动和促进作用。

1.4.1.2　污水处理基本方法

根据污水处理工艺中各处理单元的原理不同，处理方法可分为：物理法、化学法、物理化学法和生物法。

（1）物理法。物理法常用作污水的一级处理或预处理，既可作为独立的处理方法，也可用作化学处理法、生物处理法的前处理方法。物理处理法主要是用来分离或回收废水中的不溶性悬浮物，其在处理的过程中不改变污染物质的组成和化学性质，常用方法有：筛滤、过滤、重力分离（自然沉淀和上浮），离心分离和蒸发浓缩等。一般物理处理法所需的投资和运行费用较低，常被优先考虑或采用。

（2）化学法。化学法主要是利用化学反应去除废水中的金属离子、有毒污染物、酸碱污染物、有机污染物等溶解性物质和胶体物质，这类处理方法既能分离污染物，又能够改变污染物的性质，可达到比简单物理处理方法更高的净化程度，并具有回收利用有用成分作用，可达到净化水质与综合利用的双重效果，常用的化学方法有：中和、混凝、化学沉淀、氧化还原法等。由于化学处理法采用化学药剂或材料，故处理费用较高，运行管理的要求也较严格。通常将化学处理法与物理处理法配合起来使用，如化学法处理之前，需用沉淀和过滤等手段作为前处理，或需采用沉淀和过滤等物理处理手段作为化学处理法的后处理等。

（3）物理化学法。物理化学法常用于污水的再利用处理，利用某些物理化学过程，使污染物分离与去除，有些处理单元还具有回收有用成分的作用，使污水得到深度处理，常用处理法有：吸附、萃取、离子交换、电解法及电渗析、反渗透等膜分离技术方法等。

（4）生物法。生物法利用以细菌为主的生物生态系统，创造有利于其生长繁殖的环境，在有氧、厌氧或兼氧等条件下，降解有机物或对废水中的其他营养元素进行转化，使废水得到净化的处理方法。该法具有效率高、运行费用低、分解后的污泥可用作肥料等优点，所以是目前应用最为广泛的污水处理方法之一。常用的生物处理法有：好氧、厌氧与兼氧生物法，其中常见的有活性污泥法、生物膜法、厌氧消化法等。

1.4.1.3 污水处理工艺概述

不同的处理方法和单元依据污水原水水质、处理出水水质目标和二次污染物防治要求，综合考虑经济性，按一定顺序连接组合，就形成污水处理工艺。城市生活污水具有水质成分组成和浓度稳定的特点，因此处理工艺较为成熟和统一。工业废水水质成分和污染物浓度随工业性质、原料、成品及生产工艺的不同而不同，具体处理方法和流程应根据水质和水量及处理程度确定。

现代污水处理技术，按处理程度划分，可分为预处理，一级、二级和三级处理。

（1）预处理：生活污水中，主要去除水中粗大的漂浮物、悬浮物或砂石等无机颗粒，保证污水处理设施的正常运行。

（2）一级处理：主要去除污水中呈悬浮状态的固体污染物质，物理处理法大部分只能完成一级处理的要求。经过一级处理的污水，BOD_5 一般可去除30%左右，达不到排放标准。一级处理属于二级处理的预处理。

（3）二级处理：主要去除污水中呈胶体和溶解状态的有机污染物质（BOD_5，COD 物质），去除率可达90%以上，使有机污染物达到排放标准。

（4）三级处理：进一步处理难降解的有机物、氮和磷等能够导致水体富营养化的可溶性无机物等，主要方法有生物脱氮除磷法、混凝沉淀法、砂滤法、活性炭吸附法、离子交换法和电渗分析法等。

三级处理和深度处理不完全相同。一般二级处理后的处理过程称为三级处理，而深度处理则是以污水再生利用为目的，在一级或二级处理后增加的处理工艺。

注意：对于污水处理来说，水中污染物的去除途径主要是通过把有毒有害的物质转化为无毒或低毒的物质和转化为容易与水分离的物质（固体、气体），所以污水处理工艺除了水处理工艺路线外，往往还有二次污染物的处理和处置路线。

A 城市生活污水

生活污水污染物较为单一，虽然目前随着城市人口的增长及饮食结构的改变，其污水量不断增加，污染物浓度有所变化，但主要污染物还是以SS、BOD、COD、油类、氮、磷、表面活性剂等为主。因此，生活污水处理工艺目前还是以活性污泥及其衍生工艺为二级处理工艺的工艺流程为主，如图1-8所示。

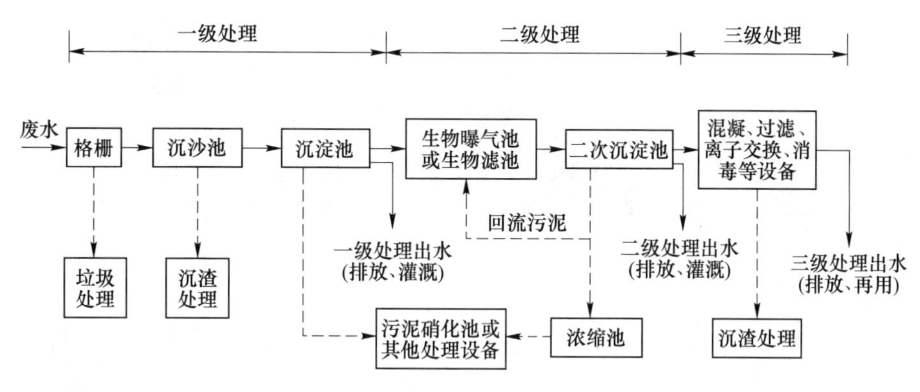

图 1-8　城市污水处理典型流程

B　工业废水

工业废水处理工艺，随工业性质、原料、成品及生产工艺的不同而不同，污染物成分复杂，往往含有有毒有害物质和难生物降解物质，不易净化，易造成二次污染。

具体处理方法和流程应根据水质、水量及处理对象，经调查研究或试验后确定。对于水质成分较单一的工业废水，往往工艺较为简单。但对于水质成分复杂的废水，需要较复杂的处理工艺。工业废水处理需要考虑废水处理后的循环利用，因此需要进行深度处理。一些有价污染物达到一定浓度还需考虑物质的回收，所以工业废水处理除了常规污水处理方法外，还需要如离子交换、高级氧化、膜分离等处理方法，如图 1-9 所示。

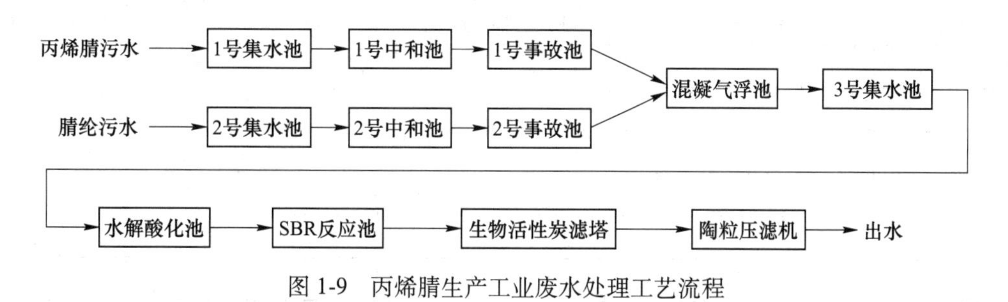

图 1-9　丙烯腈生产工业废水处理工艺流程

1.4.2　技能

能够根据具体案例进行污水水质成分及特点辨析，初步读懂工艺流程，并能辨析各处理单元和过程属于污水处理中的哪一类方法，具备查阅资料的能力和提出问题的基本素质。

案例可通过教师提供、前续生产认识实习等专业认知性环节所接触的典型案例与合作企业提供的案例等方式供学生分析。

1.4.3　任务

图 1-10 是某城市污水处理（再生水）厂的工艺流程图，请根据图 1-10 完成表 1-7 填写。

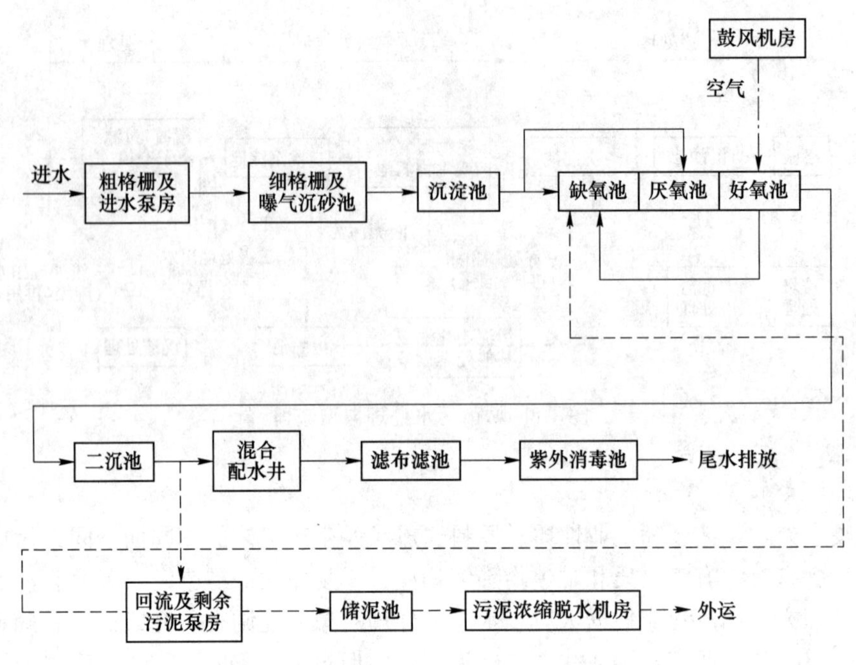

图 1-10 某城市污水处理厂工艺流程

表 1-7 污水处理（再生水）厂的主要污染物与处理方法

所用污水处理方法	所用污水处理方法分类	方法所去除的主要目标污染物	二次污染物处理方法	所用二次污染物处理方法分类

课程思政点：

通过水处理通用技术和污水处理级别认识，引入我国污水处理升级改造典型案例与“建设美丽中国”思政要素结合学习思考。

项目2　预　处　理

污水的预处理包括筛分、沉砂、异味控制以及流量调节。格栅可截留污水中粗大的漂浮物和悬浮物，沉砂可以去除水中的沙砾、石块等大颗粒无机物，这两种工艺起到了“保护”后续处理的作用。格栅筛分及沉砂运行不稳定会引起后续处理工艺运行失常。作为污水处理系统进水端的预处理工艺，为了保证后续处理工艺能够更稳定地运行，格栅和沉砂工艺经过演变与开发，已有多种工艺形式。

任务2.1　格　　栅

【知识目标】

（1）掌握格栅的原理和分类。
（2）掌握格栅及格栅渠的结构，清渣方法。
（3）掌握格栅优化设计的影响因素。

【技能目标】

（1）能进行格栅的设计参数选取。
（2）能进行格栅渠的设计计算。
（3）能进行格栅设备的选型。

【素养目标】

具备实践能力和创新精神，理论联系实际能力，解决实际工程问题的基本能力。

2.1.1　主要理论

2.1.1.1　格栅的定义

格栅由一组（或多组）相平行的金属栅条与框架组成。一般安装在进水渠道或进水泵站集水井的进口处和作为预处理设施安装在沉砂池前，以拦截污水中粗大的悬浮物及杂质。

格栅用来去除可能堵塞水泵机组及管道阀门的较粗大漂浮物及悬浮垃圾，保证后续处理设施如水管、水泵、曝气系统不被堵塞，能正常运行。

格栅截留的污染物称为栅渣，栅渣量取决于格栅的栅条间距、栅条尺寸和形状、污水量和污水中悬浮物的含量。

2.1.1.2　格栅设备

栅渣可以通过人工清渣或机械清渣的方式定期清理。现在越来越多的污水处理厂采用机械清渣的格栅机，并通过栅渣挤压机械挤压出其水分，减小栅渣体积及质量。根据栅条间距可分为粗格栅、中格栅和细格栅。

粗格栅：栅距范围一般为 50~100 mm，用于拦截大体积悬浮物，通常用于提升泵房、大型污水处理厂、地表水取水构筑物等。

中格栅：栅距范围一般为 15~25 mm，常用于城市污水处理和工业废水处理。

细格栅：栅距范围一般为 1.5~10 mm，一般安装于沉砂池前，用于去除水中细小的杂物，减少后续沉淀池的漂浮物，避免堵塞曝气系统、布水孔等设施。

根据格栅清渣机的运转方式，格栅机可分为回转式、臂式、链式、钢绳式等。

2.1.1.3　格栅渠

提升泵后作为预处理设施的格栅一般安装在格栅渠中，格栅渠要保证污水以一定流速流过格栅，不产生回水或泥沙淤积等现象。污水过栅流速一般采用 0.6~1.0 m/s，最大流量可以提高到 1.2~1.4 m/s。格栅渠内流速一般为 0.4~0.9 m/s。除转鼓式格栅除污机外，机械清除格栅的安装角度宜为 60°~90°，人工清除格栅的安装角度宜为 30°~60°。

通常在设计时，格栅前后应留有 h_1 的跌水高度以补偿水流过格栅的水头损失。过栅水头损失与过栅流速相关，一般应控制在 0.08~0.15 m，栅后渠底要比栅前渠底相应降低 0.08~0.15 m。该水头损失会随着栅渣在格栅上的积累而增加，理论上水头损失高于跌水高度时，格栅机开始运行进行清渣，图 2-1 为格栅渠示意图。

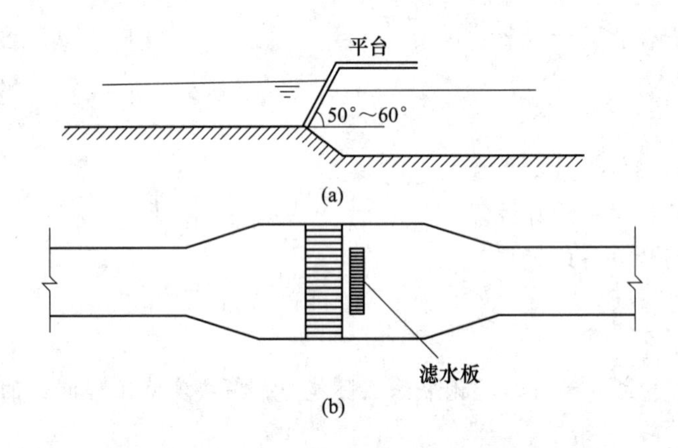

图 2-1　格栅渠示意图

（a）纵断面；（b）平面

2.1.1.4　格栅的设置

一般来说，污水处理厂的机械格栅不宜少于 2 套，如果采用一台，须设置人工格栅备用。格栅间需设置工作台，台面应高出栅前最高水位 0.05 m，台上应设有安全设施和清洗设施。工作台两侧过道宽度不小于 0.70 m。人工清渣的台面正面宽度不小于 1.20 m，机械清渣的台面正面宽度不小于 1.50 m。

机械格栅一般应设置通风良好的格栅间，以保护动力设备。大中型机械格栅间应安装吊运设备，便于设备检修和栅渣的日常清除。设置格栅装置的构筑物（格栅间），必须考虑有没有良好的通风设施。

2.1.2 技能

2.1.2.1 格栅的设计

（1）格栅计算公式见表 2-1。

表 2-1 格栅计算公式

主要尺寸	公式	主要参数
栅渠宽度 B	$B = en + (n-1)s$ (2-1) $n = \frac{Q_{max}\sqrt{\sin\alpha}}{ehv}$ (2-2)	B——栅槽宽度，m； s——栅条宽度，m； e——栅条净间距，mm； n——格栅间隙数； Q_{max}——最大设计流量，m^3/s； h——栅前水深，m； v——过栅流速，最大设计流量为 0.8～1.0 m/s，平均设计流量为 0.3 m/s； α——格栅安装角度
过栅水头损失 h_1	$h_1 = kh_0$ (2-3) $h_0 = \xi\frac{v^2}{2g}\sin\alpha$ (2-4)	h_1——过栅水头损失，m； k——系数，格栅受污物堵塞后，水头损失增大的倍数，一般 $k=3$； h_0——计算水头损失，m； ξ——阻力系数，与栅条断面形状有关，$\xi=\beta\left(\frac{S}{e}\right)^{\frac{4}{3}}$，圆形断面 $\beta=1.79$，矩形断面 $\beta=2.42$
栅后槽总高度 H	$H = h + h_1 + h_2$ (2-5)	h_2——格栅前渠道超高，一般取 $h_2=0.3$ m
栅渠总长 L	$L = l_1 + l_2 + 1.0 + 0.5 + \frac{H_1}{\tan\alpha}$ (2-6) $l_1 = (B - B_1)/(2\tan\alpha_1)$ (2-7) $l_2 = \frac{l_1}{2}$ (2-8) $H_1 = h_1 + h$ (2-9)	H_1——栅槽总长度，m； l_1——进水渠渐宽部分长度，m； l_2——出水渠渐窄处长度，m； α_1——渠道展开角，一般取 20°； B_1——进水渠宽度，m； 0.5，1.0——格栅前后的过渡段长度
每日栅渣量 W	$W = \frac{Q_{max}W_1 \times 86400}{K_{总} \times 1000}$ (2-10)	W——每日栅渣量，m^3/d； W_1——栅渣量（m^3/千立方米污水），一般取 0.01～0.1，粗格栅取小值，中格栅取中值，细格栅取大值； $K_{总}$——生活污水变化系数

（2）格栅阻力系数计算公式见表 2-2。

表 2-2 格栅阻力系数计算公式

栅条断面形状	计算公式	说明
锐边矩形	$\xi = \beta \left(\frac{S}{b} \right)^{\frac{4}{3}}$ (2-11)	β=2.42
迎水面为半圆的矩形		β=1.83
圆形		β=1.79
迎水面、背水面均为半圆的矩形		β=1.67
正方形	$\xi = \left(\frac{b+S}{\varepsilon b} - 1 \right)^2$ (2-12)	ε=0.64

（3）生活污水流量总变化系数见表 2-3。

表 2-3 生活污水流量总变化系数

日平均流量/$L \cdot s^{-1}$	≤5	6	10	15	25	40	70	120	200	500	≥1000
总变化系数 $K_{总}$	2.3	2.2	2.1	2.0	1.89	1.80	1.69	1.59	1.51	1.40	1.30

2.1.2.2 格栅间的运行

（1）过栅流速的控制。在格栅的运行过程中，合理的控制过栅流速可以最大发挥拦截作用，保持较高的拦污效率。在实际的运行过程中，可以通过格栅的工作台数控制过栅的流速。当过栅流速高于运行要求的最高流速时，应增加投入工作的格栅数量；反之，若过栅流速低于运行要求的最低流速时，应减少投入工作的数量，使过栅流速控制在所要求的范围内。

（2）格栅的清渣。机械清渣格栅的清渣设施是由电机驱动的，在过栅水头损失达到一定程度时，操作人员需启动格栅清渣机对格栅进行清渣。处理流量小或所需截留的污染物量较少时，可采用人工清理的格栅。为了改善劳动和卫生条件，每天的栅渣量大于 0.2 m^3 时，都应采用机械清渣方法，常用的控制方式有：人工控制、时钟定时开关、液位传感、可编程逻辑控制器（PLC）等。

（3）卫生安全。通常情况下，污水在经过长时间的管道运输过程后，会因腐化产生硫化氢和甲硫醇等恶臭气体，这些气体会在格栅间大量释放，因此，要加强格栅间的通风设施管理，使设备处于通风状态。另外，清除的栅渣也应该及时运走，防止腐败产生恶臭。栅渣压榨机排出的压榨液中恶臭物含量也非常高，应及时将其排入污水渠中，严禁明沟流入或在地面漫流。

（4）故障。操作人员在操作前应熟悉设备管理操作手册，了解设备构造及适用范围，熟悉设备操作方法，才能对设备故障做出有效的维修措施。常见的三种异常情况为：

1）进水悬浮物突然增加、布头等杂质堵塞格栅。

2）设备突然停止运行，零件损坏或失效。

3）控制系统故障。

2.1.3 任务

计算：已知某城市的最大设计污水量 Q_{max}=0.25 m^3/s，$K_{总}$=1.40，计算沉砂池前格栅渠主体尺寸并选用相关设备，并填入表 2-4 中。

表 2-4　格栅主体尺寸及选用设备

步骤 1：相关设计参数的确定			
1		2	
3		4	
5		6	
7		8	
步骤 2：格栅渠主体尺寸计算			

（1）栅条间隙数：

（2）栅槽宽度：

（3）进水渠道渐宽部分的长度：

（4）格栅槽与出水渠道连接处渐窄部位的长度：

（5）通过格栅的水头损失：

（6）栅后槽总高度：

（7）格栅槽总长度：

（8）每日栅渣量：

续表 2-4

步骤3：设备选型
（1）设备选型途径： （2）设备类型、型号： （3）主要性能参数：
步骤4：参数校核

任务2.2　沉　砂　池

【知识目标】

（1）了解沉砂池的类型、处理对象等。
（2）掌握沉砂池的工作原理。

【技能目标】

（1）掌握沉砂池的运行管理。
（2）掌握沉砂池的设计计算。

【素养目标】

具备实践能力和创新精神，提高理论联系实际能力，解决实际工程问题等基本能力。

2.2.1　主要理论

2.2.1.1　沉砂池的定义

污水在迁移、汇集过程中不可避免会混入泥砂，污水中的泥砂如果不预先沉降分离去除，则会影响后续处理设备的运行，最主要的是磨损机泵、堵塞管网，干扰甚至破坏生化处理工艺过程。沉砂池的作用就是去除污水中的泥沙、煤渣等密度比较大的（粒径大于 0.2 mm，密度大于 2.65 t/m^3）的无机颗粒。

沉砂池的工作原理是以重力或离心力分离为基础，即将进入沉砂池的污水流速控制在合适的范围内，只能使相对密度大的无机颗粒下沉，而有机悬浮颗粒则随水流带走。

2.2.1.2 沉砂池的分类

按照池内水流方向的不同，沉砂池可以分为平流式沉砂池、竖流式沉砂池、曝气沉砂池、旋流沉砂池和多尔沉砂池，常见的沉砂池主要为平流式沉砂池、曝气沉砂池和旋流式沉砂池。

（1）平流式沉砂池。平流式沉砂池是最常用的沉砂池形式，其构造简单、处理效果好、工作稳定，如图2-2所示。污水在池内沿水平方向流动，只有当废水在沉砂池中的运行时间等于或大于设计的砂粒沉降时间，才能实现砂粒的沉降，当进水波动较大时其处理效果会受到影响。另外，平流式沉砂池本身不具备分离砂粒上有机物的能力，沉砂中夹杂一些有机物（约占沉沙量的15%），这些沉砂极易腐化并散发臭味，难以处置，因此必须添加必要的洗砂设备。

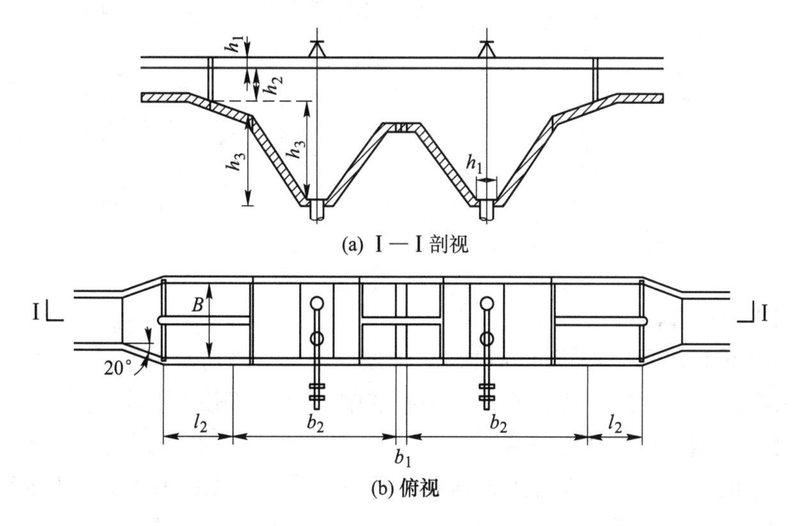

图2-2 平流式沉砂池结构

（2）曝气沉砂池。曝气沉砂池是在池的一侧通入空气（见图2-3），使池内水流产生螺旋状并向前流动，在曝气的作用下，无机颗粒之间相互碰撞与摩擦的概率大大增加，将包裹在颗粒表面的有机物摩擦去除掉，降低沉砂中的有机物含量（5%），产生洁净的沉沙，长期搁置也不至于腐化。对于好氧生物处理法而言，曝气沉砂池还对污水起预曝气的作用。

（3）旋流式沉砂池。旋流式沉砂池沿圆形池壁内切方向进水，利用水力或机械力控制水流流态与流速，在径向方向产生离心作用。由于砂粒和有机物的相对密度不同，所受的离心作用也会不同，相对密度较大的砂粒被甩向池壁，在重力作用下沉入砂斗；而较轻的有机物，则在沉砂池中间部分与砂子分离，有机物随出水旋流带出池外。

2.2.2 技能

2.2.2.1 沉砂池设置的一般规定

（1）城市污水处理中一般均需要设置沉砂池，通常设置在废水处理厂的格栅之后、泵站和沉淀池之前，并且沉砂池的个数或分格数不应小于2；工业污水处理是否需要设置沉

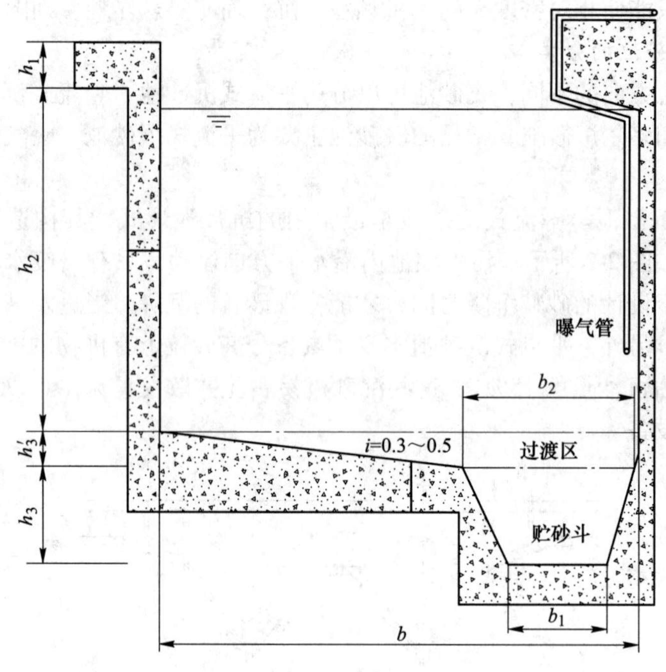

图 2-3　曝气沉砂池断面结构

砂池，应根据水质情况而定。

（2）沉砂池设计流量应按每期的最大流量设计计算；当污水提升进入时，应按每期工作水泵的最大组合流量计算；在合流制处理系统中，应按降雨时的设计流量计算。

（3）砂斗容积应按照不大于 2 d 的沉砂量计算，斗壁与水平面的倾角不应小于 55°，除砂一般宜采用机械方法，并设置贮砂池或晒砂场。采用人工排砂时，排砂管直径不应小于 200 mm。当采用重力排砂时，沉砂池和贮砂池应尽量靠近，以缩短排砂管的长度，并设排砂闸与排砂管的首端，使排砂管畅通和易于维护管理。

（4）沉砂池的超高不宜小于 0. 3 m。

2. 2. 2. 2　平流式沉砂池的设计

（1）平流式沉砂池计算公式见表 2-5。

表 2-5　平流式沉砂池计算公式

主要尺寸	公式	主要参数
沉砂部分长度	$L = vt$　　(2-13)	L——沉砂池沉砂部分长度，m； v——池内最大设计流速，一般取 v=0. 3 m/s； t——最大设计流量时的停留时间，一般取 30~60 s
过水断面面积	$A = \frac{Q_{max}}{v}$　　(2-14)	A——过水断面面积，m^2； Q_{max}——最大设计流量，m^3/s
池总宽度	$B = \frac{A}{h_2}$　　(2-15)	B——沉砂池总宽度，m； h_2——设计有效水深，一般取 0. 25~1. 0 m

续表 2-5

主要尺寸	公式	主要参数
沉砂斗所需容积	$V = \frac{86400Q_{max}XT}{10^6K_Z}$ (2-16)	V——沉砂斗容积，m^3； X——城市污水沉砂量，一般取 0.03 m^3/千立方米； T——排砂周期，一般取 2 d； K_Z——生活污水流量总变化系数
沉砂池总高度	$H = h_1 + h_2 + h_3$ (2-17)	H——沉砂池总高度，m； h_1——沉砂池超高，一般取 0.3 m； h_2——设计有效水深，m； h_3——砂斗高度，m
校核最小流速	$v_{min} = \frac{Q_{min}}{n_1A_{min}}$ (2-18)	v_{min}——最小流速，m/s； Q_{min}——最小设计流量，m^3/s； n_1——最小流量时工作的沉砂池数目； A_{min}——最小设计流量时沉砂池的过水断面面积，m^2

（2）平流式沉砂池的设计参数见表 2-6。

表 2-6　平流式沉砂池的设计参数

参数	取值范围	说明
流速	0.15~0.3 m/s	
最大停留时间	30~60 s	不小于 30 s
有效水深	0.25~1.0 m	不应大于 1.2 m，每格宽度不宜小于 0.6 m
池底坡度	0.01~0.02	当设置除砂设备时，应根据设备考虑池低形状

2.2.2.3　曝气沉砂池的设计

（1）曝气沉砂池计算公式见表 2-7。

表 2-7　曝气沉砂池计算公式

主要尺寸	公式	主要参数
总有效容积	$V = 60Q_{max}t$ (2-19)	V——沉砂池总有效容积，m^3； Q_{max}——最大设计流速，m^3/s； t——最大设计流量时的停留时间，一般取 1~3 min
过水断面面积	$A = \frac{Q_{max}}{v}$ (2-20)	A——过水断面面积，m^2； v——最大设计流量时的水平流速，一般取 0.1 m^3/s
池总宽度	$B = \frac{A}{h_2}$ (2-21)	B——沉砂池总宽度，m； h_2——设计有效水深，一般取 2~3 m
池长	$L = \frac{V}{A}$ (2-22)	L——池长，m
每小时所需空气量	$q = 3600dQ_{max}$ (2-23)	q——每小时所需空气量，m^3/h； d——每立方米污水所需空气量，一般取 0.1~0.2 m^3 空气/m^3 污水

续表 2-7

主要尺寸	公式	主要参数
沉砂斗所需容积	$V = \dfrac{86400Q_{max}XT}{10^6K_Z}$ (2-24)	X——城市污水沉砂量，一般取 0.03 m^3/千立方米； T——排砂周期，一般取 2 d； K_Z——生活污水流量总变化系数
沉砂池总高度	$H = h_1 + h_2 + h_3 + h_3'$ (2-25)	H——沉砂池总高度，m； h_1——沉砂池超高，一般取 0.3 m； h_2——设计有效水深，m； h_3——砂斗高度，m； h_3'——坡向沉砂斗的池底高度，m

（2）曝气沉砂池的设计参数见表 2-8。

表 2-8 曝气沉砂池的设计参数

参数	取值范围	说明
旋流流速	0.25~0.3 m/s	
水平流速	0.08~0.12 m/s	一般取 0.1 m/s
最大停留时间	1~3 min	要求预曝气功能时停留时间为 10 ~ 30 min
有效水深	2~3 m	宽深比一般采用 1~1.5
曝气量	0.1~0.2 m^3 空气	

2.2.2.4 沉砂池的运行管理

（1）沉砂池的排砂。污水处理中的沉砂池长时间的工作后会有很多沉砂，各种类型的沉砂池均应定时排砂或连续排砂。沉砂池排砂一般采用机械排砂的方法，即利用砂泵排砂。排砂的次数应根据沉砂量的多少以及变化规律来合理安排。排砂次数太多，可能会使排砂含水率太大或因不必要操作增加运行费用；排砂次数太少，就会造成积砂，增加排砂难度，甚至破坏排砂设备。

（2）沉砂池的故障。沉砂池在运行过程中常见的故障为排砂管堵塞不出砂，其原因及解决方案如下：

1）排砂管口处被大量泥沙堵塞，这种情况可设置空气提升泵，应当关闭排砂管上的阀门，打开空压机，将堵塞泥沙吹出管口即可。

2）假设通过上述操作，排砂管仍不出砂，需打开排砂管弯头处法兰，检查有无杂物，如竹条、树叶、絮状物等极易堵塞弯头处。

3）如果经过上述处理后仍不正常出砂，需抽空池中污水，检查空气加压管有无漏处、排砂管有无孔洞情况。

2.2.3 任务

计算：已知某城市的最大设计污水量 Q_{max}=0.3 m^3/s，最小设计流量为 Q_{min}=0.1 m^3/s，总变化系数为 K_Z=1.40，试计算平流式沉砂池各部分尺寸，并填入表 2-9 中。

表 2-9　平流式沉砂池的主体尺寸与设备选型

步骤 1：相关设计参数的确定			
1		2	
3		4	
5		6	
7		8	
步骤 2：平流式沉砂池的主体尺寸计算			
步骤 3：设备选型			
（1）设备选型途径： （2）设备类型、型号： （3）主要性能参数：			
步骤 4：参数校核			

任务 2.3　附加预处理

【知识目标】

（1）理解水质水量调节的目的和意义。

（2）掌握水质水量的调节原理。

（3）掌握水质水量调节设备（构筑物）类型、工作原理。

（4）掌握其他的水质预处理过程。

【技能目标】

能进行调节池的设计参数选择及设计计算。

【素养目标】

具备自学、语言表达、计算机应用技术、团队合作等基本素质。

2.3.1　主要理论

废水的水量和水质并不总是恒定均匀的，往往随着时间的推移而变化。生活污水随生活作息规律而变化，工业废水的水量水质随生产过程而变化。因此，在废水进入后续传统的物化、生化等处理之前，根据不同的后续处理流程对水质的要求，设置附加的预处理过程，常见的附加预处理包括水质水量调节、臭味控制、粪污管理以及回流等。

附加预处理

2.3.1.1　水质与水量的调节

在废水的处理过程中，水量和水质的变化使得处理设备不能在最佳的工艺条件下运行，严重时甚至使设备无法工作。为此需要设置调节池，对水量和水质进行调节，以保证废水处理的正常进行。

A　水量调节

废水处理中单纯的水量调节有两种方式：一种为线内调节（见图 2-4），进水一般采用重力流，出水用泵提升；另一种为线外调节（见图 2-5），调节池设在旁路上，当废水流量过高时，多余废水用泵打入调节池，当流量低于设计流量时，再从调节池流至集水井，并送去后续处理。

线外调节与线内调节相比，调节池不受进管高度限值，单倍调节水量需要经过两次提升，消耗动力大。

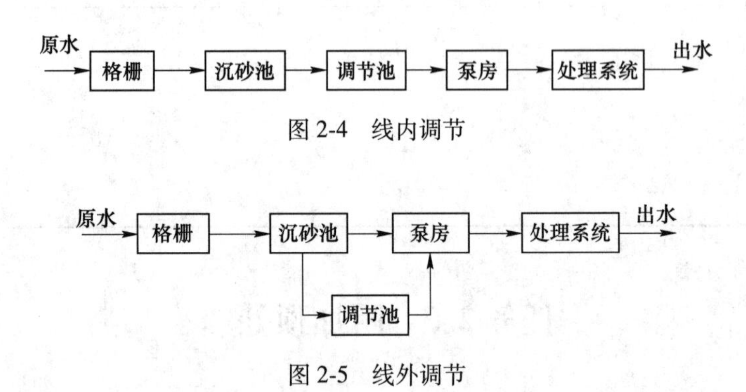

图 2-4　线内调节

图 2-5　线外调节

B　水质调节池

水质调节池也称均质池，其主要作用是对不同时间或不同来源的废水进行混合，使流出水质比较均匀。常见的均质池为常水位、重力流，池中每一质点的流程由短到长都不相同，再结合进出水槽的配合布置，使前后进水得以相互混合，取得随时均质的效果。常见的均质池类型有均和曝气池、折流式调节池和差流式调节池等。

为了防止调节池内的可沉物质发生沉降及池内出现厌氧状况，需要在调节池内设置相应的混合搅拌装置，常用的混合方式有：水泵强制循环混合、压缩空气搅拌混合和机械搅拌混合。

2.3.1.2　臭味控制

污水由收集系统流至污水处理厂需要较长时间，因此，通常在污水处理厂的处理前端会散发出异味。目前，城市污水管网的服务面积日益扩大，导致污水在流到污水厂前经过更长的时间从而产生腐臭，社会的安全健康意识也不断加强，同时更为复杂的是工业废水可能也混入了市政管网。相应地，臭味的控制在污水处理系统的设计、建设和运行过程中均需要得到足够的重视。除此以外，污水厂的臭味一般还与混凝土、机械设备和油漆的腐蚀紧密相关，解决好臭味的问题将使整个处理系统获益。

在城市污水处理厂中，特别易于产生臭味的位置包括：格栅间进水泵房、沉砂池和砂水分离器、污泥泵站、污泥浓缩池、脱水机房、污泥堆场、渠道池壁等。

目前控制污水厂臭味的常见控制措施主要可以归纳概括为：闭、排、清、曝、净。

“闭”：就是通过合理的方式将释放臭味的非封闭区域构造成封闭区域以改善工作环境的空气质量。在这一过程中需要特别注意防止有毒有害气体的淤积而引发的潜在爆炸和安全等严重问题，屡次出现的在市政管网爆炸和操作工人死亡事故均与此相关。因此，封闭处理是被动的措施，一般需要和其他措施同时使用。

“排”：就是将带有臭味的空气收集后高空排放的方法解决操作空间的臭味问题，这一方案是目前设计规范中主要采取的措施。经常出现的问题是由于通风系统出现的短流而使得臭味并未得到良好的解决，臭味经常是先经过操作人员而后才排出工房以外。合理的方式是在现有排风的同时输入新风，或直接将风道的吸口设置在有臭味释放的位置，使其直接抽出工作环境。如果污水厂靠近居住社区或将来会靠近的话，设计时应特别注意，最好采用净化的措施，以防对社区的不良影响。

“清”：就是指通过周密、有计划、持续地在长期运行中对可能导致的臭味来源通过清理和清洗或类似的方法消除臭味，比如及时清理栅渣、污泥泥饼、冲洗池壁等。无论使用哪一种方法控制臭味，清洁永远有效而且一般情况下最经济。

“曝”：除非需要厌氧和缺氧工艺，操作人员向厌氧腐臭的构筑物补充足够的溶解氧，使得产生硫化氢等臭味气体的厌氧反应得到抑制进而控制臭味发生。

“净”：将臭气收集进行净化处理，一般可以通过化学或生物的方法。化学方法就是使用化学药剂通过喷淋等方法和臭味气体中的硫化氢或氨气进行反应进而消除；生物方法则是通过固定生长在多孔载体上的微生物和污染物为基础，在一定的温度和湿度的条件下分解有机和无机的臭味化学物质，这种方法目前在国内采用不多。但随着污水厂设计和建设水准的提高，将来必定会向格栅、水泵类似的设备一样成为污水厂的标准装备。

2.3.1.3　粪污管理

目前，较为成熟的粪污处理技术如下：

（1）粗过滤与市政管网排放相结合的工艺。在上海、北京的一些粪便消纳站，对粪便采用粗过滤后，将滤液排入市政管网，滤渣送填埋场作填埋处理。

（2）粗过滤、除砂与市政管网排放相结合的工艺。在广州、佛山和上海的一些粪便消纳站，采用粗过滤与除砂相结合的工艺。

（3）粗过滤、除砂、除泥脱水与市政管网排放相结合的工艺。北京高碑店粪便处理场、北京四季青粪便处理场、北京酒仙桥粪便处理场、北京北小河粪便处理场、嘉兴有机肥场等均采用的这种处理技术，工艺流程如图 2-6 所示。

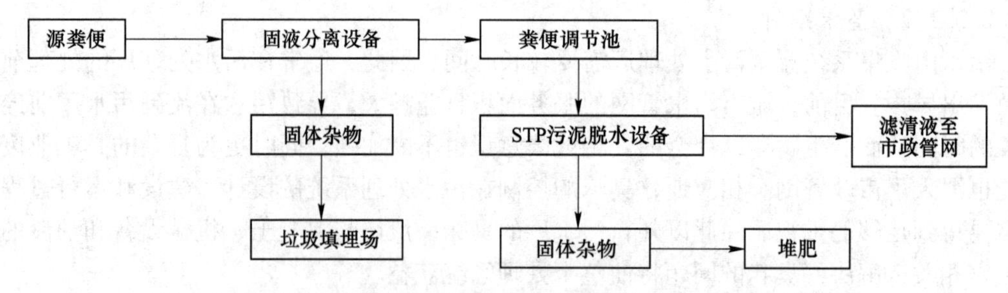

图 2-6　粗过滤、除砂、除泥脱水与市政管网排放相结合的工艺流程

（4）粗过滤、除泥脱水与生化处理成独立系统的处理工艺。处理后的水可实现城市下水道排放，而且部分可用于固液分离的稀释水脱水设备的冲洗用水或浇灌用水等，从而实现对粪便污水的有效、资源化处理，工艺流程如图 2-7 所示。

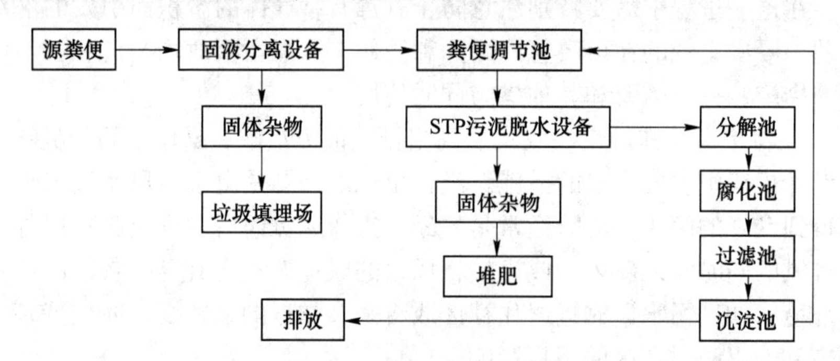

图 2-7　粗过滤、除泥脱水与生化处理成独立系统的处理工艺流程

2. 3. 1. 4　回流

污水厂废水的水量取决于污水处理系统的回收率，可占进水量的一半。而污水厂废水直接排放会对水循环造成严重的影响，污水处理厂对于回流污水的处理通常有以下三种方式。

（1）中间处理。中间处理是污水厂废水处理中常见的处理方式之一，这类处理方式通过降低一段浓水中各类过饱和难溶盐、有机物以及高分子生物聚合物等能够导致膜污染的物质浓度，从而达到降低一段膜结构趋势，控制二段膜污染的目的。

（2）循环处理。循环处理主要针对于某些配备二级污水处理设施的再生水厂，污水厂废水经过特定的预处理程序后回流至污水处理厂内的生物处理区域，经过一段时间的生物处理，实现彻底净化。

（3）厂外排放处理。这类处理方式主要适用于附近有城市污水处理厂或城市排水管道系统的小型再生水厂，但在排放前需将污水厂废水进行初步处理，使其主要污染指标低于城市污水处理厂或城市排水管道的限值。

2. 3. 2　技能

调节池的设计参数及规定：

（1）对于城镇生活污水而言，水质的变化相对较小，水量的波动相对较大，因此调节池主要是均量池。均量池的设计方法主要是进出水流量累积曲线作图法和调节时间经验取值法。

（2）均量调节池的实际池体容积应为理论容积的 1.2 倍，如图 2-8 所示。

（3）调节池的形状宜为方形或圆形，以利于形成完全混合状态。长形池宜设置多个进口和出口。

（4）调节池应设置必要的混合搅拌装置。机械搅拌的功率密度一般为 4~8 W/m^3，采用压缩空气搅拌，为使废水保持好氧状态，所需空气量取 0.6 ~ 0.9 m^3/(m^2 · h)。

（5）用于混合目的的潜水搅拌器一般叶轮直径为 260~620 mm，转速为 480~980 r/min。用于推流目的的潜水搅拌器一般叶轮直径为 1100~2500 mm，转速为 22~115 r/min。

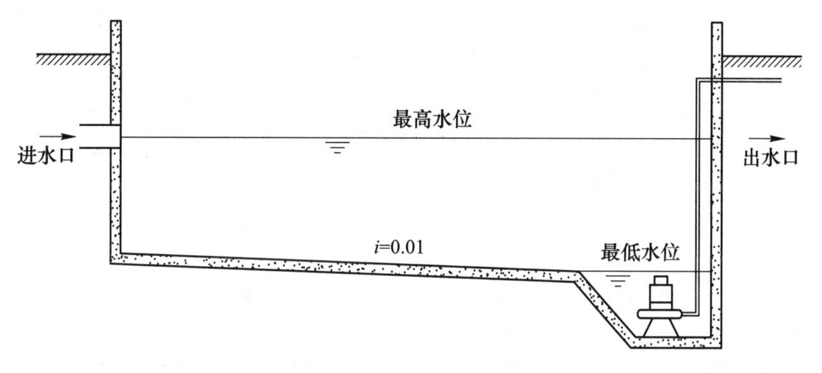

图 2-8　均量调节池结构

2.3.3 任务

已知某城镇污水处理站设计污水处理量为 1500 m^3/d，进水时流量变化见表 2-10，试设计进水调节池。

表 2-10　进水流量

时间/h	流量/$m^3 \cdot h^{-1}$	时间/h	流量/$m^3 \cdot h^{-1}$	时间/h	流量/$m^3 \cdot h^{-1}$	时间/h	流量/$m^3 \cdot h^{-1}$
0~1	16.5	6~7	99.15	12~13	106.8	18~19	104.55
1~2	10.5	7~8	102.6	13~14	78.45	19~20	84.9
2~3	13.5	8~9	120.6	14~15	53.85	20~21	38.25
3~4	16.5	9~10	107.85	15~16	56.4	21~22	30.15
4~5	19.5	10~11	115.05	16~17	48.6	22~23	21.3
5~6	43.65	11~12	117.15	17~18	82.35	23~24	11.85

步骤 1：相关设计参数的确定			
（1）平均时流量		（2）进水量累计曲线	
（3）调节池的调节容积			
步骤 2：调节池主体尺寸计算			

续表 2-10

步骤 3：设备选型
（1）设备选型途径： （2）设备类型、型号： （3）主要性能参数：
步骤 4：参数校核

项目3　一 级 处 理

一级处理属于二级处理的预处理，主要以物理处理法为主，去除污水中呈悬浮状态的污染物质，常用方法有重力沉降、离心沉降、自然上浮和气浮等。一级处理主要去除废水中悬浮物，由于废水中大的悬浮物和无机颗粒在预处理中已经去除，所以一级处理中的去除对象主要是有机SS，BOD一般可去除30%左右，但达不到排放标准。一级处理单元也会常用于二级处理和三级处理中的固液分离，如二级处理中的二次沉淀池、三级处理中的混凝澄清池等。

任务3.1　沉　　降

【知识目标】

（1）掌握重力沉降去除污染物的性质和特征，适用范围。
（2）掌握沉淀池及设备的工作原理和基本构造。
（3）掌握重力沉降设备和构筑物重要的设计和性能参数。

【技能目标】

（1）能合理选择适当的重力沉降设备应用于废水中悬浮物的去除及优化设计。
（2）能进行沉淀池设备的基本操作。
（3）能根据任务进行重力沉降池设备和构筑物的选型和主体尺寸计算。

【素养目标】

（1）初步养成工程意识。
（2）养成查阅资料的能力。

3.1.1　主要理论

利用废水中悬浮物与水的密度不同来进行固液分离或液液分离的方法称为沉降分离法。

根据作用力不同沉降分离又分为重力沉降和离心沉降。沉降分离在任何废水处理过程中都不可缺少，往往各级处理都会用到，例如预处理中的平流式沉砂池、旋流式沉砂池，一级处理中的一次沉淀池，三级处理中的混凝澄清池、斜板沉淀池等。各种沉降设备基本原理相同，本节对沉降基本理论进行介绍，并以一级处理的一次沉淀池讲述污水处理中各种沉降设备的结构、性能和工艺参数。

3.1.1.1 重力沉降

A 沉降类型

（1）自由沉淀。沉淀过程中，颗粒之间互不聚合、干扰，颗粒的物理性质（大小、形状、密度等），在过程中均不发生任何变化，在竖直方向上只受到重力、浮力和阻力的作用。在废水悬浮物的浓度不太高、颗粒多为无机物时常发生自由沉淀，如在沉砂池中砂粒的沉降。

（2）絮凝沉淀。当悬浮物浓度较高（50~500 mg/L）时，沉淀过程中颗粒间可能互相碰撞产生凝聚作用，使颗粒粒径与质量逐渐加大，沉速加快，如活性污泥在二沉池中的沉淀。有时为了提高沉淀效率，向废水中投加混凝剂，使水中的胶体和细小的悬浮物颗粒失去稳定性后，相互碰撞和附聚，搭接成为较大的颗粒或絮状物从水中沉淀分离出来。由于需要投加化学药剂，因此这种沉降往往是化学混凝和物理分离共同作用，参见本书“混凝”部分内容。

（3）区域沉淀（成层沉淀）。当废水中悬浮物的浓度增加到一定程度（如活性污泥或化学凝聚污泥的浓度>500 mg/L）时，由于悬浮物浓度较高而发生的颗粒间的相互干扰，造成沉降速度减小，甚至互相拥挤在一起，使悬浮物颗粒形成整体下沉，在下沉的固体层与上部的清液相层之间有明显的交界面，如二次澄清池中的活性污泥沉降、给水系统中的矾花沉降等。

（4）压缩沉淀。压缩沉淀多发生于沉淀下来的固体颗粒层中，由于废水中的悬浮物浓度过高，颗粒间相互支撑，上层颗粒在重力作用下挤压下层颗粒间的间隙水，使固体颗粒得到了进一步的浓缩，如二沉池泥斗和污泥浓缩池中的沉降。

对于不同类型的污水，在不同的处理阶段中，上述四种沉淀现象都有发生。

B 理想沉淀池

理想沉淀池及效率参数

理想沉淀池是为了便于分析固体悬浮颗粒在沉淀池中的运动规律和分离效果而设计的一种理论模型。它分为进水区、沉淀区、出水区和污泥区四个部分，其中进水区和出水区起到整流、均匀布水和出水的作用，污泥区是沉降悬浮物的贮存区域，沉淀区为工作区域。理想沉淀池有四个假定条件：

（1）悬浮颗粒在沉淀区等速下沉，速度为 u。

（2）水流水平流动，在过水断面上，各点流速相等，水平流速为 v。

（3）进口区域，悬浮颗粒均匀分布在整个过水断面上。

（4）颗粒到底部就被去除。

理想沉淀池理论上具有最高的处理效率，因此实际沉淀池在设计和建造上虽然不能完全满足四个假设条件，但沉淀池各部分功能设计和构造上来说应尽可能接近四个假设条件。下面以平流式理想沉淀池为例进行沉淀池处理效率分析，设沉淀区长、宽、高分别为 L、B、H，如图 3-1 所示。

若有一个颗粒从沉淀区水面进入并具有沉降速度为 u_0 使其正要流出沉淀区时刚好沉到底部，根据理想沉淀池假设即为被去除，则水中具有不同沉降速度的悬浮物有以下两种情况：

（1）若颗粒沉降速度 $u_1 \geqslant u_0$，则这些颗粒都能够被去除。

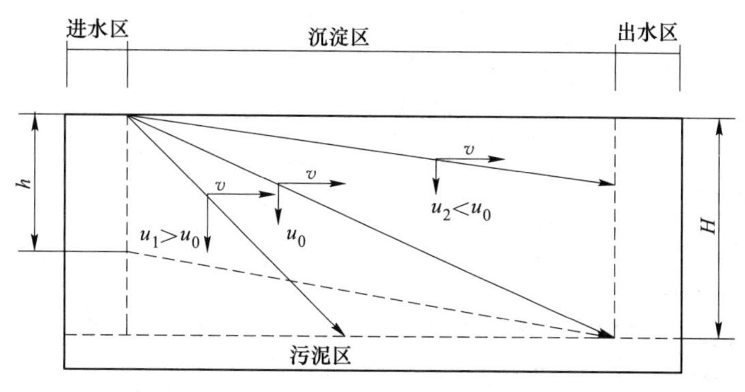

图3-1　平流式理想沉淀池颗粒沉降

(2) 若颗粒沉降速度 $u_2<u_0$，则它们只有部分能去除，即在沉淀区水面某一深度 h 以下进入能够被沉淀池去除，显然$\frac{h}{H}=\frac{u_2}{u_0}$。

根据以上假设和分析，理想沉淀池中能被去除的颗粒包括沉降速度 $u_1\geqslant u_0$ 的所有颗粒及 $u_2<u_0$ 的颗粒中在某一水深 h 下进入沉淀池工作区域的颗粒，显然，$h=H\frac{u_2}{u_0}$。

u_0 即为水中能被理想沉淀池完全去除的颗粒所具有的最小沉降速度，称为截留速度。

C　表面水力负荷

截留速度本质上是沉淀池的性能参数，截留速度越小，沉淀池效率越高，故引入沉淀池表面水力负荷，它与截留速度数值上相等，但物理意义不一样，更能表达沉淀池的工作状况。

设沉淀池沉淀区长、宽、高分别为 L、W、H，则沉淀池容积 $V=LWH$，水在池中水平流速为：$v=\frac{Q}{HW}$；显然，$\frac{L}{V}=\frac{H}{u_0}$，则可推导得到 $u_0=\frac{Q}{A}$。令

$$q=\frac{Q}{A} \tag{3-1}$$

式 (3-1) 中的 q 即为沉淀池表面水力负荷，简称表面负荷。单位为 $m^3/(m^2\cdot s)$ 或 $m^3/(m^2\cdot h)$。其物理意义为沉淀池工作区域单位表面积单位时间所承担的要处理的废水量。它是衡量沉淀池效率的参数，在悬浮物沉降性质不变的情况下，表面负荷越小，理想沉淀池效率对悬浮物去除率越大。

若处理水量不变，增大沉淀池表面积可提高去除率；去除率不变即表明负荷不变，增大沉淀池表面积可增加废水处理流量。因此，沉淀池的效率（处理量和去除率）理论上只与颗粒本身的沉降性质和沉淀池表面积有关，和沉淀池的高度无关。

3.1.1.2　离心沉降

利用快速旋转所产生的离心力使含有悬浮固体或乳状油的污水进行高速旋转，由于悬浮颗粒、乳化油等和水的密度不同，因此受到的离心力作用大小不等。密度大的悬浮性固体颗粒，受到较大的离心力作用，被甩到了外侧；密度小的水受到离心力作用较小，被留在了内圈，利用不同的排出口将其分别引出，可实现固-液分离，这种方法称为离心分

类法。

悬浮颗粒受到的离心力与重力之比称为离心分离因数 K_c。

$$K_c = \frac{mu_T^2/R}{mg} = \frac{u_T^2/R}{g} = \frac{R\omega^2}{g} \tag{3-2}$$

式中　u_T——线速度；

ω——角速度；

R——旋转半径。

旋转速度越快，半径越大，离心分离因素就越大，分离效率越高。

3.1.1.3　沉降处理单元和构筑物

沉淀池类型、结构及应用

大部分含有无机或有机悬浮物的污水，都可通过沉降处理单元去除悬浮物。沉降处理在水处理工艺中应用广泛，如预处理中的沉砂池、一级处理中的一次沉淀池、二级处理中的二次沉淀池、三级处理中的混凝澄清池等，也可用于污泥处置，例如污泥浓缩池。沉砂池已在预处理部分进行讲述，下面主要介绍沉淀池的内容。

A　沉淀池结构

沉淀池整体结构分为进水区、出水区、沉淀区、缓冲区和污泥区，各部分设计尽可能满足理想沉淀池的假设，以具备较高的悬浮物去除率。

（1）进水区和出水区：均匀布水、集水，使水流均匀地流过沉淀区，保证沉淀池中水流的稳定性。

以平流式沉淀池为例，进水区由侧向（或槽底潜孔）配水槽、挡流板或穿孔墙组成，起消能和均匀布水的作用，如图 3-2 所示。

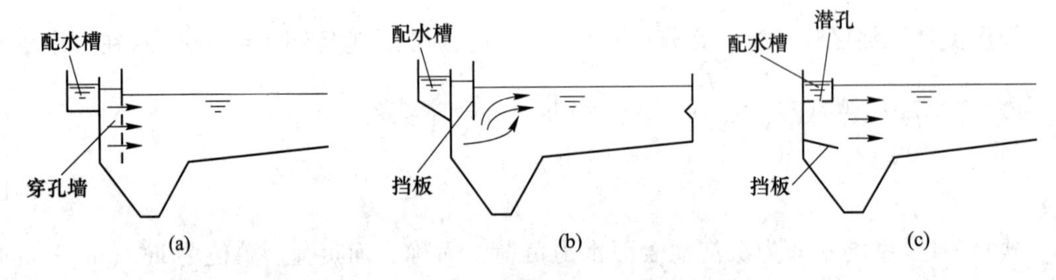

图 3-2　平流式沉淀池进水区整流设施

（a）穿孔墙布水；（b）挡板折流布水；（c）潜孔+挡板反射布水

出水区的作用是保持沉淀池出水均匀，否则水流在沉淀池内会造成扰动，影响悬浮物沉降，常用的有三角堰、淹没孔口和溢流堰等形式，如图 3-3 所示。

（2）沉淀区：沉淀进行的主要场所，是 SS 与废水分离的区域。

（3）贮泥区：贮存、浓缩与排放污泥。排泥方式有泥斗排泥和机械排泥两类。泥斗排泥往往为多斗形式，靠静水压力（一般为 1.5~2.0 m 水头）排泥，下设有排泥管，如图 3-4 所示。

机械排泥沉淀池带刮泥机，池底需要一定坡度（0.01~0.02），刮泥机把泥刮至泥斗后靠污泥泵排出。虹吸吸泥车也是机械排泥的一种形式。

(a)

(b)

图 3-3　沉淀池出水区
（a）淹没孔口；（b）三角堰

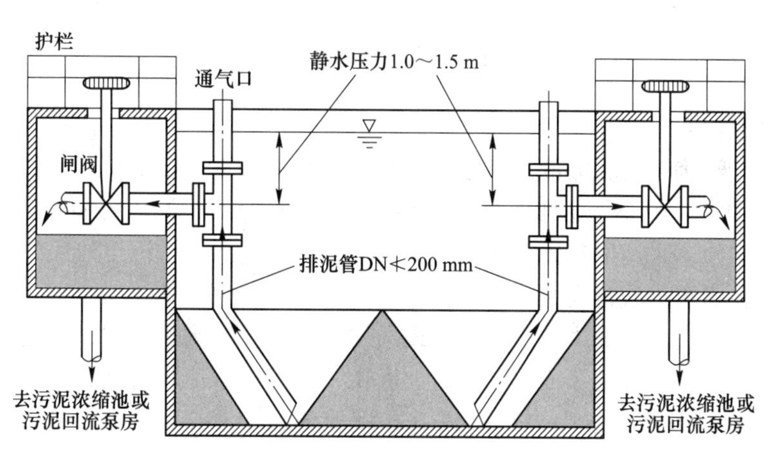

图 3-4　沉淀池重力排泥

（4）缓冲区：避免水流带走沉在池底的污泥。

B　沉淀池的分类及其适用条件

按工艺布置沉淀池可分为：初沉池和二沉池。

初沉池作为二级处理的前处理，可去除 40%～55%的 SS、20%～30%的 BOD_5，降低后续构筑物负荷。

二沉池位于生物处理装置后，用于泥水分离，是生物处理的重要组成部分。经生物处理再加上二沉池沉淀后，一般可去除 70%～90%的 SS 和 65%～95%的 BOD_5。

按水流方向沉淀池可分为平流式、竖流式、辐流式、斜流式。不同类型的沉淀池结构、运行特点、适用条件各异，以下分别进行介绍。

a　平流式沉淀池

平流式沉淀池是最早和最常用的形式，适用于较大流量的污水处理厂。和理想沉淀池类似，它是长矩形的池子，由进水区、沉淀区、缓冲区、污泥区、出水区五区以及排泥装置组成。

水通过进水槽和孔口流入池内，在挡板作用下，在池子澄清区的半高处均匀地分布在整个过水断面上。水在澄清区内缓缓流动，水中悬浮物逐渐沉向池底。沉淀池末端设有溢流堰和出水槽，澄清区出水溢过堰口，通过出水槽排出池外。如水中有浮渣，堰口前需设挡板及浮渣收集设备。在沉淀池前端设有污泥斗，池底污泥在刮泥机的缓缓推动下刮入污泥斗内。图 3-5 为带行车刮泥机的平流式沉淀池。

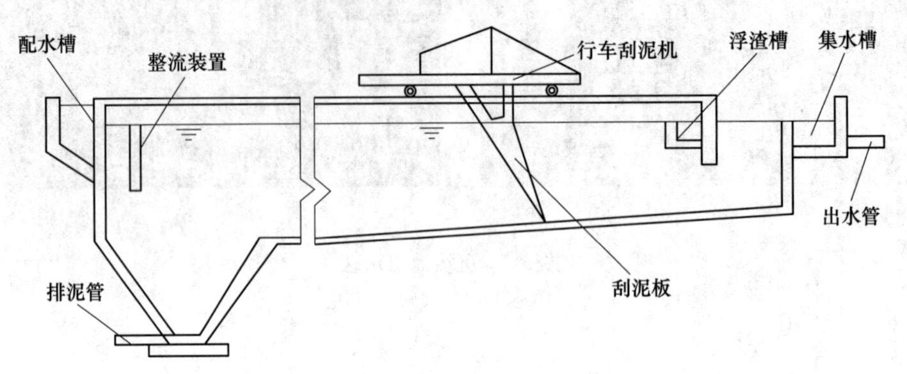

图 3-5　带行车刮泥机的平流式沉淀池

b　辐流式沉淀池

辐流式沉淀池为直径较大的圆形池子，直径一般在 20~30 m，最大可达 100 m，池深为 2. 5~5 m，一般由中心管进水，经整流装置后向四周辐射流动，适用于大型污水处理厂。辐流式沉淀池多采用回转式刮泥机收集污泥，刮泥机刮板将沉至池底的污泥刮至池中心的污泥斗，再借重力或污泥泵排走。

辐流式沉淀池过水断面由中心向四周逐渐增大，因此水流速度逐渐变慢，有利于悬浮物的沉降。但在中心处过水断面小，水流速度快，容易使水流不稳定，产生扰动。为克服这一缺点，可采用周边进水中央出水辐流式沉淀池。图 3-6 为中心进水辐流式沉淀池，图 3-7 为周边进水辐流式沉淀池。

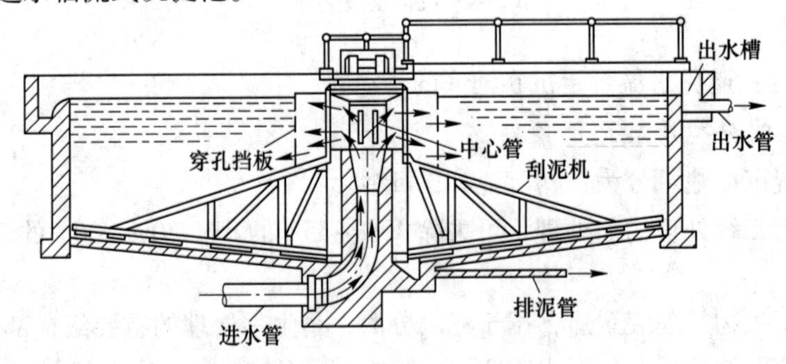

图 3-6　中心进水辐流式沉淀池

c　竖流式沉淀池

竖流式沉淀池的平面形状一般为圆形或方形，如图 3-8 所示，水由中心管的下口流入，通过反射板的拦阻向四周分布于整个水平断面上，缓缓向上流动。沉速超过上升流速的颗粒则向下沉降到污泥斗中，澄清后的水由池四周的堰口溢出池外。污泥斗倾斜角为 45°~60°，排泥管直径 200 mm，排泥静水压为 1. 5~2 m，可不必装设排泥机械。

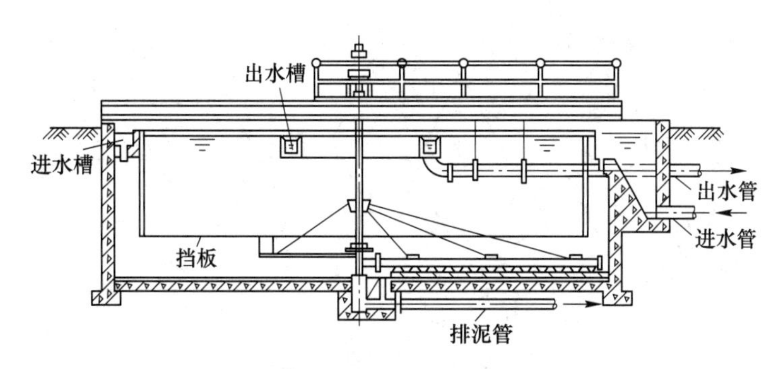

图 3-7 周边进水辐流式沉淀池

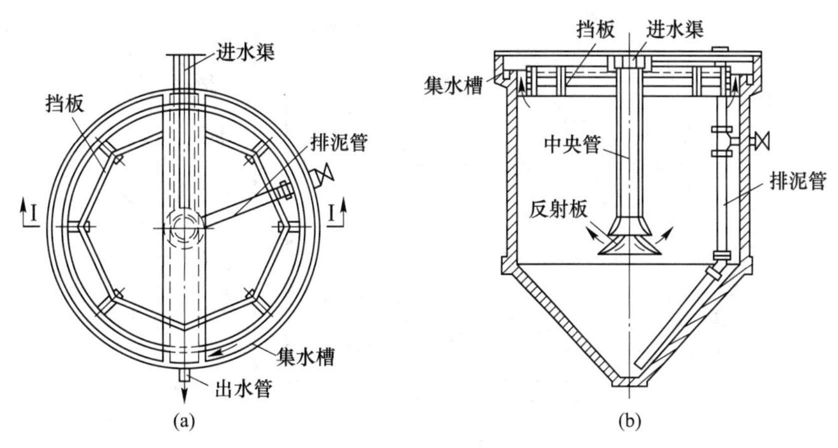

图 3-8 竖流式沉淀池

（a）平面；（b） I — I 剖面

由于水流方向与沉降方向相反，理论上只有沉降速度大于水流上升速度的颗粒才能被去除，故竖流式沉淀池的去除率低。但竖流式沉淀池有利于颗粒间的相互接触、碰撞，若颗粒具有絮凝性，颗粒粒径会逐渐增大，有利于颗粒的沉淀。因此，竖流式沉淀池适合于絮凝沉淀，广泛适用于小型污水处理厂。

d 斜流式沉淀池

由理想沉淀池沉降效率分析可知，沉淀池效率只与颗粒本身的沉降性质和沉淀池表面积有关，和沉淀池的高度无关。因此可以在沉淀池加隔板做成多层沉淀池，但为了排泥方便，把隔板倾斜一个角度使沉降在隔板上的悬浮物能滑落到隔板下的泥斗中，这种沉淀池即为斜流式沉淀池。根据水流和泥流的相对方向，将斜流式沉淀池根据水流和泥流的方向分为异向流、同向流、侧向流三种类型，如图 3-9 所示。

斜流式沉淀池也称斜板或斜管沉淀池，斜板（管）一般由轻质，无毒的硬聚氯乙烯、聚丙烯等材料制成。图 3-10 所示为异向流斜流式沉淀池。

根据沉淀池水力负荷公式 $q=\dfrac{Q}{A}$，可知斜流式沉淀池沉降效率高的原因本质是增加了沉淀池的底面积。

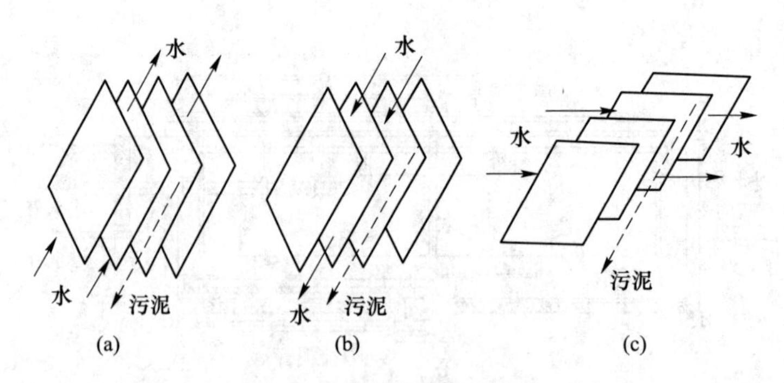

图 3-9 斜流式沉淀池类型

（a）异向流；（b）同向流；（c）横向流

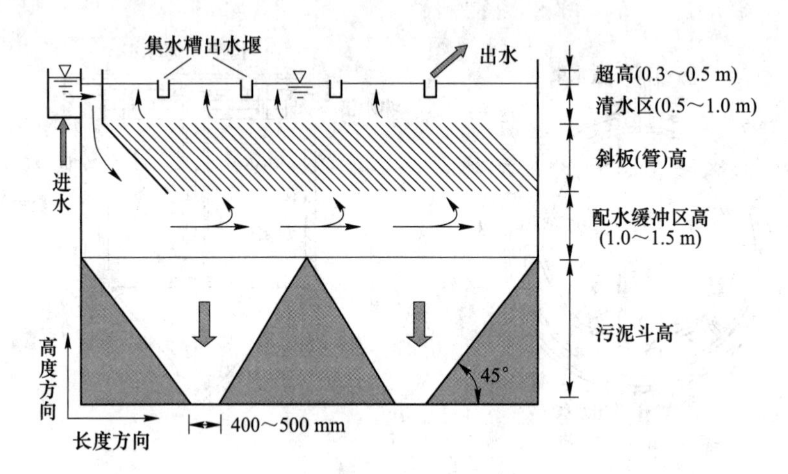

图 3-10 异向流斜流式沉淀池

由异向流斜流式沉淀池可推导得：

$$Q = \eta q(A_{斜} + A_{原}) \quad (3\text{-}3)$$

式中 η——斜板效率系数，0.6~0.8；

$A_{斜}$——斜板在水平面的投影面积；

$A_{原}$——沉淀池工作区域底部面积；

q——表面水力负荷。

同理，可得到同向流、侧向流斜流式沉淀池公式分别为：$Q_{设} = \eta q(A_{斜} - A_{原})$，$Q_{设} = \eta q A_{斜}$。

e 各种沉淀池类型及适用条件

对一级处理，沉淀主要用于初次沉淀池，上述四种类型沉淀池的特点见表 3-1。

表 3-1 四类沉淀池的特点

类型	优点	缺点	适用条件
平流式	对负荷、温度的变化适应性强；施工简单、造价低；多个池子易于组合，节省占地面积	排泥操作较为复杂，配水不易均匀	地下水位高、地质条件较差地区，大、中、小规模的污水处理厂都适用

续表 3-1

类型	优点	缺点	适用条件
辐流式	采用机械排泥，运行管理较为简单；排泥设备大多为定型产品；池子结构受力条件好	水流不易稳定；排泥设备构造复杂，对施工质量要求高；占地面积大	适用于地下水位较高的地区，大、中型污水处理厂
竖流式	无机械刮泥设备，操作简单，占地面积小	池深大，施工困难；对负荷和温度变化适应性较差；池径不宜过大，否则布水不均匀	适用于水量不大的小型污水处理厂
斜流式	沉淀效率高，停留时间短，占地面积小	斜板（管）在水中会成为微生物生长的载体，容易滋生藻类，引起堵塞，需定期清洗	适用于现有构筑物的改造；适用于初沉池和深度处理的混凝澄清池

3.1.2　技能

3.1.2.1　*初次沉淀池设计基本原则*

（1）设计流量应考虑分期建设，按最大流量进行设计。

（2）沉淀池不少于 2 个并联运行。

（3）若无实测或实验数据，初次沉淀池设计参数参考表 3-2。

表 3-2　初次沉淀池基本设计参数

沉淀时间 t /h	表面水力负荷 q /$m^3 \cdot (m^2 \cdot h)^{-1}$	污泥量（干重）/$g \cdot (人 \cdot d)^{-1}$	污泥含水率 /%	堰口负荷 /$L \cdot (s \cdot m)^{-1}$	有效水深 H /m
1.0~2.5	1.5~3.0	14~27	95~97	≤2.9	2~5

沉淀池有效水深（H）与沉淀时间（t）和表面负荷 q 的关系为 $q=\frac{H}{t}$，故当表面水力负荷一定时，原则上有效水深与沉淀时间之比也为定值。

（4）初次沉淀池缓冲层高度一般为 0.3~0.5 m，超高不小于 0.3 m。

（5）泥斗排泥倾角不小于 60°；静水压排泥时，静水压头不小于 1.5 m；排泥管直径不小于 200 mm。

（6）污泥区容积按不大于 2 d 的贮泥量计算，并应设有连续排泥设施。

3.1.2.2　*沉淀池主体尺寸与工艺计算*

沉淀池主体尺寸与工艺计算公式见表 3-3。

表 3-3　沉淀池主体尺寸与工艺计算公式

项目	主要尺寸	计算公式	主要参数
平流式沉淀池	沉淀区表面积	$A=\frac{Q_{max}}{q}$　(3-4)	Q_{max}——最大设计流量，m^3/h； q——表面水力负荷，$m^3/(m^2 \cdot h)$
	沉淀区有效水深	$h_2=qt$　(3-5)	h_2——沉淀区有效水深； t——沉淀时间

续表 3-3

项目	主要尺寸	计算公式	主要参数
平流式沉淀池	沉淀区有效容积	$V_1 = Ah_2$ (3-6) $V_1 = Q_{max} \times t \times 3.6$ (3-7)	
	沉淀区长度	$L = 3.6 \times v \times t$ (3-8)	v——最大设计流量时的水平流速，一般小于 5 mm/s
	进水区和出水区	取经验数据	进水区长 0.5~1.0 m； 出水区长 0.25~0.50 m
	沉淀区宽度	$B = \frac{A}{L}$ (3-9) $b = \frac{A}{nL}$ (3-10)	B——沉淀区总宽度，m； b——单池宽度，m； n——沉淀池个数。 为了保证污水在池内分布均匀，池长与池宽比不小于 4，以 4~5 为宜
	污泥区容积	$W = \frac{SNT}{1000\gamma}$ (3-11)	W——污泥区总容积； S——每人每日的污泥量，g/(d·人)； N——设计人口数，人； T——污泥贮存时间，d； γ——污泥容重，可近似取 1000 kg/m^3
	沉淀池总高	$H = h_1 + h_2 + h_3 + h_4$ (3-12)	h_1——超高，一般取 0.3 m； h_2——沉淀区的有效深度，m； h_3——缓冲层高度，无刮泥机时取 0.5 m，有则取 0.3 m； h_4——污泥区高度，m
	泥斗容积	$V_2 = \frac{h_4(f_1 + f_2 \sqrt{f_1 f_2})}{3}$ (3-13)	f_1——斗上口面积，m^2； f_2——斗下口面积，m^2
辐流式沉淀池	池径和有效水深	$D = \sqrt{\frac{4A}{\pi}}$ (3-14) $h_2 = qt$ (3-15)	D——池径，m； $\frac{D}{h_2}$——径深比，取 6~12
竖流式沉淀池	中心管面积	$f = \frac{q_{max}}{v_0}$ (3-16)	f——中心管面积，m^2； q_{max}——单池最大流量，m^3/s； v_0——中心管流速，不大于 30 mm/s
	沉淀区有效断面面积	$F = \frac{q_{max}}{q}$ (3-17)	q——表面水力负荷，m^3/(m^2·h)
	沉淀池直径	$D = \sqrt{\frac{4(F+f)}{\pi}}$ (3-18)	竖流式沉淀池直径不宜大于 8 m
斜流式沉淀池（异向流）	基本设计参数	斜板倾角 θ 一般取 60°，斜板长度一般为 1~1.2 m，板间距 50~150 mm，清水区高度 0.5~1.0 m，布水区高度 1.0~1.5 m	

3.1.2.3　运行

（1）停留时间和表面负荷。污水在沉淀池中的停留时间应保证对水中可沉降 SS 的去除率，但水力停留时间过长，不仅不能提高去除率，反而会由于污水腐化而降低沉降效果。

运行时，由于沉淀池结构尺寸是固定的，所以表面水力负荷和停留时间会随流量的变化而变化，最终导致沉淀去除效率的变化。若水量冲击负荷过大，则运行时沉淀池数量也应适时调整，以保证去除率。

（2）投加化学药剂。适当投加化学药剂能强化沉淀效果，并可去除污水中一定量污染物（例如磷），一般使用铁盐、铝盐及其聚合物，石灰等。

（3）运行记录。为维持初沉池良好的运行效果，需要做好运行记录工作，应包括初次沉淀池进出水水温、BOD_5、SS、VSS、去除率、pH 值、油类物质等指标和泥斗中污泥中固体、挥发性固体等指标记录。

3.1.3　任务

某城市污水处理厂最大设计流量 43200 m^3/d，设计人口 25 万人，沉淀时间 1.50 h，采用链带式刮泥机，并完成下列任务。

（1）求平流式沉淀池各部分尺寸（无污水悬浮物沉降资料）见表 3-4。

表 3-4　平流式初沉池主体尺寸与设备选型

<table>
<tr><td colspan="4">步骤 1：相关设计参数的确定</td></tr>
<tr><td>1</td><td></td><td>2</td><td></td></tr>
<tr><td>3</td><td></td><td>4</td><td></td></tr>
<tr><td>5</td><td></td><td>6</td><td></td></tr>
<tr><td>7</td><td></td><td>8</td><td></td></tr>
<tr><td colspan="4">步骤 2：平流式初沉池主体尺寸计算</td></tr>
<tr><td colspan="4"></td></tr>
<tr><td colspan="4">步骤 3：设备选型</td></tr>
<tr><td colspan="4">（1）设备选型途径：
（2）设备类型、型号：
（3）主要性能参数：</td></tr>
</table>

续表 3-4

步骤 4：参数校核

（2）按比例绘制计算草图（图 3-11），并标注尺寸。

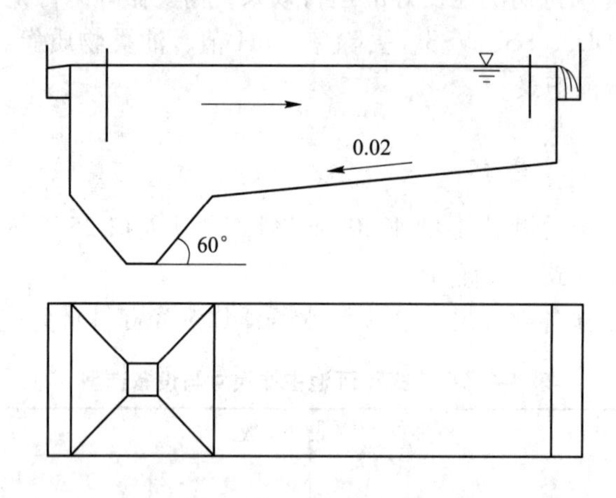

图 3-11 平流式沉淀池

任务 3.2 自然上浮

【知识目标】

（1）掌握含油废水性质及去除机理。
（2）掌握常用隔油池类型和结构。

【技能目标】

能进行隔油池基本工艺计算。

【素养目标】

（1）培养查阅资料的能力。
（2）具备一定的自我学习能力。

在重力作用下，利用颗粒污染物与水之间的密度差，使其上浮至水面的过程，称为自然上浮。自然上浮去除的对象主要是含油废水。自然上浮为重力沉降的逆过程，其处理单元构筑物和设备与重力沉降设备类似，本节只对主要理论进行讲述。

3.2.1　含油污水的类型和特点

含油污水主要来源于石油、石油化工、钢铁、炼焦、机械加工与修理、屠宰、饮食等行业。在一般的生活污水中，油脂占总有机物的 10%。

按组成成分油类污染物可分为两类：第一类包括动物或植物脂肪，第二类是原油或矿物油的液体部分。

污水中的油类按其存在状态可分为下列四类：

（1）浮油。油珠的粒径一般为 100~150 μm，很容易浮于水面形成油膜或油层。浮油是含油污水的主要油组分。

（2）分散油。油珠的粒径一般为 10~100 μm，悬浮于水中，静止一定时间后可形成浮油。

（3）乳化油。油珠粒径小于 10 μm，一般为 0.1~2 μm，通常由于污水中含有表面活性剂而使之形成稳定的乳化状态，即使长期静置也难以从水中分离出来。乳化油必须先经过破乳处理转化为浮油，然后再加以分离。

（4）溶解油。油珠粒径有的小到几个纳米，其溶解度很小，在水中呈溶解状态。溶解油的含量一般不大，通常利用化学或生化方法将其分解去除。

对于浮油和分散油等较大的不稳定悬浮油珠颗粒来说，由于油珠颗粒的密度比水小，在静止状态下，油珠颗粒能够上浮。其上浮过程与前面所讲的密度大于水的颗粒的沉降过程类同。

3.2.2　隔油池

与沉淀池的原理相似，隔油池是提供一个相对平缓的水流环境，使水中较大的油珠颗粒有足够的时间上浮于水面，从而将水中的油类污染物去除。因此，隔油池的构造与沉淀池有相似之处，常用的隔油池有平流式隔油池与斜板式隔油池。

3.2.2.1　平流式隔油池

平流式隔油池的构造与平流式沉淀池类似，污水自进水管流入，经配水槽进入澄清区。在该区内，密度小的油珠上浮在水面，密度大的固体杂质则沉到池底。经分离后的净水继续流向出水槽并经出水管排出。出水端的水面附近有一根直径为 200~300 mm 的圆形集油管，沿其长度在管壁的一侧开有切口并可绕管轴线转动。平时切口在水面以上，需排油时转动集油管，使切口浸入水面油层以下，循环运动的刮油刮泥机将浮于水面的油刮入管内，沿管道导出池外，同时刮油刮泥机还将污泥刮入污泥斗排出。

污水在池内停留时间一般为 1.5~2 h，水平流速很低，一般为 2~5 mm/s，最大不超过 15 mm/s。隔油池有效水深为 1.5~2 m，池宽和池深之比一般为 0.3~0.4，池长和池深之比不小于 4，超高不应小于 0.4 m。池上应加盖板，以防止石油气味的散发，同时还起防雨、防火和保温作用。

平流式隔油池的设计一般按油粒上浮速度计算，其计算与平流式沉淀池的计算类似。

（1）表面面积 A：

$$A = \alpha \frac{Q}{u} \tag{3-19}$$

式中 Q——污水流量，m^3/h；

α——修正系数，与隔油池内污水水平流速对油粒上浮速度比值（v/u）有关，其值见表 3-5。

表 3-5 隔油池修正系数 α 与 v/u 的关系

v/u	20	15	10	6	3
α	1.74	1.64	1.44	1.37	1.28

（2）过水断面：

$$A_c = \frac{Q}{v} \tag{3-20}$$

（3）池长 L：

$$L = \alpha \frac{v}{u} h \tag{3-21}$$

式中 h——隔油池有效水深，m。

平流式隔油池应用较早，其优点是构造简单、运行管理方便、除油效果稳定；缺点也比较明显：体积大、占地面积大、处理能力低，除油率一般为 60%~70%，只可去除浮油，影响了它的推广使用。

3.2.2.2 斜板式隔油池

斜板式隔油池是借鉴斜板式沉淀池的思路，由平流式隔油池改良发展而来的，其构造如图 3-12 所示。池内装置的波纹板间距为 20~50 mm，倾角为 45°。污水流入隔油池后，沿板面向下流，从出水堰排出。污水从斜板中通过时，水中的油粒上浮到上层板的下表面，并沿板的下表面向上流动，最后从位于水表面的集油管排走；水中的污泥则沉到下板的上表面，滑落池底部并通过排泥管排出。

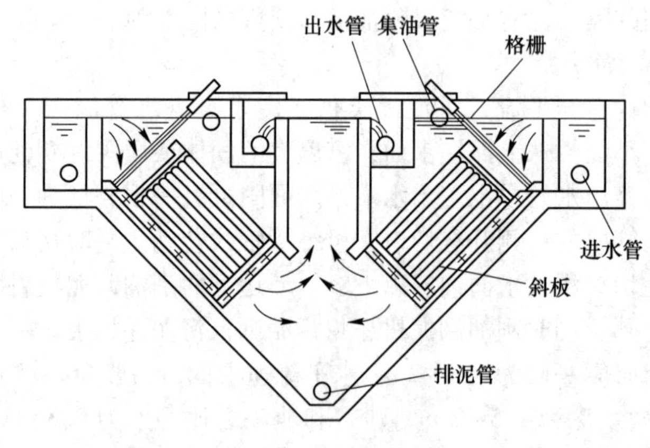

图 3-12 斜板式隔油池

由于大幅度缩短了油粒上浮距离，因此这种隔油池的油水分离效率较高，可分离油滴的最小直径约为 60 μm，污水在池中停留时间一般不大于 30 min，隔油池的占地面积只有平流式的 1/4~1/3，除油效率为 70%~80%。我国新建的隔油池大多采用斜板式隔油池。

近些年广泛使用的是一种叫“粗粒化装置”的小型高效油水分离装置，其原理是让污水通过一种亲油性粗粒化材料，粗粒化材料对水中微小油粒快速吸附、黏附，并在其表面凝聚成较大的油滴，这些较大的油滴可以很容易地上浮去除。粗粒化装置除油率很高，可除去 1~2 μm 的油粒，出水含油量可降至 20 mg/L 以下。另外，设备占地面积小，药剂、动力消耗低，不产生二次污染。

任务 3.3　加压溶气气浮

【知识目标】

（1）掌握气浮处理单元原理，去除污染物的性质和特征。
（2）掌握调压力溶气气浮设备的工作原理和基本构造。
（3）掌握气浮的设计和性能参数。

【技能目标】

（1）能进行压力溶气气浮设备的基本操作。
（2）能根据压力溶气气浮等设备和构筑物的选型和主体尺寸计算。

【素养目标】

（1）培养查阅资料的能力。
（2）具备一定的自我学习能力。

3.3.1　主要理论

气浮

从斯托克斯（Stokes）公式可以看出，对于密度与水接近的颗粒，无论是沉淀还是上浮，其运动速度都很小甚至为零。采用沉淀与上浮方法处理密度与水接近的颗粒，其效果都不理想。

气体的密度远小于水以及水中的颗粒物，如果能向水中注入大量的微气泡，并使其与水中欲去除的颗粒黏附在一起，形成密度比水小得多的气浮体，就很容易上浮至水面形成浮渣，从而将这些密度与水接近的颗粒分离出来，这种处理方法称为气浮，也称浮选。在污水处理领域，气浮广泛应用于：分离地面水中的细小悬浮物、藻类及微絮体；代替二次沉淀池，分离和浓缩剩余活性污泥；浓缩化学混凝处理产生的絮状化学污泥；回收含油污水中的悬浮油及乳化油；回收工业污水中的有用物质，如造纸厂污水中的纸浆纤维等。

3.3.1.1　气浮原理

从上面介绍的气浮思路可知，实现气浮分离必须满足两个条件：一是水中有足够数量的微小气泡；二是使欲分离的悬浮颗粒与气泡黏附形成气浮体并上浮。前者可以采用向水中充气、溶气减压等方法，比较容易满足；后者是气浮的最基本条件，也是气浮处理成功与否的关键。水中通入气泡后，并非任何悬浮物都能与之黏附，这取决于该物质的润湿性。润湿性的大小可用润湿接触角来衡量。为了说清这个问题，现对液、气、颗粒三相黏附界面作一分析，如图 3-13 所示。

在液、气、固三相交界处，不同介质的相表面上因受力不均匀而存在界面张力，

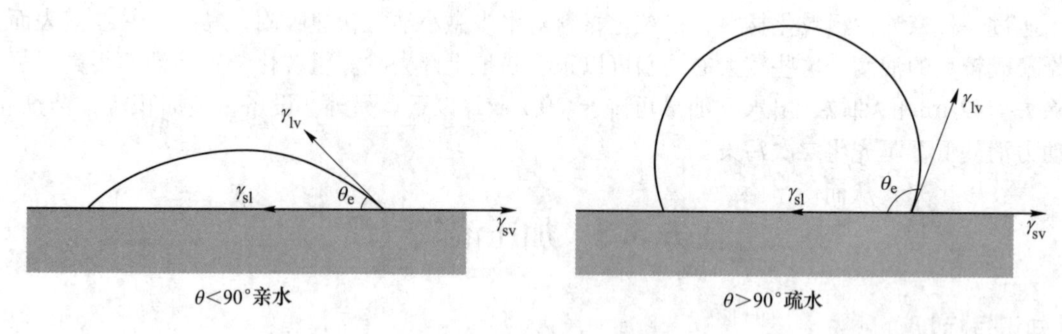

图 3-13　亲水性和疏水性颗粒的润湿接触角

图 3-13 中，γ_{lv}为液-气界面张力，γ_{sl}为液-固界面张力，γ_{sv}为气-固界面张力。液-气界面张力 γ_{lv}与液-固界面张力 γ_{sl}的夹角 θ_e 称为固体颗粒的润湿接触角。润湿接触角的大小取决于固体颗粒的表面特性。接触角越大，表示固体颗粒被水润湿性越弱，颗粒与气泡接触面也就越大，二者结合牢固，容易黏附气泡形成气浮体。通常将润湿接触角 $\theta_e<90°$的颗粒，称为亲水性颗粒；润湿接触角 $\theta_e>90°$的颗粒，称为疏水性颗粒。$\theta_e=90°$，规定为疏水表面与亲水表面的分界线。

气浮的第二个必需条件，实际上就是要求欲去除颗粒表面具有疏水性。对于本身就是疏水性的颗粒，可直接用气浮法去除；对于亲水性颗粒，需要采取措施改变其表面特性使其变成疏水性颗粒，才可用气浮法去除。实际生产中，为提高气浮处理的分离效率，往往都投加浮选剂。浮选剂是能改变水中悬浮颗粒表面润湿性的表面活性物质，分子中既有极性基团又有非极性基团，它能将极性基团吸附于亲水颗粒表面，而非极性基团指向水相，在亲水性颗粒表面形成一层非极性吸附层，使颗粒具有疏水性。

在气浮过程中，悬浮颗粒靠黏附微气泡上浮，水中气泡的数量、分散度、稳定性等直接影响气浮分离效率。

向水中充入同样体积的空气，气泡体积越小，则气泡数量越多，表面积越大，分散度越高，那么气泡与悬浮颗粒接触、黏附的机会就越多，气浮效果也就越好。实践证明，气泡直径在 100 μm 以下才能很好地附着在悬浮物上面。

在气浮过程中，往水中加入一定浓度的表面活性物质，表面活性物质将与气泡相互作用，非极性端伸入气相，极性端伸向水中，由于电荷的相斥作用，从而增加了微气泡的稳定性。这样可促进气泡在水中弥散，防止微气泡兼并变为大气泡；同时，也可避免气浮体上升到水面后，由于气泡很快破灭不能形成稳定的气浮泡沫层，在被刮渣设备去除之前，再次沉入水中。

任何事物都有两面性，表面活性物质虽然可改变颗粒的润湿性、气泡的稳定性，对气浮有利，但当其含量超过一定限度后，会使油类严重乳化，这时尽管起泡现象强烈，泡沫形成良好，但浮选效果很差。对于乳化油的气浮，应先向污水中投加破乳剂。

用于气浮的药剂种类有很多，按其作用不同分为捕收剂、起泡剂、调整剂等。捕收剂能改善颗粒润湿性，提高可浮性，常见品种有硬脂酸、脂肪酸及其盐类、胺类等；起泡剂能确保产生大量微细且均匀的气泡，并保持泡沫的稳定，通常为表面活性剂；调整剂能提高气浮过程的选择性，加强捕收剂的作用并改善气浮条件。

按气泡产生方式的不同气浮处理方法分为溶气气浮、充气气浮及电解气浮三类。本教材只介绍最常用的溶气气浮。

3.3.1.2 加压溶气气浮

溶气气浮是先将空气在压力下送入水中，然后减压使水中的过饱和空气以微细的气泡形式释放出来，从而使水中的杂质颗粒被黏附形成气浮体，上浮到水面分离。溶气气浮产生的气泡直径只有20~100 μm，粒径均匀，并且可人为控制气泡与污水的接触时间，净化效果比较好。

根据气泡在水中析出时所处压力的不同，溶气气浮又分为加压溶气气浮和溶气真空气浮两类。溶气真空气浮在负压下工作，设备构造复杂，运行维护管理不方便，生产上应用较少。加压溶气气浮是目前应用最广泛的一种气浮方法，下面介绍加压溶气气浮。

A 基本流程

根据加压空气与水的混合方式不同，加压溶气气浮的基本流程可分为以下三种。

（1）全溶气气浮法。如图3-14所示，全部污水用泵加压至3~4个大气压[1]，在溶气罐内，空气溶解于污水中，然后通过减压阀将污水送入气浮池。析出的小气泡与污水中的颗粒物形成气浮体逸出水面，在水面上形成浮渣。用刮板将浮渣连续排入浮渣槽，经浮渣管排出池外，处理后的污水通过集水系统排出。其特点是溶气量大，动力消耗较大，气浮池容积小。

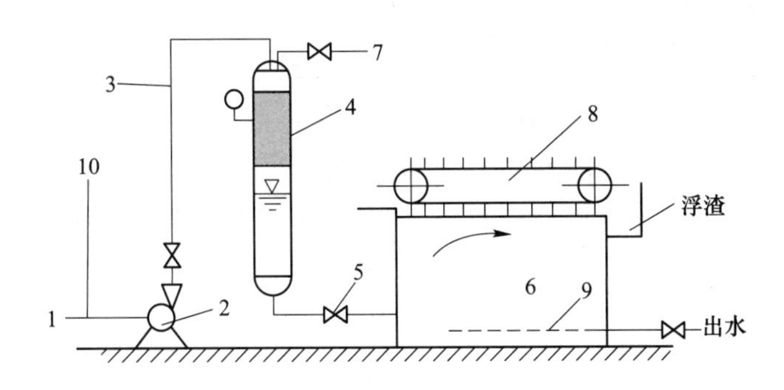

图3-14 全溶气方式加压气浮流程

1—原水；2—加压泵；3—空气；4—压力溶气罐（内含填料）；5—减压阀；6—气浮池；7—放气阀；8—刮渣机；9—集水系统；10—化学药剂

（2）部分溶气气浮法。如图3-15所示，取部分污水（通常占总水量的15%~40%）加压溶气，其余污水直接进入气浮池并在气浮池中与溶气水混合。其特点是动力消耗低，溶气罐的容积较小，气浮池的大小与全流程溶气气浮法相同，但较部分回流溶气气浮法小。

（3）回流溶气气浮法。如图3-16所示，取部分出水进行回流加压溶气，减压后进入气池，与直接进入气浮池的污水混合。回流量一般为污水的25%~50%。其特点为：动力消耗低，气浮过程中不促进乳化，避免了悬浮物对溶气罐的影响，是生产中最常采用的一种形式。

[1] 一个标准大气压=101325 Pa。

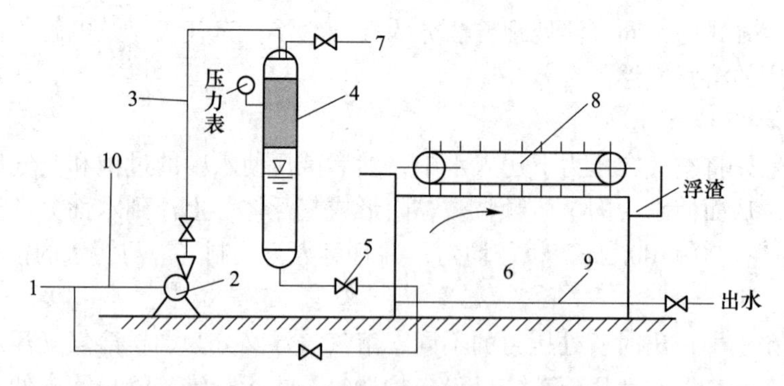

图3-15　部分溶气方式加压气浮流程

1—原水；2—加压泵；3—空气；4—压力溶气罐（内含填料）；5—减压阀；6—气浮池；7—放气阀；8—刮渣机；9—集水系统；10—化学药剂

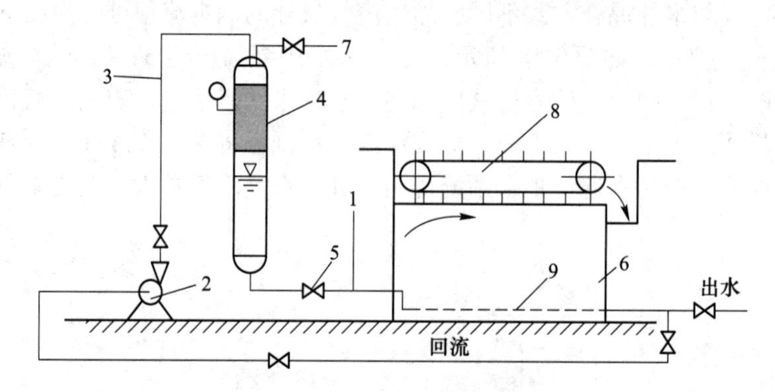

图3-16　回流溶气方式加压气浮流程

1—原水；2—加压泵；3—空气；4—压力溶气罐（内含填料）；5—减压阀；6—气浮池；7—放气阀；8—刮渣机；9—集水系统

B　主要设备

从基本流程中可以看出，加压溶气气浮法的主要设备有加压泵、供气设备、溶气罐、减压阀、溶气释放器和气浮池等。

（1）加压泵。加压泵用于提升污水，并对水气混合物加压，使受压空气溶于水中。压力越高，则溶气量越大，溶气水量越少。压力过高或过低均对气浮不利，应根据气浮所需空气量的多少、溶气罐的大小等选取。

（2）供气设备。供气方式有加压泵吸水管吸气、加压泵压水管射流吸气和加压泵与空压机联合溶气三种方式，如图3-17～图3-19所示。泵前进气，是由水泵压水管引出一支管返回吸水管，在支管上安装水力喷射器，省去了空压机。前两种方式所需设备比较简单，能耗较高，一般用于对气浮要求不高且水量较小的工程；第三种方式是目前常用的，由空气压缩机直接向溶气罐供给空气，溶气效果好，功耗较小，但设备以及操作复杂，而且空压机的噪声一般比较大。

（3）溶气罐。溶气罐是一个密封的耐压钢罐，罐上有进气管、排气管、进水管、出水管、放空管、液位计与压力表等。空气与水在罐内混合、溶解。为了提高溶气量和速度，罐内常设若干隔板或填料。操作时需定期开启罐顶放空阀，将积存在罐顶部未溶解的空气

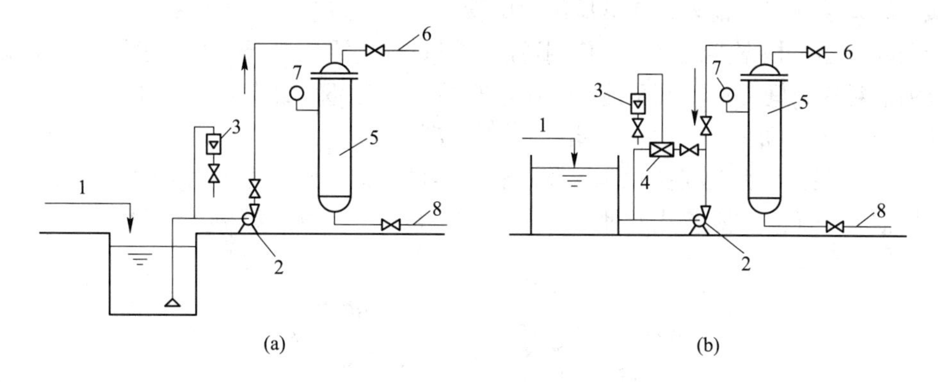

图 3-17　加压泵吸水管吸气溶气方式

（a）泵前直接吸气；（b）泵出水管旁路射流吸气

1—废水；2—水泵；3—气量计；4—射流器；5—溶气罐；6—放气管；7—压力表；8—减压阀

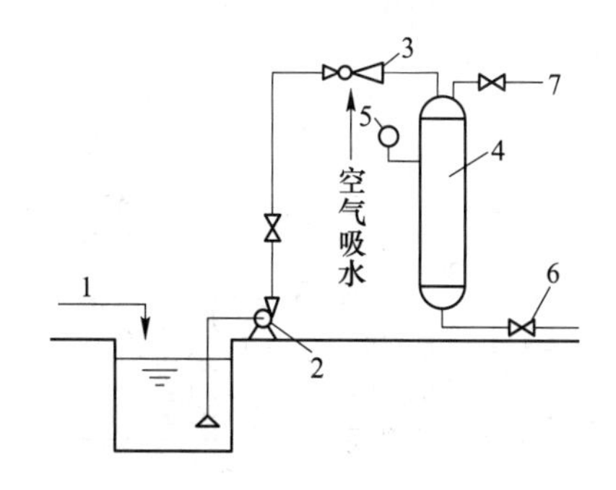

图 3-18　加压泵压水管射流吸气溶气方式

1—废水；2—水泵；3—射流器；4—溶气罐；5—压力表；6—减压阀；7—放气阀

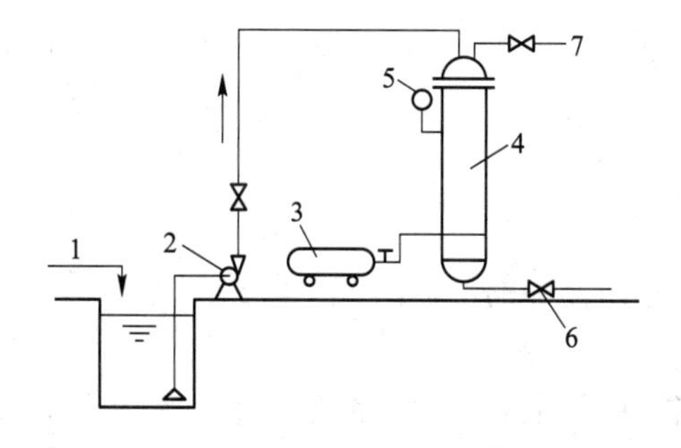

图 3-19　加压泵与空压机联合溶气方式

1—废水；2—水泵；3—射流器；4—溶气罐；5—压力表；6—减压阀；7—放气阀

排掉，以免减少罐容，影响气浮效果。

（4）减压释放设备。减压释放设备的作用是使压力溶气水中的溶解空气在减压后迅速以微气泡形式释放出来，满足气浮需要。生产中采用的减压释放设备有减压阀和专用释放器两类。

减压阀可利用现成的截止阀，比较简单，缺点是开启度难以准确调解，流量容易改变，减压阀安装在气浮池外，在减压阀后的管道内容易造成气泡合并变大。

专用释放器是根据溶气释放规律制造的，安置在气浮池内压力溶气水管道的末端。其优点是消能释气瞬间完成，几乎能将水中溶解的空气全部释放出来，而且释放的微气泡平均直径较小（20~30 μm），气泡密集，附着性能好。

（5）气浮池。气浮池是提供水中悬浮颗粒与微气泡黏附、上升、去除的场所，目前常用的气浮池有平流式和竖流式两种，均为散口式水池，如图3-20和图3-21所示。

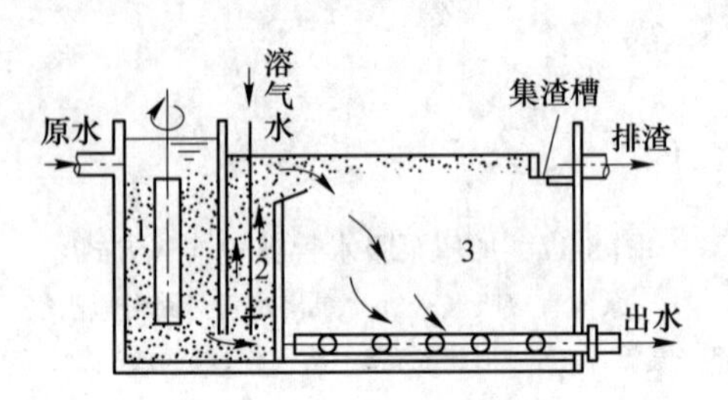

图3-20　平流式气浮池

1—反应池；2—接触室；3—气浮池

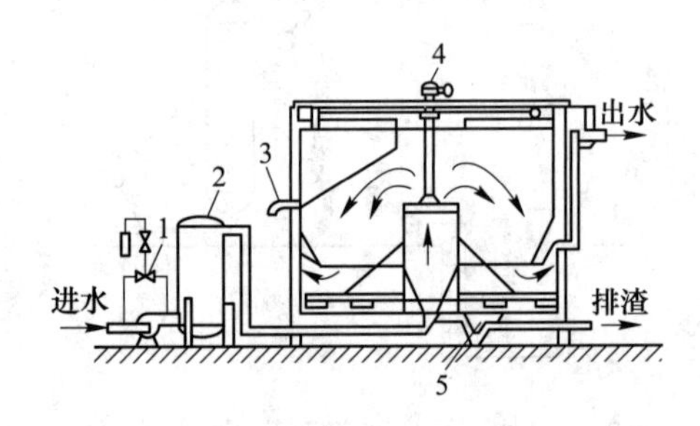

图3-21　竖流式气浮池

1—射流器；2—溶气罐；3—泡沫排出管；4—变速装置；5—沉渣斗

竖流式气浮池结构紧凑，水力条件好，但结构复杂，维护检修比较麻烦。平流式气浮池的池深较浅，构造简单，造价低，管理方便，目前应用较多。

3.3.2　技能

气浮池设计计算：以应用最多的回流溶气平流式气浮池为例，说明气浮池设计的基本方法。

气浮的设计计算比较简单，主要是确定溶气水量和所需提供空气量，计算气浮池的体积、尺寸，其余设备根据需要选取即可。

3.3.2.1　主要设计参数

（1）溶气罐的压力为0.2~0.4 MPa，混合时间一般为2~5 min。

（2）气固比G/S（空气析出量与原水中悬浮固体量的比值）应按气浮效率的要求通过试验确定。当无实测数据时，一般可选用0.005~0.060，原水的悬浮物含量高时取下限，低时则取上限。

（3）气浮池分离室的液面负荷可为5.4~7.2 $m^3/(m^2 \cdot h)$，废水在气浮池的停留时间为10~20 min。

（4）平流式气浮池的有效工作水深可采用 2.0~3.0 m。对长宽比没有严格要求，一般单格宽度不超过 10 m，池长以不超过 15 m 为宜。

（5）一般采用刮渣机逆水流方向定期刮渣，刮渣机的水平移动速度控制在 5 m/min 以内。

（6）气浮池集水应力求均匀，一般采用穿孔集水管，给水管的最大流速宜控制在 0.5 m/s 左右。

3.3.2.2　主要计算公式

（1）压力溶气水量的计算：

$$Q_r = \frac{c_0 Q(G/S)}{a_0(fp - 1)} \tag{3-22}$$

式中　Q_r——压力溶气水量，m^3/h；

c_0——污水中悬浮污染物浓度，mg/L；

Q——污水流量，m^3/h；

G/S——气固比，见设计参数说明；

a_0——101.3 kPa 下空气在水中的饱和溶解度，mg/L，其值与温度有关（见表 3-6）；

f——溶气效率，其值与溶气罐结构、溶气压力和时间有关，一般为 0.5~0.8；

p——溶气绝对压力，10^5 Pa。

表 3-6　空气在水中的饱和溶解度（101.3 kPa）

温度/℃	0	10	20	30	40
饱和溶解度 a_0/mg · L^{-1}	36.06	27.26	21.77	18.14	15.51

（2）所需提供空气量的计算：

$$Q_a = \frac{Q_r K_r p}{f} \tag{3-23}$$

式中　Q_a——所需提供空气量，L/h；

K_r——溶解常数，L/(m^3 · kPa)，随温度而变，不同温度下的 K_r 见表 3-7。

表 3-7　不同温度下的 K_r 值

温度/℃	0	10	20	30	40	50
K_r/L · (m^3 · kPa)$^{-1}$	0.285	0.218	0.180	0.158	0.135	0.120

设计空气量应按所需提供空气量的 1.25 倍供给，并留有余地，通常空气的实际用量为处理水量的 1%~5%（体积比）。

（3）气浮池容积的计算：

$$V = \frac{Q_r + Q}{v_s} \tag{3-24}$$

式中　V——气浮池的容积，m^3；

v_s——气浮池的表面负荷，5~10 $m^3/(m^2 \cdot h)$。

气浮池的尺寸参照前面的参数说明确定。

3.3.3 任务

平流式气浮池工艺设计包括以下两部分内容。

（1）求平流式气浮池各部分尺寸（见表3-8）。

表3-8　平流式气浮池的主体尺寸与设备选型

步骤1：相关设计参数的确定			
1	污水流量 Q：3000 m^3/d	2	悬浮固体浓度 C_0：700 mg/L
3	温度：20 ℃	4	接触时间：2~5 min
5	气固比 G/S：0.02	6	气浮池液面负荷：5.4~7.2 $m^3/(m^2 \cdot h)$
7	气浮池停留时间：10~20 min	8	有效水深：2.0~3.0 m
9	溶气效率：0.5~0.8	10	溶气绝对压力 p：4.1×10^5 Pa

步骤2：平流式气浮池的主体尺寸计算

（1）压力溶气水量 Q_r：

（2）气浮池计算：

1）接触式容积：

2）气浮池容积：

3）气浮池水深：

4）气浮池面积、长宽确定：

5）接触室面积、长宽确定：

步骤3：设备选型

（1）设备选型途径：

（2）设备类型、型号：

（3）主要性能参数：

（2）按比例绘制计算草图，并标注尺寸。

项目4　二 级 处 理

任务4.1　污水生物处理基本理论

【知识目标】

（1）了解污水生物处理的基本原理，理解微生物生长的营养及影响因素，掌握微生物的新陈代谢。

（2）了解废水生化处理中微生物的生长曲线及控制阶段。

（3）了解废水可生化性的基本概念，掌握废水可生化性的评价方法。

【技能目标】

（1）能初步根据水质条件，分析适用微生物进行处理的类群。

（2）能初步判断对应的废水生物处理法所需环境条件和营养条件。

【素养目标】

（1）培养知识综合应用的能力。

（2）具备理论联系实际的能力。

4.1.1　主要理论

4.1.1.1　污水处理微生物学基本知识

A　水中常见的微生物

水中的微生物对水体的自净有重要作用，也是污水生物化学处理的工作主体。与自然水体中的同类微生物相比，生活在污水中的微生物，其形态结构、生理特性、遗传变异等方面都有某些特异性改变，水中污染物浓度和种类等因素影响着微生物的生长规律和类群分布。水处理中常见的微生物见表4-1。

B　微生物的新陈代谢

微生物通过新陈代谢维持其基本的生命活动，代谢被分为两大类，包括分解代谢和合成代谢。

（1）分解代谢。分解代谢也称异化作用，是指微生物将自身或外来的各种物质分解以获得能量的过程，产生的能量用于维持各项生命活动需要，部分以热能形式与代谢产物一起排出体外。根据分解过程中对氧的需求，可分为好氧分解代谢和厌氧分解代谢。

好氧分解代谢过程中，有机物的分解比较彻底，最终产物是含能量最低的 CO_2 和 H_2O，故释放能量多、代谢速度快，代谢产物稳定。从污水处理的角度出发，希望保持这

表 4-1 水处理中常见的微生物

<table>
<tr><td>非细胞结构的微生物</td><td colspan="3">病毒</td></tr>
<tr><td rowspan="7">细胞结构的微生物</td><td rowspan="2">原核微生物</td><td colspan="2">蓝细菌（蓝藻）</td></tr>
<tr><td colspan="2">细菌</td></tr>
<tr><td rowspan="5">真核微生物</td><td rowspan="2">真菌</td><td>酵母菌</td></tr>
<tr><td>霉菌</td></tr>
<tr><td rowspan="2">原生生物</td><td>藻类</td></tr>
<tr><td>原生动物</td></tr>
<tr><td colspan="2">后生动物</td></tr>
</table>

样一种代谢形式，在较短的时间内将污水中的有机物稳定化。

厌氧分解代谢中有机物氧化不彻底，用于处理污水时，不能达到排放要求，还需要进行进一步处理，厌氧分解代谢时可产生沼气，回收甲烷。

（2）合成代谢。合成代谢也称同化作用，是指微生物不断由外界取得营养物质合成为自身细胞物质并储存能量的过程，是微生物机体自身物质制造的过程。在此过程中，微生物合成所需的能量和物质由分解代谢提供。

分解代谢和合成代谢是一个协同的、一体化的过程，它们是密不可分的。微生物的生命过程是营养物质不断被利用，细胞物质不断合成又不断消耗的过程。在这一过程中伴随着新的微生物的诞生，旧微生物的死亡和营养物质的转换，污水的生物化学处理就是利用微生物对污染源（营养物质）的代谢作用实现的。

C 微生物的生长条件

水的生物化学处理是利用微生物的作用来实现和完成的，微生物的新陈代谢对环境因素有一定的要求。因此，需要给微生物创造适宜生长繁殖的环境条件，使微生物大量生长繁殖，才能获得良好的污水处理效果。影响微生物生长繁殖的主要因素有水温、营养物质、pH 值、溶解氧和有毒物质。

D 微生物的生长规律及应用

在污水的好氧生化处理中，微生物是以活性污泥或生物膜形式存在的微生物混合群体，通常以群体生长特征表示微生物的生长规律。

a 微生物的生长规律

下面以活性污泥系统中微生物的生长曲线来揭示微生物的生长规律。在曝气池内，活性污泥微生物降解污水中有机污染物的同时，就伴随着微生物的增殖。微生物的增殖规律，一般以增殖曲线来表示。增殖曲线表示的是在某些关键性的环境因素，如温度一定、溶解氧含量充足等条件下，营养物质一次充分投加时，活性污泥微生物总量随时间的变化。如图 4-1 所示，整个增殖曲线分为四个阶段（期）。

（1）适应期。适应期也称为延迟期或调整期，微生物培养的初期阶段，是微生物细胞对新污水各项特性的适应过程。在本阶段初期微生物不裂殖，数量不增加，但是微生物的个体增大，逐渐适应新环境。在适应期后期，微生物对新环境已基本适应，微生物个体发育也达到了一定的程度，细胞开始分裂、微生物开始增殖。

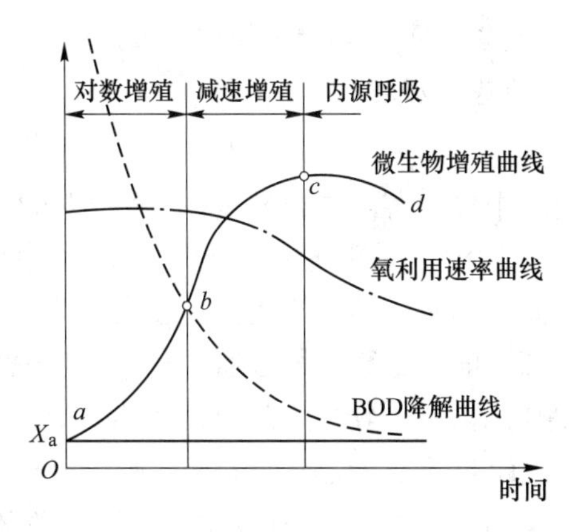

图 4-1　活性污泥增殖曲线及其和有机污染物（BOD）降解、氧利用速率的关系

(2) 对数增长期。出现本期的环境条件是有机底物异常丰富，F/M 值大于 2.2，微生物以最高速率对有机物进行摄取，去除有机物能力很强，微生物也以最高速率增殖，合成新细胞。

在对数增长期，营养物质丰富，使活性污泥具有很高的能量水平，活性污泥微生物的活动能力很强，使活性污泥质地松散，絮凝体形成不佳，因此絮凝、吸附及沉降性能较差。出水不仅有机物含量高，而且悬浮固体含量也高。

(3) 减数增长期。有机底物的浓度和 F/M 值不断下降，并逐渐成为微生物增长的控制因素，有机底物的降解速度下降，微生物的增长速率与残存的有机底物浓度呈正比例关系，为一级反应关系。微生物的增长逐渐下降，在后期微生物的衰亡与增殖互相抵消，活性污泥不再增长。

在减速增长期，营养物质不再丰富，能量水平低下，活性污泥絮凝体开始形成，凝聚、吸附及沉淀性能良好，易于泥水分离，废水中有机物已基本去除，出水水质较好，这是活性污泥法采用的工作阶段。

(4) 内源呼吸期。污水中有机底物的含量继续下降，F/M 值下降到最低值并保持一常数，微生物已不能从周期环境中获取足够的能够满足自身生理需要的营养，并开始分解代谢自身的营养物质，以维持生命活动。此时，微生物增殖进入内源呼吸期。

在本期的初期，微生物虽仍在增殖，但其速率远低于自我氧化，活性污泥量减少。在本期内，营养物质几乎消耗殆尽，能力水平极低，污泥沉淀性能良好，但絮凝性差，污泥量少，但无机化程度高，出水水质好。

由上述可知，活性污泥微生物的增殖期，主要由 F/M 值所控制。处于不同增长期的活性污泥，其性能不同，处理水质不同。通过 F/M 值的调整，能够使曝气池内的活性污泥，主要在出口处的活性污泥处于所要求的增殖期。

b　微生物增殖规律的应用

(1) 活性污泥的增殖状况，主要是由 F/M 值所控制；

(2) 处于不同增殖期的活性污泥，其性能不同，出水水质也不同；

(3) 通过调整 F/M 值，可调控曝气池的运行工况，达到不同的出水水质和不同性质的活性污泥；

（4）活性污泥法的运行方式不同，其在增殖曲线上所处位置也不同。

4.1.1.2　好氧生物处理的基本原理

A　基本生物过程

废水的好氧生物处理向水中提供游离氧，通过好氧微生物降解废水中的污染物（主要是有机物），达到稳定无害化的处理。在处理的过程中，废水中溶解性有机物质透过细菌的细胞壁而为细菌所吸收；固体和胶体的有机物先附着在细菌体外，由细菌通过胞外酶分解为溶解性的物质，再渗入细菌的细胞壁。细菌通过自身的生命活动即氧化、还原、合成等过程，把一部分被吸收的有机物氧化分解成简单的无机物，如 CO_2、H_2O、NH_4^+、PO_4^{3-}、SO_4^{2-}等，并释放出细菌生长、代谢活动所需要的能量；另一部分有机物转化为生物体所必需的营养物质，组成新的原生质，合成新的细胞体，使微生物不断地繁殖，进行合成代谢；同时微生物本身也不断地被分解，特别是在外界营养缺乏时，微生物为了维持生存的能量需要，必须分解一部分自身机体，这个过程称内源呼吸，其产物也是 CO_2、H_2O、无机物、能量和降解的生物残渣，主要是细胞壁物质，好氧微生物对有机物的分解稳定过程，如图 4-2 所示。

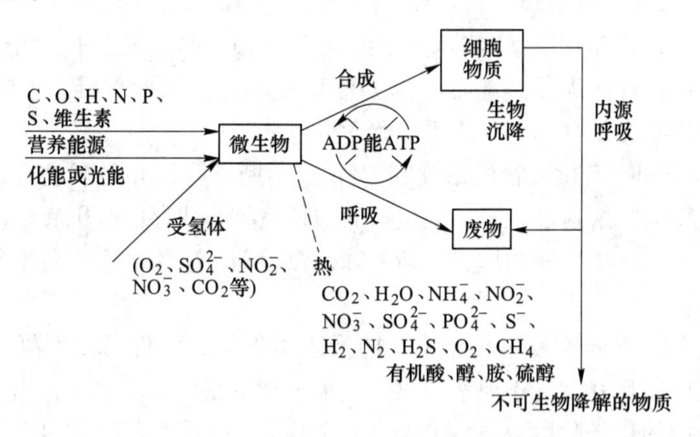

图 4-2　好氧微生物对有机物的分解稳定过程

B　主要影响因素

（1）F/M 值。F/M 值是影响活性污泥反应的重要因素，F/M 值过高，会加快活性污泥的增长速率和有机底物的降解速率，从而可缩小反应器的容积，在经济上是合理的，但处理后的水质不一定能达到要求。若 F/M 值过低，则会降低有机底物的降解速率，使处理能力降低，而加大了反应器的容积，提高了建设费用，也是不合理的。因此，应根据具体情况，选择合适的 F/M 值。

（2）溶解氧 DO。对于好氧生物处理过程来说，水中溶解氧只要在 0.5 mg/L 以上反应就能正常进行。但运行经验证明，若要保证反应器平均溶解氧水平控制在 0.5 mg/L，就必须把进口端的混合液溶解氧控制在 2~3 mg/L，一般需要在主反应区内将溶解氧控制在 1~2 mg/L。

（3）水温。在一定范围内，随着温度的升高，生化反应和微生物的增殖速率就会加快。但超过 40 ℃或低于 10 ℃，都会有很不利的影响，另外，由于微生物细胞内的一些物质，如蛋白质、核酸等对温度很敏感，温度突升或突降，都有可能对其生物活性产生不可逆的不利影响。一般地，好氧生物处理的最适宜温度在 15~30 ℃。

（4）pH 值。好氧微生物最适应的 pH 值范围是 6.5~8.5，pH 值低于或高于这个范围，都会促进真菌生长繁殖，而使活性污泥絮凝体遭到破坏，产生污泥膨胀现象，使处理水质恶化。

（5）营养物平衡。好氧微生物在发挥其正常的有机物代谢功能时，需要的基本元素是 C、N、P 等。碳元素在量上是以污水中的 BOD 值来表示的，一般 BOD 的量对活性污泥微生物来说是足够的。N、P 这两种元素是微生物的细胞核和酶的组成元素，如水中 N、P 不足，就会抑制微生物的增殖，使其失去对有机物的降解功能。微生物对 N、P 的需求，可按 BOD∶N∶P=100∶5∶1 考虑。

一般城市污水中由于含有适量的盐类，因而 N、P 是足够的。而大部分工业废水，如石油化工、纸浆工业等排放的废水中，几乎不含 N、P 等物质，所以必须适量投加，可以投加硫酸铵、硝酸铵、尿素、氨水等以补充氮；而投加过磷酸钙、磷酸以补充磷。

（6）有毒物质。有毒物质是指达到一定浓度时对微生物生理活动具有抑制作用的某些无机物质及有机物质，如重金属离子（Pb、Cd、Cr、Fe、Cu、Zn 等）和非金属有毒物质（As、氰化物等）能够和细胞的蛋白质相结合，而使其变性或沉淀。有毒物质对微生物的毒害作用，有一个量的概念，即只有在有毒物质在环境中达到某一浓度时，毒害和抑制作用才显露出来，这一浓度称为有毒物质的极限允许浓度。

4.1.1.3　厌氧生物处理基本原理

A　基本生物过程

厌氧生物处理是一个复杂的微生物化学过程，主要依靠水解产酸细菌、产氢产乙酸菌和甲烷细菌的联合作用完成。因此将厌氧消化过程分为如图 4-3 所示的三个阶段。

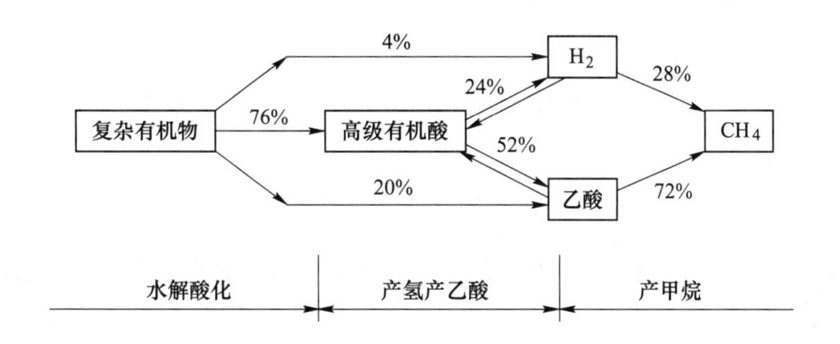

图 4-3　厌氧消化的三个阶段和 COD 转化率

第Ⅰ阶段：水解酸化阶段。污水中不溶性大分子有机物，如多糖、淀粉、纤维素等水解成小分子，进入细胞体内分解产生挥发性有机酸、醇、醛类等，主要产物为较高级脂肪酸。参与这一阶段的微生物包括细菌、真菌和原生动物，统称水解与发酵细菌，大多数为专性厌氧菌，也有不少兼性厌氧菌。

第Ⅱ阶段：产氢产乙酸阶段。产氢产乙酸菌将第Ⅰ阶段产生的有机酸进一步转化为氢气和乙酸，参与这一阶段的微生物被称为产氢产乙酸菌以及同型乙酸菌。

第Ⅲ阶段：产甲烷阶段。甲酸、乙酸等小分子有机物在产甲烷菌的作用下，通过甲烷菌的发酵过程将这些小分子有机物转化为甲烷。所以在水解酸化阶段 COD、BOD_5 值变化不很大，仅在产气阶段由于构成 COD 或 BOD_5 的有机物多以 CO_2 和 CH_4 的形式逸出，才使废水中 COD、BOD_5 明显下降。参与这一阶段的微生物是产甲烷菌，属于绝对的厌氧菌，主要代谢产物是甲烷。

厌氧生物处理法的处理对象是：高浓度有机工业废水、城镇污水的污泥、动植物残体及粪便等。

B　主要影响因素

厌氧法对环境条件要求比好氧法更严格。一般控制厌氧处理效率的基本因素有两类：一类是基础因素，包括微生物量（污泥浓度）、营养比、混合接触状况、有机负荷等；另一类是环境因素，如温度、pH 值、氧化还原电位、有毒物质等。

（1）温度。温度主要影响微生物的生化反应速度，与有机物的分解速率有关。一般认为，产甲烷菌的温度范围为5~60 ℃，在35 ℃和53 ℃上下可以分别获得较高的消化效率。于是厌氧生物处理过程通常有中温消化（35~38 ℃）和高温消化（52~55 ℃）之分。温度对消化过程的影响如图4-4所示。

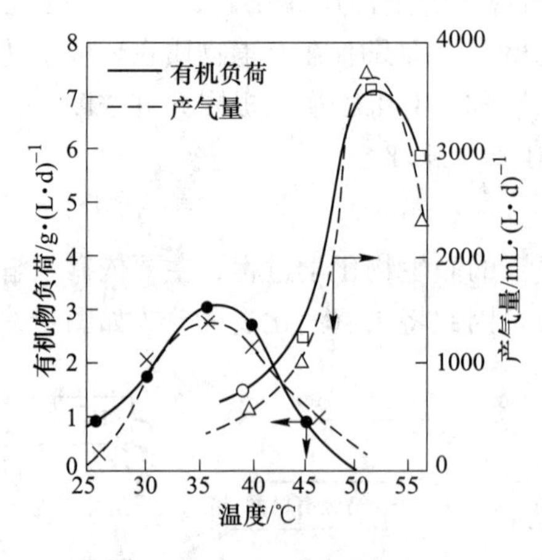

图4-4　温度对消化的影响

厌氧消化对温度的突变也十分敏感，要求日变化小于±2 ℃。温度突变幅度太大，会导致系统停止产气。

（2）pH 值。在厌氧生物处理过程中，往往会出现产酸过程所形成的有机酸不能被正常地代谢降解，在系统内形成酸累积，从而使整个消化过程中各阶段间的协调平衡丧失。当 pH 值降到5以下时，产甲烷菌几乎丧失了代谢能力，产酸菌的产酸代谢也会受抑制，整个厌氧消化过程受到严重影响，甚至停滞。即使 pH 值恢复到7.0左右，厌氧装置的处理能力仍不易恢复正常。所以厌氧生物处理适宜在中性或偏碱性的条件下运行，最适 pH 值为7.0~7.2，一般希望 pH 值在6~8。

污水和泥液中的碱度对系统 pH 值有一定缓冲作用，如果有足够的碱度中和有机酸，其 pH 值有可能维持在6.8之上，产酸和产甲烷两大类细菌就有可能共存，从而消除分阶段现象，否则需要向系统内添加石灰等碱性物质进行调整。

（3）氧化还原电位。绝对的厌氧环境是产甲烷菌进行正常活动的基本条件，产甲烷菌的最适合氧化还原电位为-400～-150 mV，培养甲烷菌的初期，氧化还原电位不能高于-330 mV。

（4）有机负荷。负荷率是表示消化装置处理能力的一个参数，负荷的影响因素有：

1）当有机物负荷很高时，营养充分，代谢产物有机酸产量很大，超过甲烷菌的吸收利用能力，有机酸积累 pH 值下降，是低效不稳定状态。

2）负荷适中，产酸细菌代谢产物中的有机物（有机酸）基本上能被甲烷菌及时利用，并转化为沼气，残存有机酸量仅为每升几百毫克。pH 值为 7～7.2，呈弱碱性，是高效稳定发酵状态。

3）当有机负荷小时，供给养料不足，产酸量偏少，pH 值大于 7.2 是碱性发酵状态，也是低效发酵状态。

在厌氧消化中，负荷常以投配率表示。投配率是指每天加入消化池的生污泥或有机废水的容积与消化池容积的比例。

（5）碳氮比。和好氧生物处理一样，厌氧处理也要求供给全面的营养，但好氧细菌增殖快，有机物有 50%～60%用于细菌增殖，故对 N、P 要求高；而厌氧增殖慢，BOD_5 仅有 5%～10%用于合成菌体，对 N、P 要求低，COD∶N∶P=200∶5∶1 或 C∶N=12～16。

（6）有毒物质。有毒物质对厌氧微生物产生不同程度的抑制，使厌氧消化过程受到影响甚至破坏，常见抑制性物质为硫化物、氨氮、重金属、氰化物及某些人工合成的有机物。

（7）搅拌与混合。混合搅拌是提高厌氧生物处理效率的工艺条件之一，主要作用是促进水质混合均一，避免系统出现局部有机酸累积，使产生的沼气及时排出，以提高活性污泥的沉降性及系统内传质速率等。在连续投料的污泥消化池中，还起到使进料与池中原有料液相迅速混合的作用。搅拌的方法有：机械搅拌、消化液循环搅拌和沼气循环搅拌等。

4.1.1.4　生物脱氮基本原理

A　基本生物过程及主要影响因素

生物脱氮是在微生物的作用下，将有机氮和氨态氮转化为 N_2 和 N_2O 气体的过程，其中包括氨化、硝化和反硝化三个反应过程。

a　氨化反应

污（废）水中有机氮合物在好氧菌和氨化菌作用下，有机碳被降解为 CO_2，而有机氮被分解转化为氨态氮。例如，氨基酸的氨化反应为：

$$RCHNH_2COOH + O_2 \xrightarrow{\text{氨化菌}} RCOOH + CO_2 + NH_3$$

b　硝化反应

硝化反应是在好氧状态下，将氨氮转化为硝酸盐氮的过程。硝化反应是由一群自养型好氧微生物完成的，它包括两个基本反应步骤，第一阶段是由亚硝酸菌将氨氮转化为亚硝酸盐，称为亚硝化反应，亚硝酸菌中有亚硝酸单胞菌属、亚硝酸螺旋杆菌属和亚硝化球菌属等。

$$NH_4^+ + \frac{3}{2}O_2 \xrightarrow{\text{亚硝化菌}} NO_2^- + H_2O + 2H^+$$

第二阶段则由硝酸菌将亚硝酸盐进一步氧化为硝酸盐，称为硝化反应：

$$NO_2^- + \frac{1}{2}O_2 \xrightarrow{\text{硝酸菌}} NO_3^-$$

总反应式为：

$$NH_4^+ + 2O_2 \longrightarrow NO_3^- + H_2O + 2H^+$$

影响硝化过程的因素：

（1）好氧环境条件，并保持一定的碱度。硝化菌为了获得足够的能量用于生长，必须氧化大量的 NH_3 和 NO_2^-，氧是硝化反应的电子受体，反应器内溶解氧含量的高低，必将影响硝化反应的进程，在硝化反应的曝气池内，溶解氧含量不得低于 1 mg/L，多数学者建议溶解氧应保持在 1.2~2.0 mg/L。

（2）混合液中有机物含量不应过高。硝化菌是自养菌，有机基质浓度并不是它的增殖限制因素，若 BOD_5 值过高，将使增殖速度较快的异养型细菌迅速增殖，从而使硝化菌不能成为优势种属。

（3）硝化反应的适宜温度是 20~30 ℃，15 ℃以下时，硝化反应速度下降，5 ℃时完全停止。

硝化菌在反应器内的停留时间，即生物固体平均停留时间（污泥龄），必须大于其最小的世代时间，否则将使硝化菌从系统中流失殆尽，一般认为硝化菌最小世代时间在适宜的温度条件下为 3 d。

（4）毒害物质。除有毒有害物质、重金属、高浓度的 NH_4-N、高浓度的 NO_x-N、高浓度的有机基质、部分有机物以及络合阳离子等。

c　反硝化作用（脱氮反应）

生物反硝化是指污水中的硝态氮 NO_3^--N 和亚硝态氮 NO_2^--N，在无氧或低氧条件下被反硝化细菌还原成氮气的过程。其具体反应如下：

$$6NO_3^- + 5CH_3OH \xrightarrow{\text{反硝化菌}} 5CO_2 + 3N_2\uparrow + 7H_2O + 6OH^-$$

反硝化菌属异养兼性厌氧菌，在有氧存在时以 O_2 为电子进行呼吸；在无氧而有 NO_3^- 或 NO_2^- 存在时，则以 NO_3^- 或 NO_2^- 为电子受体，以有机碳为电子供体和营养源进行反硝化反应。

影响反硝化反应的环境因素有：

（1）碳源。一是原污水中所含碳源，当原污水 BOD_5/TN>3 时，即可认为碳源充足；二是外加碳源，多采用甲醇（CH_3OH），甲醇被分解后的产物为 CO_2 和 H_2O，不留任何难降解的中间产物。

（2）pH 值。对反硝化反应，最适宜的 pH 值是 6.5~7.5。pH 值高于 8 或低于 6，反硝化速率将大为下降。

（3）溶解氧浓度。反硝化菌属异养兼性厌氧菌，在无分子氧且同时存在硝酸根离子和亚硝酸根离子的条件下，能够利用这些离子中的氧进行呼吸，使硝酸盐还原。另外，反硝化菌体内的某些酶系统组分，只有在有氧条件下，才能够合成。这样，反硝化反应宜于在缺氧、好氧条件交替的情况下进行，溶解氧应控制在 0.5 mg/L 以下。

（4）温度。反硝化反应的最适宜温度是 20~40 ℃，低于 15 ℃反硝化反应速率最低。

B　硝化反应与反硝化反应的主要环境要求

（1）硝化反应的主要环境要求见表 4-2。

表 4-2　硝化反应的主要环境要求

DO	不小于 1 mg/L
总碱度	>70 mg/L（以 $CaCO_3$ 计）
BOD_5	在 20 mg/L 以下
温度	20~30 ℃
污泥龄	3~10 d
抑制物质	高浓度的氨氮、（亚）硝酸盐、有机物、重金属离子等

（2）反硝化反应的主要环境要求见表 4-3。

表 4-3　反硝化反应的主要环境要求

碳源	BOD_5/TKN>4 时，即可认为碳源充足
pH 值	6.5~7.5
DO	在 0.5 mg/L 以下
温度	20~40 ℃

4.1.1.5　生物除磷基本原理

A　基本生物过程

生物除磷是利用聚磷菌类微生物独特的代谢功能，在好氧条件下从污水中过量摄取溶解性磷酸盐，并将其以聚合形态储存在菌体内（这种现象称为“磷的过量摄取”），完成磷从溶解态到固态的转化后，含有过量磷的活性污泥以剩余污泥的形式排出系统外，达到从污水中除磷的目的。

（1）聚磷菌释磷。在厌氧条件下，聚磷菌体内的 ATP 进行水解，放出 H_3PO_4 和能量，生成 ADP，此步骤主要为了恢复聚磷菌摄取磷的活性。

（2）聚磷菌对磷的过量摄取。在好氧条件下，聚磷菌进行有氧呼吸，不断分解其细胞内储存的有机物，其释放的能量为 ADP 获得并结合正磷酸生成 ATP，而利用的 H_3PO_4 基本上是通过主动运输从外部环境摄入细胞内的，除用于合成 ATP 外，其余被用于合成聚磷酸盐，从而出现磷过量摄取的现象；然后，将摄取了过量磷的活性污泥以剩余污泥的形式排出系统外达到除磷的目的。

B　主要影响因素

（1）溶解氧。在厌氧池中间，需要保持绝对的厌氧过程，即使化合态氧也不能存在，在好氧池中则必须要维持充足的溶解氧，一般要求溶解氧要在 2 mg/L 以上。

（2）污泥龄。磷的去除主要靠剩余污泥的排放，所以剩余污泥的量对于生物除磷的效果有较大影响，污泥龄短的系统产生的剩余污泥多，除磷效果更好。

（3）温度和 pH 值。聚磷菌温度适应范围在 5~30 ℃，pH 值范围在 6~8。

（4）BOD 负荷。足够的可生物降解的有机物，特别是小分子易降解的有机物能够诱导磷酸盐的释放，磷的释放越充分，磷的摄取量也就会越大。一般 BOD 与总磷的比要大于 20。

（5）硝态氮。反硝化细菌同样能够利用小分子的有机物，当厌氧反应器中间的硝酸盐浓度过高的时候，反硝化细菌会和除磷菌竞争小分子的有机物，导致除磷菌的磷的释放效率降低。因此，一般要求进入厌氧池中的硝态氮浓度要低于2 mg/L。

C　主要环境要求

生物除磷的主要环境要求见表4-4。

表4-4　生物除磷的主要环境要求

DO	厌氧池中：绝对厌氧；好氧池中：大于2 mg/L
污泥龄	污泥龄越短，剩余污泥产量越高，除磷效果越好
温度	5~30 ℃
pH值	6~8
BOD负荷	BOD/TP>17
硝态氮	硝酸盐浓度<2 mg/L
氧化还原电位	厌氧池中：−160~0 mV；好氧池中：40~50 mV

4.1.1.6　生物处理方式的分类

A　生物处理方式的分类

常用的生物处理方法见表4-5。

表4-5　常用的生物处理方法

<table>
<tr><td rowspan="8">生物处理</td><td rowspan="4">好氧处理</td><td rowspan="2">自然条件下</td><td>水体自净</td><td>天然水体、氧化塘</td></tr>
<tr><td>土壤自净</td><td>污水灌溉、渗滤等</td></tr>
<tr><td rowspan="2">人工条件下</td><td>悬浮生长</td><td>活性污泥法及其变形、氧化沟、氧化塘等</td></tr>
<tr><td>固着生长</td><td>生物滤池、生物转盘、生物接触氧化等</td></tr>
<tr><td rowspan="4">厌氧处理</td><td rowspan="2">自然条件下</td><td colspan="2">高温堆肥</td></tr>
<tr><td colspan="2">厌氧塘</td></tr>
<tr><td rowspan="2">人工条件下</td><td>悬浮生长</td><td>厌氧消化池、上流式厌氧污泥床、化粪池等</td></tr>
<tr><td>固着生长</td><td>厌氧滤池、厌氧生物流化床等</td></tr>
</table>

B　好氧生物处理和厌氧生物处理的区别

（1）起作用的微生物群不同。好氧生物处理是好氧微生物和兼性微生物群体起作用；而厌氧生物处理先是厌氧产酸菌和兼性厌氧菌作用，然后由另一类专性厌氧菌产甲烷菌进一步消化。

（2）反应速度不同。好氧微生物由于有氧作为受氢体，有机物转化速度快，需要时间短；厌氧生物处理反应速度慢，需要时间长。

（3）产物不同。在好氧生物处理中，有机物被转化成CO_2、H_2O、NH_4^+、PO_4^{3-}、SO_4^{2-}等；厌氧生物反应中，有机物先被转化成中间产物（如有机酸、醇类和CO_2、H_2O等），其中的有机酸又被甲烷菌继续分解。由于能量限制，最终产物主要是CH_4，而不是CO_2，硫被转化为H_2S，而不是SO_4^{2-}等，产物比较复杂，有异臭，其中CH_4可用作能源。

（4）对环境要求不同。好氧生物处理要求充分供氧，对环境要求不太严格；厌氧生物处理要求绝对厌氧环境，对pH值、温度等环境条件要求严格。

4.1.2　技能

（1）污水的可生化性判定：污水可生化性是指污水中所含的污染物通过微生物的生命活动来改变污染物的化学结构，从而改变污染物的化学和物理性能所能达到的程度。一般情况下，用 BOD_5/COD 值评价污水的可生化性，BOD_5/COD 值越大，说明污水可生物处理性越好，见表 4-6。

表 4-6　污水可生化性评价参考数据

BOD_5/COD	大于 0.45	0.3~0.45	0.2~0.3	小于 0.2
可生化性	好	较好	较难	不宜

（2）污水的反硝化特性判定。由于反硝化细菌是在分解有机物的过程中进行反硝化脱氮的，在不投加外来碳源条件下，污水中必须有足够的有机物（碳源），才能保证反硝化的顺利进行，通常用 BOD_5/TKN 指标鉴别能否采用生物脱氮，一般情况下，BOD_5/TKN 值>4 即可认为污水有足够的碳源供反硝化菌利用。

（3）污水的生物除磷特性判定。废水除磷工艺中厌氧段中有机质的含量种类与微生物营养物之间的比例关系（主要是指 BOD_5/TP 值）是影响聚磷菌释磷及摄磷效果的重要因素。要使处理出水中的磷含量控制在 1.0 mg/L 以下，进水中的 BOD_5/TP 值应控制在 20~30，一般情况下，进水中的 BOD_5/TP 值至少要高于 17 才能保证聚磷菌足够的基质需求而获得良好的除磷效果。为了提高除磷效果可以采用部分进水或省去初沉池的方法提高除磷处理单元进水中的 BOD_5/TP 值，也可以采用将初沉池污泥发酵后输入厌氧除磷单元中，这样有利于除磷效果的稳定和提高。

4.1.3　任务

表 4-7 是某城市污水处理（再生水）厂的进水水质，请判断：

（1）该污水的可生化性。

（2）判定该污水的可生化性、反硝化及除磷特性，并填入表 4-8 中。

表 4-7　污水处理（再生水）厂的进水水质

指标	BOD_5	COD_{Cr}	SS	TN	TP	NH_3-N
单位	mg/L	mg/L	mg/L	mg/L	mg/L	mg/L
设计进水水质	140	300	180	30	5	25

表 4-8　污水的可生化性、反硝化及除磷指标

BOD_5/COD	BOD_5/TKN	BOD_5/TP
结论		

课程思政点：

（1）微生物产能代谢知识与人体新陈代谢知识相结合，引导学生注重锻炼，强健体魄。

（2）以微生物在污水处理中的作用、有害微生物的危害与防治为切入点引导学生树立正确的人生观、价值观。

任务4.2　活性污泥法

【知识目标】

（1）认识活性污泥的形状和组成特征。
（2）掌握活性污泥工艺的基本组成，辨析各组成的作用。
（3）掌握活性污泥及工艺的性能指标参数及应用。
（4）掌握活性污泥的常见异常现象及常规解决措施。
（5）掌握活性污泥工艺各构筑物及设备的主体工艺尺寸计算及选型。

【技能目标】

（1）具备感官辨析活性污泥好坏的能力。
（2）具备活性污泥生物相观察和辨析能力。
（3）具备画出传统活性污泥工艺流程图的能力。
（4）能取样并测定活性污泥性能指标。
（5）具备调节工艺参数适应水质水量变化的能力。
（6）具备构筑物参数选择、计算和常用设备选型计算的能力。

【素养目标】

（1）具备基本工程素质。
（2）具备自学、查阅资料和独立思考的素质。
（3）具备细致认真、实事求是的精神。
（4）具备生态平衡的意识。

4.2.1　主要理论

4.2.1.1　活性污泥法概述

向生活污水中不断地鼓入空气，每天保留沉淀物，更换新鲜污水。维持水中有足够的溶解氧，一段时间后，在污水中生成一种黄褐色的絮凝体。这种絮凝体主要是由大量繁殖的微生物群体所构成，它易于沉淀与水分离，并使污水得到净化、澄清，这种絮凝体称为活性污泥。

活性污泥是活性污泥处理系统中的主体作用物质。活性污泥栖息着微生物群体，在微生物群体新陈代谢功能的作用下，具有将污水中有机污染物转化为稳定的无机物质的活力。活性污泥法是以活性污泥为主体的污水生物处理技术。

A　活性污泥的形态与组成

a　形态与组成

活性污泥在外观上呈黄褐色、絮绒颗粒状，又称为生物絮凝体。它具有以下性质：(1) 较强的氧化分解有机污染物的能力；(2) 粒径一般为 0.02～0.2 mm，具有较大的比表面积（2000～10000 m^2/m^3 混合液），因此吸附能力强；(3) 活性污泥的含水率高，一般都在 99%以上，其相对密度为 1.002～1.006；(4) 活性污泥具有疏水性。这些性质使活性污泥能够吸附分解大量的有机污染物而形成絮凝体，并能在二次沉淀池里很好地沉淀下来，完成污水的净化。

活性污泥中的固体物质仅占 1%以下，由有机和无机两部分组成，其组成比例因原污水性质不同而异。处理城市污水的活性污泥，有机成分占 75%～85%，无机成分占 15%～25%。活性污泥中的固体物质可分为四部分：(1) 具有活性的微生物群体（M_a）；(2) 微生物自身氧化的残留物（M_e）；(3) 原污水挟入的、吸附在活性污泥上不能为微生物降解的有机物（M_i）；(4) 原污水挟入的无机物质（M_{ii}）。

b　微生物群体

活性污泥是活性污泥处理系统中的主体作用物质，活性污泥中有细菌、真菌、原生动物和后生动物。这些微生物群体在活性污泥上形成食物链和相对稳定的特有生态系统，其中好氧的异养型原核细菌是氧化分解有机物的主体。1 mL 曝气池混合液中细菌总数约 1 亿个。真菌中主要是丝状的霉菌，在正常的活性污泥中真菌不占优势。如果丝状菌显著增长，则活性污泥的沉降性能恶化。原生动物和细菌一起在污水净化中起主要作用。在 1 mL 正常的活性污泥混合液中，一般存活着 5000～20000 个原生动物，其中 70%～90%为纤毛虫类。原生动物促进了细菌的凝聚，提高细菌的沉降效率。原生动物以细菌为食饵，可去除游离细菌。活性污泥中的后生动物通常有轮虫和线虫类，这些后生动物都摄取细菌、原生动物及活性污泥碎片。

在活性污泥处理系统中，净化污水的第一承担者，也是主要承担者是细菌；而摄食处理水中的游离细菌，使污水进一步净化的原生动物是污水净化的第二承担者。而且，原生动物还可作为活性污泥系统中的指示性生物，即通过显微镜镜检，可观察到出现在活性污泥中的原生动物，并辨别认定其种属，据此能够判断处理水质的优劣。通过显微镜镜检活性污泥原生动物的生物相，是对活性污泥质量评价的重要手段。

B　活性污泥法的基本流程

活性污泥工艺基本组成

活性污泥法基本流程，如图 4-5 所示，包括曝气池、二沉池、污泥回流系统和剩余污泥排除系统。

废水经过初次沉淀池后，与从二次沉淀池底部流出的回流污泥混合后进入曝气池，在曝气池充分曝气。从曝气池流出的混合液进入二沉池，在二沉池内活性污泥与水分离，进行初步浓缩，使回流到曝气池前端的回流污泥具有较高的污泥浓度，二沉池以后的上清液不断排出。活性污泥法的核心构筑物是曝气池，在曝气池内，废水中的有机物被活性污泥吸附、吸收和氧化分解，同时活性污泥得以增殖，使废水得到净化。

C　活性污泥的净化过程

如图 4-6 所示，活性污泥在曝气过程中，对有机物的去除可分为吸附阶段和稳定阶段两个阶段。

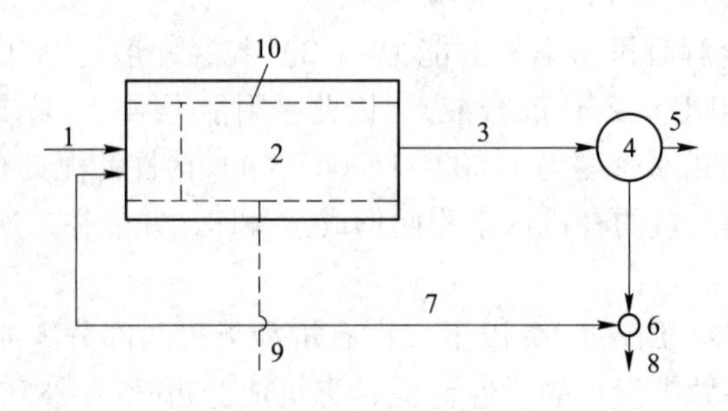

图4-5　活性污泥法基本流程

1—经处理后的污水；2—活性污泥反应器的曝气池；3—从曝气池流出的混合液；
4—二次沉淀池；5—处理水；6—污泥井；7—回流污泥系统；8—剩余污泥；
9—来自空压机站的空气；10—曝气系统与空气扩散装置

（1）吸附阶段发生于污水开始与活性污泥接触后的较短时间（5~10 min）内，此阶段主要是废水中的有机物转移到活性污泥上去，这是由于活性污泥比表面积大且表面上含有多糖类黏性物质所致。吸附过程进行较快，一般在10~30 min内完成，污水BOD的去除率可达70%，被吸附在微生物细胞表面的有机污染物，在经过数个小时的曝气后才能够相继地摄入微生物体内。因此被初期吸附去除的有机污染物的数量是有一定限度的。

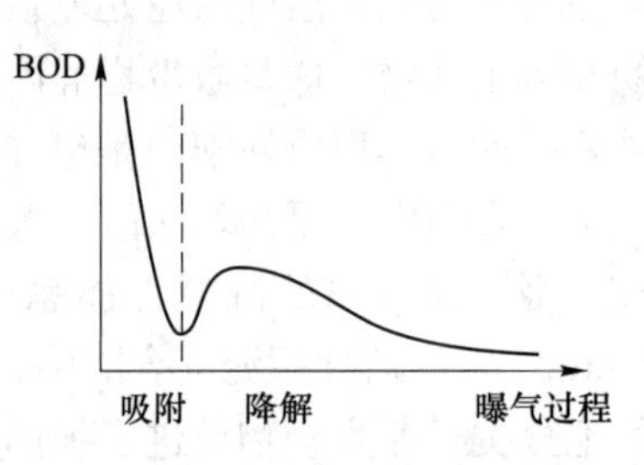

图4-6　活性污泥净化反应过程

对活性污泥吸附能力的影响因素有：

1）废水的性质、特性。对于含有较高浓度呈悬浮或胶体状有机污染物的废水，具有较好的效果。

2）活性污泥的活性程度。处于饥饿状态的微生物具有较强的吸附能力，一般内源代谢期的活性污泥吸附性能较强。当活性污泥吸附饱和后应给以充分的再生曝气，使其吸附功能得到恢复和增强，一般应使活性污泥微生物再次进入内源代谢期。

（2）稳定阶段，吸附阶段基本结束后，微生物要对大量被吸附的有机物进行氧化分解，并利用有机物合成细胞自身物质，进行细胞的更新、增殖，同时也继续吸附废水中残余的有机物。此阶段持续时间较长，需数小时之久。经稳定阶段后，废水中的有机物发生了质的改变，一部分被氧化为无机物，另一部分变成微生物细胞体即活性污泥。吸附达到饱和后，污泥即失去活性，不再具有吸附能力。但通过稳定阶段，去除了所吸附和吸收的大量有机物后，污泥又重新呈现活性，恢复它的吸附氧化能力。

D　活性污泥法的评价指标

（1）混合液悬浮固体浓度（MLSS）。混合液悬浮固体浓度也称为污泥浓度，表示在曝气池单位容积混合液内所含有的活性污泥固体物的总质量，单位用“mg/L”或“kg/m^3”。污泥浓度的大小间接地反映混合液中所含微生物的量。为了保证曝气池的净化效率，必须在池内维持一定量的污泥浓度。一般说，对于普通活性污泥法，曝气池内污泥浓度常控制在2~3 g/L。

活性污泥
工艺参数

$$\text{MLSS} = M_a + M_e + M_i + M_{ii} \tag{4-1}$$

该指标既包含M_e、M_i两项非活性物质，也包含M_{ii}无机物，因此不能精确地表示具有活性的活性污泥量，仅能表示活性污泥的相对值。

（2）混合液挥发性悬浮固体浓度（MLVSS）。混合液挥发性悬浮固体浓度表示混合液活性污泥中有机性固体物质部分的浓度，单位用“mg/L”或“kg/m^3”。

$$\text{MLVSS} = M_a + M_e + M_i \tag{4-2}$$

该指标中还包含M_e、M_i两项非活性物质，因此也不能完全表示活性污泥微生物量，但比 MLSS 要精确一些。MLVSS 与 MLSS 的比值用f表示，即f= MLVSS/MLSS。在一定的废水处理系统中，活性污泥中微生物所占悬浮固体量的比例相对固定，城市污水的活性污泥介于 0.75～0.85 之间。

（3）污泥沉降比（SV）。污泥沉降比又称 30 min 沉降率，混合液在量筒内静置 30 min 后所形成沉淀污泥的体积占原混合液体积的百分数，以%表示。

污泥沉降比能够反映曝气池运行过程的活性污泥量，可用于控制、调节剩余污泥的排放量，通过它及时地发现污泥膨胀等异常现象的发生。沉降比是活性污泥处理系统重要的运行参数，也是评定活性污泥数量和质量的重要指标。污泥沉降比的测定方法简单易行，可以在曝气池现场进行。

（4）污泥容积指数（SVI）。污泥容积指数简称污泥指数，是指在曝气池出口处的混合液，在经过 30 min 静沉后，单位质量干污泥所形成的沉淀污泥所占的体积，以 mL 计。

污泥容积指数（SVI）的计算公式为：

$$\text{SVI} = \frac{\text{混合液(1 L)30 min 静沉形成的活性污泥容积(mL)}}{\text{混合液(1 L) 中悬浮固体干重(g)}} = \frac{\text{SV(mL/L)}}{\text{MLSS(g/L)}} \tag{4-3}$$

SVI 值能够反映活性污泥的凝聚、沉降性能，对生活污水及城市污水，此值以 50～150 为宜。SVI 值过低，说明泥粒细小，无机质含量高，缺乏活性；过高，说明污泥的沉降性能不好，并且可能产生膨胀现象。

SV 和 SVI 是活性污泥处理系统重要的设计参数，也是评价活性污泥数量和质量的重要指标。

【例题 4-1】 如果从活性污泥曝气池中取混合液 500 mL，注入 500 mL 的量筒内，30 min 后沉淀污泥量为 150 mL。若 MLSS 浓度为 3 g/L，试求污泥沉降比 SV 和污泥容积指数 SVI，根据结果计算，你认为该曝气池的运行是否正常？

【解】 污泥沉降比 $\text{SV} = \frac{150}{500} = 30\%$

若其 MLSS 为 3 g/L，可求得污泥指数为 $\text{SVI} = \frac{150(\text{mL})/0.5(\text{L})}{3(\text{g/L})} = 100(\text{mL/g})$

SVI 值为 50～150，该曝气池的运行正常。

E　活性污泥法的设计运行参数

a　污泥负荷 L_s 与容积负荷 L_v

决定有机污染的降解速度、活性污泥增长速度以及溶解氧被利用速度的最重要因素，是有机污染与活性污泥量的比值（F/M），比值 F/M 是活性污泥处理系统设计、运行的一项非常重要的参数。在具体工程应用上，F/M 值是以 BOD-污泥负荷（L_s）表示的。

$$L_s = \frac{Q(S_0 - S_e)}{1000XV} \tag{4-4}$$

式中 L_s——污泥负荷率，$kgBOD_5/(kgMLSS \cdot d)$；

Q——生物反应池的设计流量，m^3/d；

S_0——生物反应池进水 BOD_5 浓度，mg/L；

S_e——生物反应池出水 BOD_5 浓度（当去除率大于90%时可不计入），mg/L；

X——生物反应池内混合液悬浮固体平均浓度（MLSS），g/L；

V——生物反应池的容积，m^3。

BOD-污泥负荷表示曝气池内单位质量（干重，kg）活性污泥，在单位时间（1 d）内能够接受并将其降解到预定程度的有机污染物量（BOD），是影响有机污染物降解、活性污泥增长的重要因素。采用高值的BOD-污泥负荷，将加快有机污染物的降解速度与活性污泥的增长速度，降低曝气池的容积，在经济上比较适宜，但处理水质未必能达到预定的要求；采用低值的BOD-污泥负荷，有机污染物的降解速度和活性污泥的增长速度都将降低，曝气池容积增大，建设费用有所提高，但处理水的水质提高并达到要求。

选定适宜的BOD-污泥负荷还与活性污泥的膨胀现象有直接关系，在0.5 $kgBOD_5/(kgMLSS \cdot d)$以下的低负荷区和1.5 $kgBOD_5/(kgMLSS \cdot d)$以上的高负荷区，SVI值都在150以下，不会出现污泥膨胀现象；而BOD-污泥负荷介于0.5～1.5 $kgBOD_5/(kgMLSS \cdot d)$之间的区域，SVI值很高，属于污泥膨胀高发区。

对活性污泥系统的设计与运行，还使用另一项负荷参数BOD-容积负荷（L_v）。

$$L_v = \frac{Q(S_0 - S_e)}{V} \tag{4-5}$$

BOD-容积负荷表示曝气池单位容积（m^3）在单位时间（1 d）内能够接受并将其降解到预定程度的有机污染物量（BOD），BOD-容积负荷与BOD-污泥负荷的关系如下：

$$L_v = L_s X \tag{4-6}$$

b 污泥龄 θ_c

污泥龄也称生物固体平均停留时间（MCRT）或污泥滞留时间（SRT）。泥龄是指每日新增长的活性污泥在曝气池的平均停留时间，也就是曝气池全部活性污泥平均更新一次所需要的时间，或曝气池内活性污泥的总量与每日排放污泥量之比，单位：d。

$$\theta_c = \frac{VX}{\Delta X} \tag{4-7}$$

式中 θ_c——污泥龄（生物固体平均停留时间），d；

V——曝气池有效容积，m^3；

X——混合液悬浮固体浓度（MLSS），mg/L；

ΔX——曝气池内每日增长的活性污泥量，即应排出系统外的活性污泥量，kg/d。

$$\Delta X = Q_w X_r + (Q - Q_w) X_e \tag{4-8}$$

式中 Q_w——作为剩余污泥排放的污泥流量，kg/d；

X_r——剩余污泥浓度，kg/m^3；

Q——污水流量，m^3/d；

X_e——排放处理水中的悬浮固体浓度，kg/m^3。

将式（4-7）和式（4-8）合并得出：

$$\theta_c = \frac{VX}{Q_w X_r + (Q - Q_w) X_e} \tag{4-9}$$

在一般条件下 X_e值极低可忽略不计，式（4-9）化简为：

$$\theta_c = \frac{VX}{Q_w X_r} \tag{4-10}$$

X_r值在一般情况下是活性污泥特性和二次沉淀效果的函数，可由式（4-11）求得其近似值。

$$X_r = \frac{10^6}{\mathrm{SVI}} \tag{4-11}$$

式中　SVI——污泥容积指数。

污泥龄是活性污泥系统设计与运行管理的重要参数，反映了活性污泥吸附有机物后进行稳定氧化的时间长短。污泥龄越长，有机物氧化稳定越彻底，处理效果好，剩余污泥量少，反之亦然。但污泥龄也不能太长，否则污泥会老化，影响处理效果。污泥龄不能短于活性污泥中微生物的世代时间，否则曝气池中污泥会流失。因此普通活性污泥法的泥龄一般采用 5~15 d。

c　剩余污泥量

剩余污泥量的计算有以下两种方法。

（1）按污泥龄计算：

$$\Delta X = \frac{VX}{\theta_c} \tag{4-12}$$

式中　ΔX——剩余污泥量，kgSS/d；

θ_c——污泥龄，d；

V——曝气池有效容积，m^3；

X——混合液悬浮固体浓度（MLSS），g/L。

（2）按污泥产率系数、衰减系数及不可生物降解和惰性悬浮物计算：

$$\Delta X = YQ(S_o - S_e) - K_d V X_v + fQ(\mathrm{SS}_o - \mathrm{SS}_e) \tag{4-13}$$

式中　Y——剩余污泥产率系数，kgVSS/kgBOD$_5$，20 ℃时宜为 0.3~0.8；

Q——设计平均日污水流量，m^3/d；

S_o——生物反应池进水 BOD$_5$ 浓度，kg/m^3；

S_e——生物反应池出水 BOD$_5$ 浓度，kg/m^3；

K_d——衰减系数，d^{-1}；

X_v——混合液挥发性悬浮固体浓度（MLVSS），g/L；

f——SS 的污泥转换率，宜根据试验资料确定，无试验资料时可取 0.5~0.7 gMLSS/gSS；

SS_o——生物反应池进水悬浮物浓度，kg/m^3；

SS_e——生物反应池出水悬浮物浓度，kg/m^3。

d　需氧量

无论是去除水中的 BOD，还是氨氮的硝化，都会消耗水中的溶解氧，生物反应池中好氧区的需氧量，可根据式（4-14）计算。

$$O_2 = 0.001aQ(S_o - S_e) - c\Delta X_v + b[0.001Q(N_k - N_{ke}) - 0.12\Delta X_v] - 0.62b[0.001Q(N_t - N_{ke} - N_{oe}) - 0.12\Delta X_v] \quad (4\text{-}14)$$

式中　O_2——污水需氧量，kg/d；

a——碳的氧当量，当含碳物质以 BOD_5 计时，应取 1.47；

Q——生物反应池的进水流量，m^3/d；

S_o——生物反应池进水 BOD_5 浓度，kg/m^3；

S_e——生物反应池出水 BOD_5 浓度，kg/m^3；

c——常数，细菌细胞的氧当量，应取 1.42；

ΔX_v——排出生物反应池系统的微生物量，kg/d；

b——常数，氧化每公斤氨氮所需氧量，应取 4.57 kgO_2/kgN；

N_k——生物反应池进水总凯式氮浓度，mg/L；

N_{ke}——生物反应池出水总凯式氮浓度，mg/L；

N_t——生物反应池进水总氮浓度，mg/L；

N_{oe}——生物反应池出水总氮浓度，mg/L。

式（4-14）右边第一项为去除含碳污染物的需氧量，第二项为剩余污泥需氧量，第三项为氧化氨氮需氧量，第四项为反硝化脱氮回收的氧量。若处理系统仅为去除碳源污染物则常数 b 为零，只计第一项和第二项。

e　污泥回流比

污泥回流比是指回流污泥量与污水流量之比，常用%表示。曝气池内混合液污泥浓度与污泥回流比及回流污泥浓度之间的关系是：

$$X = \frac{R}{1 + R}X_r \quad (4\text{-}15)$$

式中　X——混合液悬浮固体浓度（MLSS），g/L；

R——污泥回流比；

X_r——回流污泥浓度，g/L。

X_r值取决于二次沉淀池的污泥浓缩程度，正常条件下，其与污泥容积指数有密切关系。污泥容积指数高，则回流污泥浓度低，含水率大。

$$X_r = \frac{10^6}{SVI}r \quad (4\text{-}16)$$

式中　SVI——污泥容积指数；

r——考虑污泥在二次沉淀池中停留时间、池深、污泥厚度等因素有关的系数，一般取值为 1.2。

为保持曝气池中混合液污泥浓度为一定值，可通过污泥回流比来进行调节。

4.2.1.2　曝气系统

A　曝气的理论基础

曝气是采用相应的设备和技术措施，使空气中的氧转移到混合液中而被微生物利用的过程。目前常用的曝气方法有：鼓风曝气、机械曝气和两者联合的鼓风-机械曝气。

曝气的主要作用除供氧外，还起搅拌混合作用，使曝气池内的活性污泥保持悬浮状态，与污水充分接触混合，从而提高传质效率，保证曝气池的处理效果。在曝气过程中，氧分子通过气、液界面由气相转移到液相，描述气液两相氧传递的经典理论是双膜理论。双膜理论认为，在气液接触的界面上存在着两层膜（气膜和液膜），这两层膜使气体分子从一相进入另一相时形成阻力。当气体分子从气相向液相传递时，若气体的溶解度较低，则阻力主要来自液膜。

双膜理论模型的示意图（或称氧转移模式图）如图4-7所示。

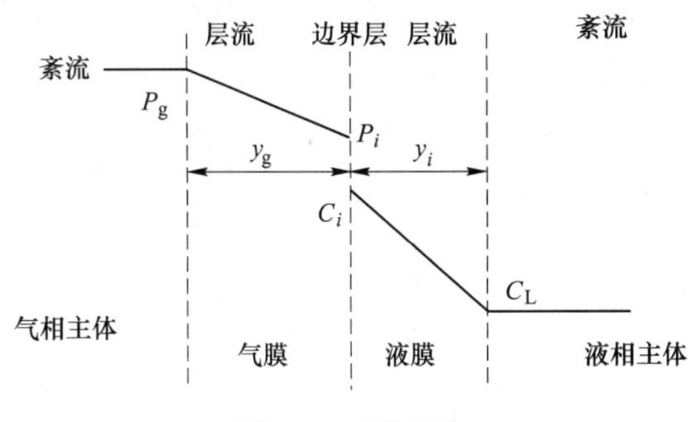

图4-7　双膜理论

$$\frac{dC}{dt} = K_{La}(C_s - C_L) \tag{4-17}$$

式中　$\frac{dC}{dt}$——氧传递速率，mg/(L·h)；

K_{La}——氧的总传递系数，L/h；

C_s，C_L——液体饱和溶解氧的浓度和实际溶解氧的浓度，mg/L。

为了提高氧转移的速率，可从两方面考虑：

（1）提高 K_{La} 值。这样需要加强液相主体的紊流程度，降低液膜厚度，加速气、液界面的更新，增大气、液接触面积等。

（2）提高 C_s 值。这样主要是为了提高 C_s-C_L 值，即增大溶解氧的饱和差，饱和差是氧不断溶解至水中的推动力，饱和差越大，则氧的转移速率越大。

B　氧转移速率的影响因素

影响氧转移速率的主要因素有废水水质、水温、气压、搅拌强度等。

（1）水质对氧总转移系数（K_{La}）值的影响。废水中的污染物质将增加氧分子转移的阻力，使 K_{La} 值降低。为此，引入系数 α，对 K_{La} 值进行修正：

$$K_{Law} = \alpha K_{La} \tag{4-18}$$

式中　K_{Law}——废水中的氧总转移系数；

α——系数，可以通过试验确定，一般 $\alpha=0.8\sim0.85$。

（2）水质对饱和溶解氧浓度（C_s）的影响。废水中含有的盐分将使其饱和溶解氧浓度降低，对此以系数 β 加以修正：

$$C_{sw} = \beta C_s \tag{4-19}$$

式中　C_{sw}——废水的饱和溶解氧浓度，mg/L；

β——系数，一般介于 $0.9\sim0.97$。

（3）水温对氧总转移系数（K_{La}）的影响。水温升高，液体的黏滞度会降低，有利于氧分子的转移，因此 K_{La} 值将提高；水温降低，则相反。温度对 K_{La} 值的影响用式（4-20）表示。

$$K_{La(T)} = K_{La(20)} \times 1.024^{(T-20)} \tag{4-20}$$

式中　$K_{La(T)}$，$K_{La(20)}$——水温 T ℃和 20 ℃时的氧总转移系数；

T——设计水温，℃。

（4）水温对饱和溶解氧浓度（C_s）的影响。水温升高，C_s 值就会下降，在不同温度下，蒸馏水中的饱和溶解氧浓度可以从表 4-9 中查出。

表 4-9　不同温度蒸馏水饱和溶解氧浓度

水温/℃	0	1	2	3	4	5	6	7	8	9	10
饱和溶解氧/mg · L^{-1}	14.62	14.23	13.84	13.48	13.13	12.80	12.48	12.17	11.87	11.59	11.33
水温/℃	11	12	13	14	15	16	17	18	19	20	21
饱和溶解氧/mg · L^{-1}	11.08	10.83	10.60	10.37	10.15	9.95	9.74	9.54	9.35	9.17	8.99
水温/℃	22	23	24	25	26	27	28	29	30		
饱和溶解氧/mg · L^{-1}	8.83	8.63	8.53	8.38	8.22	8.07	7.92	7.77	7.63		

（5）压力对饱和溶解氧浓度（C_s）值的影响。压力增高，C_s 值提高，C_s 值与压力（P）之间存在着如下关系：

$$C_{s(P)} = C_{s(760)} \frac{P - P'}{1.013 \times 10^5 - P'} \tag{4-21}$$

式中　P——所在地区的大气压力（见表 4-10），Pa；

$C_{s(P)}$，$C_{s(760)}$——压力 P 和标准大气压力条件下的 C_s 值，mg/L；

P'——水的饱和蒸气压力，Pa。

表 4-10　不同地面标高的大气压力

标高/m	0	100	200	300	400	500	600
大气压/kPa	104.4	103.4	102.3	101.3	99.3	98.3	97.3
标高/m	700	800	900	1000	1500	2000	
大气压/kPa	96.3	95.3	94.2	93.2	89.2	85.1	

由于 P' 很小（在几千帕范围内），一般可忽略不计，则得：

$$C_{s(P)} = C_{s(760)} \times \frac{P}{1.013 \times 10^5} = \rho \cdot C_{s(760)} \tag{4-22}$$

其中，$\rho = \frac{P}{1.013 \times 10^5}$。

对于鼓风曝气系统，曝气装置是被安装在水面以下，其 C_s 值应以扩散装置出口和混合液表面两处饱和溶解氧浓度的平均值 C_{sb} 计算。

$$C_{sb} = \frac{1}{2}(C_{s1} + C_{s2}) = \frac{1}{2}C_s\left(\frac{O_t}{21} + \frac{P_b}{1.013 \times 10^5}\right) \tag{4-23}$$

式中　O_t——从曝气池逸出气体中含氧量的百分数，%，

$$O_t = \frac{21(1 - E_A)}{79 + 21(1 - E_A)} \tag{4-24}$$

E_A——氧利用率，一般在6%~12%；

P_b——安装曝气装置处的绝对压力，可以按式（4-25）计算。

$$P_b = P + 9.8 \times 10^3 \times H \tag{4-25}$$

式中 P——曝气池水面的大气压力，$P=1.013\times10^5$Pa；

H——曝气装置距水面的距离，m。

氧的转移效率还与气泡的大小、液体的紊流程度和气泡与液体的接触时间有关。

综上所述，氧的转移速度取决于下列因素：气相中氧分压梯度、液相中氧的浓度梯度、气液之间的接触面积和接触时间、水温、污水的性质以及水流的紊流程度等。因此，在稳定条件下，氧的转移速率用式（4-26）表示。

$$\frac{dC}{dt} = \alpha K_{La(20)} \times 1.024^{(T-20)} \times (\beta\rho C_{sb(T)} - C_L) \tag{4-26}$$

C 氧转移速率及供气量的计算

生产厂家提供的空气扩散装置的氧转移参数是在标准条件下测定的，因此必须根据实际条件对生产厂家提供的氧转移速率等数据加以修正。

a 氧转移速率的计算

标准氧转移速率是指脱氧清水在20 ℃和标准大气压条件下测得的氧转移速率，一般以 R_0 表示（kgO_2/h）。

实际氧转移速率是以城市废水或工业废水为对象，按当地实际情况（指水温、气压等）进行测定，所得到的是实际氧转移速率，以 R 表示，单位为 kgO_2/h。

标准氧转移速率（R_0）为：

$$R_0 = \frac{dC}{dt}V = K_{La(20)}(C_{s(20)} - C_L)V = K_{La(20)}C_{s(20)}V \tag{4-27}$$

式中 C——水中的溶解氧浓度，对于脱氧清水 $C=0$；

V——曝气池的体积，m^3。

为求得水温为 T，压力为 P 条件下废水中的实际氧转移速率（R），则需对式（4-27）加以修正，引入各项修正系数，即：

$$R = \alpha K_{La(20)} \times 1.024^{(T-20)}(\beta\rho C_{s(T)} - C_L)V \tag{4-28}$$

因此，R_0/R 为：

$$\frac{R_0}{R} = \frac{C_{s(20)}}{\alpha \times 1.024^{(T-20)}(\beta\rho C_{s(T)} - C_L)} \tag{4-29}$$

于是可将式（4-29）改写为：

$$R_0 = \frac{RC_{s(20)}}{\alpha \times 1.024^{(T-20)}(\beta\rho C_{s(T)} - C_L)} \tag{4-30}$$

式中 C_L——曝气池混合液中的溶解氧浓度，一般按2 mg/L来考虑。

一般来说：$R_0/R=1.33\sim1.61$，即实际工程中所需的空气量较标准条件下所需空气量应多33%~61%。

b 氧转移效率与供气量的计算

（1）氧转移效率：

$$E_A = \frac{R_0}{S} \times 100\% \tag{4-31}$$

式中 E_A——氧转移效率，一般以百分数表示；

S——供氧量，kgO_2/h。

$$S = G_s \times 21\% \times 1.331 = 0.28G_s \tag{4-32}$$

式中 21%——氧在空气中所占的百分数；

1.331——20 ℃时氧的密度，kg/m^3；

G_s——供气量，m^3/h。

（2）供气量 G_s：

$$G_s = \frac{R_0}{0.28E_A} \tag{4-33}$$

对于鼓风曝气系统，各种曝气装置的 E_A 值是制造厂家通过清水试验测出的，随产品向用户提供。

对于机械曝气系统，求出的 R_0 值称为充氧能力，厂家也会向用户提供其设备的 R_0 值。

D 鼓风曝气系统与空气扩散装置

曝气装置又称为空气扩散装置，是活性污泥处理系统的重要设备，按曝气方式可以将其分为鼓风曝气装置和表面曝气装置两种。

a 曝气装置的技术性能指标

动力效率（E_p）：每消耗 1 kW · h 电转移到混合液中的氧量（$kgO_2/(kW \cdot h)$）；

氧的利用率（E_A）：氧的利用率又称氧转移效率，是指通过鼓风曝气系统转移到混合液中的氧量占总供氧量的百分数（%）；

充氧能力（R_0）：通过表面机械曝气装置在单位时间内转移到混合液中的氧量（kgO_2/h）。

对鼓风曝气系统，按 E_p、E_A 两项指标评定；对机械曝气系统，则按 E_p、R_0 两项指标评定。

b 鼓风曝气系统

鼓风曝气系统由空压机、空气扩散装置和连接两者的一系列管道组成，见表 4-11。

（1）鼓风机。鼓风机的选型应根据使用风压、单机容量、运行管理和维修等条件确定。鼓风机的风量要能满足生化反应所需的氧量并能保持混合液悬浮固体呈悬浮状态，风压要满足克服管道系统和扩散器的摩阻损耗以及扩散器上部的静水压。在同一供气系统中，应选用同一类型的鼓风机。

目前，国内常用的空压机主要有罗茨空压机、离心式空压机、变速率离心空压机和轴流式鼓风机等。定容式罗茨空压机噪声大，需采取消声措施，一般多用于中、小型污水处理厂；离心式空压机噪声较小，效率较高，适用于大、中型污水处理厂；变速率离心空压机，可根据混合液溶解氧浓度，自动调整空压机的开启台数和转速，节省能源；轴流式鼓

表 4-11　鼓风曝气系统的组成及各部分作用

<table>
<tr><td>空气净化器</td><td colspan="2">改善整个曝气系统的运行状态和防止扩散器阻塞</td></tr>
<tr><td rowspan="4">鼓风机</td><td rowspan="4">提供一定的风压和风量满足曝气池的需求</td><td>罗茨鼓风机</td></tr>
<tr><td>离心式鼓风机</td></tr>
<tr><td>变速率离心鼓风机</td></tr>
<tr><td>轴流式鼓风机</td></tr>
<tr><td>空气输配系统</td><td colspan="2">负责将空气输送到空气扩散器，要求沿程阻力损失小，曝气设备各点压力均衡，空气干管和支管流速符合设计要求，配备必要的手动阀和电动调节阀门</td></tr>
<tr><td rowspan="4">扩散器</td><td rowspan="4">将空气分散成空气泡，增大空气和混合液之间的接触界面，把空气中的氧溶解于水中</td><td>微气泡扩散器</td></tr>
<tr><td>中气泡扩散器</td></tr>
<tr><td>大气泡扩散器</td></tr>
<tr><td>水力剪切空气扩散装置</td></tr>
</table>

风机风压一般都在 1.2 m 以下，所以仅用于浅层曝气池。

（2）空气扩散管道。鼓风曝气系统的空气管道是从空压机的出口到空气扩散装置的空气输送管道，一般使用焊接钢管。小型污水处理站的空气管道系统通常为枝状，而大、中型污水处理厂则宜联成环状，以平稳压力，安全供气。空气管道一般敷设在地面上，接入曝气池的管道，应高出池水面 0.5 m，以免产生回水现象。

（3）空气扩散装置包括微气泡空气扩散装置、中气泡空气扩散装置、水力剪切型空气扩散装置和水力冲击型曝气器。

1）微气泡空气扩散装置。该装置的主要性能特点是产生微小气泡，气、液接触面积大，氧利用效率较高，一般可达 10%～20%，其缺点是气压损失较大，易堵塞扩散装置，送入的空气应预先通过过滤处理。

常用的微气泡空气扩散装置有：扩散板、扩散管、固定式平板微孔空气扩散器、固定式钟罩式微孔空气扩散器、膜片式微孔空气扩散器（见图 4-8）等。膜片式微孔空气扩散器不会堵塞，也无需设除尘设备。

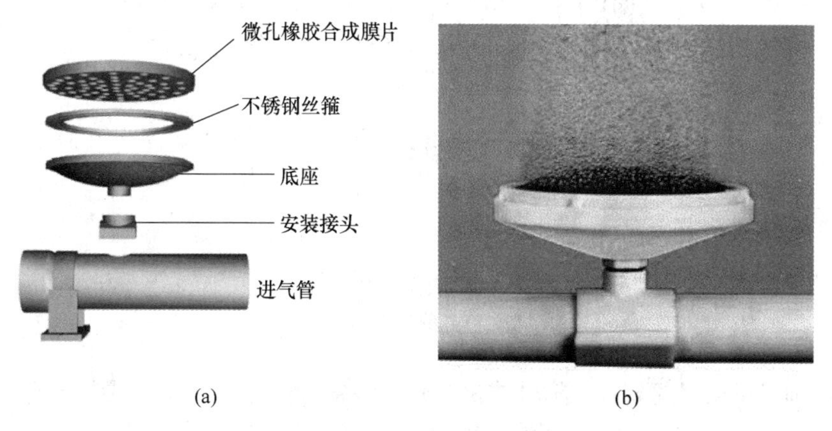

图 4-8　膜片式微孔空气扩散器

（a）结构；（b）工作过程

2）中气泡空气扩散装置。它的气泡直径为2~6 mm，应用较为广泛的中气泡空气扩散装置是穿孔管，这种扩散装置构造简单，不易堵塞，阻力小，但氧利用率较低，只有4%~6%，动力效率也较低。

3）水力剪切型空气扩散装置。利用装置本身的构造特点，产生水力剪切作用，将大气泡切割成小气泡，增加气液接触面积，达到提高效率的目的。此类空气扩散装置有：倒盆式扩散装置、固定螺旋扩散装置和金山型空气扩散装置等。此类扩散器构造简单，便于维护和管理，氧利用率为8%~10%。

4）水力冲击型曝气器。射流曝气分为自吸式和供气式两种，自吸式射流曝气器由压力管、喷嘴、吸气管、混合室和出水管等组成；$E_A=20\%$；噪声小，无须鼓风机房；一般适用于小规模污水厂。

E 机械曝气装置

a 曝气机理

机械曝气装置安装在曝气池水面上、下，在动力驱动下转动。曝气器的转动可以使水面上的污水形成水跃，液面的剧烈搅动卷入空气，且通过负压吸氧作用吸入部分空气；曝气器的转动，还具有提升液体的作用，使混合液连续地上下循环流动，气液接触界面不断更新，不断地使空气中的氧向液体内转移。

对于较小的曝气池，采用机械曝气装置能减少动力费用，并省去鼓风曝气所需的管道系统和鼓风机等设备，维护管理也较方便。

b 曝气装置分类

(1) 竖轴式机械曝气装置。竖轴式机械曝气装置又称为竖轴式表曝机，常用的有泵型叶轮曝气器、K型叶轮曝气器、倒伞型叶轮曝气器和平板型叶轮曝气器等，如图4-9所示。

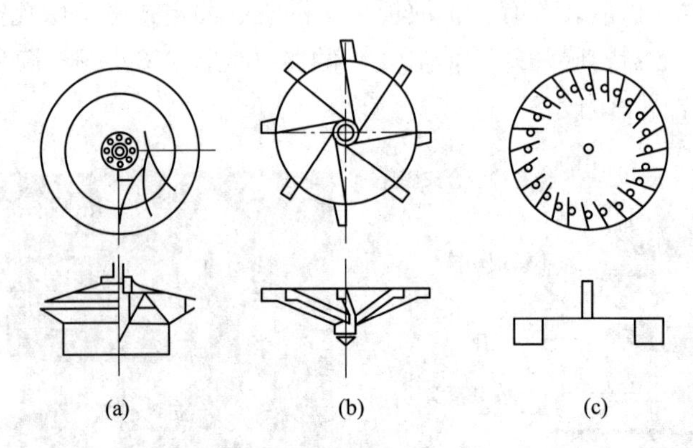

图4-9 表面曝气叶轮

(a) 泵型；(b) 倒伞型；(c) 平板型

(2) 横轴式机械曝气装置。横轴式机械曝气装置又称为卧轴式机械曝气装置，常用的有曝气转刷、曝气转盘等。曝气转刷主要用于氧化沟，其结构如图4-10所示。

表4-12为各类曝气设备的性能资料。

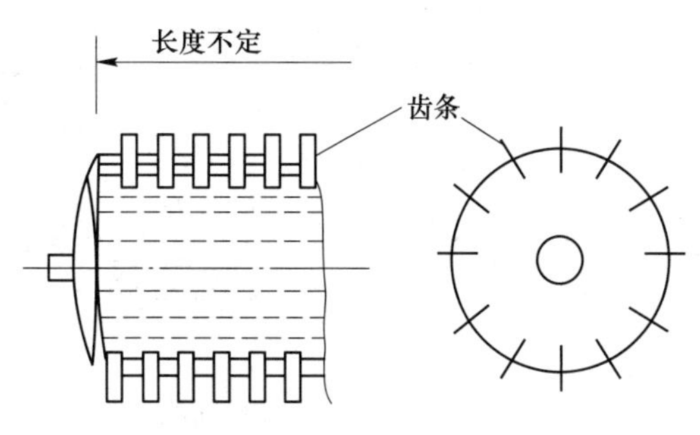

图 4-10　卧轴式曝气转刷

表 4-12　各类曝气设备的性能资料

曝气设备	氧吸收率/%	动力效率/$kgO_2 \cdot (kW \cdot h)^{-1}$	
		标准	现场
小气泡扩散器	10~30	1.2~2.0	0.7~1.4
中气泡扩散器	6~15	1.0~1.6	0.6~1.0
大气泡扩散器	4~8	0.6~1.2	0.3~0.9
射流曝气器	10~25	1.5~2.4	0.7~1.4
低速表面曝气机		1.2~2.7	0.7~1.3
高速浮筒曝气机		1.2~2.4	0.7~1.3
旋刷式曝气机		1.2~2.4	0.7~1.3

4.2.1.3　生化反应池

按混合液在池内的流态，曝气池可分为推流式、完全混合式和循环混合式三种；根据曝气方式，可分为鼓风曝气池、机械曝气池以及二者联合使用的机械-鼓风曝气池；根据曝气池的形状，可分为长方廊道形、圆形、方形以及环状跑道形四种；根据曝气池与二沉池之间的关系，可分为合建式（即曝气沉淀池）和分建式两种。

A　推流式曝气池

a　推流式曝气池的构造、特点

所谓推流，就是污水（混合液）从池的一端流入，在后继水流的推动下，沿池长度流动，并从池的另一端流出池外。推流式曝气池一般是矩形渠道式，常采用鼓风曝气。空气管道和空气扩散装置排放在池子一侧，这样可使水流在池内呈螺旋状流动，增加气泡和混合液的接触时间。

根据水流在曝气池的推流方式，曝气池可分为平移推流式曝气池和旋转推流式曝气池。平移推流式曝气池底铺满扩散器，池中的水流只有沿池长方向的流动，这种池形的横断面宽深比可以大些，如图 4-11 所示。旋转推流是在这种曝气池中，扩散器装于横断面的一侧。由于气泡形成的密度差，池水产生旋流。池中的水除沿池长方向流动外，还有侧向旋流，形成了旋转推流，如图 4-12 所示。

曝气池数目视污水处理厂规模而定。一般在结构上常分成几个单元，每个单元包括几个池子，每个池内设有隔墙，将池子分成 1~4 个折流的廊道（见图 4-13），推流式曝气池的长宽比一般为 5~10，受场地限制时，长池可以折流，废水从一端进、另一端出，进水

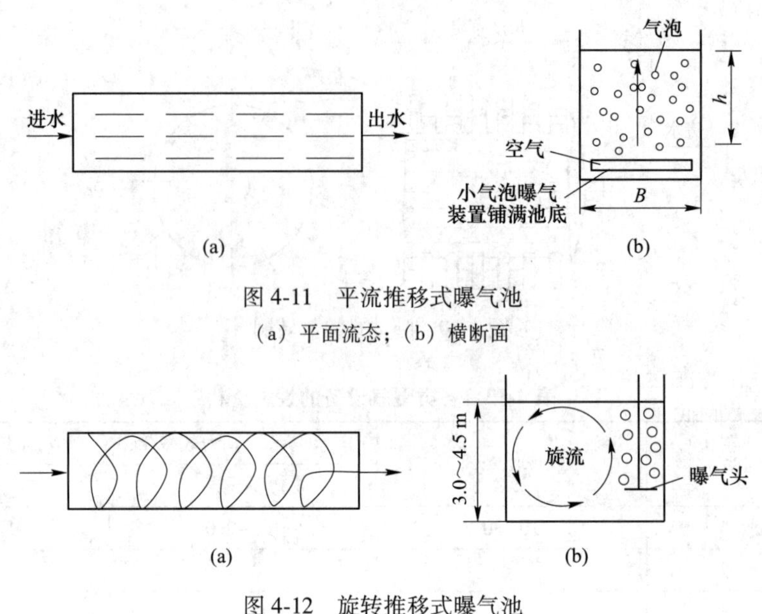

图 4-11　平流推移式曝气池

（a）平面流态；（b）横断面

图 4-12　旋转推移式曝气池

（a）平面流态；（b）横断面

方式不限，出水多用溢流堰，一般采用鼓风曝气扩散器。推流曝气池的池宽和有效水深之比一般为 1~2，有效水深一般均采用 4.0~6.0 m。

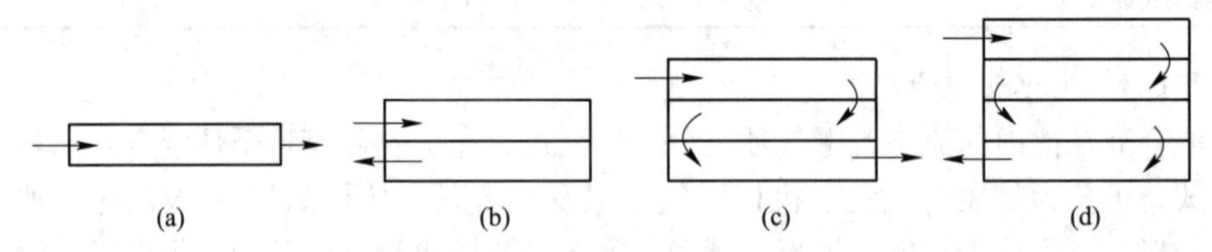

图 4-13　推流式曝气池的廊道组合

（a）单廊道；（b）二廊道；（c）三廊道；（d）四廊道

为了减小水流旋转阻力，廊道的 4 个墙角（墙顶和墙脚）都做成外凸 45°斜面。曝气池壁应有 0.5 m 的超高，池隔墙顶部可建成渠道状，作为配水渠道用，或充作空气干管的管沟，渠道要盖上盖板作为人行道。曝气池的进水口、进泥口均设于水下，以避免形成短流，影响处理效果，并设闸门以调节水量。曝气池的出水一般采用溢流堰式。在池底、池子的 1/2 深处或距池底 1/3 深处都应设管径为 80～100 mm 的排水管，前者用作池子的清洗、排空，后者是考虑在培养、驯化活性污泥时用于周期性地排放上清液。

因此，推流式曝气池适用于各大、中型城市污水处理厂以及寒冷地区的小型污水处理厂。

b　推流式曝气池的运行方式

推流式曝气池的运行方式主要有三种：传统活性污泥法、阶段曝气活性污泥法、吸附再生活性污泥法。

（1）传统活性污泥法。传统活性污泥法是最早使用的一种活性污泥法，工艺流程如图 4-14 所示。

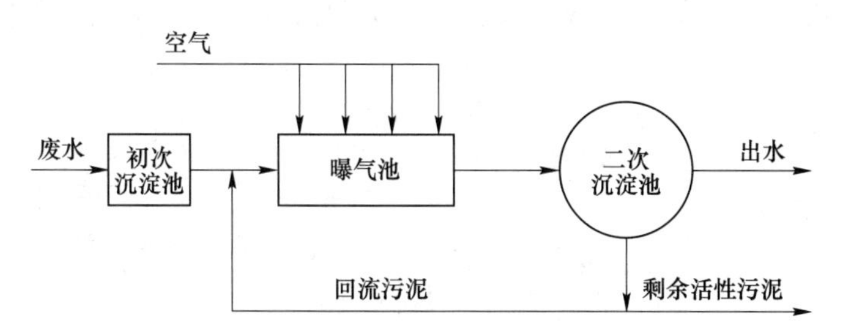

图 4-14 传统活性污泥法工艺流程

在传统活性污泥法曝气池内，从池子首端到池子末端活性污泥经历了对数增长期、减数增长期和内源呼吸期的完全生长期。有机底物在曝气池内的降解也经历了吸附和氧化的完整过程。

由于有机底物浓度沿池长逐渐降低，需氧速率也是沿池长逐渐降低，但传统活性污泥法沿池长的供氧是均匀的。因此，在池子首端和前段混合液中的溶解氧浓度较低，不能满足微生物的需氧量，而在池子末端供氧量则过剩。

传统活性污泥法的主要优点有：

1）处理效果好：BOD_5 的去除率可达 90%~95%，出水水质稳定；

2）对废水的处理程度比较灵活，可根据要求进行调节。

传统活性污泥法的主要问题是：

1）为了避免池子首端形成厌氧状态，不宜采用过高的有机负荷，因而池容较大，占地面积较大；

2）在池子末端可能出现供氧速率高于需氧速率的现象，会浪费动力；

3）对冲击负荷的适应性较弱。

（2）阶段曝气活性污泥法。该法又称分段进水活性污泥法或多点进水活性污泥法，其工艺流程如图 4-15 所示。

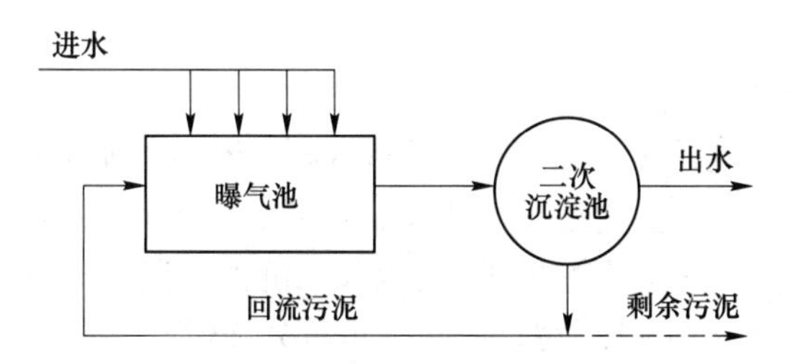

图 4-15 阶段曝气活性污泥法系统

工艺流程主要特点：

1）废水沿池长分段注入曝气池，有机物负荷分布较均衡，改善了供氧速率与需氧速率间的矛盾，有利于降低能耗；

2）废水分段注入，提高了曝气池对冲击负荷的适应能力；

3）混合液中的活性污泥浓度沿池长逐步降低，出流混合液的污泥较低，减轻了二次沉淀池的负荷，有利于提高二次沉淀池固、液分离效果。

（3）吸附再生活性污泥法。该法又称生物吸附法或接触稳定法，工艺流程如图 4-16 所示。

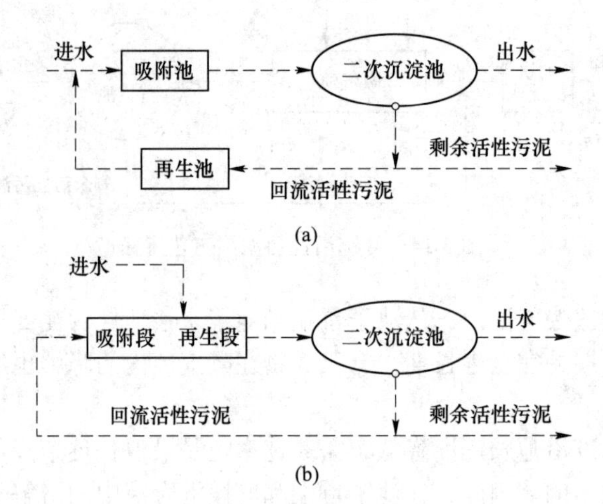

图 4-16　吸附再生活性污泥法

（a）再生段与吸附段分建；（b）再生段与吸附段合建

吸附再生活性污泥法主要用于处理含悬浮物和胶体物较多的废水，其特点是将活性污泥法对有机污染物降解的吸附、代谢两个过程稳定，分别在各自的反应器内进行。

阶段曝气法的主要优点：

1）废水与活性污泥在吸附池的接触时间较短，吸附池容积较小，再生池接纳的仅是浓度较高的回流污泥，因此，再生池的容积小。吸附池与再生池容积之和仍低于传统法曝气池的容积，建筑费用较低。

2）有一定的承受冲击负荷的能力，当吸附池的活性污泥遭到破坏时，可由再生池的污泥予以补充。

阶段曝气法的主要缺点：对废水的处理效果低于传统法；对溶解性有机物含量较高的废水，处理效果更差。

B　完全混合式曝气池

完全混合式曝气池指的是污水和回流污泥进入曝气池后立即与池内原有的混合液充分混合，使池内各点水质比较均匀。这种曝气池表面上多呈圆形、方形或多边形，大多采用表面叶轮供氧（即机械曝气）。完全混合式的曝气池和二沉池可以合建在一个构筑物中，称为合建式完全混合曝气沉淀池（简称曝气沉淀池），也可分开建造，称为合建式完全混合系统。

a　完全混合式曝气池的构造

（1）合建式。曝气和沉淀两个过程在一个池子的不同部位完成，国内称为曝气沉淀池，国外称为加速曝气池，如图 4-17 所示。

普通曝气沉淀池由曝气区、导流区、回流区、沉淀区几部分组成。曝气区位于池子的中心，是微生物吸附和氧化有机物的场所，曝气区水面处的直径一般为池直径的 1/2～1/3，视不同废水而异。混合液经曝气后由导流区流入沉淀区进行泥水分离，导流区既可使曝气区出流中挟带的小气泡分离，又可使细小的活性污泥凝聚成较大的颗粒。为了消除曝气机转动形成旋流的影响，导流区应设置径向整流板，将导流区分成若干格间。回流窗的作用是控制活

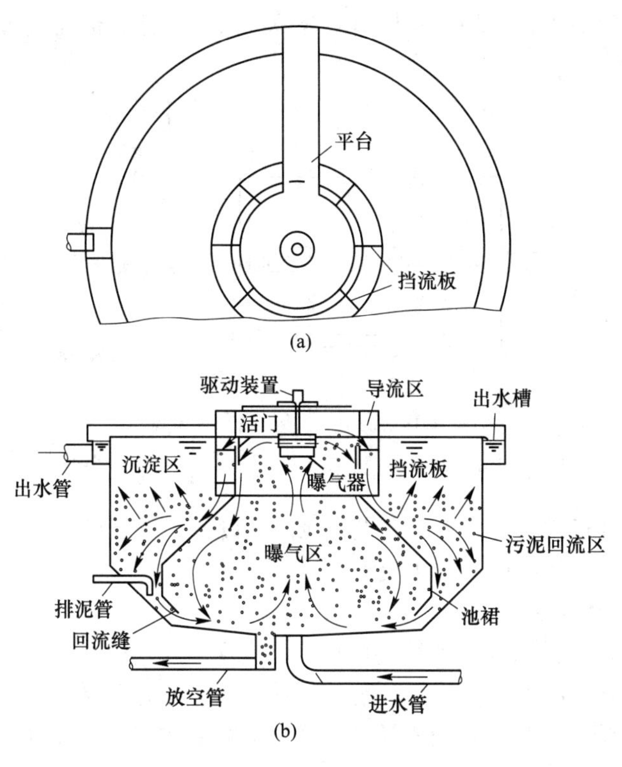

图 4-17 普通曝气沉淀池

（a）俯视图；（b）剖视图

性污泥回流量及控制曝气区水位，回流窗开启度可以调节，窗口数一般为 6~8 个。沿导流区壁的周长均匀分布，窗口总堰长与曝气区周长之比一般为 1/2.5~1/3.5。

污泥回流缝用来回流沉淀污泥，缝宽应适当。顺流圈设在回流缝的内侧，起着曝气区内循环导流的作用，防止混合液向沉淀区窜出。有时，为了提高叶轮的提升量、液面的更新速率和混合深度，在曝气器下设导流筒，如图 4-18 所示。

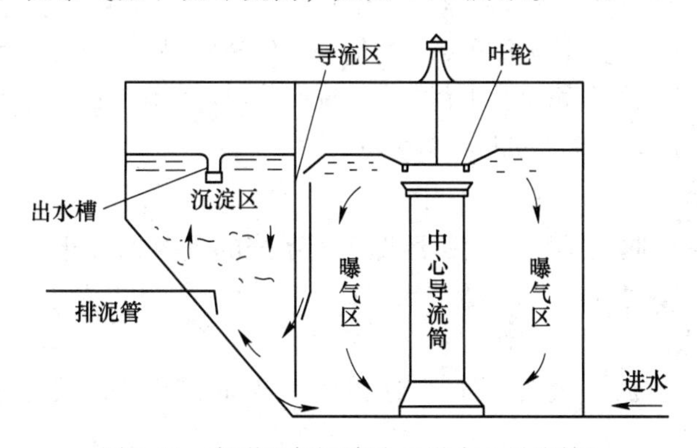

图 4-18 方形曝气沉淀池（设中心导流筒）

（2）分建式。分建式完全混合曝气池（见图 4-19），曝气池采用表面机械曝气装置。曝气池分成几个相互衔接的方形单元，每个单元设一台表面机械曝气装置。污水与回流污泥沿曝气池池长均匀引入，并均匀地排出混合液进入二沉池，但需设污泥回流系统。

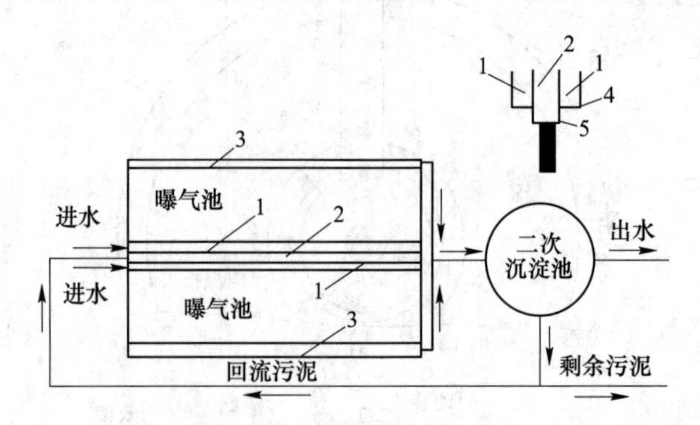

图4-19　分建式完全混合曝气池

1—进水槽；2—进泥槽；3—出水槽；4—进水孔；5—进泥孔（进水孔和进泥孔沿池分布）

分建式虽不如合建式紧凑，且需专设污泥回流设备，但调节控制方便，曝气池与二次沉淀池互不干扰，回流比明确，应用较多。

b　完全混合式曝气池的特点

（1）进入曝气池的污水能迅速得到稀释，使进水水质均化，进水水质的变化对活性污泥的影响很小，能承受冲击负荷，所以适应工业废水处理的需要。

（2）能处理高浓度有机废水而不需要稀释，只需随浓度的提高在一定污泥负荷率范围内延长曝气时间即可。

（3）完全混合曝气沉淀池布置紧凑、流程短，有利于新鲜污泥回流，并省去污泥回流设备，且由于池内各点水质均匀，需氧均匀，可节省动力费用。

但是，由于完全混合作用，使活性污泥微生物所处的环境中，有机物浓度是较低的，其F/M值均等于出水的BOD_5与MLSS之比，因此，此类池子的生物降解速率低于推流式曝气池，它适用于处理水质要求不高的小型污水厂，而在工业废水的处理中应用更广泛。

C　循环混合式曝气池

循环混合式曝气池又称为氧化沟，它是于20世纪50年代由荷兰的巴斯维尔开发的一种污水生物处理技术。由于氧化沟构造简单，运行简便，处理效果稳定可靠，水处理能耗低且处理效率高，所以越来越为水处理科研及工程技术人员所重视。氧化沟的具体内容见任务7.3。

4.2.1.4　泥水分离、回流污泥和剩余污泥

A　二沉池在活性污泥法中的作用

二次沉淀池设置于曝气池之后，是活性污泥系统的重要组成部分。它的作用是：

（1）澄清，通过泥水分离产生清洁出水；

（2）浓缩，提供浓缩和回流污泥；

（3）污泥储存与排放，根据水量、水质的变化暂时储存活性污泥，并通过剩余污泥排放系统排除剩余污泥。

一般来讲，大中型污水处理厂多采用辐流式沉淀池，中型污水处理厂多采用平流式沉淀池，小型污水处理厂普遍采用竖流式沉淀池。

B　二次沉淀池的构造特点

由于进入二次沉淀池（见表4-13）的活性污泥混合液浓度高，具有絮凝性，属于成层

沉淀，并且密度小，沉速较慢，因此二沉池的最大允许水平流速（平流式、辐流式）或上升流速（竖流式）都应低于初沉池。由于二次沉淀池起污泥浓缩作用，所以还需要适当增大污泥区体积。

表 4-13　二次沉淀池的设计数据

沉淀池类型	沉淀时间/h	表面水力负荷 $/m^3 \cdot (m^2 \cdot h)^{-1}$	每人每天污泥量 /g	污泥含水率/%	固体负荷 $/kg \cdot (m^2 \cdot d)^{-1}$
活性污泥法后	1.5~4.0	0.6~1.5	12~32	99.2~99.6	≤150
生物膜法后	1.5~4.0	1.0~2.0	10~26	96.0~98.0	≤150

注：当二沉池采用周边进水、周边出水辐流式沉淀池时，固体负荷不宜超过 200 kg/(m² · d)。

C　二沉池池型的选择

一般来讲，大中型污水处理厂多采用辐流式沉淀池，大中型污水处理厂多采用平流式沉淀池，小型污水处理厂普遍采用竖流式沉淀池。

D　回流污泥和剩余污泥

a　污泥回流

在污泥回流系统，常用的污泥提升设备主要是污泥泵、空气提升器和螺旋泵。污泥回流泵的选型首先应考虑的因素是不会破坏活性污泥的絮凝体，使污泥能保持其活性。由于污泥泵运行效率较高，一般可用于大、中型污水处理厂。污泥泵用的主要是轴流泵，污泥泵将从二沉池流出的回流污泥输送到污泥井，再用污泥泵送至曝气池。大中型污水处理厂设回流污泥泵站。一般采用 2~3 台泵，还应考虑适当台数的备用泵。

空气提升泵一般设在二次沉淀池的排泥井中或曝气池进口处的回流井中。在每座回流井中只设一台空气提升器，而且只接受一座二次沉淀池污泥斗的来泥，以免造成互相干扰，污泥回流量通过调节进气阀门加以控制。

螺旋泵是近十年来国内外广泛采用的回流污泥设备，如图 4-20 所示。螺旋泵的优点是扬程适中，流量适应范围大，不会打碎污泥，不会堵塞，维护管理方便。

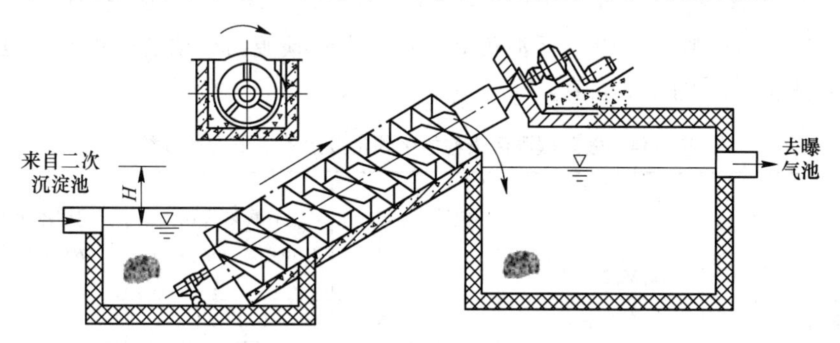

图 4-20　螺旋泵的工作原理

b　二次沉淀池污泥区

二次沉淀池污泥区应保持一定容积，使污泥在污泥区中保持一定的浓缩时间，以提高回流污泥浓度，减少回流量；但污泥区的容积又不能过大，以避免污泥在污泥区中停留时间过长，因缺氧腐化而使其失去活性。活性污泥法处理后的二次沉淀池污泥区容积，宜按不大于2 h污泥量计算，并应有连续排泥措施；生物膜法处理后的二次沉淀池污泥区容积，宜按4 h污泥量计算。

c　剩余污泥及其处置

为了使曝气池中污泥浓度保持平衡，必须每天从系统中排出一定数量的剩余污泥。剩余污泥量可按污泥龄，也可按污泥产率系数、衰减系数及不可生物降解和惰性悬浮物计算。

剩余污泥的含水量高达99%以上，需进一步浓缩使其含水率降低至96%~97%以后再进行处置，具体的污泥处理与处置方法参看本书后面的内容。

4.2.2　技能

4.2.2.1　活性污泥法的工艺设计

活性污泥处理系统由曝气池、曝气系统、污泥回流系统、二次沉淀池等单元组成。工艺计算与设计主要包括：选定工艺流程、曝气池（区）容积的计算及工艺设计；需氧量、供气量以及曝气系统的计算与工艺设计；回流污泥量、剩余污泥量与污泥回流系统的设计；二次沉淀池池型的选定与工艺计算设计。

A　基础资料与数据

（1）废水的水量、水质及其变化规律。根据《室外排水设计规范》规定，二级处理构筑物应按旱季设计流量设计，雨季设计流量校核。其中，旱季设计流量是指晴天时最高日最高时的城镇污水量。分流制的雨季设计流量是指旱季设计流量和截流雨水量的总和。合流制的雨季设计流量就是截流后的合流污水量。

（2）对处理后出水的水质要求，如BOD_5、COD、SS等。

（3）对处理中产生污泥的处理要求。

（4）原污水中所含的有毒有害物质、浓度、可生化性等。

B　主要设计参数

a　BOD污泥负荷（L_s）

确定BOD污泥负荷，必须结合要处理水的BOD_5值来考虑，当要求处理达到硝化阶段时，还必须结合污泥龄考虑BOD污泥负荷。对于去除碳源污染物的生物反应池的主要设计参数可以按表4-14的规定取值。

表4-14　去除碳源污染物的生物反应池的主要设计参数

类别	BOD_5污泥负荷 L_s/$kgBOD_5$·$(kgMLSS·d)^{-1}$	污泥浓度(MLSS) X/g·L^{-1}	容积负荷L_V /$kgBOD_5$·$(m^3·d)^{-1}$	污泥回流比 R/%	总处理效率/%
普通曝气	0.2~0.4	1.5~2.5	0.4~0.9	25~75	90~95
阶段曝气	0.2~0.4	1.5~3.0	0.4~1.2	25~75	85~95
吸附再生曝气	0.2~0.4	2.5~6.0	0.9~1.8	50~100	80~90
合建式完全混合曝气	0.25~0.5	2.0~4.0	0.5~1.8	100~400	80~90

一般来说，城市污水污泥负荷率取值为0.2~0.4 $kgBOD_5$/(kgMLSS·d)，BOD_5去除率可达90%以上，污泥的沉降性能和吸附性能都较好，SVI值在80~150。

对剩余污泥不便处理与处置的污水处理厂，应采用较低的污泥负荷率，一般不宜高于 0.1 $kgBOD_5/(kgMLSS \cdot d)$，这样能够使污泥自身氧化加强，减少污泥产量。寒冷地区在低温季节，曝气池应当按较低的污泥负荷率运行，这样才可在低温季节取得良好的处理效果。

b　混合液污泥浓度（MLSS）

曝气池内混合液污泥浓度（MLSS），是活性污泥处理系统重要的设计与运行参数，污泥浓度高，可减少曝气池的容积，但污泥浓度高，则好氧速率大。在曝气池的设计中，应合理考虑供氧的经济和可能性、活性污泥的絮凝沉淀性能、沉淀池和回流设备的造价等因素，选择适合的混合液污泥浓度。对于不同的运行方式，污泥浓度可参考表 4-13 的数据，也可按照式（4-34）计算。

$$X = \frac{R}{1+R} \times \frac{10^6}{SVI} r \tag{4-34}$$

式中　X——混合液污泥浓度（MLSS）；

R——污泥回流比；

SVI——污泥容积指数；

r——考虑污泥在二次沉淀池中停留时间、池深、污泥厚度等因素有关的系数，一般取值为 1.2。

c　污泥回流比 R

$$R = \frac{X}{X_r - X} \tag{4-35}$$

污泥回流比 R 值取决于混合液污泥浓度（X）和回流污泥浓度（X_r）。根据式（4-15）和式（4-16），可以推算出 SVI 值和 X 而变化的回流污泥浓度值（X_r），并按式（4-35）求出污泥回流比值 R。不同污泥回流比 R 下 SVI、X 和 X_r 三者的相互关系列于表 4-15。

表 4-15　不同污泥回流比 R 下 SVI、X 和 X_r 三者关系　（mg/L）

SVI 值 /mL · g^{-1}	X_r	X					
		1500	2000	3000	4000	5000	6000
60	20000	0.08	0.11	0.18	0.25	0.33	0.43
80	15000	0.11	0.15	0.25	0.36	0.50	0.66
120	10000	0.18	0.25	0.43	0.67	1.00	1.50
150	8000	0.24	0.33	0.60	1.00	1.70	3.00
240	5000	0.43	0.67	1.50	4.00	—	—

在实际运行的曝气池内，SVI 值会有一定幅度的变化，混合液浓度也需要根据进水负荷的变化加以调整，因此在进行污泥回流系统设计时，应按最大回流比考虑，但又具有能够在较小回流比条件下运行的可能，一般情况污泥回流设施的最大回流比宜为 100%。

C　确定处理工艺流程

上述各项原始资料是处理工艺流程确定的主要根据。此外，还要综合考虑现场的地理位置、地区条件、气候条件以及施工水平等客观因素，综合分析本工艺在技术上的可行性和先进性以及经济上的合理性等。

对工程量较大、投资额较高的工程，需要进行多种工艺流程方案的比较，以期使所确定的工艺系统是优化的。

D　工艺设计计算

表 4-16 为工艺设计计算公式。

表 4-16　工艺设计计算公式

序号	项目	公式	说明
曝气池容积计算			
1	BOD 污泥负荷	根据表 4-9 取值	
2	MLSS	$X = \frac{R}{1+R} \times \frac{10^6}{\mathrm{SVI}} r$　(4-36)	X——混合液污泥浓度（MLSS）； R——污泥回流比； SVI——污泥容积指数； r——考虑污泥在二次沉淀池中停留时间、池深、污泥厚度等因素有关的系数，一般取值为 1.2
3	曝气池体积（以去除碳源污染物为主时，可以按污泥负荷计算，也可按污泥龄计算）	$V = \frac{Q(S_o - S_e)}{XL_s}$　(4-37)	V——曝气池体积，m^3； Q——曝气池设计流量，m^3/d； S_o——曝气池进水 BOD_5，mg/L； S_e——曝气池出水 BOD_5（当去除率大于 90%时可不计入），mg/L； X——混合液污泥浓度，mgMLSS/L； L_s——BOD_5 污泥负荷，$kgBOD_5/(kgMLSS \cdot d)$
		$V = \frac{QY\theta_c(S_o - S_e)}{1000X_v(1 + K_d\theta_c)}$　(4-38)	Y——污泥产率系数，宜根据试验资料确定，无试验资料时，可取 0.4~0.8 $kgVSS/kgBOD_5$； θ_c——设计污泥龄，一般为 3~15 d； X_v——混合液挥发性悬浮固体平均浓度（gMLVSS/L）； K_d——衰减系数，20 ℃的数值为 0.040~0.075 d^{-1}
4	尺寸确定（廊道式曝气池）	推流式曝气池的长宽比一般为 5~10，池宽和有效水深之比一般为 1~2，有效水深一般均采用 4.0~6.0 m。曝气池壁应有 0.5~1.2 m 的超高。曝气池的出水一般采用溢流堰式。在池底、池子的 1/2 深处或距池底 1/3 深处都应设管径为 80~100 mm 的排水管	
曝气系统设计			
1	需氧量计算（若只考虑去除碳源污染物则常数 b 为零，只计第一项和第二项）	$O_2 = 0.001aQ(S_o - S_e) - c\Delta X_v + b[0.001Q(N_k - N_{ke}) - 0.12\Delta X_v] - 0.62b[0.001Q(N_t - N_{ke} - N_{oe}) - 0.12\Delta X_v]$　(4-39)	O_2——污水需氧量，kgO_2/d； a——碳的氧当量，当含碳物质以 BOD_5 计时，应取 1.47； Q——生物反应池的进水流量，m^3/d； S_o——生物反应池进水 BOD_5 浓度，kg/m^3； S_e——生物反应池出水 BOD_5 浓度，kg/m^3； c——常数，细菌细胞的氧当量，应取 1.42； ΔX_v——排出生物反应池系统的微生物量，kg/d； b——常数，氧化每千克氨氮所需氧量，应取 4.57 kgO_2/kgN； N_k——生物反应池进水总凯式氮浓度，mg/L； N_{ke}——生物反应池出水总凯式氮浓度，mg/L； N_t——生物反应池进水总氮浓度，mg/L； N_{oe}——生物反应池出水总氮浓度，mg/L

续表 4-16

<table>
<tr><th colspan="4">曝气系统设计</th></tr>
<tr><td>2</td><td>标准条件下供氧量计算</td><td>$R_0=\dfrac{RC_{s(20)}}{\alpha\times1.024^{(T-20)}(\beta\rho C_{s(T)}-C_L)}$　(4-40)</td><td>R——实际条件下供氧量，$R=O_2$；
$C_{s(20)}$——20 ℃时水的蒸馏水饱和溶解氧溶度，mg/L；
α，β——水质修正系数，通过试验确定，一般 $\alpha=0.8\sim0.85$，β 值一般介于 0.9~0.97；
T——设计水温，℃；
ρ——压力修正系数，$\rho=\dfrac{P}{1.013\times10^5}$，$P$ 为所在地区实际大气压，Pa；
C_L——混合液实际溶解氧的浓度，mg/L；
$C_{s(T)}$——设计水温为 T 时水的蒸馏水饱和溶解氧溶度，mg/L。
当采用鼓风曝气系统时，$C_{s(T)}$ 应修正为池内平均氧饱和度：$C_{sb(T)}=\dfrac{1}{2}C_{s(T)}\cdot\left(\dfrac{O_t}{21}+\dfrac{P_b}{1.013\times10^5}\right)$
$O_t=\dfrac{21(1-E_A)}{79+21(1-E_A)}$
$P_b=P+9.8\times10^3\times H$
E_A——氧利用率，一般在 6%~12%；
P——曝气池水面的大气压力，$P=1.013\times10^5$ Pa；
H——曝气装置距水面的距离，m</td></tr>
<tr><td>3</td><td>供气量计算（鼓风曝气系统）</td><td>$G_s=\dfrac{R_0}{0.28\times E_A}$　(4-41)</td><td>G_s——供气量，m^3/h；
E_A——氧利用率，一般在 6%~12%</td></tr>
<tr><td rowspan="2">4</td><td rowspan="2">空气管道计算及鼓风机的选型（鼓风曝气系统）</td><td colspan="2">空气管道流速：干支管 10~15 m/s，竖管、小支管为 4~5 m/s</td></tr>
<tr><td>空气管道管径：$D=\dfrac{G_s}{v}$　(4-42)</td><td>D——风管的直径，mm；
G_s——空气流量，m^3/h；
v——空气管道流速，m/s</td></tr>
<tr><td rowspan="2">5</td><td rowspan="2">鼓风机的选择</td><td>风机所需压力：
$H=h_1+h_2+h_3+h_4$　(4-43)</td><td>H——风机所需压力，kPa；
h_1——沿程阻力损失，kPa，
$h_1=iL\alpha_T\alpha_p$
i——单位管长阻力，kPa/m；
L——风管长度，m；
α_T——空气密度修正系数；
α_p——压力修正系数；
h_2——局部阻力损失，kPa；
h_3——空气扩散装置以上水深，kPa；
h_4——空气扩散装置阻力，按产品样本或试验资料确定，kPa。
将各配件换算成管道当量长度，再代入沿程阻力损失公式计算：
$L_0=55.5KD^{1.2}$
L_0——风管当量长度，m；
D——风管的直径，m；
K——长度换算系数</td></tr>
<tr><td colspan="2">鼓风机的选型应根据使用的风压、单机风量、控制方式、噪声和维修管理等条件确定。在同一供气系统中，宜选用同一类型的鼓风机。工作鼓风机台数，按平均风量供气量配置时，应设置备用鼓风机。工作鼓风机台数小于或等于 4 台·时，应设置 1 台备用鼓风机；工作鼓风机台数大于或等于 5 台·时，应设置 2 台备用鼓风机</td></tr>
</table>

续表 4-16

曝气系统设计			
6	泵型叶轮直径计算（机械曝气系统）	$Q_{os} = 0.379 v^{0.28} D^{1.88} K$　(4-44)	Q_{os}——泵型叶轮在标准条件下的充氧量，kg/h，$Q_{os} = R_0$； v——叶轮线速度，m/s； D——叶轮直径，m； K——池型结构修正系数
污泥回流系统			
1	回流污泥量计算	$Q_R = RQ$　(4-45)	R——污泥回流比； Q——曝气池设计流量，m^3/d
2	污泥回流设备的选型	回流污泥设施宜分别按生物处理系统中的最大污泥回流比和最大混合液回流比计算确定。回流污泥设备台数不应少于 2 台，并应有备用设备，空气提升器可不设备用。回流污泥设备，宜有调节流量的措施	
3	剩余污泥量计算（可以按污泥龄计算，也可按污泥产率系数、衰减系数及不可生物降解和惰性悬浮物计算）	$\Delta X_v = \frac{VX}{\theta_c}$　(4-46)	ΔX_v——排出生物反应池系统的微生物量，kgSS/d； V——曝气池体积，m^3； X——混合液污泥浓度，gMLSS/L； θ_c——设计污泥龄，d
		$\Delta X_v = YQ(S_o - S_e) - K_d V X_v + fQ(SS_o - SS_e)$　(4-47)	Y——污泥产率系数，20 ℃时宜为 0.3～0.8 kgVSS/$kgBOD_5$； Q——设计平均日污水量，m^3/d； S_o——生物反应池进水 BOD_5 浓度，kg/m^3； S_e——生物反应池出水 BOD_5 浓度，kg/m^3； K_d——衰减系数，d^{-1}； X_v——混合液挥发性悬浮固体平均浓度，gMLVSS/L； f——SS 的污泥转换率，宜根据试验资料确定，无试验资料时可取 0.5～0.7 gMLSS/gSS； SS_o——生物反应池进水悬浮物浓度，kg/m^3； SS_e——生物反应池出水悬浮物浓度，kg/m^3
二次沉淀池			
1	沉淀池面积计算	$A = \frac{Q}{q}$　(4-48)	q——表面负荷，取值参照表 4-8，$m^3/(m^2 \cdot h)$； Q——曝气池设计流量，m^3/d
2	有效水深	沉淀池的有效水深宜采用 2～4 m，超高不应小于 0.3 m	
3	污泥区容积	按储泥时间 2 h 计算	

E　计算示例

某市日排污水量 30000 m^3，时变化系数 $K=1.2$，原污水 BOD_5 值（S_a）为 225 mg/L，要求处理水 BOD_5 值（S_e）为 20 mg/L，拟采用活性污泥系统处理（见表 4-17）。要求：

（1）计算曝气池主要部位尺寸；

（2）计算鼓风曝气系统。

表 4-17　曝气池主要部位尺寸与鼓风曝气系统选型

步骤 1：污水处理程度计算		
参数确定	$S_a=225$ mg/L，$S_e=20$ mg/L，初次沉淀池降解 BOD_5 按 25%考虑	
计算	（1）$S_o=S_a(1-25\%)=225\times(1-25\%)=169$ mg/L	
	（2）去除率 $\eta=\frac{S_o-S_e}{S_o}=\frac{169-20}{169}=0.88$	
步骤 2：曝气池运行方式的确定		
本设计以传统活性污泥法系统作为主要运行方式		
步骤 3：曝气池容积计算		
参数确定	BOD_5 污泥负荷	0.3 $kgBOD_5/(kgMLSS\cdot d)$
	回流比 R	25%
	污泥容积指数 SVI	120
	混合液污泥 X	$X=\frac{R}{1+R}\times\frac{10^6}{SVI}r=\frac{0.25}{1+0.25}\times\frac{10^6}{120}\times1.2=2000$ mg/L
计算	曝气池容积：$V=\frac{Q(S_o-S_e)}{XL_s}=\frac{30000\times(169-20)}{2000\times0.3}=7450\ m^3$	
步骤 4：确定曝气池各部分尺寸并绘制草图		
尺寸确定	（1）设 2 组曝气池，每组容积为 7450/2=3725 m^3 （2）池深取 4.2 m，则每组曝气池的面积为：$F=\frac{3725}{4.2}=887\ m^2$ （3）池宽取 6 m，则池宽与有效水深之比 $B/H=6.0/4.2=1.43$，符合要求 （4）池长 $L=\frac{887}{6.0}=148$ m （5）设置 5 廊道式曝气池，廊道长 $L_1=L/5=148/5=29.6$ m，取 30 m （6）超高取 0.5 m，则池总高度为 4.2+0.5=4.7 m	
运行方式	（1）考虑多种运行方式设置进出水渠道：在曝气池前后两侧各设横向配水渠道，并在池中部设置纵向中间配水渠道与横向配水渠道相连接。在两侧横向配水渠道上设置进水口，每组曝气池设 5 个进水口，如图 4-21 所示。在每组曝气池的廊道Ⅰ进水口处设回流污泥井，回流污泥由污泥泵站送入井内，由此通过空气提升器回流至曝气池。 （2）运行方式：按图 4-21 所示的平面布置，该曝气池可有多种运行方式：1）按传统活性污泥法处理系统运行，污水及回流污泥同步从廊道Ⅰ的前侧进水口进入；2）按阶段曝气运行，回流污泥从廊道Ⅰ的前侧进入，而污水则分别从两侧配水渠道的 5 个进水口均量地进入；3）按吸附再生曝气运行，回流污泥从廊道Ⅰ的前侧进入，以廊道Ⅰ作为污泥再生池，污水则从廊道Ⅱ的后侧进水口进入，再生池为全部曝气池的 20%，或者以廊道Ⅰ及廊道Ⅱ作为再生池，污水从廊道Ⅲ的前侧进水口进入。此时，再生池为 40%，运行方式灵活	

续表 4-17

步骤4：确定曝气池各部分尺寸并绘制草图	
绘制草图	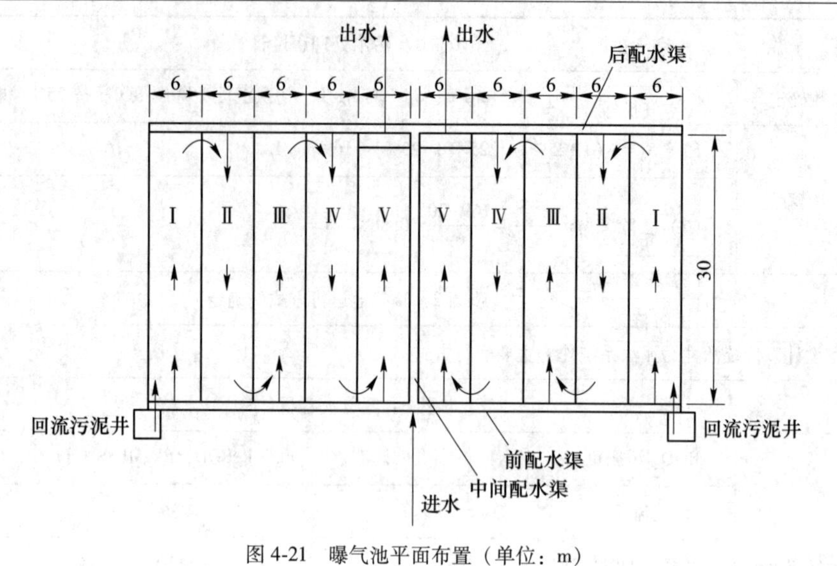 图 4-21　曝气池平面布置（单位：m）

步骤5：需氧量计算	
计算	（1）需氧量计算仅考虑计算去除 BOD_5 的需氧量，故式（4-39）仅考虑前两项，该公式化简为 $O_2=0.001aQ(S_o-S_e)-c\Delta X_v$ （2）ΔX_v 按式（4-47）计算，不计无机部分，即取前两项计算挥发性新增污泥量，该公式化简为 $\Delta X_v=YQ(S_o-S_e)-K_dVX_v$ （3）平均时需氧量计算： $$O_2 = 0.001aQ(S_o - S_e) - c[YQ(S_o - S_e) - K_dVX_v]$$ 代入各值求得： $O_2=0.001\times1.47\times30000\times(169-20)-1.42\times0.001\times[0.5\times30000\times(169-20)-0.05\times7450\times2000\times0.75]$ $=6570.9-1.42\times(2235-558.75)$ $=5129.47\ kgO_2/d=213.73\ kgO_2/h$ （4）最大时需氧量计算： 将时变化系数 $K=1.2$ 代入上式得： $O_2=0.001\times1.47\times30000\times1.2\times(169-20)-1.42\times0.001\times[0.5\times30000\times1.2\times(169-20)-0.05\times7450\times2000\times0.75]$ $=6570.9\times1.2-1.42\times(2235\times1.2-558.75)$ $=5996.65\ kgO_2/d=249.86\ kgO_2/h$ （5）最大时需氧量与平均时需氧量之比： $$O_{2(\max)}/O_2 = 249.86/213.73 = 1.17$$ （6）每日去除 BOD_5 的值：$\Delta BOD_5=0.001aQ(S_o-S_e)=0.001\times30000\times(169-20)=4470\ kgBOD_5/d$ （7）平均日去除 1 $kgBOD_5$ 的需氧量：$\Delta BOD_5=0.001aQ(S_o-S_e)=0.001\times30000\times(169-20)=4470\ kgBOD_5/d=1.15\ kgO_2/kgBOD_5$

续表 4-17

步骤 6：供气量的计算		
参数确定	空气扩散器	采用网状膜型中微孔空气扩散器，敷设于距池底 0.2 m 处，淹没水深 4.0 m
	空气扩散器的氧转移效率 E_A	网状膜型中微孔空气扩散器 $E_A=12\%$
	计算温度	30 ℃
	溶解氧饱和度	$C_{s(20)}=9.17$ mg/L，$C_{s(30)}=7.63$ mg/L
	混合液溶解氧浓度	$C=2.0$ mg/L
	各修正系数	$\alpha=0.82$，$\beta=0.95$，$\rho=1$

计算

（1）采用鼓风曝气，水中溶解氧饱和度 $C_{s(30)}$ 应修正为平均溶解氧饱和度 $C_{sb(30)}$

（2）计算 $C_{sb(30)}$，$C_{sb(30)}=\frac{1}{2}C_{s(30)}\left(\frac{O_t}{21}+\frac{P_b}{1.013\times10^5}\right)$，其中，

$$O_t=\frac{21\times(1-E_A)}{79+21(1-E_A)}\times100\%=\frac{21\times(1-0.12)}{79+21\times(1-0.12)}\times100\%=18.43\%$$

$$P_b=P+9.8\times10^3\times H=1.013\times10^5+9.8\times10^3\times4=1.405\times10^5\ \text{Pa}$$

代入各值得：

$$C_{sb(30)}=\frac{1}{2}C_{s(30)}\left(\frac{O_t}{21}+\frac{P_b}{1.013\times10^5}\right)=\frac{1}{2}\times7.63\times\left(\frac{18.43}{21}+\frac{1.405\times10^5}{1.013\times10^5}\right)=8.54\ \text{mg/L}$$

（3）平均时在标准条件下的充氧量，按式（4-40）计算：

$$R_0=\frac{RC_{s(20)}}{\alpha\times1.024^{(T-20)}(\beta\rho C_{s(T)}-C_L)}=\frac{213.73\times9.17}{0.82\times1.024^{(30-20)}\times(0.95\times1\times8.54-2)}=238.78\ \text{kg/h}$$

最大时在标准条件下的充氧量，按式（4-40）计算：

$$R_0=\frac{RC_{s(20)}}{\alpha\times1.024^{(T-20)}(\beta\rho C_{s(T)}-C_L)}=\frac{249.86\times9.17}{0.82\times1.024^{(30-20)}\times(0.95\times1\times8.54-2)}=279.14\ \text{kg/h}$$

（4）曝气池平均时供气量，按式（4-41）计算：

$$G_s=\frac{R_0}{0.28\times E_A}=\frac{238.78\times100}{0.28\times12}=7106.54\ \text{m}^3/\text{h}$$

（5）曝气池最大时供气量，按式（4-41）计算：

$$G_s=\frac{R_0}{0.28\times E_A}=\frac{279.14\times100}{0.28\times12}=8307.73\ \text{m}^3/\text{h}$$

（6）去除 1 $kgBOD_5$ 时的供气量：

$$\frac{7106.54}{4470}\times24=38.16\ \text{m}^3\ \text{空气}/\text{kgBOD}_5$$

（7）1 m^3 污水的供气量：

$$\frac{7106.54}{30000}\times24=5.69\ \text{m}^3\ \text{空气}/\text{m}^3\ \text{污水}$$

（8）本系统的空气总用量：除采用鼓风曝气外，本系统还采用空气提升污泥，其空气量按回流污泥量的 8 倍考虑，污泥回流比 R 取 25%，提升回流污泥所需空气量为：

$$\frac{8\times0.25\times30000}{24}=2500\ \text{m}^3/\text{h}$$

故空气总用量为：$7106.54+2500=9606.54\ \text{m}^3/\text{h}$

续表 4-17

步骤 7：空气管路系统计算（略）	
步骤 8：鼓风机的选型	
计算	（1）经计算，空气管路系统总压力损失设计值取 9.8 kPa （2）空气扩散装置安装在距曝气池池底 0.2 m 处，因此鼓风机所需压力为 $p=(4.2-0.2+1.0)\times 9.8=49$ kPa （3）鼓风机供气量： 最大时：8307.73+2500=10907.73 m^3/h=180.13 m^3/min 平均时：7106.54+2500=9606.54 m^3/h=160.11 m^3/min
选型	根据所需压力及空气量，采用 L81WD 型鼓风机 4 台，风压 49 kPa，风量 57 m^3/min，3 台工作、1 台备用

4.2.2.2 活性污泥法的运行控制

A 活性污泥的培养与驯化

活性污泥的培养和驯化可归纳为异步培驯法、同步培驯法和接种培驯法三种。异步法即先培养后驯化；同步法则培养和驯化同时进行或交替进行；接种法是利用其他污水处理厂的剩余污泥，再进行适当培驯。对城市污水一般都采用同步培驯法。

培养活性污泥需要有菌种和菌种所需要的营养物。对于城市污水，其中菌种和营养物都具备，因此可直接进行培养。方法是：先将污水引入曝气池进行充分曝气，并开动污泥回流设备，使曝气池和二次沉淀池接通循环。经 1~2 d 曝气后，曝气池内就会出现模糊不清的絮凝体。为补充营养和排除对微生物增长有害的代谢产物，要及时换水，即从曝气池通过二次沉淀池排出 50%~70%的污水，同时引入新鲜污水。换水可间歇进行，也可以连续进行。

间歇换水一般适用于生活污水所占比重不太大的城市污水处理厂，每天换水 1~2 次。这样一直持续到混合液 30 min 沉降比达到 15%~20%时为止。在一般的污水浓度和水温在 15 ℃以上的条件下，经过 7~10 d 便可大致达到上述状态。当进入的污水浓度很低时，为使培养期不致过长，可将初次沉淀池的污泥引入曝气池或不经初次沉淀池将污水直接引入曝气池。对于性质类似的工业废水，也可按上述方法培养，不过在开始培养时，宜投入一部分作为菌种的粪便水。

连续换水适用于以生活污水为主的城市污水或纯生活污水。连续换水是指边进水、边出水、边回流的方式培养活性污泥。

对于工业废水或以工业废水为主的城市污水，由于其中缺乏专性菌种和足够的营养，因此在投产时除用一般菌种和所需要营养培养足量的活性污泥外，还应对所培养的活性污泥进行驯化，使活性污泥微生物群体逐渐形成具有代谢特定工业废水的酶系统，具有某种遗传性。

在工业废水处理站，可先用粪便水或生活污水培养活性污泥。因为这类污水中细菌种类繁多，本身所含营养也丰富，细菌易于繁殖。当缺乏这类污水时，可用化粪池和排泥沟的污泥、初次沉淀池或消化池的污泥等。采用粪便水培养时，先将浓粪便水过滤后投入曝气池，再用自来水稀释，使 BOD_5 浓度控制在 500 mg/L 左右，进行闷曝培养（只曝气而不进水）。同样经过 1 ~ 2 d 后，为补充营养和排除代谢产物，需及时换水。对于生产性曝气池，由于培养液量大，收集比较困难，一般均采取间歇换水方式，或先间歇换水，后连续换水。而间歇换水又以静态操作为宜，即当第一次加料曝气并出现模糊的絮凝体后，就可停止曝气，使混合液静沉，经过 1 ~ 1.5 d 沉淀后排除上清液（其体积占总体积的 50% ~ 70%），然后再往曝气池内投加新的粪便水和稀释水。粪便水的投加量应根据曝气池内已有的污泥量在适当的污泥负荷范围内进行调节（随污泥量的增加而相应增加粪便水量）。在每次换水时，从停止曝气、沉淀到重新曝气，总时间以不超过 2 h 为宜。开始宜每天换水 1 次，以后可增加到 2 次，以便及时补充营养。

连续换水仅适用于就地有生活污水来源的处理站。在第一次投料曝气后或经数次闷曝而间歇换水后，就不断地往曝气池投加生活污水，并不断将出水排入二次沉淀池，将污泥回流至曝气池，随着污泥培养的进展，应逐渐增加生活污水量，使污泥负荷在适宜的范围内。此外，污泥回流量应比设计值稍大些。

当活性污泥培养成熟，即可在进水中加入并逐渐增加工业废水的比值，使微生物逐渐适应新的生活条件，得到驯化。开始时，工业废水可按设计流量的 10% ~ 20% 加入，达到较好的处理效果后，再继续增加其比重。每次增加的百分数以设计流量的 10% ~ 20% 为宜，并待微生物适应巩固后再继续增加，直至满负荷为止。在驯化过程中，能分解工业废水的微生物得到发展繁殖，不能适应的微生物则逐渐淘汰，从而使驯化过的活性污泥具有处理该种工业废水的能力。

上述先培养后驯化的方法即为异步培驯法。为了缩短培养和驯化的时间，也可以把培养和驯化这两个阶段合并进行，即在培养开始就加入少量工业废水，并在培养过程中逐渐增加比重，使活性污泥在增长的过程中，逐渐适应工业废水并具有处理它的能力，这就是同步培驯法。这种做法的缺点是，在缺乏经验的情况下不够稳妥可靠，出现问题时不易确定是培养上的问题还是驯化上的问题。

在有条件的地方，可直接从附近污水处理厂引入剩余污泥，作为种泥进行曝气培养，这样能够缩短培养时间；如能从性质相同的废水处理站引入活性污泥，更能提高驯化效果，缩短时间，这就是接种培驯法。

工业废水中，如缺乏氮、磷等养料，在驯化过程中则应把这些物质投加入曝气池中。实际上，培养和驯化这两个阶段不能截然分开，间歇换水与连续换水也常结合进行，具体培养驯化时应依据净化机理和实际情况灵活进行。

B　活性污泥系统的试运行

活性污泥培训成熟后就开始试运行，试运行的目的是确定活性污泥系统的最佳运行条件。在运行中，作为变数考虑的因素有混合液污泥浓度（MLSS）、空气量、污水注入方式等；如采用生物吸附法，则还有污泥再生时间和吸附时间的比值；如采用曝气沉淀池，还要确定回流窗孔开启高度；如工业废水养料不足，还应确定氮、磷的投加量等。将这些变数组合成几种运行条件分阶段实验，观察各种条件的处理效果，并确定最佳运行条件，这就是试运行的任务。

活性污泥法要求在曝气池内保持适宜的 F/M 值，供给一定的溶解氧使微生物与有机污染物进行良好的接触，并保持适当的接触时间等。F/M 值一般用污泥负荷率（L_s）加以控制，其中 F 值由流入污水量和浓度决定，因此应通过控制活性污泥的浓度（MLSS）来维持适宜的污泥负荷率。不同的运行方式有不同的污泥负荷率，运行的混合液污泥浓度就是以其运行方式的适宜污泥负荷率作为基础确定的，并在试运行过程中确定最佳条件下的L_s和 MLSS。

MLSS 最好每天都测定，如 SVI 稳定时，也可用 SVI 暂时代替 MLSS 的测定。根据测定的 MLSS 或 SVI，便可控制污泥回流量和剩余污泥量，并获得这方面的运行规律。此外，也可通过相应的污泥龄加以控制。

空气量应满足供氧和搅拌的要求，供氧应使最高负荷时混合液溶解氧含量保持在 1~2 mg/L。搅拌的作用是使污水与污泥充分混合，因此搅拌程度应通过测定曝气池表面、中间和池底各点的污泥浓度是否均匀而确定。

活性污泥系统有多种运行方式，在设计中应予以充分考虑。各种运行方式的处理效果应通过试运行阶段加以比较观察，然后确定出最佳效果的运行方式及其各项参数，在正式运行过程中还可以对各种运行方式的效果进行验证。

C　活性污泥系统的监测与运行

试运行确定最佳条件后即可转入正常运行。为了保持良好的处理效果，积累经验，需对处理的情况定期进行巡视和检测。巡视是指每班人员定时到处理装置规定位置进行观察、检测，以保证运行效果。

a　活性污泥性状的观察

（1）污泥的色、嗅。正常运行的城市污水厂或与城市污水类似的工业废水处理站，活性污泥一般呈黄（或棕）褐色，新鲜的活性污泥略带土味。当曝气池充氧不足时，污泥会发黑、发臭；当曝气池充氧过度或负荷过低时，污泥色泽会较淡。

（2）观察曝气池。应注意观察曝气池液面翻腾情况，防止有成团气泡上升（曝气系统局部堵塞）或液面翻腾很不均匀（存有不曝气的死角）的情况。

应注意观察曝气池泡沫的变化。若泡沫量增加很多，或泡沫出现颜色，则反映进水水质变化（如增加了洗涤剂、染料、碱度或黏性增加）或运行状态变化（如负荷过高）。

（3）观察二沉池。经常观察二沉池泥面的高低、上清液透明程度及液面浮泥的情况，污水厂正常运行时二沉池上清液的厚度应该为 0.5~0.7 m。如果泥面上升，则说明污泥沉降性能差。上清液混浊则说明负荷过高，污水净化效果差；若上清液透明，但带出一些细小污泥絮粒，说明污水净化效果较好，但污泥解絮（可能因为营养不良、污泥过度曝气或污泥龄长）。池中不连续性大块污泥上浮，则说明池底局部厌氧，导致污泥腐败。若大范围污泥成层上浮，可能是污泥中毒。

b　活性污泥生物相的观察

活性污泥处理系统生物相的观察，是已经普遍采用运行状态的观察方式。通过生物相观察，了解活性污泥中微生物的种类、数量优势度等，及时掌握生物相的变化、运行系统的状况和处理效果，及时发现异常现象或存在的问题，对运行管理予以指导。

活性污泥微生物一般由细菌（菌胶团）、真菌、原生动物和后生动物等组成，其中以细菌为主，且种类繁多。当水质条件和环境条件变化时，在生物相上也会有所表现。

活性污泥絮粒以胶团为骨架，穿插生长着一些丝状菌，但其数量远小于细菌数量。微型动物中以固着类纤毛虫为主，如钟虫、盖纤虫、累枝虫等，也会见到少量游动纤毛虫，如草履虫、肾形虫，而后生动物如轮虫很少出现。一般来讲，城市污水处理厂活性污泥中，微生物相当丰富，各种各样微生物都会有，而工业污水处理站活性污泥中因为水质的原因，可能会缺少某些微生物。

对微生物相观察应注重如下变化：

（1）生物种类的变化。污泥中微生物种类会随水质变化，随运行阶段而变化。培菌阶段，随着活性污泥的逐渐生成，出水由浊变清，污泥中微生物的种类发生有规律的演替。运行中，污泥中微生物种类的正常变化，可以推测运行状况的变化。如污泥结构松散时，常可见游动纤毛虫的大量增加。出水混浊效果较差时，变形虫及鞭毛虫类原生动物的数量会大大增加。

工业废水因水质特征的差异，各处理站的生物相也会有很大差异。实际运行中，应通过长期观察，找出废水水质变化与生物相变化之间的相应关系，如某种原生动物数量会随着进水水质和运行效果好坏的变化而变化。

（2）微生物活动的状态。当水发生变化时，微生物的活动状态会发生一些变化，甚至微生物的形体也随废水变化而发生变化。以钟虫为例，可观察其纤毛摆动的快慢，体内是否积累有较多的食物泡，伸缩泡的大小与收缩，以及繁殖情况等。微型动物对溶解氧的变化比较敏感，当水中溶解氧过高或过低时，能见钟虫“头”端突出一空泡。进水中难代谢物质过多或温度过低时，可见钟虫体内积累有不消化颗粒并呈不活跃状态，最后会导致虫体中毒死亡。pH 值突变时，虫体上纤毛停止摆动。当遇到水质变化时，虫体外围可能包以较厚的胞囊，以便渡过不利条件。

（3）微生物数量的变化。城市污水处理厂活性污泥中微生物种类很多，但某些微生物数量的变化会反映出水质的变化。如丝状菌，在正常运行时也有少量存在，但丝状菌大量出现，见到的结果会是细菌减少、污泥膨胀和出水水质变差。活性污泥中鞭毛虫的出现预示污泥开始增长繁殖，而鞭毛虫数量很多时，又反映处理效果的降低。钟虫的大量出现一般表示活性污泥已生长成熟，此时处理效果很好，同时可能会有极少量的轮虫出现。若轮虫大量出现，则预示污泥的老化或过度氧化，随后会发生污泥解体、出水水质变差。

活性污泥中微生物的观察，一般通过光学显微镜来完成。用低倍数的观察污泥絮粒的状态，高倍数的观察微型动物的状态，油镜观察细菌的情况。由于工业废水处理站活性污泥可能没有微型动物，故其生物相观察需要长期、仔细的工作。目前，运行管理中对生物相的观察，已日益受到重视。

c 活性污泥检测指标

（1）反映处理效果的项目：进出水总的和溶解性的 BOD、COD，进出水总的和挥发性的 SS，进出水的有毒物质（对应工业废水）。

（2）反映污泥情况的项目：SV、MLSS、MLVSS、SV、微生物观察等。

（3）反映污泥营养和环境条件的项目：N、P、pH 值、水温、溶解氧等。

一般 SV 和溶解氧一样，最好 2~4 h 测定一次，至少每班一次，以便及时调节回流污泥量和空气量。微生物观察最好每班一次，以预示污泥异常现象。除 N、P、MLSS、MLVSS、SVI 可定期测定外，其他各项应每天测一次。水样除测溶解氧外，均取混合水样。

此外，每天要记录进水量、回流污泥量和剩余污泥量，还要记录剩余污泥的排放规律、曝气设备的工作情况以及空气量和电耗等。剩余污泥（或回流污泥）浓度也要定期测定。上述检测项目如有条件，应尽可能进行自动检测和自动控制。

d 活性污泥的运行控制方法

（1）污泥负荷法。一般情况下，污水生物处理系统运行控制应以此法来完成，尤其是系统运行的初期和水质水量变化较大的生物处理系统。但该法操作较复杂一些，对于水质水量变化较小的系统或城市污水厂的稳定运行阶段，可以采用更简单一些的控制方法。

（2）MLSS法。按照曝气池MLSS高低情况，调整系统排泥量来控制最佳的MLSS。采用MLSS控制法，适合于水质水量比较稳定的生物处理系统，因为对于一个现成的处理系统，当处理水量水质和曝气池容积一定时，污泥负荷主要决定于污泥浓度MLSS。具体操作时，应仔细分析不同季节水质、水量条件下的最优运行参数，找出最优MLSS，然后通过调控使MLSS保持最佳。

（3）SV法。对于水质水量稳定的生物处理系统，活性污泥的SV值可以代表污泥的絮凝和代谢活性，反映系统的处理效果。运行时可以分析出不同季节条件下的最优SV值，每日每班测出SV值，然后调整回流污泥量、排泥量、曝气量等参数，使SV值维持最佳。这种方法简单，但对水质水量变化大的系统，或污泥性能发生较大变化时，SV值变化范围增大，准确性降低。早期的城市污水处理厂按此法来调控，目前仍有少数污水处理厂（站）沿用。

（4）污泥龄法。该方法是要求按照系统最佳的污泥停留时间（污泥龄）来调整排泥量，使处理系统维持最佳运行效果的。

D 运行过程中的异常控制

在运行中，曝气池内污泥会出现异常情况，使污泥随二沉池出水流失，处理效果降低。下面介绍运行中可能出现的几种主要异常现象及其防止措施。

a 污泥膨胀

正常的活性污泥沉降性能良好，含水率一般在99%左右。当污泥变质时，污泥就不易沉降，含水率上升，体积膨胀，澄清液减少，这种现象叫做污泥膨胀。污泥膨胀首先是大量丝状菌（特别是球衣菌）在污泥内繁殖，使污泥松散、密度降低所致；其次，真菌的繁殖也会引起污泥膨胀，也有污泥中结合水异常增多导致污泥膨胀。

活性污泥的主体是菌胶团。与菌胶团比较，丝状菌和真菌生长时需较多的碳素，对氮、磷的要求较低。对氧的要求也和菌胶团不同，菌胶团要求较多的氧（至少0.5 mg/L）才能很好的生长，而真菌和丝状菌在低于0.1 mg/L的微氧环境中，才能较好地生长。所以在供氧不足时，丝状菌、真菌则大量繁殖。对于有毒物的抵抗力，丝状菌和菌胶团也有差别，如对氯的抵抗力，丝状菌不及菌胶团。菌胶团生长适宜的pH值范围在6~8，而真菌则在pH值等于4.5~6.5生长良好，所以pH值稍低时，菌胶团生长受到抑制，而真菌的数量则大大增加。此外，超负荷、污泥龄过长或有机物浓度梯度小等因素，也会引起污泥膨胀。排泥不畅则易引起结合水性的污泥膨胀。

由此可见，为防止污泥膨胀，应加强操作管理，经常检测污水水质。曝气池内DO、SV、SVI等经常进行监测，一旦发现不正常现象应及时采取预防措施，一般可采取加大空气量，及时排泥等措施；有可能采取分段进水，以免发生污泥膨胀。

当发生污泥膨胀后，解决的办法可针对引起膨胀的原因采取措施。如缺氧、水温高等可加大曝气量，或降低水温，减轻负荷，或适当减低MLSS值；如污泥负荷率过高，可适当提高MLSS值，以调整负荷，必要时还要停止进水，闷曝一段时间；如缺氮、磷等，可投加硝化污泥液或氮、磷等成分；如pH值过低，可投加石灰等调节pH值；若污泥大量流失，可投加 5~10 mg/L 氯化铁，促进凝聚，刺激菌胶团生长，也可投加漂白粉或液氯，抑制丝状菌繁殖，特别能控制结合水性污泥膨胀。此外，投加石棉粉末、硅藻土等物质也有一定的效果。

b　污泥解体

处理水质浑浊、污泥絮凝性降低、处理效果变坏等则是污泥解体现象，导致这种异常现象的原因有运行中的问题，也有由于污水中混入了有毒物质所致。

运行不当（如曝气池曝气过量），会使活性污泥生物营养的平衡遭到破坏，使微生物量减少且失去活性，吸附能力降低，絮凝体缩小质密，一部分则成为不易沉淀的羽毛状污泥，处理水质混浊，SV 值降低等。当污水中存在有毒物质时，微生物会受到抑制或伤害，净化能力下降，或完全停止，从而使污泥失去活性。一般可通过显微镜观察来判别产生的原因。当鉴别出是运行方面的问题时，应对污水量、回流污泥量、空气量和排泥状态以及 SV、MLSS、DO、L_s等多项指标进行检查，加以调整。

c　泡沫问题

曝气池中产生泡沫的主要原因是，污水中含有大量合成洗涤剂或其他气泡物质，泡沫会给生产带来一定困难，如影响操作环境、带走大量污泥。当采用机械曝气时，还会影响叶轮的充氧能力。消除泡沫的措施有：分段进水以提高混合液浓度，进水喷水或投加除沫剂等。

d　污泥脱氮（反硝化）

污泥在二沉池呈块状上浮的现象，并不是由于腐败所造成的，而是由于在曝气池内污泥龄过长，硝化过程进行充分（$NO_3^->5$ mg/L）。在沉淀池内产生反硝化，硝酸盐的氧被利用，氮即呈气体脱出附于污泥上，从而使密度降低，整块上浮。反硝化作用一般在溶解氧低于 0.5 mg/L 时发生。为防止这一现象的发生，应采取增加污泥回流量、及时排除剩余污泥，或降低混合液污泥浓度、缩短污泥龄和降低溶解氧浓度等措施，使之不进行到硝化阶段。

e　污泥腐化

在二沉池有可能由于污泥长期滞留而进行厌氧发酵，生成 H_2S、CH_4等有害气体，从而发生大块污泥上浮的现象。与污泥脱氮上浮所不同的是，污泥腐败变黑，产生恶臭。此时也不是全部污泥上浮，大部分污泥都是正常地排出或回流，只有沉积在死角长期滞留的污泥才腐化上浮。防止的措施有：安设不使污泥外溢的浮渣设备；消除沉淀池的死角；加大池底坡度或改进池底刮泥设备，不使污泥滞留于池底。

此外，如曝气池内曝气过度，使污泥搅拌过于激烈，生成大量小气泡附聚于絮凝体上，也容易引起污泥上浮，机械曝气较鼓风曝气影响小。另外，当流入大量脂肪和油时，也容易产生这种现象。防止措施是将供气控制在搅拌所需的限度内，而脂肪和油则应在进入曝气池之前加以去除。表 4-18 为活性污泥法的常见异常及处理。

表 4-18　活性污泥法的常见异常及处理

异常现象	分析及诊断	处理
曝气池有臭味	曝气池供 O_2 不足，DO 值低，出水氨氮有时偏高	增加供氧，使曝气池出水 DO 高于 2 mg/L
污泥发黑	曝气池 DO 过低，有机物厌氧分解析出 H_2S，其与 Fe 生成 FeS	增加供氧或加大污泥回流

续表 4-18

异常现象	分析及诊断	处理
沉淀池有大块黑色污泥上浮	沉淀池局部积泥厌氧，产生CH_4、CO_2，气泡附于泥粒使之上浮，出水氨氮往往较高	防止沉淀池有死角，排泥后在死角处用压缩空气冲或高压水清洗
二沉池泥面升高，初期出水特别清澈，流量大时污泥成层外溢	SV>90%，SVI>20 mg/L，污泥中丝状菌占优势，污泥膨胀	投加液氯，提高pH值，用化学法杀死丝状菌；投加颗粒碳黏土消化污泥等活性污泥“重量剂”；提高DO；间歇进水
二沉池泥面过高	丝状菌未过量生长，MLSS值过高	增加排液
污泥变白	丝状菌或固着型纤毛虫大量繁殖	如有污泥膨胀，参照污泥膨胀对策
	进水pH值过低，曝气池pH值≤6丝状型菌大量生成	提高进水pH值
二沉池表面积累一层解絮污泥	微型动物死亡，污泥絮解，出水水质恶化，COD、BOD上升，OUR低于8 $mgO_2/(gVSS\cdot h)$，进水中有毒物浓度过高，或pH值异常	停止进水，排泥后投加营养物，或引进生活污水，使污泥复壮，或引进新污泥菌种
二沉池有细小污泥不断外漂	污泥缺乏营养，使之瘦小OUR<8 $mgO_2/(gVSS\cdot h)$；进水中氨氮浓度高，C/N比不合适；池温超过40 ℃；叶轮转速过高使絮粒破碎	投加营养物或引进高浓度BOD水，使F/M>0.1，停开一个曝气池
二沉池上清液浑浊，出水水质差	OUR>20 $mgO_2/(gVSS\cdot h)$污泥负荷过高，有机物氧化不完全	减少进水流量，减少排泥
曝气池表面出现浮渣似厚粥覆盖于表面	浮渣中见诺卡氏菌或纤发菌过量生长，或进水中洗涤剂过量	清除浮渣，避免浮渣继续留在系统内循环，增加排泥
污泥未成熟，絮粒瘦小；出水浑浊，水质差；游动性小型鞭毛虫多	水质成分浓度变化过大；废水中营养不平衡或不足；废水中含毒物或pH值不足	使废水成分、浓度和营养物均衡化，并适当补充所缺营养
污泥过滤困难	污泥解絮	按不同原因分别处置
污泥脱水后泥饼松	有机物腐败	及时处置污泥
	凝聚剂加量不足	增加剂量
曝气池中泡沫过多，色白	进水洗涤剂过量	增加喷淋水或消泡剂
曝气池泡沫不易破碎，发黏	进水负荷过高，有机物分解不全	降低负荷
曝气池泡沫茶色或灰色	污泥老化，泥龄过长，解絮污泥附于泡沫上	增加排泥
进水pH值下降	厌氧处理负荷过高，有机酸积累	降低负荷
	好氧处理中负荷过低	增加负荷

续表 4-18

异常现象	分析及诊断	处理
出水色度上升	污泥解絮，进水色度高	改善污泥性状
出水 BOD、COD 升高	污泥中毒	污泥复壮
	进水过浓	提高 MLSS
	进水中无机还原物（S_2O_3、H_2S）过高	增加曝气强度
	COD 测定受 Cl^-影响	排除干扰

4.2.3　任务

4.2.3.1　活性污泥系统设计计算

某城市日排污水量 40000 m^3，原污水 BOD_5 值（S_a）为 350 mg/L，要求处理水 BOD_5 值（S_e）为 20 mg/L，拟采用活性污泥系统处理（见表 4-19）。试计算曝气池主要部位尺寸。

表 4-19　曝气池主要部位尺寸

步骤 1：污水处理程度计算		
参数确定	S_a =　　mg/L，S_e =　　mg/L，初次沉淀池降解 BOD_5 按 25%考虑	
计算	（1）$S_o = S_a(1-25\%) =$	
	（2）去除率 $\eta = \frac{S_o - S_e}{S_o} =$	
步骤 2：曝气池运行方式的确定		
步骤 3：曝气池容积计算		
参数确定	BOD 污泥负荷	
	回流比 R	
	污泥容积指数 SVI	
	混合液污泥 X	
计算	曝气池容积：	
步骤 4：确定曝气池各部分尺寸并绘制草图		
尺寸确定		

续表 4-19

步骤4：确定曝气池各部分尺寸并绘制草图	
运行方式	
绘制草图	

4.2.3.2 污泥沉降比（SV）和污泥体积指数（SVI）的测定

测定曝气池污泥沉降比（SV）和污泥浓度（MLSS），计算污泥指数（SVI），见表4-20。通过得到的污泥沉降比和污泥指数，评价该活性污泥法处理系统中活性污泥的沉降性能，是否有污泥膨胀的倾向或已经发生膨胀，并分析其原因。

表 4-20 曝气池的污泥沉降比与污泥体积指数

指标	沉降比 SV/%	污泥容积指数 SVI /mg · L^{-1}	污泥浓度 MLSS /mg · L^{-1}	是否正常

课程思政点：

（1）以活性污泥法发现过程的偶然性和必然性为切入点，讲述方法论五对范畴“原因和结果、内容和形式、现象和本质、偶然性和必然性、可能性和现实性”和认识论“认识具有反复性、无限性、上升性。要求与时俱进，开拓创新，在实践中追求和发展真理”。

（2）以活性污泥菌胶团在生物法处理废水的优势和活性污泥生态系统中各种微生物类群的协同作用，引入生态平衡、维护祖国统一和民族团结的重要性等内容。

任务 4.3 生物膜法

【知识目标】

（1）能够辨析生物膜法和活性污泥法的工艺特征区别。

（2）掌握生物膜生物相特征。

（3）掌握生物滤池、生物装盘、生物接触氧化等生物膜工艺的基本运行方式、设备和工艺参数。

【技能目标】

(1) 能画出典型生物膜工艺流程图。
(2) 能对活性污泥工艺和生物膜法工艺进行比较。

【素养目标】

(1) 树立探索的精神。
(2) 培养较强的自学能力和适应职业变化的知识迁移联系能力。

生物膜法
及工艺特点

4.3.1 主要理论

4.3.1.1 生物膜法概述

污水的生物膜法是一种被广泛采用的污水好氧生物处理技术，与活性污泥法并列，既是古老的又是发展中的污水生物处理技术。与活性污泥法相比，生物膜法的主要优点是对原污水水质和水量变化的适应性较强，处理污水的动力费用较低。生物膜法是在污水土地处理法的基础上发展起来的，本质上与土壤自净的过程和机理类似，是土壤自净过程的强化。早在 19 世纪末英国首先使用滴滤池（低负荷生物滤池）以来，生物滤池（低负荷生物滤池、高负荷生物滤池、塔式生物滤池等）得到了广泛应用。近几十年来又开发了生物膜法各种新工艺，如生物转盘、生物接触氧化池、曝气生物滤池、生物流化床等。

生物膜法是利用附着生长于某些固体物表面的微生物（即生物膜）进行有机污水处理的方法。生物膜法是让细菌、真菌、微生物和原生动物、后生动物等微型动物附着在滤料或某些载体上生长繁殖，并在其上形成膜状生物黏泥——生物膜，污水与生物膜接触后，污水中的有机污染物被生物膜上的微生物吸附降解，转化为 H_2O、CO_2、NH_3 和微生物细胞物质，污水得到净化，老化的生物膜不断脱落更新。

A 生物膜法的原理

(1) 生物膜的形成。污水与滤料或某种载体流动接触，经过一段时间后，在滤料或载体表面会形成一层膜状污泥——生物膜。从开始形成到成熟，生物膜要经历潜伏和生长两个阶段，一般城镇污水在 20 ℃左右的条件下大致需要 30 d 左右的时间。生物膜在形成和成熟后，由于微生物的不断增殖，生物膜不断增厚，生长到一定程度时，由于氧不能透入深部，内层变为厌氧状态，厌氧微生物生长形成厌氧膜。当厌氧膜达到一定厚度时，其代谢产物增多，这些产物向外逸出要通过好氧层，使好氧层的稳定遭到破坏，加上水力冲刷，生物膜极易从滤料表面脱落，随出水流出。

(2) 有机物的降解。生物膜对有机物的降解主要在好氧层内进行，其过程如图 4-22 所示。生物膜自滤料（或载体）向外可分为厌氧层、好氧层、附着水层和流动水层。生物膜首先吸附着水层的有机物，由好氧层的好氧菌将其分解，代谢产物如 CO_2、H_2O 等无机物沿相反方向排至流动水层及空气层；死亡的好氧菌和部分有机物进入厌氧层进行厌氧分解，代谢产物如 NH_3、H_2S、CH_4 等从水层逸出进入空气中；流动水层则将老化的生物膜冲掉以生长新的生物膜，如此往复以达到净化污水的目的。

B 生物膜法的特征

a 微生物相特征

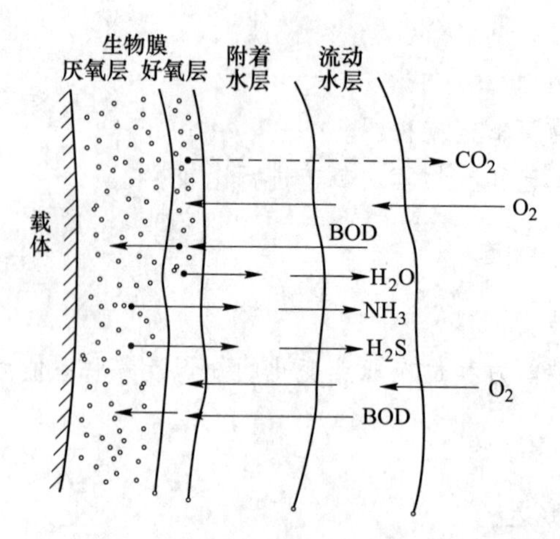

图4-22　生物膜的构造及对废水的净化原理

(1) 参与净化反应的微生物多样化。生物膜中微生物附着生长在滤料表面上，生物固体平均停留时间较长，因此在生物膜附着生长世代期较长的微生物，如硝化菌等。在生物膜中丝状菌很多，有时还起主要作用。由于生物膜中微生物固着生长在载体表面，不存在污泥膨胀的问题，因此丝状菌的优势得到了充分的发挥。

(2) 生物的食物链较长。在生物膜上生长繁育的生物中，微型后生动物存活率较高。生物膜处理系统内产生的污泥量也少于活性污泥处理系统。

(3) 硝化菌得以增长繁殖。生物膜处理法的各项处理工艺都具有一定的硝化功能，采取适当的运行方式，还可使污水反硝化脱氮。

(4) 各段具有优势菌种。由于生物膜上微生物种群产生了很大影响，在上层大多是以摄取有机物为主的异养型微生物，底部则是以摄取无机物为主的自养型微生物。

b　生物膜法的特点

(1) 从处理工艺上看，生物膜法对水质、水量的变化有较强的适应性；即使有一段时间中断进水，对生物膜的净化作用也不会造成致命的影响，通水后能较快地得到恢复。

(2) 可用于低浓度污水（BOD值低于50~60 mg/L）的处理。

(3) 剩余污泥量少，污泥沉降性能好。由生物膜上脱落下来的生物污泥所含动物成分较多，密度较大，而且污泥颗粒个体较大，故污泥的沉降性能良好，易于固液分离。但是，如果生物膜内部形成的厌氧层过厚，在其脱落后将有大量非活性的细小悬浮物分散于水中，使处理水的澄清度降低。

(4) 运行管理方便，无污泥回流、无须调节反应器内污泥浓度、无丝状菌膨胀的危险。

4.3.1.2　生物滤池

A　普通生物滤池

普通生物滤池，又称为滴滤池，是最早出现的生物滤池。普通生物滤池由池体、填料、布水装置和排水系统四个部分组成。

滤料是生物滤池的主体，是微生物生长栖息的场所，它对生物滤池的净化功能有直接影响。理想的滤料应具备下述特性：

（1）能为微生物附着提供大量的表面积；

（2）使污水以液膜状态流过生物膜；

（3）有足够的空隙率，保证通风（保证氧的供给）和使脱落的生物膜能随水流出滤池；

（4）不被微生物分解，也不抑制微生物生长，有较好的化学稳定性；

（5）有一定机械强度；

（6）价格低廉，普通生物滤池的填料一般采用碎石、炉渣或塑料滤料。

滤料分为工作层和承托层。总厚度为 1.5~2.0 m，工作层为 1.3~1.8 m，粒径宜为 30~50 mm；承托层厚 0.2 m，粒径为 60~100 mm。各层滤料粒径应均匀一致。对于有机物浓度较高的废水，应采用粒径较大的滤料，以防止滤料堵塞。

布水设备作用是使污水能均匀地分布在整个滤床表面上。生物滤池的布水设备分为两类：回转式布水器（见图 4-23）和固定式喷嘴布水系统。回转式布水器的中央是一根空心的立柱，底端与设在池底下面的进水管衔接。布水横管的一侧开有喷水孔口，孔口直径 10~15 mm，间距不等，越近池心间距越大，使滤池单位平面面积接受的污水量基本上相等。布水器的横管可为 2 根（小池）或 4 根（大池），对称布置。污水通过中央立柱流入布水横管，由喷水孔口分配到滤池表面。污水喷出孔口时，作用于横管的反作用力推动布水器绕立柱旋转，转动方向与孔口喷嘴方向相反。所需水头在 0.6~1.5 m。如果水头不足，可用电动机转动布水器。当采用回转式布水系统时，滤池的平面用圆形或正八角形。采用固定式喷嘴布水系统时，池面形状不受限制。

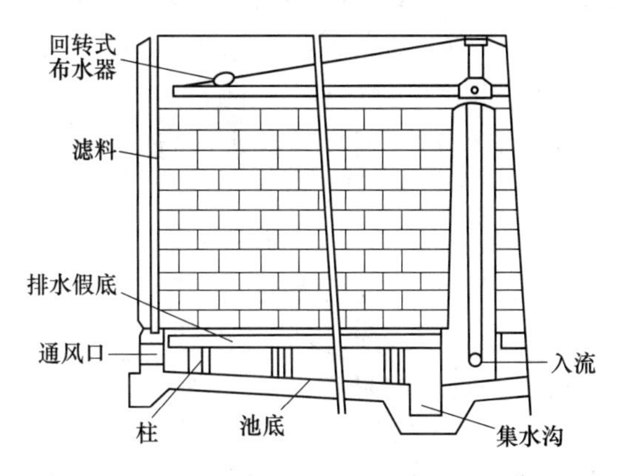

图 4-23　回转式布水系统

排水系统的作用是：（1）收集污水与生物膜；（2）保证通风；（3）支撑滤料。池底排水系统由池底、排水假底和集水沟组成。排水假底是用特制砌块或栅板铺成滤料堆在假底上面。早期都是采用混凝土栅板作为排水假底，自从塑料填料出现以后，滤料质量减轻，国外多用金属栅板作为排水假底。假底的空隙所占面积应为滤池平面的 5%~8%，与池底的距离应为 0.4~0.6 m。池底除支撑滤料外，还要排泄滤床上的来水，池底中心轴线上设有集水沟，两侧底面向集水沟倾斜，池底和集水沟的坡度为 1%~2%。集水沟要有充分的高度，并在任何时候不会满流，确保空气能在水面上畅通无阻，使滤池中空隙充满空气。

B　高负荷生物滤池

高负荷生物滤池是生物滤池的第二代工艺，是在改善普通生物滤池在净化功能和运行中存在的实际弊端的基础上开创的。高负荷生物滤池通过限制进水 BOD 值（要求 BOD≤200 mg/L）和运行上采用处理水回流等技术措施，大幅度地提高了滤池的负荷率，其 BOD 容积负荷高于普通生物滤池 6~8 倍，水力负荷则高达 10 倍。处理水回流对生物滤池的功能产生诸多作用：

（1）均化与稳定进水水质和水量的波动。

（2）加大水力负荷，及时地冲刷过厚和老化的生物膜，加速生物膜更新，抑制厌氧层发育，使生物膜经常保持较高的活性；增大流动水层的紊流程度，可加快传质和有机污染物去除速率。

（3）抑制滤池蝇的过度滋生和减轻散发恶臭。

（4）当进水缺氧、缺少营养元素或含有有毒、有害物质时，采取污水回流措施可改善生物滤池处理效果。

在构造上，高负荷生物滤池与普通生物滤池基本相同，但高负荷生物滤池在表面上多为圆形，采用的填料粒径也较大，承托层填料粒径宜为 70~100 mm，厚 0.2 m；工作层填料粒径宜为 40~70 mm，厚度 1.8 m。此外，高负荷生物滤池多使用旋转式布水装置。

C　塔式生物滤池

塔式生物滤池简称塔滤，一般高达 8~24 m，直径 1~3.5 m。径高比介于(1∶6)~(1∶8)，呈塔状。填料通常采用轻质滤料，我国使用比较多的是环氧树脂固化的玻璃布蜂窝滤料。在平面上塔式生物滤池多呈圆形，在构造上由塔身、滤料、布水系统以及通风及排水装置组成，如图 4-24 所示。

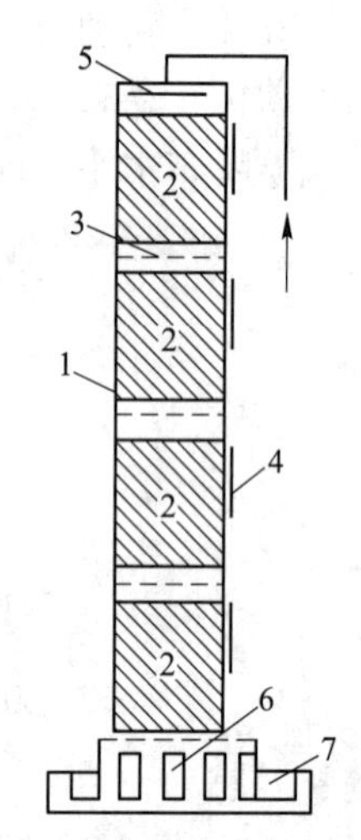

图 4-24　塔式生物滤池构造
1—塔身；2—滤料；3—格栅；4—检修口；5—布水器；6—通风孔；7—集水槽

塔式生物滤池内部通风情况非常良好，污水从上向下滴落，水流紊动强烈，污水、空气、滤料上的生物膜三者接触充分，充氧效果良好，污染物质传质速度快，这些现象都非常有利于有机污染物质的降解，是塔式生物滤池的独特优势。

塔滤的水力负荷可达 $80 \sim 200\ m^3/(m^2 \cdot d)$，BOD 容积负荷达到 $1000 \sim 3000\ kgBOD_5/(m^3 \cdot d)$。高有机负荷使生物膜生长迅速，高水力负荷率又使生物膜受到强烈的水力冲刷，从而使生物膜不断地脱落、更新，这样，塔滤内的生物膜能够经常保持较好的活性。但是，生物膜生长过程短速，易于产生滤料堵塞的现象。因此，一般将进水 BOD_5 值控制在 500 mg/L 以下，否则需采取处理水回流稀释措施。塔式生物滤池滤层内部存在明显的分层现象，在各层生长繁育着种属各异、适应流至该层的污水特征的微生物群落，有助于微生物的增殖、代谢等活动，更有助于有机污染物的降解、去除。因而，塔式生物滤池能够承受较高的有机污染物的冲击负荷。

塔式生物滤池适用生活污水和城市污水处理，也适用于处理各种有机的工业废水，但只适宜于少量污水的处理，一般不宜超过 10000 m^2/d。

4.3.1.3 生物转盘

第一套半生产性的生物转盘试验装置于 1954 年在德国海尔布隆污水处理厂建成，至 20 世纪 70 年代仅在欧洲就已经有 1000 多座生物转盘。由于生物转盘具有净化效果好和能耗低等优点，在全世界都得到了广泛的研究与应用，并在相应的方面取得很大的进展。我国从 20 世纪 70 年代开始引进生物转盘技术，对其开展了广泛的研究，在生活污水和城市污水，化纤、印染、制革及造纸等工业废水都得到了应用。

A 生物转盘的构造及净化废水的原理

a 生物转盘的构造

生物转盘是由盘片、接触反应槽、转轴及驱动装置组成的，如图 4-25 所示。盘片串联成组，其中贯以转轴，转轴的两端安设在半圆形的接触反应槽的支座上，转盘面积的 45%~50%浸没在槽内的污水中，转轴高出水面 10~25 cm。

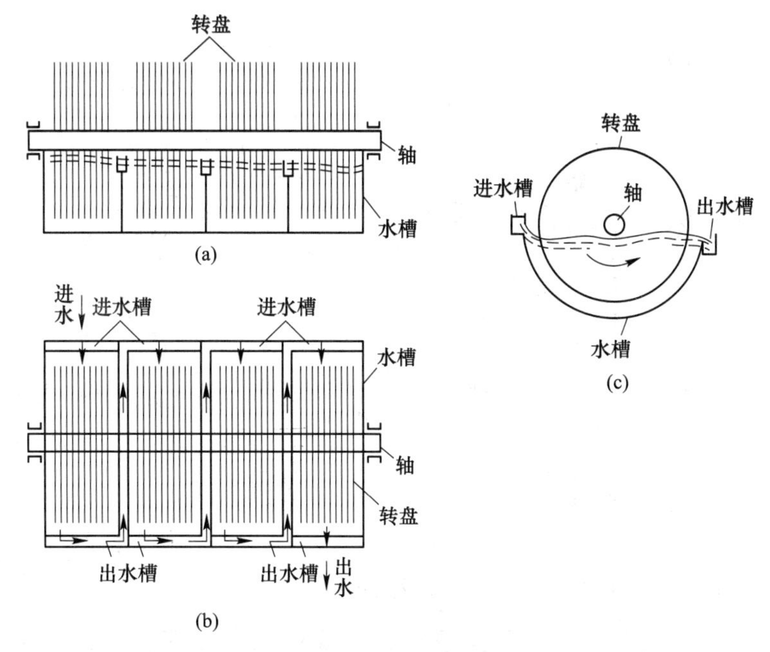

图 4-25 生物转盘的构造

（a）生物转盘正视图；（b）生物转盘俯视图；（c）生物转盘侧视图

工作时，废水流过水槽，电动机转动转盘，生物膜和大气与废水交替接触，浸没时吸附废水中的有机物，敞露时吸收大气中的氧气。转盘的转动带进空气，并引起水槽内废水紊动，使槽内废水的溶解氧均匀分布。生物膜的厚度为 0.5~2.0 mm，随着膜的增厚，内层的微生物呈厌氧状态，当其失去活性时则使生物膜自盘面脱落，并随同出水流至二次沉淀池。盘片的材料要求质轻、耐腐蚀、坚硬和不变形，目前多采用聚乙烯硬质塑料或玻璃钢制作盘片。转盘可以是平板或由平板与波纹板交替组成。盘片直径一般为 2~3 m，最大为 5 m，轴长通常小于 7.6 m，盘片净间距为 20~30 mm。当系统要求的盘片总面积较大时，可分组安装，一组称为一级，串联运行。转盘分级布置使其运行较灵活，可以提高处理效率。

水槽可以用钢筋混凝土或钢板制作，断面直径比转盘略大（一般为 20~40 mm），使转盘既可以在槽内自由转动，脱落的残膜又不致留在槽内。驱动装置通常采用附有减速装置的电动机。根据具体情况，也可以采用水轮驱动或空气驱动。

为防止转盘设备遭受风吹雨打和日光曝晒，应设置在房屋或雨棚内或用罩覆盖，罩上应开孔，开孔面积大于 0.01%。

b　生物转盘的净化原理

由于盘片上夹杂着生物膜，因此盘片是生物膜的载体，起着生物滤池中滤料的相同作用。如图 4-26 所示，运行时，转盘表面的生物膜交替与废水和大气相接触。与废水接触时，生物膜吸附废水中的有机物，同时也分解所吸附的有机物；与空气接触时，可吸附空气中的氧，并继续氧化所吸附的有机物。这样，盘片上的生物膜交替与废水和大气相接触，反复循环，使废水中的有机物在好氧微生物（即生物膜）作用下得到净化。盘片上的生物膜不断生长和不断自行脱落，所以在转盘后应设二次沉淀池。

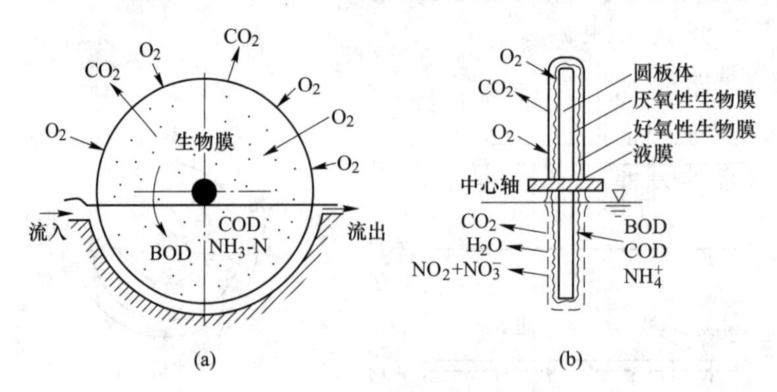

图 4-26　生物转盘净化原理

（a）侧面；（b）断面

B　生物转盘系统的典型工艺流程

a　以生物转盘为主体的工艺流程

（1）以去除 BOD_5 为主要目的的工艺流程如下：

（2）以深度处理（去除 BOD_5、硝化、除磷、脱氮）为目的的工艺流程如下：

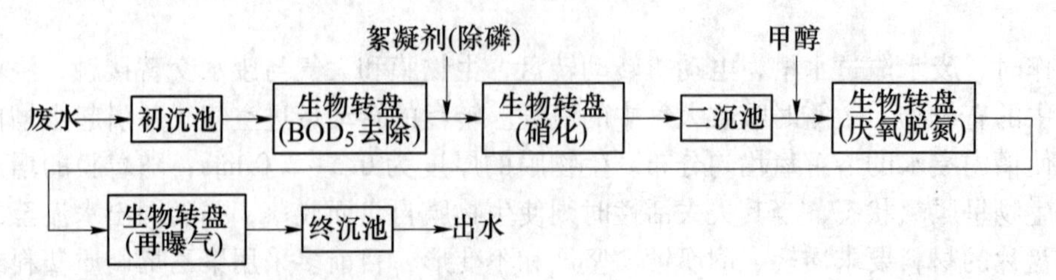

b　生物转盘与其他工艺的组合流程

（1）生物转盘+二沉池：

废水 → 生物转盘初沉池 → 出水

(2) 生物转盘与曝气池合建：

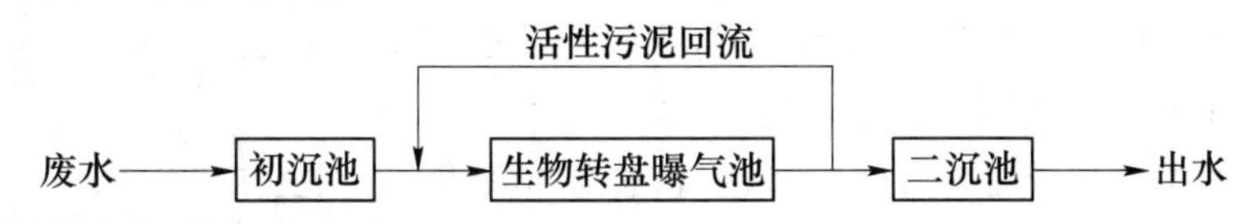

(3) 生物转盘与曝气池分建：

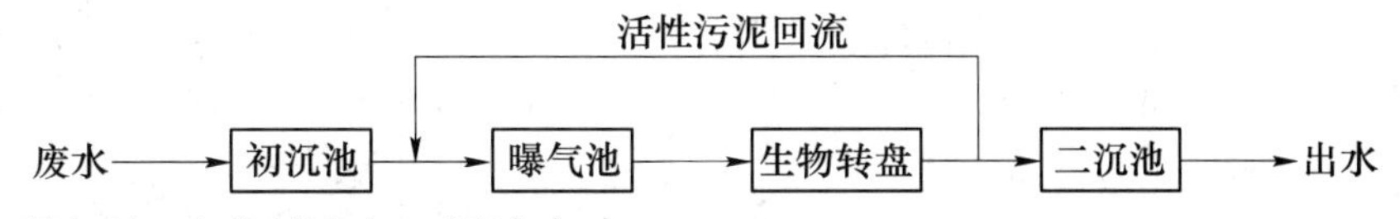

(4) 曝气池+生物转盘与二沉池合建：

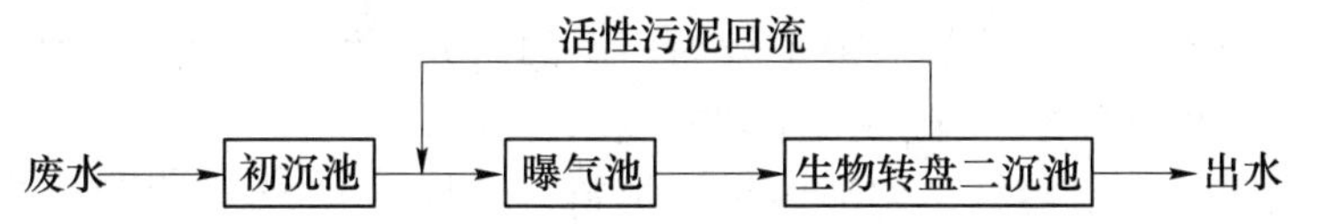

C　生物转盘的进展和应用

a　生物转盘法的发展

为降低生物转盘法的动力消耗、节省工程投资和提高处理设施的效率，近年来生物转盘有了一些新发展，主要有空气驱动的生物转盘、与沉淀池合建的生物转盘、与曝气池组合的生物转盘和藻类转盘等。空气驱动的生物转盘（图 4-27）是在盘片外缘周围设空气罩，在转盘下侧设曝气管，管上装有扩散器，空气从扩散器吹向空气罩，产生浮力，使转盘转动，它主要应用于城市污水的二级处理和消化处理。

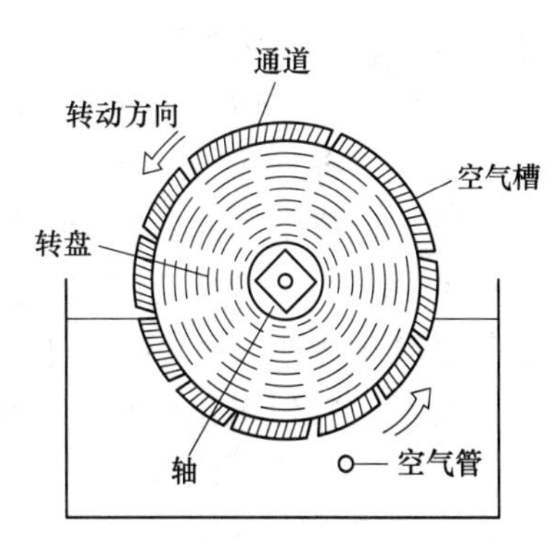

图 4-27　空气驱动的生物转盘

与沉淀池合建的生物转盘（图 4-28）是把平流沉淀池做成两层，上层设置生物转盘、下层是沉淀区。生物转盘用于初沉池可起生物处理作用，用于二沉池可进一步改善出水水质。

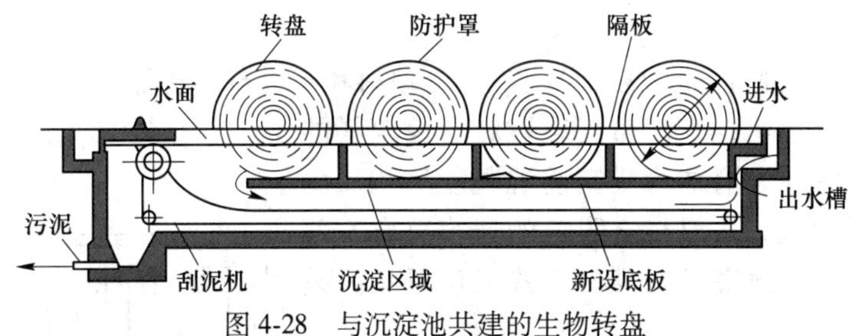

图 4-28　与沉淀池共建的生物转盘

与曝气池组合的生物转盘（图 4-29）是在活性污泥法曝气池中设生物转盘，以提高原有设备的处理效果和处理能力。

b　生物转盘的应用

以往生物转盘主要用于水量较小的污水处理厂（站），近年来的实践表明，生物转盘也可用于日处理量 20 万吨以上的大型污水处理厂。生物转盘可用作完全处理、不完全处理和工业废水的预处理。

在我国，生物转盘主要用于处理工业废水，在化学纤维、石油化工、印染、皮革和煤气发生站等行业的工业废水处理方面均得到应用，效果良好。

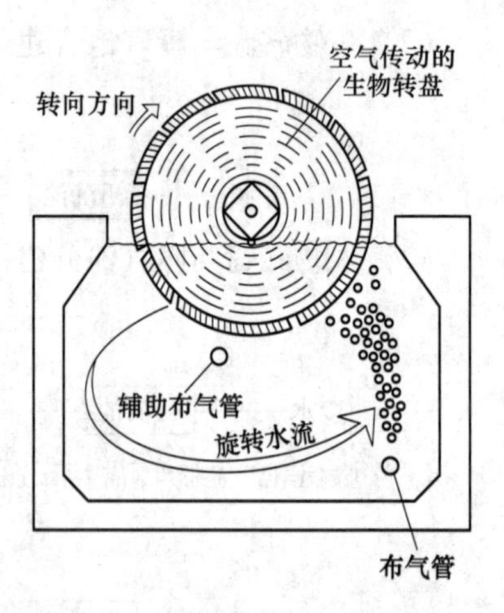

图 4-29　与曝气池组合的生物转盘

生物转盘的主要优点是动力消耗低、抗冲击负荷能力强、无须回流污泥、管理运行方便；缺点是占地面积大、散发臭气，在寒冷的地区需作保温处理。

4.3.1.4　生物接触氧化法

A　生物接触氧化法的特点

生物接触氧化法又称为淹没式生物滤池，于 1971 年在日本首创，该技术在国内外都取得了较为广泛的研究与应用，用于处理生活污水和某些工业有机废水，取得了良好的处理效果。生物接触氧化池内设置填料，填料淹没在废水中，填料上长满生物膜，废水与生物膜接触过程中，水中的有机物被微生物吸附、氧化分解和转化为新的生物膜。从填料上脱落的生物膜，随水流到二沉池后被去除，废水得到净化。在接触氧化池中，微生物所需要的氧气来自水中，而废水则自鼓入的空气不断补充失去的溶解氧。空气是通过设在池底的穿孔布气管进入水流，当气泡上升时向废水供应氧气，有时并借以回流池水。

生物接触氧化法具有下列特点：

（1）由于填料的比表面积大，池内的充氧条件良好，生物接触氧化池内单位容积的生物固体量高于活性污泥法曝气池及生物滤池，因此生物接触氧化池具有较高的容积负荷；

（2）生物接触氧化法不需要污泥回流，也就不存在污泥膨胀问题，运行管理简便；

（3）由于生物固体量多，水流又属完全混合型，因此生物接触氧化池对水质水量的骤变有较强的适应能力；

（4）生物接触氧化池有机容积负荷较高时，其 F/M 值保持在较低水平，污泥产量较低。

B　生物接触氧化池构造

生物接触氧化池的主要组成部分有池体、填料和布水布气装置。

池体用于设置填料、布水布气装置和支撑填料的栅板和格栅。池体可为钢结构或钢筋混凝土结构。由于池中水流的速度低，从填料上脱落的残膜总有一部分沉积在池底，因此池底可做成多斗式或设置集泥设备，以便排泥。

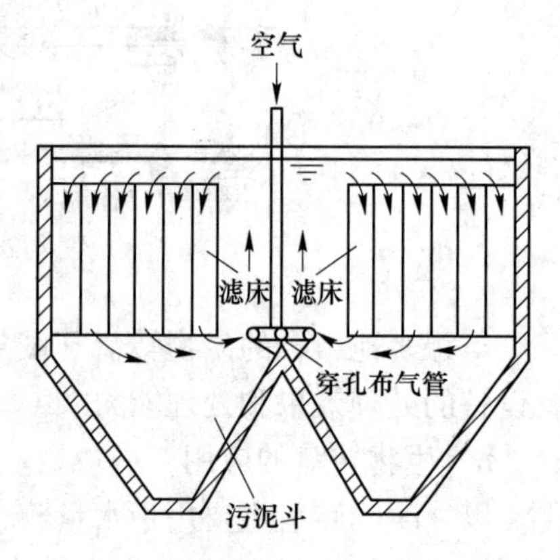

图 4-30　生物接触氧化池

填料要求比表面积大、空隙率大、水力阻力小、强度大、化学和生物稳定性好、能经久耐用，目前常用的填料是聚氯乙烯塑料、聚丙烯塑料、环氧玻璃钢等做成的蜂窝状和波纹板状填料。生物接触氧化池如图 4-30 所示。

近年来国内外都进行纤维状填料的研究，纤维状填料是用尼龙、维纶、腈纶、涤纶等化学纤维编结成束，呈绳状连接。为安装检修方便，填料常以料框组装，带框放入池中。当需要清洗检修时，可逐框轮替取出，池子无需停止工作。布气管可布置在池子中心和全池。

C　生物接触氧化法的工艺流程

生物接触氧化法的工艺流程，如图 4-31 所示。

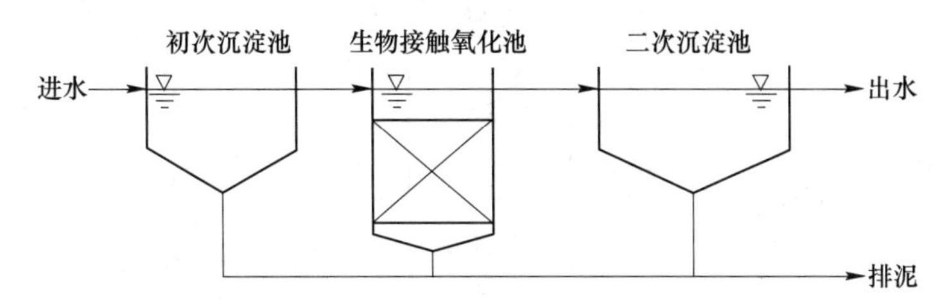

图 4-31　生物接触氧化法的工艺流程

D　生物接触氧化法的形式

生物接触氧化法的形式很多，根据水流形态可分为分流式和直流式，如图 4-32 所示。

（1）分流式。污水充氧和生物膜的接触是在不同的隔间内进行的，污水充氧后在池内进行单向循环（图 4-32（a））或双向循环（图 4-32（b））。这种结构形式能使污水在池内反复充氧，污水和生物膜接触时间长；但耗气量较大，水穿过填料层的速度较小，冲刷力弱，生物膜只能自行脱落，更新速度慢，尤其处理高浓度的有机废水时，易于造成填料层堵塞。

（2）直流式。国内一般多采用这种形式，直流式接触氧化池是直接从填料底部充氧的，填料内的水力冲刷依靠水流速度和气泡在池内碰撞、破碎形成的冲击力，只要水流及空气分布均匀，填料则不易堵塞。另外，生物膜受到气流的冲击、搅动，加速了脱落和更新，使得自身经常保持较高的活性。

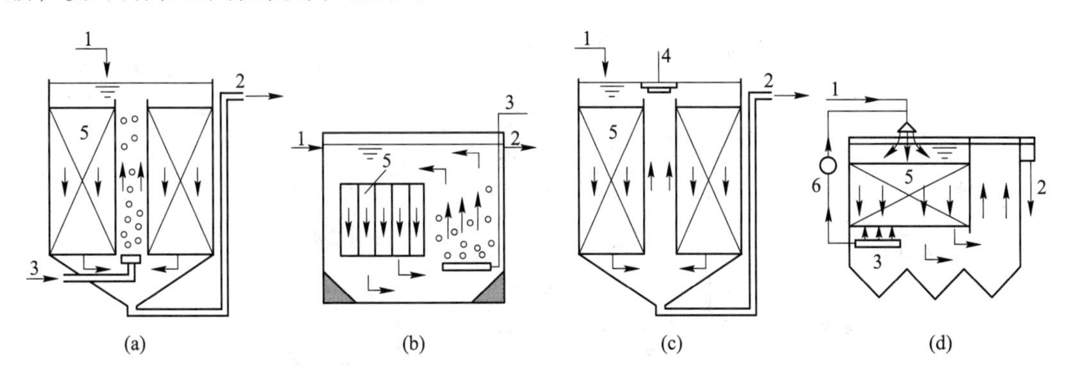

图 4-32　几种形式的接触氧化池

（a）中心鼓风曝气式；（b）单侧鼓风曝气式；（c）中心表面曝气式；（d）单侧射流洒水曝气式

1—进水管；2—出水管；3—进气管；4—叶轮；5—填料；6—泵

4.3.1.5　曝气生物滤池

A　曝气生物滤池的构造及运行特征

生物曝气滤池（BAF）是 20 世纪 80 年代开发的一种污水生物处理技术，它是集生物降解、固液分离于一体的处理设备。曝气生物滤池主要由池体、滤料层、工艺用气布气系统、反冲洗布气布水装置、反冲洗排水装置及出水口等部分组成，如图 4-33 所示。

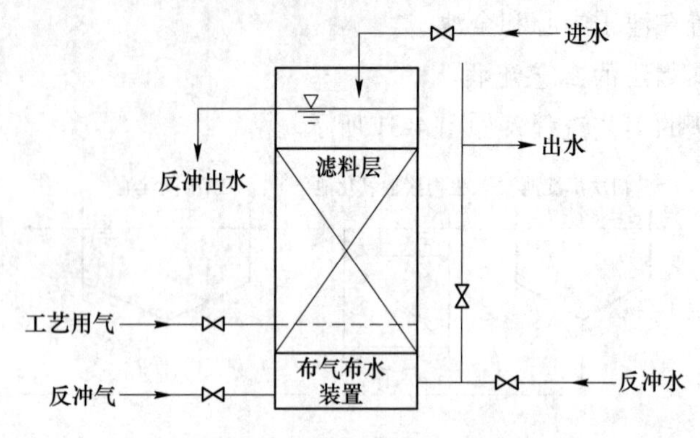

图 4-33　曝气生物滤池构造

曝气生物滤池的设备构造与给水处理的快滤池相类似。内底部设承托层，其上部则是作为滤料的填料。在承托层设置曝气用的空气管及空气扩散装置，处理水集水管兼作反冲洗水管也设置在承托层内。曝气生物滤池的滤料作用有两个方面，一方面在其表面产生生物膜，另一方面起过滤作用。曝气生物滤池选用的滤料应具有强度大、不易磨损、空隙率高、比表面积大、化学物理稳定性好、易挂膜、生物附着性强、密度小、耐冲洗和不易堵塞的性质，宜选用球形轻质多孔陶粒或塑料球形颗粒。

B　曝气生物滤池的工艺流程

曝气生物滤池前应设沉砂池、初次沉淀池或混凝沉淀池、除油池、超细格栅等预处理设施，也可设水解调节池，进水悬浮固体浓度不宜大于 60 mg/L。通常情况下曝气生物滤池的工艺流程由初次沉淀池、曝气生物滤池、反冲洗水泵和反冲洗储水池以及鼓风机等组成，如图 4-34 所示。

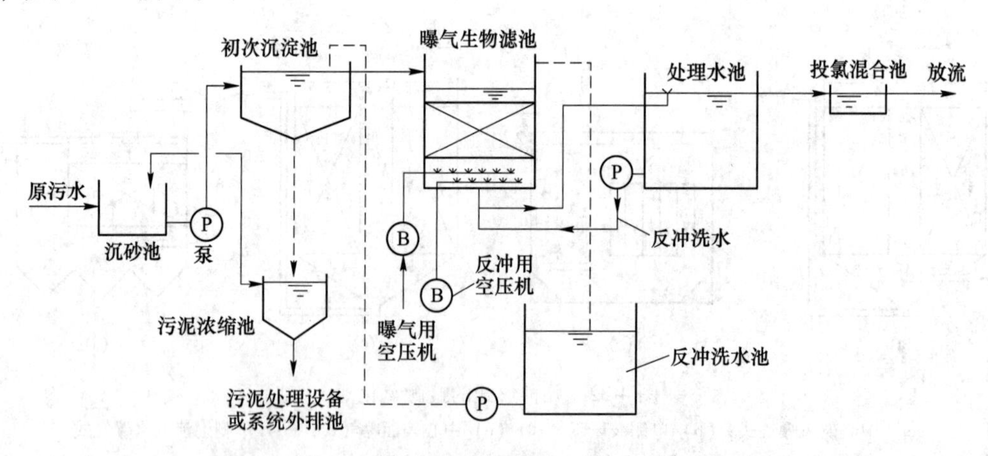

图 4-34　曝气生物滤池的工艺流程

初次沉淀池的主要功能是降低曝气生物滤池进水中的悬浮固体浓度，避免滤料层发生过早堵塞，并降低曝气生物滤池的 BOD 负荷，节省电耗。初次沉淀池前可不投加混凝剂，若要求有较高的除磷效果，可在沉淀池前投加铁盐或铝盐混凝剂，常用 $FeCl_3$ 作为混凝剂，投加的铁与污水中的磷的比例为 2∶1。被沉淀池处理的出水从池顶部进入曝气生物滤池，水流自上而下通过滤料层（下向流 BAF），滤料表面有由微生物栖息形成的生物膜。在污水滤过滤料层的同时，池下部工艺用风机向滤料层进行曝气，空气由滤料的间隙上升，与向下流的污水相接触，空气中的氧转移到污水中，向生物膜上的微生物提供充足的溶解氧和丰富的有机物。在微生物的新陈代谢作用下，有机污染物被降解，污水得到处理。原污水中的悬浮物及由于生物膜脱落形成的生物污泥，被填料截留，滤层具有二次沉淀池的功能。出水进入反冲水池后再外排，在反冲水池内贮存一次反冲洗滤池所需的水量，反冲水池可兼作加氯消毒的接触池。曝气生物滤池经过一段时间的运行，滤料层中的固体物质，包括进水中被截留的悬浮固体和由于生物膜脱落形成的生物污泥，逐渐增多，引起水头损失增加，需要对滤层进行反冲洗，以清除大量多余的固体物质。反冲洗采用气、水反冲洗的方法，反冲洗出水返回初次沉淀池处理。反冲洗的时间很短，反冲水的流量很大，反冲洗排水先进入反冲出水贮存池，再用水泵均匀地抽入初次沉淀池避免冲击负荷。

C　曝气生物滤池的特征

（1）采用小颗粒的滤料作为填料主体，处理能力强，容积负荷高。

（2）同步发挥生物氧化作用和物理截留作用。

（3）气液在滤料间充分接触，氧转移和利用效率高。

（4）抗冲击负荷能力强，耐低温。

（5）运行过程中通过反冲洗去除滤池中截留的污染物和脱落的生物膜，不需要二次沉淀池。

（6）充分借鉴了单元反应器原理，采用模块化结构设计，易于管理控制。

4.3.1.6　生物流化床

生物流化床用于污水生物处理领域始于 20 世纪 70 年代初期，美国和日本进行了多方面的研究工作并取得了较好的成果。

生物流化床处理技术是借助流体（液体、气体）使表面生长着微生物的固体颗粒（生物颗粒）呈流态化，同时进行去除和降解有机污染物的生物膜法处理技术。载体颗粒小，总体的表面积大，为微生物提供了充足的场所，单位容积反应器内的微生物量可高达 10~14 g/L。

A　生物流化床类型

按照使载体流化的动力来源地不同，生物流化床分为以液流为动力的二相流化床和以气流为动力的三相流化床两大类。

根据生物流化床的供氧、脱膜和床体结构等方面的不同，好氧生物流化床主要有以下两种类型：

（1）两相生物流化床。两相生物流化床是在流化床体外设置充氧设备与脱膜装置，为微生物充氧并脱除载体表面的生物膜，基本工艺流程如图 4-35 所示。

（2）三相生物流化床。三相生物流化床是气、液、固三相直接在流化床体内进行生化反应，不另设充氧设备和脱膜设备，载体表面的生物膜依靠气体的搅动作用，使颗粒之间激烈摩擦而脱落，其工艺流程如图 4-36 所示。

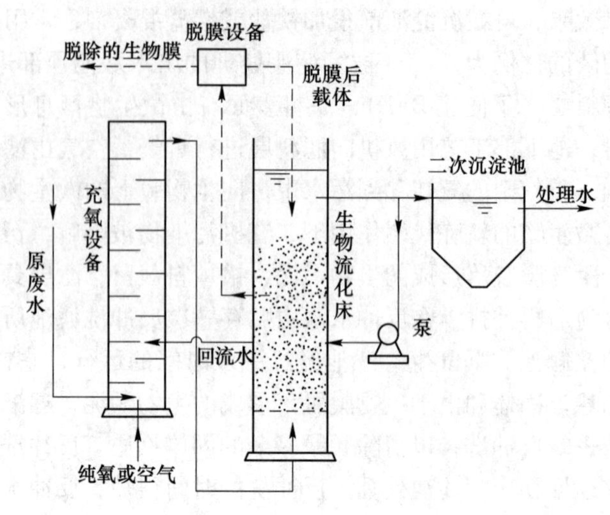

图 4-35　两相流化床处理工艺流程

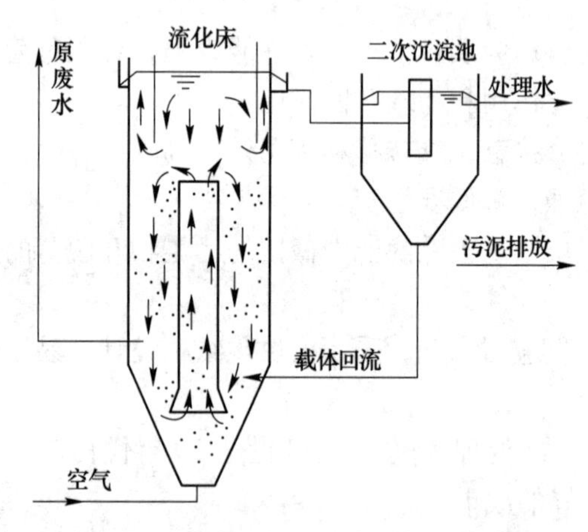

图 4-36　三相生物流化床处理工艺流程

三相生物流化床的设计应注意防止气泡在床内合并成大气泡影响充氧效率，充氧方式有减压释放空气充氧和射流曝气充氧等形式。由于有时可能有少量载体被带出床体，因此在流程中通常有载体（含污泥）回流。三相流化床设备较简单，操作也较容易，能耗较二相流化床低，因此对三相流化床的研究较多。

生物流化床除用于好氧生物处理外，还可用于生物脱氮和厌氧生物处理。

B　生物流化床的特点

生物流化床的主要特点如下：

（1）容积负荷高，抗冲击负荷能力强。由于生物流化床采用小粒径固体颗粒作为载体，且载体在床内呈流化状态，比表面积比其他生物膜法大。这就使其单位床体的生物量很高（10~14 g/L），加上传质速度快，废水一进入床内，很快地被混合和稀释，因此生物流化床的抗冲击负荷能力较强，容积负荷也较其他生物处理法高。

（2）微生物活性强。由于生物颗粒在床体内不断相互碰撞和摩擦，其生物膜厚度较薄，一般在0.2 μm以下，且较均匀。对于同类废水，在相同处理条件下，其生物膜的呼吸率约为活性污泥的2倍，可见其反应速率快，微生物的活性较强，这也是生物流化床负荷较高的原因之一。

（3）传质效果好。由于载体颗粒在床体内处于剧烈运动状态，气-固-液界面不断更新，因此传质效果好，这有利于微生物对污染物的吸附和降解，加快了生化反应速率。

但是，生物流化床也存在设备的磨损较固定床严重，载体颗粒在湍动过程中会被磨损变小等问题。此外，设计和运行时要注意流化床堵塞，曝气方法、进水配水系统的选用，防止生物颗粒流失等事项。

4.3.2 技能

了解不同生物膜法的工艺流程，能进行生物膜法和活性污泥法的工艺比较，见表4-21。

表4-21 生物膜法与活性污泥法比较

项目	生物膜法	活性污泥法
原理	生物膜法是使含有营养物质和接种微生物的污水在滤料的表面流动，一定时间后，微生物会附着在滤料表面而增殖和生长，形成一层薄的生物膜。利用生物膜上生长的大量微生物吸附和降解水中的有机污染物，从而起到净化污水作用	活性污泥法是向废水中连续通入空气，经一定时间后形成以菌胶团形式存在的污泥状絮凝物，它具有很强的吸附与氧化有机物的能力。活性污泥法利用活性污泥的生物凝聚、吸附和氧化作用，以分解去除污水中的有机污染物。然后使污泥与水分离，大部分污泥再回流到曝气池，多余部分则排出活性污泥系统
工艺特征	微生物附着生长在填料或载体上，形成膜状的生物膜，属于附着生长系统或固定膜工艺	微生物在曝气池内以活性污泥的形式呈悬浮状态，属于悬浮生长系统
常用工艺	生物滤池、生物转盘、生物接触氧化法	经典活性污泥法及其变型、氧化沟、SBR工艺
优点	（1）对污水水质、水量的变化有较强的适应性，能够处理低浓度的污水。 （2）脱氮能力强。 （3）无需污泥回流，运行管理容易。 （4）无污泥膨胀问题，易于微生物生存，运行稳定。 （5）产生的剩余污泥少。 （6）动力费用低，节能，占地面积小	（1）处理能力高。 （2）出水水质好。 （3）技术成熟
缺点	（1）需要较多的填料和支撑结构，在多数情况下基建投资超过活性污泥法。 （2）活性生物量较难控制，在运行方面灵活性差。 （3）载体材料的比表面积小，BOD容积负荷有限，在处理城市污水时处理效率比活性污泥法低。 （4）采用自然通风供氧，在生物膜内层往往形成厌氧层，从而缩小了具有净化功能的有效容积。 （5）存在反冲洗问题，操作复杂。 （6）存在滤料腐蚀、老化等问题	（1）基建费、运行费高，能耗大。 （2）对水质、水量变化适应性低，运行效果易受水质、水量变化的影响。 （3）管理较复杂，易出现污泥膨胀现象。 （4）产生大量的剩余污泥，需要进行污泥无害化处理，增加了投资

续表 4-21

项目	生物膜法	活性污泥法
适用条件	(1) 适用于土地资源紧张情况。 (2) 可处理低浓度废水。 (3) 适合用于中小型水厂。 (4) 目前常用于深度处理	(1) 不适合处理低浓度废水。 (2) 适用于水质、水量相对稳定的情况。 (3) 适用于大中型水厂

4.3.3 任务

以查阅资料法、实地考察法为主，对采用生物膜工艺的水厂进行考察，绘制该水厂的工艺流程图。

任务 4.4 厌氧生物法

【知识目标】

(1) 掌握有机污泥厌氧处理的基本原理。
(2) 掌握厌氧法在污水处理中的应用和常用工艺。

【技能目标】

(1) 能根据水质水量特征分析厌氧法营养条件。
(2) 能说出水解酸化、UASB 等典型厌氧法废水处理的工艺特征。

【素养目标】

(1) 养成分析问题、解决问题的能力。
(2) 树立严谨的工程设计态度，提高自身可持续发展素质。

4.4.1 主要理论

厌氧生物法工艺

厌氧生物处理是指在无分子氧存在的条件下，通过厌氧微生物（包括兼性微生物）的作用，将废水中各种复杂有机物分解转化成简单有机物或者无机物（CH_4、CO_2，以及少量 H_2S、NH_3、H_2 等）的过程。厌氧生物降解也称为厌氧消化。由于好氧生物法受溶解氧限制，因此只适用于处理中低浓度有机废水。对于高浓度有机废水来说，往往需要通过厌氧法降低水中有机物浓度。对于含大分子有机物的废水，通过厌氧处理还可把大分子有机物水解为小分子有机物，提高废水的可生化性。因此，厌氧生物处理的对象主要为高浓度有机废水或有机污泥。

4.4.1.1 水解酸化

A 作用及原理

水解酸化法通常起到降解有机物、提高废水的可生化性等作用。当原水中悬浮物浓度较高或可生化性差时，水解酸化可降低后续处理的负荷和难度。水解酸化法广泛适用于城市污水，制药、造纸制浆、纺织、食品、化工等各行业的废水处理过程中。

B　水解酸化工艺

水解酸化反应器主要包括升流式水解反应器、复合式水解酸化反应器及完全混合式水解反应器。

（1）升流式水解酸化反应器。在单一反应器中，废水自反应器底部的布水装置均匀地自上而下通过污泥层（平均污泥浓度为 15~25 g/L）上升至反应器顶部的过程中实现水解酸化、去除悬浮物等功能。

升流式水解酸化反应器主要由池体、布水装置、出水收集装置、排泥装置组成，反应器结构示意图如图 4-37 所示。

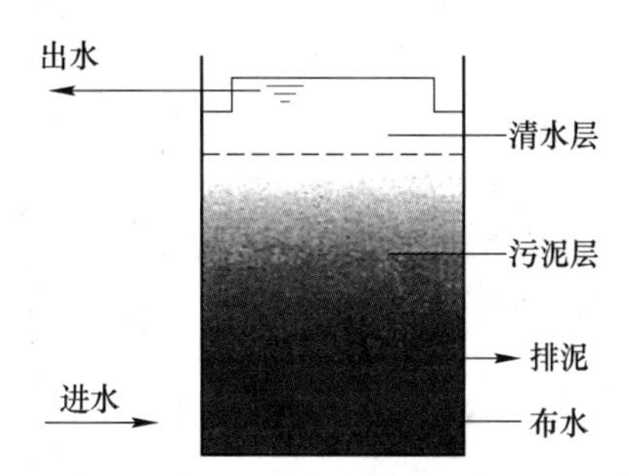

图 4-37　升流式水解酸化反应器

（2）复合式水解酸化反应器。在升流式水解酸化反应器的污泥层内增设填料层，形成复合式的水解酸化反应器，如图 4-38 所示。反应器上部为填料层，下部为污泥层，中间留出一定的空间以便悬浮状态的絮状污泥和颗粒污泥停留，增加了反应器的生物量，延长了微生物与废水的接触时间。

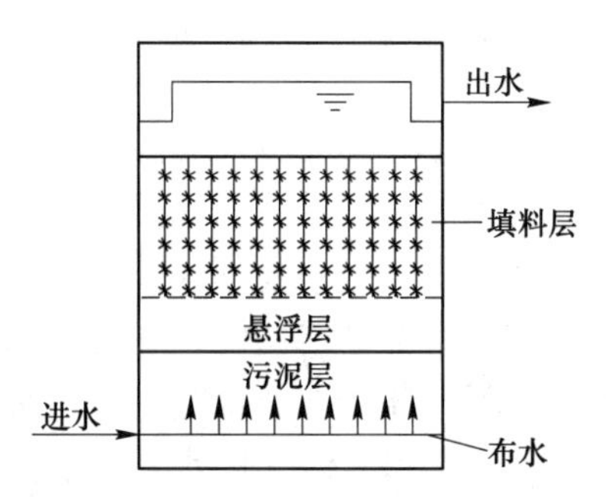

图 4-38　复合式水解酸化反应器

C　水解酸化控制条件

（1）进水的 pH 值宜为 5.0~9.0。

（2）营养元素的组合比宜为：COD：N：P 为(100~500)：5：1。

（3）当废水可生化性较好时，水解酸化反应易进入厌氧产甲烷阶段，COD 浓度宜控制低于 1500 mg/L；当废水可生化性较差时，COD 浓度对水解反应器影响不大，利用水解反应器可提高废水可生化性，COD 浓度可以适当放宽。

4.4.1.2　升流式厌氧污泥床反应器

升流式厌氧污泥床(UP-flow Anaerobic Sluge Bed，UASB）反应器主要用于处理高浓度有机废水，通过布水装置依次将废水由底部配入到污泥层和中上部污泥悬浮区，使废水与其中的厌氧微生物充分接触反应，再通过上部的三相分离器对反应产生的气、液、固进行分离，分离后的污泥回落到污泥悬浮区，分离后的废水排出反应系统，产生的沼气由上部排出回收利用，它属于厌氧反应器。

A　结构和工作原理

UASB 反应器的主要结构包括：进水布水系统、反应区、三相分离器、气室和处理水排出系统，其结构如图 4-39 所示。

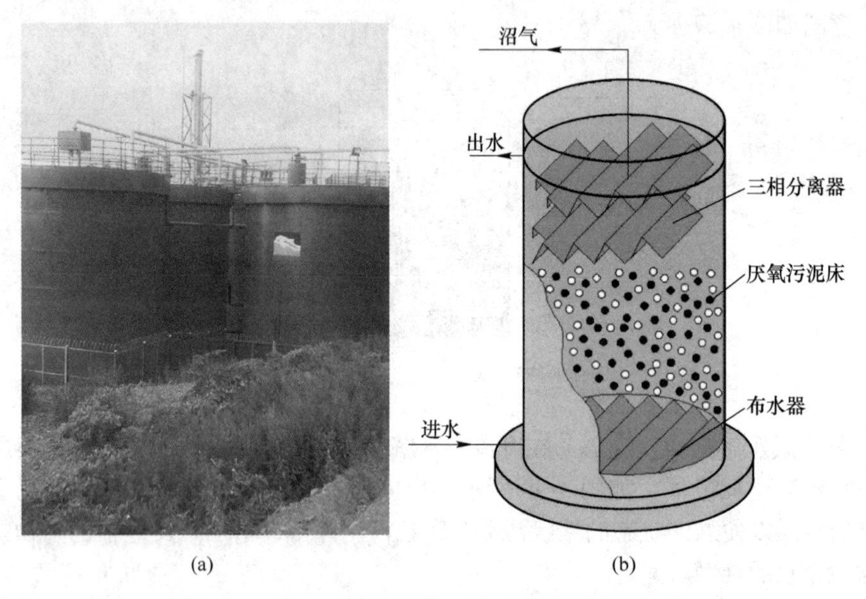

图 4-39　UASB 反应器实物（a）和结构示意图（b）

进水配水系统的主要功能是：将进入反应器的原废水均匀地分配到反应器整个横断面，并均匀上升，起到水力搅拌的作用，是反应器高效运行的关键环节。

反应区是升流式厌氧污泥床的主要部分，包括颗粒污泥区和悬浮污泥区。在反应区内存留大量厌氧污泥，具有良好凝聚和沉淀性能的污泥在池底部形成颗粒污泥层。

三相分离器是升流式厌氧污泥反应床的核心部分，由沉淀区、回流缝和气封组成，其功能是将气体（沼气）、固体（污泥）和液体（废水）三相进行分离，三相分离器的分离效果将直接影响反应器的处理效果。

B　工艺特点

与其他类型的厌氧反应器比较，UASB 反应器具有以下优点：

（1）污泥颗粒化使反应器内的平均浓度 50 gVSS/L 以上，污泥龄一般为 30 d 以上；

（2）反应器水力停留时间相应较短；

（3）反应器具有很高的容积负荷；

（4）不仅适合于处理高、中浓度的有机工业废水，也适合于处理低浓度的城市污水；

（5）UASB 反应器集生物反应和沉淀分离于一体，结构紧凑；

（6）无须设置填料，节省了费用，提高了容积利用率；

（7）一般也无须设置搅拌设备，上升水流和沼气产生的上升气流起到搅拌的作用；

（8）构造简单，操作运行方便。

4.4.1.3　厌氧生物滤池

A　结构和工作原理

厌氧生物滤池（Anaerobic Biofilter，AF）呈圆柱形，池内装放填料，池底和池顶密封。厌氧微生物部分附着生长在滤料上，形成厌氧生物膜，部分在滤料空隙间悬浮生长。污水流经挂有生物膜的滤料时，水中的有机物扩散到生物膜表面，并被生物膜中的微生物降解转化为沼气，净化后的水通过排水设备排至池外，所产生的沼气被收集利用。根据废水的流动方向，厌氧生物滤池分为升流式厌氧生物滤池和降流式厌氧生物滤池。图 4-40 为升流式厌氧生物滤池示意图。

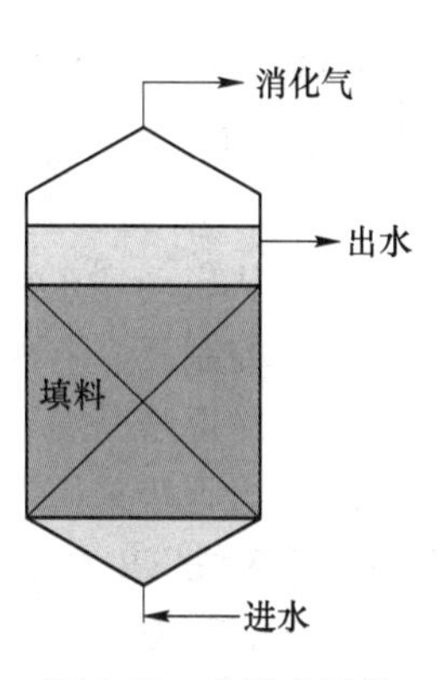

图 4-40　升流式厌氧生物滤池

厌氧生物滤池的重要部分组成有：滤料、布水系统、沼气收集系统。

（1）滤料。滤料是厌氧生物滤池的主体，其主要作用是提供微生物附着生长的表面及悬浮生长的空间。因此，它应具备比表面积大，孔隙率高，表面粗糙度较大，机械强度高，化学和生物学稳定性好，质量轻，价格低廉等优点。

（2）布水系统。在厌氧生物滤池中布水系统的作用是将进水均匀分配于全池，因此在设计计算时，应特别注意孔口的大小和流速。与好氧生物滤池不同的是，因为需要收集所产生的沼气，厌氧生物滤池多是封闭式的，即其内部的水位应高于滤料层，将滤料层完全淹没。其中升流式厌氧生物滤池的布水系统应设置在滤池底部，而降流式厌氧生物滤池的水流方向正好与之相反。

（3）沼气收集系统。厌氧生物滤池的沼气收集系统基本与厌氧消化池的类似。

B　工艺特点

厌氧生物滤池的工艺特点是：

（1）生物膜停留时间长，平均停留时间长达 100 d 左右，因而可承受的有机容积负荷高，COD 容积负荷为 2~16 kg/(m^3 · d)，耐冲击负荷能力强；

（2）池内可以保持很高的微生物浓度，去除速度快；

（3）微生物以固着生长为主，不易流失，因此不需污泥回流和搅拌设备，出水 SS 较低。

厌氧生物滤池的工艺也存在处理含悬浮物浓度高的有机废水、滤料易堵塞的缺点，不适于处理悬浮物浓度高的废水。

4.4.2　技能

4.4.2.1　UASB 反应器的启动

A　污泥颗粒化

新建 UASB 反应器启动时，可采用未经驯化的絮状污泥进行接种，并经过一定时间的生物驯化培养后，使反应器达到设计负荷，通常这一过程会伴随颗粒化污泥的形成。

B　接种污泥

UASB 反应器可采用絮状污泥或颗粒污泥进行接种启动。一般絮状接种污泥浓度控制在 20~30 kgVSS/m³，颗粒污泥接种浓度控制在 10~20 kgVSS/m³。

C 反应器启动

UASB 反应器启动过程中经常会洗出接种污泥中较轻的污泥，保留较重的污泥，从而促进颗粒污泥在反应器中的形成。启动过程操作应注意以下几点：

（1）启动时控制废水上升流速小于 0.2 m/h，正常运行时废水上升流速小于 0.8 m/h。

（2）从启动到正常运行期间，以阶梯方式逐步增加有机负荷直至达到设计标准负荷。

（3）控制反应器内滞留悬浮物。

（4）应逐步升温（以每日升温 2 ℃为宜），使 UASB 反应器达到设计温度。

（5）当直接采用颗粒污泥启动时，颗粒污泥的活性比其他种泥要高，启动的初始负荷可提高至 3 kgCOD/(m³·d)。

4.4.2.2 UASB 反应器的运行

（1）常温厌氧发酵温度宜保持在 20~25 ℃，中温厌氧宜保持在 35~40 ℃，高温厌氧宜保持在 50~55 ℃。

（2）UASB 反应器内 pH 值宜保持在 6.0~8.0。

（3）进水营养物质宜保持 COD：N：P=(100~500)：5：1。

（4）N、P、S 等营养物质和微量元素应当满足微生物生长的需要。投加补充适量的铁、钴、镍等微量元素有利于提高污泥产甲烷活性，可以加速颗粒化。投加 Ca^{2+} 浓度为 25~100 mg/L，有利于带负电荷细菌相互黏接，从而有利于污泥颗粒化。

（5）严格控制废水中常见的抑制性物质如氨氮、硫化物、重金属、氰化物、酚类等有毒物质的浓度，使其在允许浓度以下。

（6）厌氧反应器碱度（以 $CaCO_3$ 计）宜控制高于 2000 mg/L，挥发性脂肪酸宜控制在 200 mg/L 以内。对碱度特别小的废水，可以加入 Na_2CO_3 提高其碱度。通过向废水中加入相当于 COD 浓度 40%的乙酸（COD 度计）的方法来检查废水缓冲能力。假如在加酸后废水的 pH 值仍然维持在 6.5 以上，则其缓冲能力没有问题；假如在加入乙酸后 pH 值低于 6.5，则说明废水的缓冲能力不强，在操作中应谨慎控制。

（7）厌氧反应器的氧化还原电位（ORP）应控制在-400~100 mV。

（8）UASB 反应器操作过程中的容积负荷控制可参考表 4-22。

表 4-22 UASB 反应器运行容积负荷

废水 COD 浓度/mg·L^{-1}	35 ℃时容积负荷/kgCOD·(m³·d)$^{-1}$	
	颗粒污泥	絮状污泥
2000~6000	4~6	3~5
6000~9000	5~8	4~6
9000 以上	6~10	5~8

4.4.2.3 UASB 反应器停运

UASB 反应器停运对厌氧消化系统一般不会产生重大影响。UASB 反应器在不进水运行的条件下，厌氧污泥的活性可以保持较长时间。但在停运期间，应采取相应的防冻措施。停运后再启动时，一般只需将系统的温度逐步提高，再按原来运行的平均负荷率进水，在短时间内就能够达到停运前的处理效果。

4.4.3　任务

利用 UASB 反应器相关工艺仿真操作和实验软件，完成 UASB 反应器的启停、工艺运行及数据记录，常见故障的处理等。

课程思政点：

针对厌氧生物法处理高浓度有机废水，结合生物除磷脱氮的生物类群特点、所需环境条件，以微生物个体价值在水处理的体现引出“实现人生价值要从个体自身条件出发”的人生价值理念，培养学生正确的人生观、择业观。

项目5 三 级 处 理

任务5.1 去除氮、磷

【知识目标】

（1）了解氮磷对水体的危害。

（2）掌握基本生物法去除N、P的工艺及其参数。

【技能目标】

（1）能画出并解释水中N、P去除的基本工艺流程。

（2）能调节内回流、外回流、剩余污泥排放量等参数，控制N、P的去除。

【素养目标】

（1）形成理论联系实际的素质。

（2）具有分析、记录、查阅资料的基本素质。

5.1.1 主要理论

氮和磷是生物体合成细胞所需要的营养元素。当大量含氮和磷的污水排入湖泊、河口、海湾等缓流水体时，将造成水体的富营养化，引起藻类及其他浮游生物的过度繁殖，使水具有色和气味，造成感官不适；氨氮的存在使水体的溶解氧降低，从而导致鱼类死亡和水体黑臭。这种水如果排放到水源水体中会增加制水成本，一些氮化合物还对人和生物具有毒害作用。农业灌溉用水中，TN含量如超过1 mg/L，某些作物因过最吸收氮，会产生贪青倒伏现象。

以传统活性污泥法为代表的好氧生物处理法，主要去除污水中呈溶解性的有机物，对于氮、磷而言，只能去除细菌细胞由于生理上的需求而摄取的数量。因此，氮的去除率只有20%~40%，而磷的去除率只有5%~20%。

5.1.1.1 生物脱氮处理工艺

A 活性污泥法脱氮传统工艺

污水中氮的去除机理和工艺方法

由巴茨（Barth）开创的传统活性污泥法脱氮工艺为三级活性污泥法流程，是以氨化、硝化和反硝化三项生化反应过程为基础建立的。其工艺流程，如图5-1所示。

传统活性污泥法脱氮工艺流程将去除BOD_5与氨化、硝化和反硝化分别在三个反应池中进行，并各自有其独立的污泥回流系统。第一级曝气池为一般的二级处理曝气池，其主

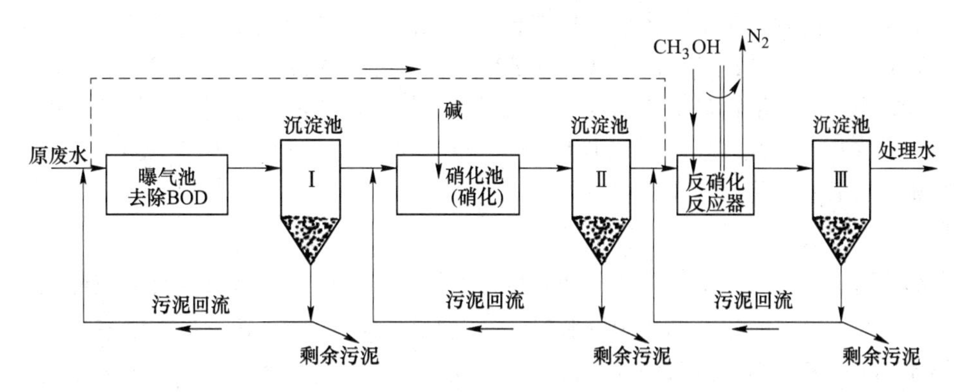

图 5-1　传统活性污泥法脱氮工艺

要功能是去除 BOD_5、COD，将有机氮转化，形成 NH_3、NH_4^+，即完成有机碳的氧化和有机氮的氨化功能。第一级曝气池的混合液经过沉淀后，出水进入第二级曝气池，称为硝化曝气池，进入该池的污水，其 BOD_5 值已降至 15～20 mg/L 的较低水平，在硝化曝气池内进行硝化反应，使 NH_3、NH_4^+ 氧化为 NO_3^--N，同时有机物得到进一步离解，污水中 BOD_5 进一步降低。硝化反应要消耗碱度，所以需投加碱，以防 pH 值下降。硝化曝气池的混合液进入沉淀池，沉淀后出水进入第三级活性污泥系统，称为反硝化反应池，在缺氧条件下，NO_3^--N 还原为气态 N_2，排入大气。因为进入该级污水中的 BOD_5 值很低。只能依靠内源呼吸碳源进行反硝化，效率很低。为使反硝化反应正常进行，必须在反硝化段投加 CH_3OH（甲醇）作为外加碳源，但为了节省运行成本，也可引入原污水充作碳源。

活性污泥法脱氮系统的优点是有机物降解菌、硝化菌、反硝化菌，分布在各自反应器内生长增殖，环境条件适宜，而且各自回流在沉淀池分离的污泥，反应速度快而且比较彻底；但处理设备多，管理不够方便。

考虑到三级生物脱氮系统的不足，在实践中还是用两级生物脱氮系统，如图 5-2 所示，将 BOD 去除和硝化两道反应过程放在同一个反应器内进行。

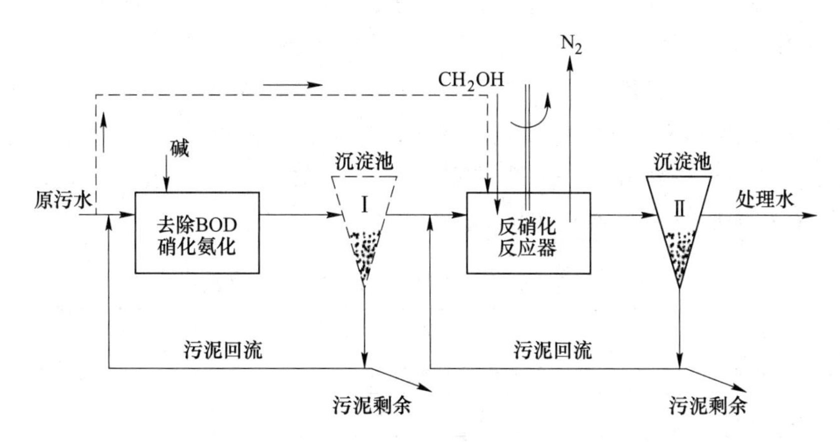

图 5-2　两级生物脱氮系统

（虚线为可能实施的另一方案，沉淀池 I 也可以考虑不设）

在两级生物脱氮工艺中，各段同样有各自的沉淀和污泥回流系统。当除碳和硝化作用在一个反应器中进行时，设计的污泥负荷要低，水力停留时间和泥龄要长，否则硝化作用会降低。此外，在反硝化阶段仍需要外加碳源来维持反硝化的顺利进行。两级生物脱氮传统工艺仍存在处理设备较多、管理不太方便、造价较高和处理成本高等缺点。目前，上述生物脱氧传统工艺目前已应用得很少。

B　A_N/O 工艺

缺氧/好氧（A_N/O）工艺开创于 20 世纪 80 年代初，该工艺将反硝化反应器放置在系统之前，所以又称为前置反硝化生物脱氮系统，如图 5-3 所示。在反硝化缺氧池中，回流污泥中的反硝化菌利用原污水中的有机物作为碳源，将通过内循环回流至缺氧池的混合液中的大量硝态氮（NO_x-N）还原成 N_2，而达到脱氮目的。然后，再在后续的好氧池中进行有机物的生物氧化、有机 M 氮的氨化和氨氮的硝化等生化反应。

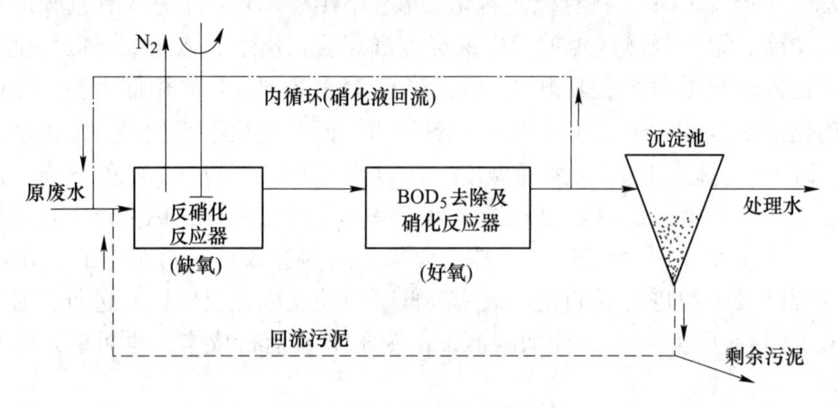

图 5-3　A_N/O 脱氮工艺流程

A_N/O 工艺具有以下主要优点：反硝化产生碱度补充硝化反应之需，可以补偿硝化反应中所消耗碱度的 50%左右；利用原污水中的有机物，无需外加碳源；利用硝酸盐作为电子受体处理进水中有机污染物，这不仅可以节省后续曝气量，而且反硝化菌对碳源的利用更广泛，甚至包括难降解有机物；前置缺氧池可以有效控制系统的污泥膨胀，该工艺流程简单，因而基建费用及运行费用较低，对现有设施的改造比较容易。

A_N/O 工艺的主要缺点是脱氮效率不高，一般为 70%～80%。此外，如果沉淀池运行不当，则会在沉淀池内发生反硝化反应，造成污泥上浮，使处理水的水质恶化。尽管如此，A_N/O 工艺仍以它的突出优点而受到重视，该工艺是目前采用比较广泛的脱氮工艺。表 5-1 为 A_N/O 生物脱氮工艺的主要设计参数。

表 5-1　A_N/O 生物脱氮工艺的主要设计参数

项目	单位	参数值
BOD 污泥负荷 L_s	$kgBOD_5$/(kgMLSS · d)	0.05～0.10
总氮负荷率	kgTN/(kgMLSS · d)	≤0.05
污泥浓度（MLSS）X	g/L	2.5～4.5
污泥龄 θ_c	d	11～23

续表 5-1

项目		单位	参数值
污泥产率 Y		kgVSS/kg BOD_5	0.3~0.6
需氧量 O_2		kgO_2/kg BOD_5	1.1~2.0
水力停留时间（HRT）		h	9~22（其中缺氧段 2~10）
污泥回流比 R		%	50~100
混合液回流比 R_i		%	100~400
总处理效率	BOD_5	%	90~95
	TN	%	60~85

C　巴顿甫工艺

巴顿甫（Bardenpho）工艺取消了三段脱氮工艺的中间沉淀池。工艺中设立了两个缺氧段，第 1 段利用原水中的有机物作为碳源和第一好氧池中回流的含有硝态氮（NO_x-N）的混合液进行反硝化反应，经第 1 段处理后脱氮已经大部分完成。为进一步提高脱氮效率，废水进入第 2 段反硝化反应器，利用内源呼吸碳源进行反硝化，最后的曝气池用于净化残留的 BOD_5，吹脱污水中的氮气，提高污泥的沉降性能，防止在二次沉淀时发生污泥上浮现象。这一工艺比三段脱氮工艺减少了投资和运行费用，工艺流程，如图 5-4 所示。

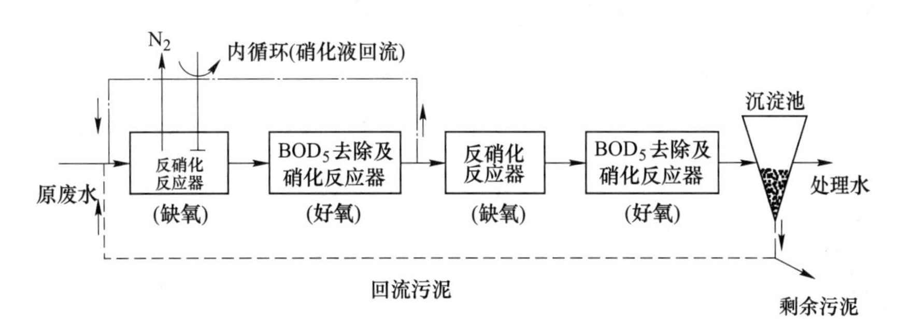

图 5-4　Bardenpho 工艺流程

5.1.1.2　生物除磷处理工艺

A　A_P/O 工艺

厌氧/好氧（A_P/O）工艺是最基本的除磷工艺，主要具有除磷的功能。如图 5-5 所示，工艺流程简单，无混合液回流，其基建费用和运行费用较低。在 A_P/O 工艺系统中，微生物在厌氧条件下将细胞中的磷释放，然后进入好氧状态，并在好氧条件下摄取比厌氧条件下释放更多的磷，即利用其对磷的过量摄取能力，将高含磷污泥以剩余污泥形式排出系统之外，从而降低出水中磷的含量，A_P/O 工艺是单元组成最简单的生物除磷工艺，池型构造与常规活性污泥法非常类似，除了厌氧段和好氧段被隔成体积相同的多个完全混合式反应格外，其最主要特征是高负荷运行、泥龄短、水力停留时间短；A_P/O 工艺的水力停留时间一般为 3~6 h，其中厌氧池 1~2 h、好氧池 2~4 h。沉淀污泥含磷率高，一般在 2.5%~4%，故污泥肥效好。混合液的 SVI 值小于 100，易沉淀，不膨胀。由于泥龄相当短，系统往往达不到硝化，回流污泥中也不会携带硝酸盐至厌氧区。

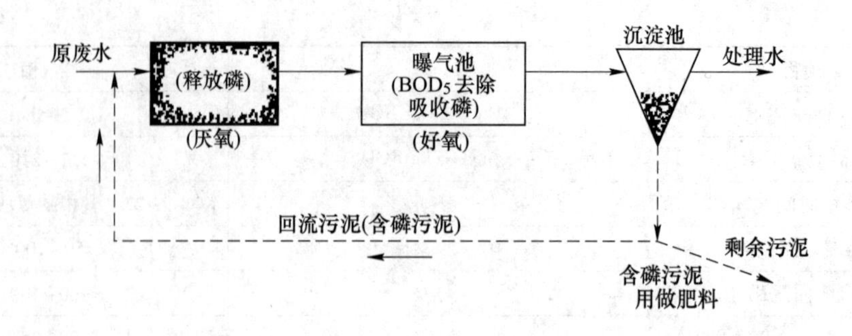

图 5-5　A_P/O 工艺流程

A_P/O 工艺也存在如下问题：除磷率难以进一步提高。当污水 BOD_5 浓度不高或含磷量高时，则 P/BOD_5 比值高，剩余污泥产量低，使除磷率难以提高；当污泥在沉淀池内停留时间较长时，则聚磷菌会在厌氧状态下产生磷的释放，降低该工艺的除磷率，所以应注意及时排泥和使污泥回流，见表 5-2。

表 5-2　A_P/O 生物除磷工艺的主要设计参数

项目		单位	参数值
BOD 污泥负荷 L_s		$kgBOD_5/(kgMLSS \cdot d)$	0.4~0.7
污泥浓度（MLSS）X		g/L	2.0~4.0
污泥龄 θ_c		d	3.5~7.0
污泥产率 Y		$kgVSS/kgBOD_5$	0.4~0.8
污泥含磷率		kgTP/kgVSS	0.03~0.07
需氧量 O_2		$kgO_2/kgBOD_5$	0.7~1.1
水力停留时间（HRT）		h	5~8（其中厌氧段 1~2）
污泥回流比 R		%	40~100
总处理效率	BOD_5	%	80~90
	TP	%	75~85

B　弗斯特利普工艺

弗斯特利普（Phostrip）工艺是在 1972 年开创的，实质上这是生物除磷与化学除磷相结合的一种工艺，具有很高的除磷效果。其工艺流程如图 5-6 所示。

弗斯特利普工艺系统是在传统活性污泥法的污泥回流管线上增设一个除磷池和混合池而构成的。弗斯特利普工艺除磷机理同样是利用聚磷菌对磷的过量摄取完成，但工作运行的不同之处在于它不是将混合液置于厌氧状态，而是先将回流污泥（部分或全部）进入厌氧状态的除磷池，使其在好氧过程中过量摄取的磷在除磷池中充分释放，释磷后的脱磷污泥再回流到曝气池中，重新起摄磷作用。由除磷池流出的上清液（含磷废水）进入混合池中，在混合池投加化学药剂（如石灰），使其形成 $Ca_3(PO_4)_2$ 沉淀，最终通过化学沉淀作用将磷去除。

弗斯特利普法是生物除磷和化学除磷相结合的工艺，除磷效果良好，处理水中含磷量

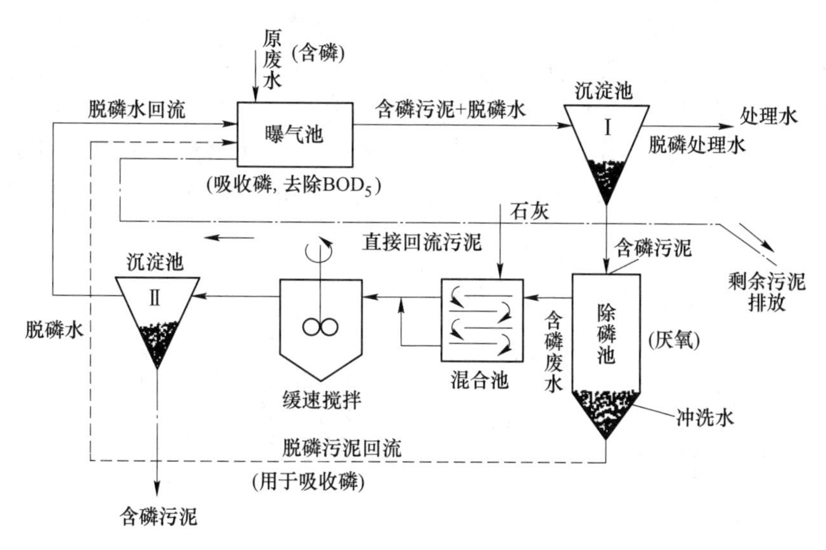

图 5-6　弗斯特利普除磷工艺流程

一般都低于 1 mg/L。SVI 值小于 100，污泥易于沉淀、浓缩、脱水、污泥肥分高，丝状菌难以增殖，污泥不膨胀。

弗斯特利普工艺与 A_P/O 或 A^2/O 工艺等其他工艺相比，具有如下特点：

（1）由于采用了化学沉淀法除磷，其回流污泥中的磷含量较低，因而对进水水质波动的适应性较强，即对进水中的 P/BOD_5 没有特殊的限制，不易受进水 BOD_5 浓度影响，对于有机负荷低、剩余污泥量较少的情况，也可得到较稳定的处理效果。

（2）弗斯特利普工艺采用廉价的石灰对少量的（与处理水量相比）上清液进行沉淀处理，石灰投加量与碱度有关而与除磷量无关，因而石灰用量少，泥量也少；由于此污泥中磷的含量很高，并基本上避免了重金属等有害物质的混入，有可能使其进行磷的再利用，如用作肥料或作为污泥脱水的助剂。

（3）弗斯特利普工艺比较适合对于现有工艺的改造，如对现有的活性污泥处理厂，只需在污泥超越管线上增设小规模的处理单元即可，且在改造过程中不被中断处理系统的正常运行。

总之，弗斯特利普工艺受外界条件影响小，工艺操作灵活，脱氮除磷效果好且稳定；但该工艺也有流程复杂、运行管理麻烦、处理成本较高等缺点。

5.1.1.3　同步生物脱氮除磷工艺

A　A^2/O 工艺

厌氧/缺氧/好氧（A^2/O）工艺同时具有除磷和脱氮的功能。它是在 A_P/O 工艺的基础上增设一个缺氧区，并使好氧区的混合液回流至缺氧区使之反硝化脱氮。污水首先进入厌氧区，兼性厌氧发酵菌在厌氧环境下将污水中的可生物降解的大分子有机物转化为 VFA 这类分子量较低的中间发酵产物。聚磷菌将其体内储存的聚磷酸盐分解，同时释放出能量供专性好氧聚磷微生物在厌氧的“压抑”环境中维持生存，剩余部分的能量则可供聚磷菌从环境中吸收 VFA 一类易降解的有机基质所需，并以 PHB 的形式在其体内加以储存。随后，污水进入缺氧区，反硝化菌利用好氧区中回流液中的硝酸盐以及污水中的有机基质进行反硝化，达到同时除磷脱氮和去除 BOD_5 的效果。在好氧区中，聚磷菌在利用污水中残留的有机基质的同时，主要通过分解其体内储存的 PHB 所放出的能量维持其生长，同时过量摄取环境中的溶解态磷。好氧区中的有机物经厌氧、缺氧段分别被聚磷菌和反硝化菌利用后，浓度已相当低，这有利于自养硝化菌的生长，并将氨氮经硝化作用转化为硝酸盐。排放的剩余污泥中，由于含有大量能超量贮积磷的聚磷菌，污泥含磷量可以达到6%（干重）以上，因此大大提高了磷的去除效果，A^2/O 工艺流程，如图 5-7 所示。

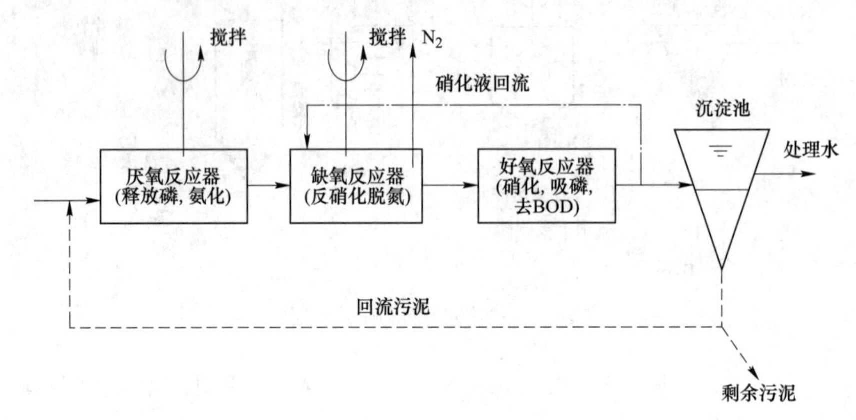

图 5-7 A^2/O 同步脱氮除磷工艺流程

A^2/O 工艺具有同时脱氮除磷的效果，但它很难同时取得好的脱氮除磷的效果。当脱氮效果好时，除磷效果则较差，反之亦然。有报道指出，有报道指出，当处理系统的负荷在 0.2 kgBOD/(kgMLVSS · d) 以上且进水中的 BOD/TN 大于 4~5 时，采用 A^2/O 工艺可获得良好的脱氮除磷效果。

B UCT 工艺

UCT（Univesityof Capetown）工艺是目前比较流行的生物脱氨除磷工艺流程。它是 A^2/O 工艺的一个变形，主要针对回流方式作了调整。其与 A^2/O 工艺的不同之处，在于它的污泥回流是缺氧池回流到厌氧池，这样就阻止了处理系统中硝酸盐（NO_3^-）进入到厌氧池，而影响了厌氧过程中磷的充分释放。在 UCT 工艺中，沉淀池的污泥回流和好氧区的混合液分别回流到缺氧区，其中的 NO_3^- 在缺氧区中经反硝化而去除。为了补充缺氧区中污泥流失，增加了缺氧区混合液向厌氧区的回流。在污水的 TKT/COD 适当的情况下，可实现完全的反硝化作用，使缺氧区出水中的硝酸盐浓度近于零，从而使其向厌氧段的回流混合液中的 NO_3^- 也接近行零，这样能使厌氧段保持严格的厌氧环境而保证良好的除磷效果，UCT 工艺流程，如图 5-8 所示。

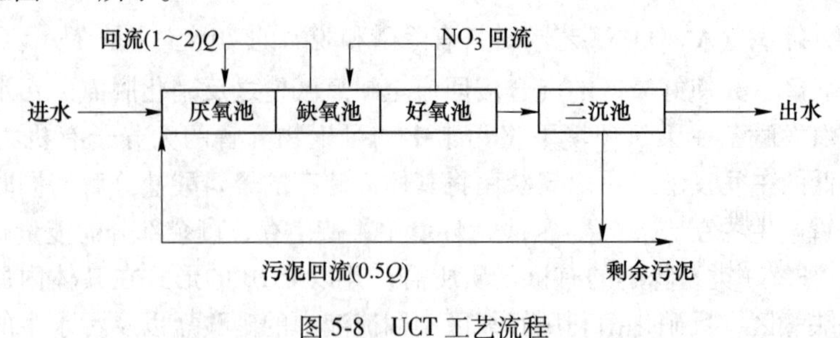

图 5-8 UCT 工艺流程

C 改良型巴顿甫工艺

在巴顿甫工艺中，由于回流的作用，污水水质的影响及操作运行上的关系，较难实现除磷效果。为了保证或提高除磷效果，巴顿甫工艺进行了改进，即改良型巴顿甫工艺。该工艺厌氧池的设置保证了磷的释放，工艺流程如图 5-9 所示。

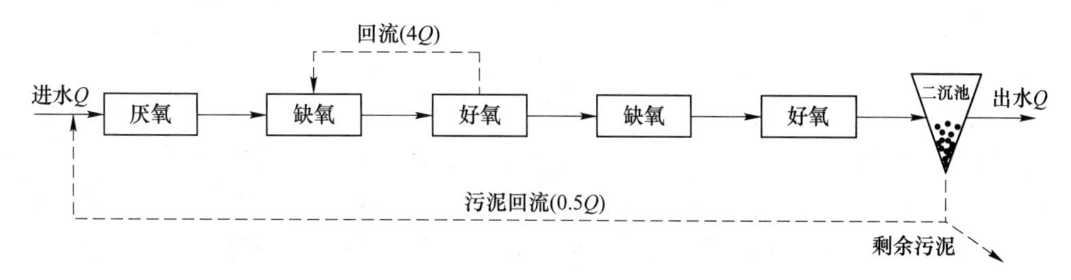

图 5-9 改良型巴顿甫工艺流程

与其他工艺相比改良型巴顿甫工艺的主要特征是 HRT 和 SRT 均较长，其中 SRT 可长达 20~30 d，剩余污泥中的磷含量为 4%~6%。

5.1.1.4 化学脱氮的方法

A 吹脱法

将空气通入废水中，使废水中溶解性气体和易挥发性溶质由液相转入气相，使废水得到处理的过程称为吹脱，常见的工艺流程见图 5-10 所示。

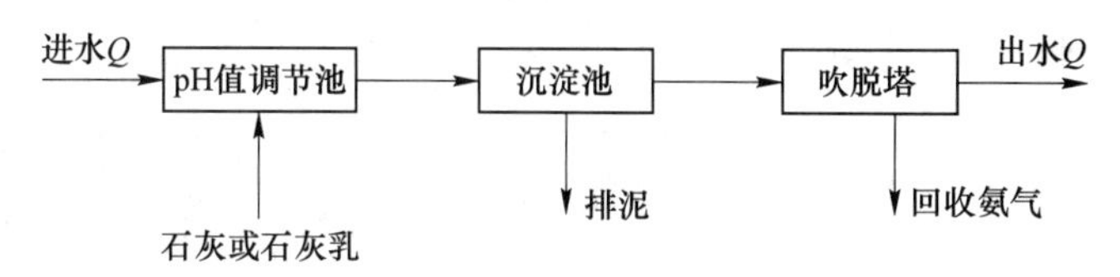

图 5-10 吹脱法工艺流程

吹脱法的基本原理是气液相平衡和传质速度理论。将氨氮废水 pH 值调节至碱性，此时，铵离子转化为氨分子，再向水中通入气体，使其与液体充分接触，废水中溶解的气体和挥发性氨分子穿过气液界面，转至气相，从而达到去除氨氮的目的。常用空气或水蒸气作载气，前者称为空气吹脱，后者称为蒸汽吹脱。

B 化学沉淀法

化学沉淀法（磷酸铵镁沉淀法）的原理，是向氨氮污水中投加含 Mg^{2+} 和 PO_4^{3-} 的药剂，使污水中的氨氮和磷以鸟粪石（磷酸铵镁）的形式沉淀出来，同时回收污水中的氮和磷。

化学沉淀法的优点主要表现在：工艺设计操作相对简单；反应稳定，受外界环境影响小，抗冲击能力强；脱氮率高，效果明显，生成的磷酸铵镁可作为无机复合肥使用，解决了氮的回收和二次污染的问题，具有良好的经济和环境效益。磷酸铵镁沉淀法适用于处理氨氮浓度较高的工业废水。

C 离子交换吸附法

离子交换吸附法常用于处理低浓度氨氮废水，它利用吸附剂上的可交换离子与废水中

的 NH_4^+ 发生交换并吸附 NH_3 分子以达到去除水中氨的目的。这个过程中离子间的浓度差和吸附剂对离子的亲和力为吸附过程的动力，这是一个可逆过程。

D　折点氯化法

折点氯化法的原理是将氯气通入氨氮废水中达到某一临界点，使氨氮氧化为氮气的化学过程，其反应方程式为：

$$NH_4^+ + 1.5HOCl \longrightarrow 0.5N_2 + 1.5H_2O + 2.5H^+ + 1.5Cl^-$$

折点氯化法的优点为：处理效率高且效果稳定，去除率可达100%；该方法不受盐含量干扰，不受水温影响，操作方便；有机物含量越少时氨氮处理效果越好，不产生沉淀；初期投资少，反应迅速完全；能对水体起到杀菌消毒的作用。但是，折点氯化法仅适用于低浓度废水的处理。该方法的缺点是：液氯消耗量大，费用较高，且对液氯的贮存和使用的安全要求较高，反应副产物氯胺和氯代有机物会对环境造成二次污染。

E　常用化学脱氮法的优缺点对比

表5-3为常用化学脱氮法的适用范围及优缺点对比。

表 5-3　常用化学脱氮法的适用范围及优缺点对比

适用范围	处理方法	优点	缺点
高浓度氨氮废水	吹脱法	工艺简单、效果稳定、适用性强，投资较低	能耗大，有二次污染，出水氨氮仍偏高
	化学沉淀法	工艺简单、操作简便、反应快，影响因素少、节能高效，能充分回收氨，实现废水资源化	用药量大、成本较高、用途有限，有待开发
低浓度氨氮废水	吸附法	工艺简单，操作方便，投资较低	交换容量有限，解析频繁，须于其他方法联用或作为深度处理的一部分
	折点加氯法	设备少，操作方便，反应速度快，能高效脱氮	折点难以控制，成本较高，水中有机物易与氯气生成三卤甲烷
	膜技术	投资少，操作方便，回收的氨氮可重复利用，无二次污染	反渗透技术对无机氨氮废水质量浓度要求较高，电渗析法易发生浓差极化而产生结垢，与反渗透相比，脱盐率较低

5.1.1.5　化学沉淀除磷技术

化学除磷的基本原理是通过投加化学药剂形成不溶性磷酸盐沉淀物，然后通过固液分离将磷从污水中除去。该技术可用于化学除磷的金属盐有钙盐、铁盐和铝盐三种，最常用的是石灰（$Ca(OH)_2$）、硫酸铝（$Al(SO_4)_5 \cdot 18H_2O$）、铝酸钠（$NaAlO_2$）、三氯化铁、硫酸铁、硫酸亚铁和氯化亚铁等。

化学除磷技术必须与其他处理措施相结合，才可以达到出水水质达标的目的，其中化学除磷方法与一级处理工艺相结合的方法，称为化学强化一级处理（CEPT）工艺，为最简单的化学除磷工艺流程；化学处理方法与二级处理工艺相结合的方法，按二级处理流程中化学药剂投加点的不同分为前置投加、同步投加和后置投加三种类型。前置投加的药剂投加点是原污水，形成的沉淀物与初沉污泥一起排除；同步投加的药剂投加点包括初沉出水、曝气池和二次沉淀池之前的其他位点，形成的沉淀物与剩余污泥一起排除；后置投加的药剂投加点是经二级生物处理后形成的沉淀物通过另设的固液分离装置进行分离，包括澄清池或滤池。

化学除磷工艺也存在一定缺点：

（1）污水处理污泥量显著增加。因为在除磷时产生的金属磷酸盐和金属氢氧化物以悬浮固体的形式存在于水中，最终变成污泥。在初沉池前投加金属盐，初沉池污泥增加60%～100%，整个污水处理厂污泥量会增加60%～70%。在二级处理过程中投加金属盐，剩余污泥量增加35%～45%。

（2）污泥处理难度增加。化学除磷会使污泥浓度降低20%左右，因此污泥体积加大，从而增加了污泥处理与处置的难度。

（3）出水可溶性固体含量增加。若固液分离不好时，铁盐除磷会使出水呈微红色。

A　一级强化工艺

化学强化一级处理工艺流程，如图5-11所示。

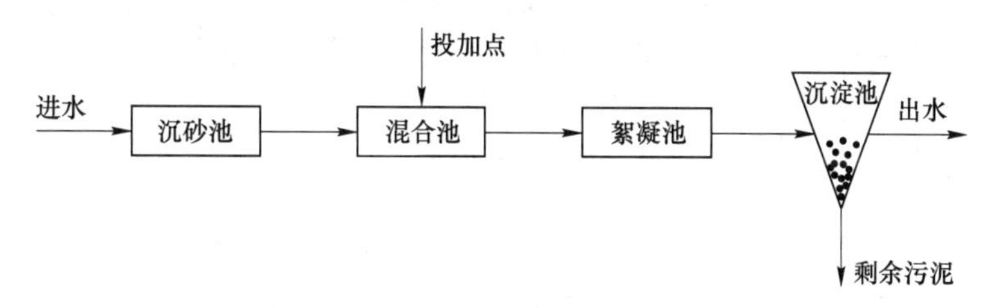

图5-11　化学强化一级处理工艺流程

化学强化一级处理工艺在一定条件下可达到较好的除磷效果，磷去除率可达90%以上，有机物去除率大约为75%，SS去除率大于90%，总氮的去除率约为25%。除磷药剂可采用铝盐、三价铁盐、石灰等，但不能用亚铁盐。

化学强化一级处理技术主要用于处理工业废水，而城市污水处理中的应用相对较少。在我国，由于污水处理资金短缺，一些城市污水处理厂早期采用在近期内先建一级半处理厂，经过化学强化一级处理，以较少的投资削减较大的污染负荷，取得较好的投资环境效益，待有条件时再建成二级处理工艺的方式。上海白龙港污水处理厂一期工程（$120\times10^4\ m^3/d$）采用化学除磷工艺，由于城市污水水量大，因此使化学除磷的运行费用较高，产泥量大。

B　前置投加

前置投加工艺的特点是将除磷药剂投加在沉砂池中，或者初次沉淀池的进水渠（管）中，或者文丘里渠利用涡流进行混合。其一般需要设置产生涡流的装置或者供给能量以满足混合的需要，相应产生的沉淀产物，大块状的絮凝体在初次沉淀池中分离。如果生物段采用的是生物滤池，则不允许使用铁盐药剂时，以防止对填料产生危害，会产生黄锈。当采用石灰作为除磷药剂时，生物处理系统的进水需要进行pH值调节，以防止过高的pH值对微生物产生抑制作用。前置投加工艺流程，如图5-12所示。

前置投加工艺特别适合于现有污水处理厂的改建，只需增加化学除磷措施，因为通过这一工艺步骤不仅可以去除磷，而且可以减少生物处理设施的负荷。常用的除磷药剂主要是石灰和金属盐药剂。经前置投加后剩余磷酸盐的含量为1.5～2.5 mg/L，完全可以满足后续生物处理对磷的需要。

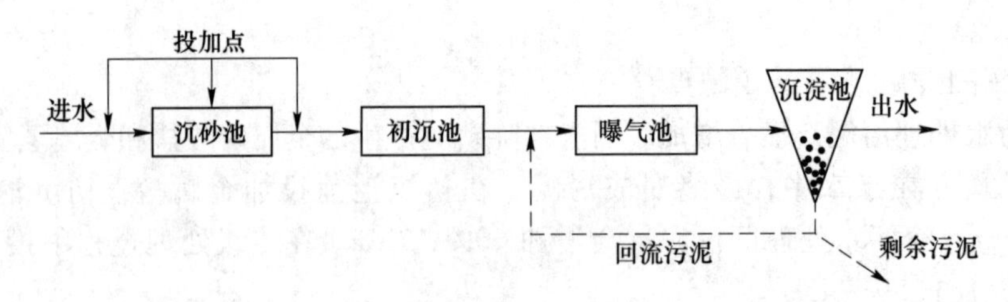

图 5-12　前置投加除磷工艺流程

C　同步投加

同步投加也称同步化学除磷，是使用广泛的化学除磷工艺，在国外所有化学除磷工艺约有 50%采用同步投加除磷。除磷药剂有的投加在曝气池的进水或回流污泥中；有的则投加在曝气池出水中或二次沉淀池中。同步投加工艺可以使用最经济的沉淀剂即硫酸亚铁，除磷效率达到 85%~90%。由于添加石灰除磷方法通常需要将 pH 值控制在 10 以上，因此石灰法不能用于同步投加。

同步投加的活性污泥法工艺流程，如图 5-13 所示。

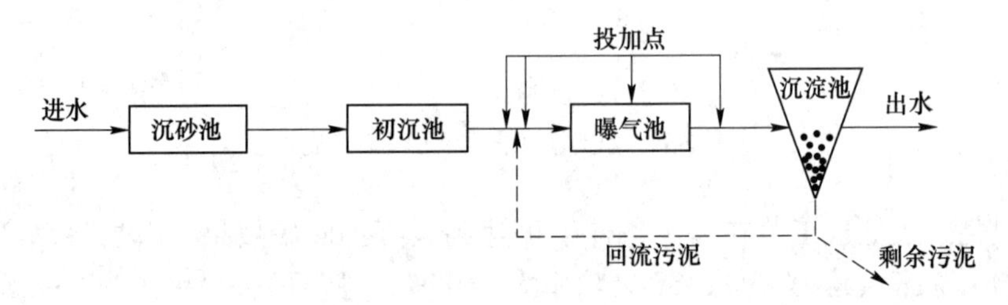

图 5-13　同步投加除磷工艺流程

D　后置投加

后置投加是将化学沉淀剂加入二次沉淀池之后的单独絮凝-固/液分离设备的进水中，并在其后设置絮凝池和沉淀池或气浮池，也有增设三级处理工艺设施的情况。在后置投加工艺中应用金属盐化学除磷，可获得很好的除磷效果，出水 TP 浓度可低于 0.5 mg/L。如果对于水质要求不严的受纳水体，在后置投加工艺中可采用石灰乳液药剂，但必须对出水 pH 值加以控制，如可采用沼气中的 CO_2 进行中和，后置投加工艺流程，如图 5-14 所示。

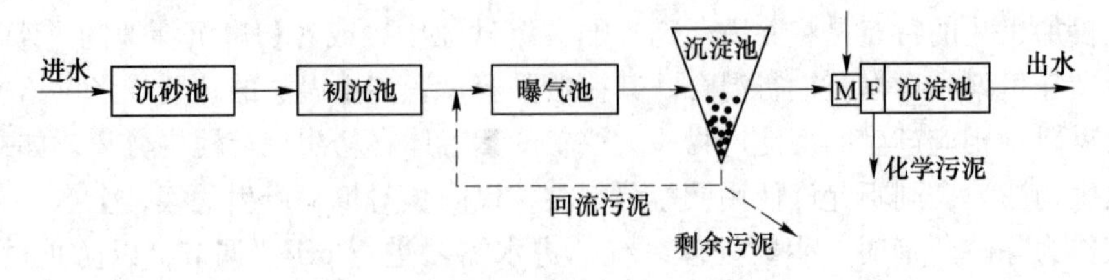

图 5-14　后置投加除磷工艺流程

对于已建污水处理厂的升级改造来说，化学除磷工艺和化学药剂投加点的选择主要取决于出水的 TP 浓度要求。出水 TP 浓度要求在 1 mg/L 左右时，采用前置投加或同步投加方法就可以达到目的。由于在污水生物处理系统的出水中，出水悬浮物的含磷量在出水

TP中占相当大比例，因此，如果所要求的出水TP浓度明显低于1 mg/L时，就需要在二级处理工艺的基础上增设除磷和去除悬浮固体的三级处理设施，即后置投加方法，以去除悬浮固体所含的非溶解态磷酸盐。

化学除磷方法与二级处理工艺相结合的三种除磷工艺的优缺点比较见表5-4。

表5-4　各种化学除磷工艺的优缺点比较

工艺类型	优点	缺点
前置投加工艺	（1）能降低生物处理设施的负荷，平衡其负荷的波动变化，因而可以降低能耗； （2）与同步投加相比，活性污泥中有机成分不会增加； （3）现有污水厂易于实施改造	（1）总污泥产量增加； （2）对反硝化反应造成困难（底物分解过多）； （3）对改善污泥指数不利
同步投加工艺	（1）通过污泥回流可以充分利用除磷药剂； （2）如果是将药剂投加到曝气池中，可采用价格较廉价的二价铁盐药剂； （3）金属盐药剂会使活性污泥质量增加，从而可以避免活性污泥膨胀，同步沉析设施的工程量较少	（1）采用同步投加工艺会增加污泥产量； （2）采用酸性金属盐药剂会使pH值下降到最佳范围以下，这对硝化反应不利； （3）磷酸盐污泥和生物剩余污泥是混合在一起的，因此无法回收磷酸盐，此外在厌氧状态下污泥中的磷会再释出
后置投加工艺	（1）磷酸盐的沉淀是与生物净化过程相分离的，互相不产生影响； （2）药剂的投加可以按磷负荷的变化进行控制； （3）产生的磷酸盐污泥可以单独排放，并可以加以利用，如用做肥料	后置投加工艺所需要的投资大，运行费用高，但当新建污水处理厂时，采用后置投加工艺可以减小生物处理二次沉淀池的尺寸

5.1.2　技能

掌握A^2/O工艺的开机启动过程。

5.1.2.1　厌氧池开机启动

（1）待厌氧池液位接近50%时，启动厌氧池搅拌器。

（2）待厌氧池液位接近50%时，半开厌氧池出水阀门，向缺氧池进水。

（3）控制厌氧池出水流量等于厌氧池设计出水量。

5.1.2.2　缺氧池开机启动

（1）待缺氧池液位接近50%时，启动缺氧池搅拌器。

（2）待缺氧池液位接近50%时，半开缺氧池出口阀门，向好氧池进水。

（3）控制缺氧池出水流量等于缺氧池设计出水量（厌氧池出水量与消化液回流量之和）。

5.1.2.3　好氧池开机启动

（1）待好氧池液位接近30%左右时，半开空压机的进口阀门及出口阀门。

（2）启动空压机，控制空压机转速中速。

（3）依次启动其余空压机，控制空压机转速中速。

（4）待好氧池液位接近50%左右时，打开好氧池出口去二沉池配水井的阀门，向配井进水。

（5）控制好氧池出水流量等于好氧池设计出水量。

（6）全开生化池回流泵前阀，启动生化池回流泵，半开生化池回流泵后阀。

（7）控制混合液内回流流量等于设计回流量。

（8）待配水井液位接近50%时，半开二沉池进口阀门，向二沉池进水。

（9）控制二沉池进水流量等于设计进水量。

（10）待配水井液位接近50%时，半开另一个二沉池进口阀门，向二沉池进水。

（11）控制另一个二沉池进水流量等于设计进水量。

5.1.3 任务

（1）内回流的调节。如图5-15所示A^2/O工艺的流程图，假设在巡检中发现缺氧池内回流量不足，应如何操作内回流控制系统使其恢复正常？

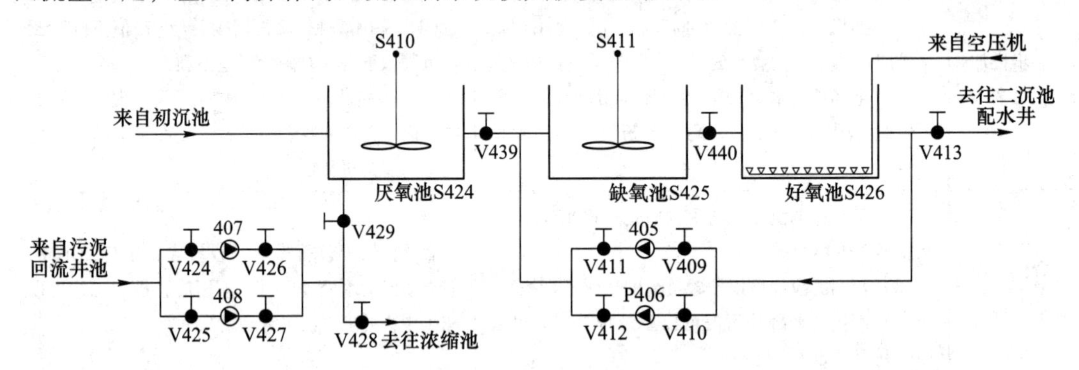

图5-15　A^2/O工艺的流程

参考答案：

1）打开好氧池备用回流泵406进水阀门V410，开度100。

2）进入内回流控制面板，打开好氧池备用回流泵406电源。

3）点击回流泵406运行按钮，启动回流泵406。

4）打开回流泵406出水阀门V412，调节阀门开度，使回流量达到要求。

（2）出水指标中发现NH_3-N含量超标，请利用内回流系统对运行进行调节，使出水NH_3-N达标。

参考答案：

1）确认内备用回流泵406出水阀门V412关闭。

2）打开备用回流泵406的进水阀门V410，开度100。

3）进入内回流泵控制面板，点击备用污泥泵406电源。

4）进入内回流泵控制面板，点击备用污泥泵406运行按钮，启动泵406。

5）打开备用回流泵406出水阀门V412，调节阀门开度使出水NH_3-N在3.75 mg/L以下。

6）观察内回流量增加后出水NH_3-N变化，直至达标。

（3）出水指标中发现TP含量超标，请利用外回流系统对运行进行调节，使出水TP

达标。

1）确认污泥备用回流泵 408 出水阀门 V427 关闭。

2）打开备用回流泵 408 的进水阀门 V425，开度 100。

3）开启备用污泥泵 408 电源。

4）启动备用污泥泵 408。

5）打开备用回流泵 408 出水阀门 V427，调节开度直至出水磷达标。

6）观察污泥回流量增加后出水磷变化，直至达标。

课程思政点：

氮、磷等植物性营养元素进入水体是导致水体富营养化的主要原因。在“两山”理论指导下，我国湖泊治理取得了巨大成效。以滇池为例，富营养化情况得到明显缓解，水质情况得到明显改善。

任务 5.2 混 凝

【知识目标】

（1）掌握混凝操作去除污染物的性质和特征，适用范围。

（2）掌握常用混凝剂和助凝剂的基本性质、用量。

（3）掌握溶解池、溶液池、反应池及相关设备的计算原则和选型依据。

【技能目标】

（1）能正确选用化学药剂并考虑其二次污染问题。

（2）能根据公式、经验公式、实验确定相关化学药剂理论用量。

（3）能进行溶解池、溶液池、反应池等构筑物的主体尺寸确定。

（4）能正确操作搅拌电机、定量投药设备。

【素养目标】

（1）具有环保意识、安全意识。

（2）初步形成综合考虑问题的能力。

（3）养成经验总结及探索的能力。

5.2.1 主要理论

5.2.1.1 混凝去除对象

混凝去除对象为水中的胶体和细小的悬浮物。前文已知污水物理处理可去除水中的悬浮物，包括沉砂池、沉淀池等，若水中悬浮物粒径极小，其沉降速度不足以抵抗分子热运动和水流干扰，上述处理单元对其将不能去除或去除效率极低。胶体物质粒径在 1 nm～0.1 μm 的颗粒，会使水的浊度增加。若水中细小悬浮物和胶体物质在水中长期呈分散状态，就不能从水中去除，难以达到三级处理所要求的水中悬浮物和浊度要求。因此，可以通过投加化学药剂，即混凝剂，促进悬浮物或胶体的凝聚和絮凝，这种处理方法称为混凝。

水处理中此类杂质包括黏土、细菌、病毒、蛋白质、腐殖酸，如图5-16所示。

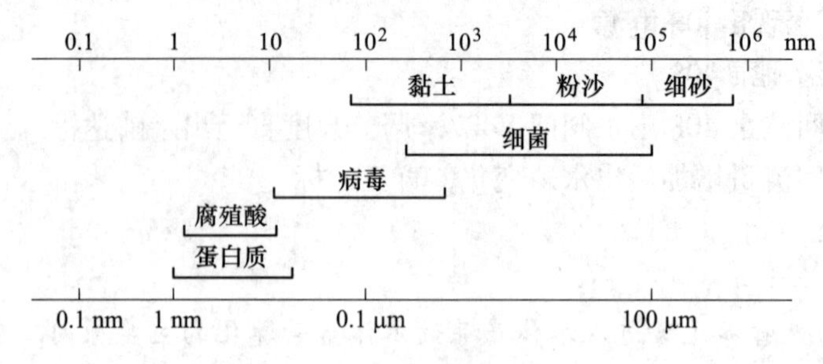

图5-16　水中物质大小

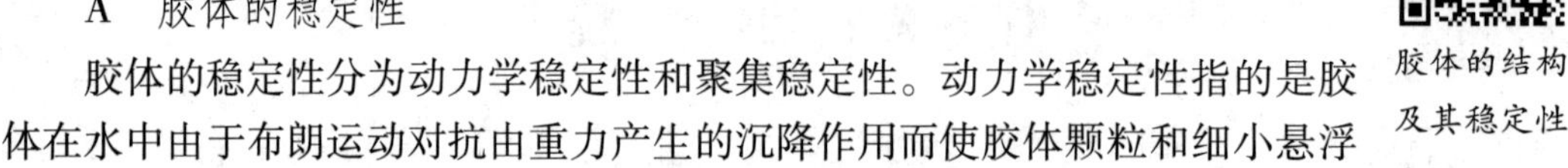

5.2.1.2　胶体的稳定性和双电层结构

A　胶体的稳定性

胶体的稳定性分为动力学稳定性和聚集稳定性。动力学稳定性指的是胶体在水中由于布朗运动对抗由重力产生的沉降作用而使胶体颗粒和细小悬浮物难以沉降。聚集稳定性是指胶体带电产生的静电斥力和水化膜的阻碍（亲水性胶体）使胶体不能互相接触凝聚，长期保持分散状态。布朗运动一方面使胶体具有动力学稳定性，另一方面也为胶体颗粒的碰撞、接触和凝聚创造了条件。由于有静电斥力和水化膜作用，使之无法接触，因此聚集稳定性对胶体稳定性的影响起关键作用，如果聚集稳定性一旦破坏，则胶体颗粒就会凝聚变大而有利于沉降。

B　胶体的双电层结构

胶体微粒都带有电荷。天然水中的黏土类胶体微粒及污水中的胶态蛋白质、淀粉微粒等都带有负电荷，中心称为胶核。其表面选择性地吸附了一层带有同性电荷的离子，这些离子可由胶核的组成物直接电离产生，也可从水中选择吸附H^+或OH^-，这层离子称为胶体微粒的电位离子，决定胶粒电荷的大小和电性。

由于静电引力的作用，溶液中的异号离子（反离子）就会被吸引到胶体颗粒周围形成吸附层，而其他异号离子，离核较远，不能随胶核运动并有向水中扩散的趋势形成扩散层，如图5-17所示。

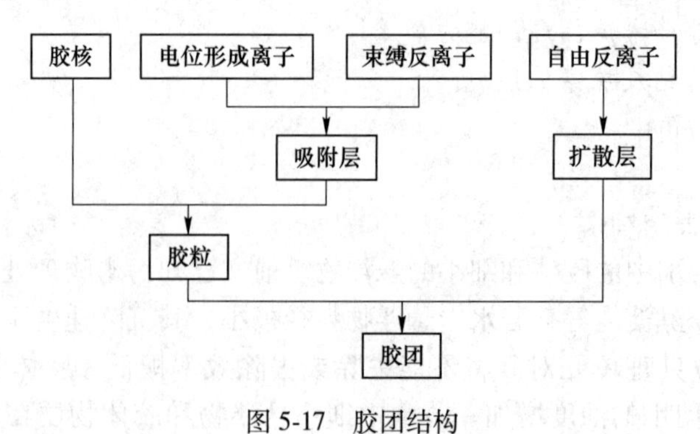

图5-17　胶团结构

扩散层中的反离子由于与胶体颗粒所吸附的离子间吸附力很弱，当胶体颗粒运动时，大部分离子脱离胶体颗粒，这个脱开的界面称滑动面。胶核表面上的电位离子和溶液主体之间形成的电位称总电位，即 ψ 电位。胶核在滑动时所具有的电位称动电位，即 ζ 电位，它是在胶体运动中表现出来的，也就是在滑动面上的电位，如图 5-18 所示。天然水中胶体杂质通常带负电。地面水中的石英和黏土颗粒，根据组成成分的酸碱比例不同，其 ζ 电位大致在 -15～-40 mV。一般在河流和湖泊水中，颗粒的 ζ 电位在 -15～-25 mV 之间，当被含有机物废水污染时，ζ 电位可达 -50～-60 mV。

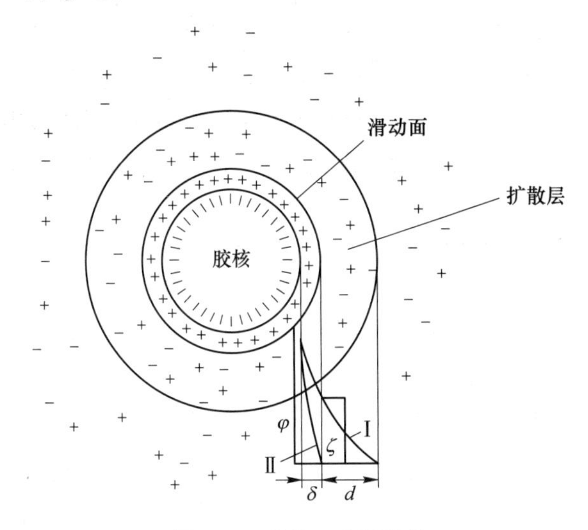

图 5-18 胶体双电层结构

ζ 电位引起胶粒间斥力，该斥力使布朗运动的动能不足以将两颗胶粒推进到使范德华引力发挥作用的距离。因此，胶体微粒不能相互聚结而长期保持稳定的分散状态。

水化膜是阻止胶粒间相互接触的另一个因素。由于胶粒带电，将极性水分子吸引到它的周围形成一层水化膜。但水化膜是伴随胶粒带电而产生，如果胶粒的电位消除或减弱，水化膜也就随之消失或减弱。

5.2.1.3 混凝原理

A 压缩双电层

如前所述，水中胶粒能维持稳定的分散悬游状态，主要是由于胶粒的 ζ 电位。如能消除或降低胶粒的电位，就有可能使微粒碰撞聚结，失去稳定性，在水中投加电解质可达此目的。

例如天然水中带负电荷的黏土胶粒，在投入铁盐或铝盐等混凝剂后，混凝剂提供的大量正离子会涌入胶体扩散层甚至吸附层。因为胶核表面的总电位不变，增加扩散层及吸附层中的正离子浓度，就使扩散层减薄，图 5-18 中的 ζ 电位降低。当大量正离子涌入吸附层以致扩散层完全消失时，ζ 电位为零，称为等电状态。在等电状态下，胶粒间静电斥力消失，胶粒最易发生聚结。

实际上，ζ 电位只要降至某一程度而使胶粒间排斥的能量小于胶粒布朗运动的动能时，胶粒就开始产生明显的聚结，这时的零电位称为临界电位。

胶粒因 ζ 电位降低或消除以致失去稳定性的过程，称为胶粒脱稳。脱稳的胶粒相互聚结，称为凝聚。压缩双电层作用是阐明胶体凝聚的一个重要理论，适用于无机盐混凝剂所提供的简单离子的情况。但是，如仅用双电层作用原理来解释水中的混凝现象，会产生一些矛盾。例如，三价铝盐或铁盐混凝剂投量过多时效果反而下降，水中的胶粒又会重新获得稳定。又如在等电状态下，混凝效果似应最好，即吸附架桥作用最好，但生产实践表明，混凝效果最佳时的ζ电位常大于零。于是，提出了第二种作用。

B　吸附架桥作用

三价铝盐或铁盐以及其他高分子混凝剂溶于水后，经水解和缩聚反应形成高分子聚合物，具有线型结构，这类高分子物质可被胶体微粒所强烈吸附。因其线型长度较大，当它的一端吸附某一胶粒后，另一端又吸附另一胶粒，在相距较远的两胶粒间进行吸附架桥，使颗粒逐渐结大，形成肉眼可见的粗大絮凝体。这种由高分子物质吸附架桥作用而使颗粒相互黏结的过程，称为絮凝。上述两种作用产生的微粒凝结现象，即凝聚和絮凝总称为混凝。

压缩双电层作用和吸附架桥作用，对于不同类型的混凝剂所起的作用程度并不相同。对高分子混凝剂特别是有机高分子混凝剂，吸附架桥可能起主要作用，对硫酸铝等无机混凝剂，压缩双电层作用和吸附架桥作用都具有重要作用。下面以硫酸铝为例讨论混凝的过程。

$$[Al(H_2O)_6]^{3+} + H_2O \rightleftharpoons [Al(OH)(H_2O)_5]^{2+} + H_3O^+$$

单羟基单核络合物又进一步水解：

$$[Al(OH)(H_2O)_5]^{2+} + H_2O \rightleftharpoons [Al(OH)_2(H_2O)_4]^+ + H_3O^+$$

$$[Al(OH)_2(H_2O)_5]^+ + H_2O \rightleftharpoons [Al(OH)_3(H_2O)_3]^+ + H_3O^+$$

上述反应中，降低水中$H^+(H_3O^+)$浓度或提高pH值，使反应趋向右方，水合羟基络合物的电荷逐渐降低，最终生成中性氢氧化铝难溶沉淀物。当pH值小于4时，水解受到抑制，水中存在的主要是$[Al(H_2O)_6]^{3+}$；当pH值为4~5时，水中有$[Al(OH)(H_2O)_5]^{2+}$、$[Al(OH)_2(H_2O)_4]^+$及少量$[Al(OH)_3(H_2O)_3]$；当pH值为7~8时，水中主要是$[Al(OH)_3(H_2O)_3]$沉淀物。可见硫酸铝在水中的水解产物以多种形式存在，并且在不同的pH值下主要存在形式不同，因此在混凝中所起到的作用也不一样。

在某一特定pH值时，水解产物还有许多复杂的高聚物和络合物同时共存。因为初步水解产物中的羟基（—OH）具有桥键性质。在由$[Al(H_2O)_6]^{3+}$转向$[Al(OH)_3(H_2O)_3]$的中间过程中，羟基可将单核络合物通过桥键缩聚成多核络合物，如：

$$[Al(H_2O)_6]^{3+} + [Al(OH)(H_2O)_5]^{2+} \rightleftharpoons [Al(H_2O)_5Al\text{-}OH\text{-}Al(H_2O)_5] + H_2O$$

或

$$[Al(H_2O)_6]^{3+} + [Al(OH)(H_2O)_5]^{2+} \rightleftharpoons [Al_2(OH)(H_2O)_{10}]_5 + H_2O$$

两个单羟基络合物通过羟基桥联可缩合成双羟基双核络合物：

$$2[Al(OH)(H_2O)_5]^{2+} \rightleftharpoons [Al_2(OH)_2(H_2O)_8]^{4+} + 2H_2O$$

上述反应也可称为高分子缩聚反应。缩聚反应的连续进行，可使络合物变成高分子聚合物。在缩聚反应的同时，聚合物水解反应仍继续进行，使在水中形成多种形态的高聚物。在pH值低时，高电荷低聚合度的络合物占多数；在pH值高时，低电荷高聚合度的高聚物占多数。

从上面的化学反应过程可以看出，三价铝盐发挥混凝作用的是各种形态的水解聚合物。带有正电荷的水解聚合物，同时起到压缩双电层的脱稳和吸附架桥作用。为使硫酸铝达到优异的混凝效果，应尽量使胶体脱稳和吸附架桥作用都得到充分发挥。

在三价铝离子的水解缩聚逐步趋向氢氧化铝时，应充分利用中间产物带电聚合物降低或消除胶体ζ电位，使胶粒脱稳。因此，当混凝剂投入水中后，应立即进行剧烈搅拌，使带电聚合物迅速均匀地与全部胶体杂质接触，使胶粒脱稳；随后，脱稳胶粒在相互凝聚的同时，靠聚合度不断增大的高聚物的吸附架桥作用，形成大的絮凝体，使混凝过程很好完成。

5.2.1.4 混凝剂和助凝剂

A 混凝剂

用于水处理中的混凝剂应要求：混凝效果良好，对人体健康无害，价廉易得，使用方便。混凝剂的种类较多，主要有无机盐类混凝剂和高分子混凝剂两大类。

a 无机盐类混凝剂

目前应用最广泛的无机盐类混凝剂是铝盐和铁盐。

(1) 铝盐中主要有硫酸铝［$Al_2(SO_4)_3 \cdot 18H_2O$］、明矾［$Al_2(SO_4)_3 \cdot K_2SO_4 \cdot 24H_2O$］等，硫酸铝的产品有精制和粗制两种。

精制硫酸铝是白色结晶体。粗制硫酸铝价格较低，但质量不稳定，因含不溶杂质较多，增加了药液配制和排除废液等方面的困难。

明矾是硫酸铝和硫酸钾的复盐，混凝效果较好，使用方便，对处理后的水质无不良影响。但水温低时，硫酸铝水解困难，形成的絮凝体较松散，效果不及铁盐。

(2) 铁盐中主要有三氯化铁、硫酸亚铁和硫酸铁等。

三氯化铁是褐色结晶体，极易溶解，形成的絮凝体较紧密，易沉淀。但三氯化铁腐蚀性强，易吸水潮解，不易保管。

硫酸亚铁（$FeSO_4 \cdot 7H_2O$）是半透明绿色结晶体，离解出的二价铁离子（Fe^{2+}）不具有三价铁盐的良好混凝作用，使用时应将二价铁氧化成三价铁。同时，残留在水中的Fe^{2+}会使处理后的水带色，Fe^{2+}与水中某些有色物质作用后，会生成颜色更深的溶解物。

b 高分子混凝剂

高分子混凝剂有无机高分子混凝剂和有机高分子混凝剂两类。

聚合氯化铝PAC和聚合氯化铁是目前使用比较广泛的无机高分子混凝剂。聚合氯化铝的混凝作用与硫酸铝并无差别。硫酸铝投入水中后，主要是各种形态的水解聚合物发挥混凝作用。由于影响硫酸铝化学反应的因素复杂，因此需根据不同水质控制水解聚合物的形态。人工合成的聚合氯化铝则是在人工控制的条件下预先制成最优形态的聚合物，投入水中后可发挥优良的混凝作用。它对各种水质适应性较强，适用的pH值范围较广，对低温水效果也较好，形成的絮凝体粒大而重，所需的投量为硫酸铝的1/2~1/3。

有机高分子混凝剂有天然的和人工合成的，目前使用最广泛的是聚丙烯酰胺PAM，分子结构为：

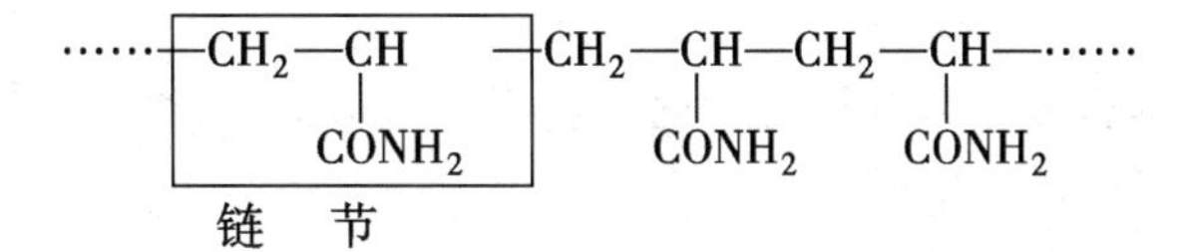

聚丙烯酰胺的聚合度可多达 2 万~9 万，相应的相对分子质量高达 150 万~600 万。凡有机高分子混凝剂的链节上含有可离解基团，离解后带正电的称为阳离子型，带负电的称为阴离子型。如果链节上不含可离解基团的称非离子型。

由于 PAM 分子上的链节与水中胶体微粒有极强的吸附作用，混凝效果优异。阴离子型 PAM 对负电胶体也有强的吸附架桥作用，但对于未经脱稳的胶体，由于静电斥力有碍于吸附架桥作用，因此通常作助凝剂使用。阳离子型 PAM 在吸附架桥的同时，对负电胶体有电中和的脱稳作用。

虽然有机高分子混凝剂效果优异，但制造过程复杂，价格较贵。另外，由于聚丙烯酰胺的单体丙烯酰胺有一定的毒性，因此其毒性问题必须引起人们的注意和研究。

B　助凝剂

凡是能改善混凝效果的药剂都称为助凝剂。当单独使用混凝剂不能取得较好效果时，可投加某些辅助药剂以提高混凝效果。例如，当原水的碱度不足时可投加石灰或碳酸氢钠调节 pH 值；当采用硫酸亚铁作混凝剂时可加氯气将亚铁（Fe^{2+}）氧化成三价铁离子（Fe^{3+}）；利用 PAM 等高分子助凝剂的强烈吸附架桥作用，使细小松散的絮凝体变得粗大而紧密。

5.2.1.5　影响混凝的因素

A　水温

水温会影响混凝剂的水解速度。无机盐类混凝剂的水解是吸热反应，水温低时，水解困难，并且水温低，水的黏度大，不利于脱稳胶粒相互絮凝，影响絮凝体的结大。因此，可通过投加高分子助凝剂进行改善。

B　水的 pH 值和碱度

水的 pH 值会影响铝盐水解，用硫酸铝去除水中浊度时，最佳 pH 值范围在 6.5~7.5；用三价铁盐时，最佳 pH 值范围在 6.0~8.4；用硫酸亚铁时，只有在 pH 值大于 8.5 和水中有足够溶解氧时，才能迅速形成 Fe^{3+}。高分子混凝剂尤其是有机高分子混凝剂，混凝的效果受 pH 值的影响较小。

铝盐和铁盐水解过程中不断产生的 H^{+} 必将使 pH 值下降。要使 pH 值保持在最佳的范围内，应有碱性物质与其中和。当原水中碱度充分时，pH 值略有下降而不致影响混凝效果。当原水中碱度不足或混凝剂投量较大时，水的 pH 值将下降明显，影响混凝效果。此时，应投加石灰或碳酸氢钠保证水中有一定碱度。

C　水中杂质的成分、性质和浓度

天然水中以黏土类杂质为主，需要投加混凝剂的量较少，而废水中含有大量有机物时，需要投加较多的混凝剂才有混凝效果。由于影响因素复杂，因此在生产和实用上，主要靠混凝试验，以选择合适的混凝剂品种和最佳投量。

D　水力条件

水力条件对絮凝体的形成影响很大。混凝过程一般分为混合和反应两个阶段，这两个阶段在水力条件上的配合非常重要。

混合阶段不要求形成大的絮凝体，要求快速完成，一般 30 s 以内。将药剂迅速均匀地扩散到水中以创造良好的水解和聚合条件，使胶体脱稳并借助颗粒的布朗运动和紊动水流进行凝聚。

反应阶段是形成具有良好沉淀性能的絮凝体。因此搅拌强度或水流速度应随着絮凝体的结大而逐渐降低，以免凝结大的絮凝体被打碎。

如果在化学混凝以后不经沉淀处理而直接进行接触过滤或者进行气浮处理，反应阶段可以省略。

5.2.1.6 混凝设备

混凝剂的投加方法常用湿投法，是将混凝剂先溶解，再配制成一定浓度的溶液后定量地投加。因此，混凝设备包括混凝剂的配制和投加设备、混合设备和反应设备。

A 配置和投加设备

混凝剂在溶解池中进行溶解，溶解池设搅拌装置加速药剂的溶解。搅拌的方法常有机械搅拌、压缩空气搅拌和水泵搅拌等。

药剂溶解完全后，将液体送入溶液池，用清水稀释到一定的浓度备用。无机混凝剂溶液的浓度一般用10%~20%，有机高分子混凝剂溶液的浓度一般用0.5%~1.0%。

溶液池容积可按式（5-1）计算：

$$V_1 = \frac{24 \times \alpha \times Q}{1000 \times 1000 \times b \times n} \tag{5-1}$$

式中 V_1——溶液池容积，m^3；

Q——处理的水量，m^3/h；

α——混凝剂投加入水中后的最大浓度，mg/L；

b——溶液浓度，%；

n——每天配制次数，一般为2~6次。

混凝剂溶液的投加药剂投入原水中必须有计量及定量设备，并能随时调节投加量。计量设备可以用转子流量计，电磁流量计等。目前常用隔膜计量泵定量投加，投加量等于计量泵的冲程与频率之积。

药剂投入原水中的方式，可采用在泵前靠重力投加、水射器投加或计量泵在输水管道直接投加。

B 混合设备

常用的混合方式是水泵混合、隔板混合和机械混合。

水泵混合是利用提升水泵进行混合的方法。药剂在水泵的吸水管上或吸水喇叭口处投入，利用水泵叶轮的高速转动达到快速而剧烈混合。用水泵混合效果好，不需另建混合设备。但用三氯化铁作混凝剂时，对水泵叶轮有一定腐蚀作用。另外，当水泵到处理构筑物的管线很长时，可能会在长距离的管道中过早地形成絮凝体并被打碎，不利于以后的处理。

在混合池内设有数块隔板（见图5-19），水流通过隔板孔道时产生急剧的收缩和扩散，形成涡流，使药剂与原水充分混合。混合时间一般为10~30 s。在处理水量稳定时，隔板混合的效果较好；如流量变化较大时，混合效果不稳定。

机械混合用电动机带动桨板（见图 5-20）或螺旋桨进行强烈搅拌是一种有效的混合方法。桨板的外缘线速度一般用 2 m/s 左右，混合时间为 10～30 s。机械搅拌的强度可以调节，比较机动。

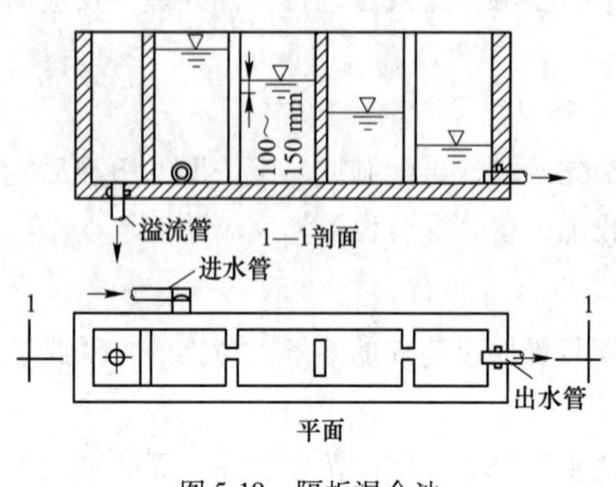

图 5-19　隔板混合池

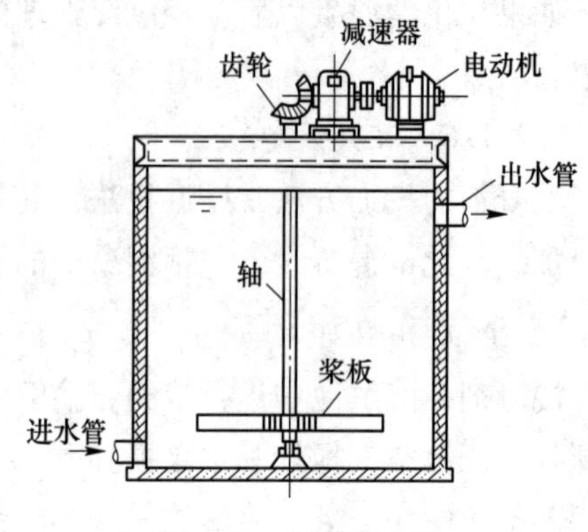

图 5-20　桨板混合池

C　反应设备

反应设备有水力搅拌和机械搅拌两大类，常用的有隔板反应池和机械搅拌反应池，反应时间一般为 15～20 min。

隔板反应池往复式隔板反应池如图 5-21 所示。它是利用水流断面上流速分布不均匀所造成的速度梯度，促进颗粒相互碰撞进行絮凝。为避免结成的絮凝体被打碎，隔板中的流速应逐渐减小。隔板式反应池构造简单，管理方便，效果较好；但反应时间较长，容积较大，且主要适用于较大的污水处理厂。

机械反应池如图 5-22 所示，效果好，适应水质、水量的变化；但需要机械设备，增加了机械维修保养工作和动力消耗。叶轮半径中心点的旋转线速度在第一格用 0.5～0.6 m/s，以后逐格减少，最后一格采用 0.1～0.2 m/s。

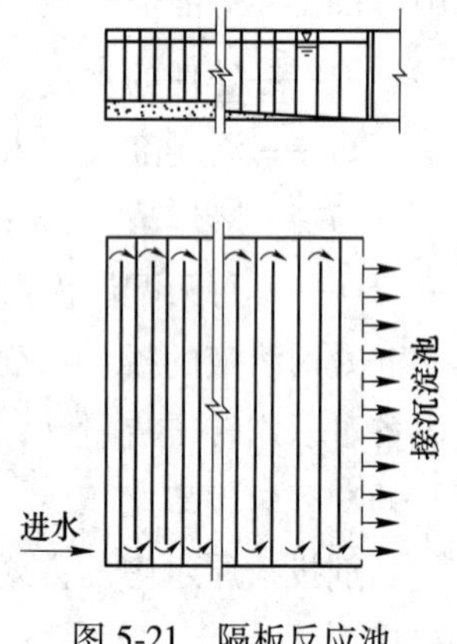

图 5-21　隔板反应池

5.2.2　技能

混凝过程的关键是确定最佳混凝工艺条件，包括混凝剂种类、投加量、水力条件、pH 值等。pH 值对确定混凝剂及其投加量有重要影响，pH 值过低，投加混凝剂的水解受到限制，不容易生成高分子物质，絮凝效果较差；pH 值过高，又会溶解生成带负电的离子而不能很好地发挥混凝作用。投加了混凝剂的胶体颗粒，在逐步形成大的絮凝体过程中，水流速度梯度及沉淀时间有着重要作用，在实际过程中也需要考虑。

学生应能在实验室条件下进行给定水样的混凝条件优化实验，要求：

（1）能主动观察混凝现象，加深对混凝理论的理解；

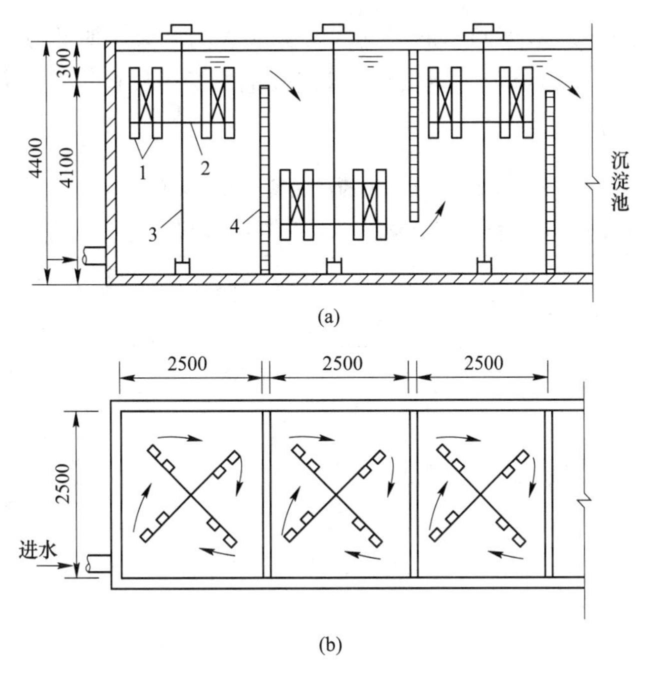

图 5-22 机械反应池

（a）剖视图；（b）俯视图

1—桨板；2—叶轮；3—旋转轴；4—隔墙

（2）能根据混凝原理和影响因素设计实验方案，确定最佳混凝工艺条件；

（3）掌握影响混凝过程（或效率）的相关因素。

5.2.3 任务

5.2.3.1 实验设备及试剂

（1）实验设备包括：六联搅拌器、光电浊度计、酸度计、烧杯（1000 mL，500 mL，200 mL 各 6 只）、移液管（1 mL，2 mL，5 mL，10 mL 各 4 支）等，如图 5-23 所示。

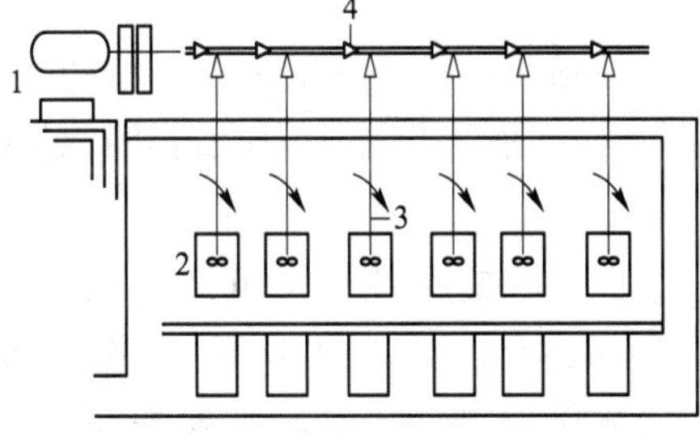

图 5-23 实验装置示意图

1—电机；2—烧杯；3—搅拌机；4—传动齿轮

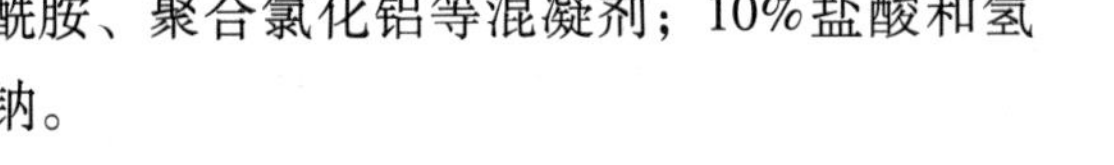

（2）实验试剂包括：硫酸铝、三氯化铁、聚丙烯酰胺、聚合氯化铝等混凝剂；10%盐酸和氢氧化钠。

5.2.3.2 实验步骤

以下步骤为简略步骤，供参考，具体根据教师要求设计方案和步骤。

A 混凝剂的确定

在硫酸铝、三氯化铁、聚丙烯酰胺、聚合氯化铝等混凝剂中，确定具有最佳混凝效果的混凝剂。要求：

（1）确定原水特征，即测定原水浊度、温度、pH 值记录在表 5-5 中。

（2）分别向烧杯中加入不同的混凝剂，逐次加入，每次投加量为 0.5 mL，同时进行搅拌（转速 150 r/min，5 min），直到出现矾花，记录每个试样中混凝剂的投加量和上清液浊度并记录在表 5-5 中。

表 5-5　最佳投药量实验记录（示例）

原水水温______℃　浊度____度　pH 值____使用混凝剂种类、浓度________________

水样编号							
混凝剂投加量（mg/L）							
沉淀水浊度（NTU）	1						
	2						
	平均值						
备注	1	快速搅拌（min）			转速（r/min）		
	2	中速搅拌（min）			转速（r/min）		
	3	慢速搅拌（min）			转速（r/min）		

B　确定混凝剂的最佳投量

采用选定的最佳混凝剂，按不同的投量（依据确定的最佳混凝剂的投加量，按该投加量的 0.25~1.5 倍均分为 6 份）分别加入到原水样中，记录在表 5-5 中，确定该混凝剂的最佳投加量。

C　确定最佳 pH 值

调整原水的 pH 值，用移液管依次向 1 号、2 号、3 号装有原水的烧杯中，分别加入不同剂量的盐酸，再向 4 号、5 号、6 号装有原水的烧杯中，分别加入不同剂量氢氧化钠。静置沉淀后，取上清液测定浊度并记录在表 5-5 中。

D　最佳搅拌速度

按照最佳 pH 值实验和最佳投药量实验所得出的最佳 pH 值和投药量，分别向烧杯中装入水样并加入与最佳 pH 值相同剂量的盐酸（或氢氧化钠）和混凝剂，置于实验搅拌平台上。

按照快速搅拌 1 min、转速为 300 r/min，分别按转速为 30 r/min、40 r/min、50 r/min、60 r/min、70 r/min 、80 r/min 的转速搅拌 10 min，设定搅拌程序。静置沉淀后取上清液测定浊度并记录在表 5-5 中。

5.2.3.3　任务要求

（1）根据教师要求完善实验步骤。

（2）自行设计记录表格，表格要求简洁、完整。

（3）进行数据计算并得出结论。

课程思政点：

由混凝机理中胶体的凝聚过程和原理，引入“团结精神”“凝聚力”“向心力”等课程思政点。

任务 5.3　过　　滤

【知识目标】

（1）掌握深层过滤原理，去除污染物的性质和特征，适用范围。

（2）掌握普通快滤池、无阀滤池、虹吸滤池和 V 形滤池的工作原理和基本构造。

（3）掌握以上设备和构筑物重要的设计和性能参数。

【技能目标】

（1）能进行过滤设备的基本操作。

（2）能根据任务进行滤池的选型和主体尺寸计算。

【素养目标】

（1）进一步形成工程意识。

（2）养成查阅资料的能力。

（3）具备一定的自我学习能力。

5.3.1　主要理论

过滤

5.3.1.1　概述

A　作用

过滤在污水处理中的作用是去除水中浓度低的细小悬浮物，进一步去除经过一级处理和二级处理后水中剩余的悬浮物，降低水的浊度，以满足水的再生利用要求。

B　分类

本节所指的过滤为深层过滤，是指水通过颗粒状滤料构成的过滤床层时，其中的悬浮物被截留在滤料表面和内部空隙中，这种通过粒状介质层分离不溶性污染物的方法称为粒状介质过滤或深层过滤，主要设备为滤池。

用帆布、尼龙布等滤布作为过滤介质，一般用于浓度较高的固体悬浮液的分离，例如废水化学沉淀法处理中的沉渣（如石膏）、活性污泥法剩余污泥的脱水等，主要设备为带式脱水机、离心脱水机、板框压滤机等。

滤池可分为慢滤池和快滤池。

（1）慢滤池一般为生物滤池，滤速慢，一般为 0.1～0.3 m/h。运行 1～2 星期后，滤料表面会生成由微生物组成的滤膜，在微生物的氧化分解作用、藻类产生的氧气等生物协同作用下对废水中污染物进行净化，并通过滤料去除悬浮物，降低出水浊度。

（2）快滤池滤速大于 10 m/h，为强化过滤效果，在过滤前可先投加混凝剂，促进胶体颗粒的凝聚，降低出水浊度，降低反冲洗频次。但混凝剂投加不足量或过量都会导致过滤出水水质下降或反冲洗频次变高，应通过实验确定混凝剂用量。

5.3.1.2　深层过滤原理

颗粒状滤料构成的过滤床层孔隙小于水中要去除悬浮物的直径，理论上悬浮物可被过滤床层截留，其机理为筛滤作用。但悬浮物粒径小于孔隙直径，在过滤床层中也可以被去除，主要包括迁移和黏附两个作用。

迁移是指悬浮颗粒进入滤料床层后，通过拦截、沉淀、惯性等作用下，被截留在滤料床层内部。例如，原水通过滤料层时，众多的滤料表面提供了巨大的沉降面积。据估计，1 m^3 粒径为0.5 mm的滤料中就拥有 $400m^2$ 可供悬浮物沉降的有效面积，形成无数的“小沉淀池”，悬浮颗粒极易在此沉降下来。重力沉降强度主要与滤料直径和过滤速度有关，滤料越小，沉降面积越大；滤速越小，水流越平稳，越有利于悬浮物的沉降。

黏附是指由于悬浮物和滤料粒径都较小，在范德华力、静电引力和其他一些特殊的化学力的作用下，悬浮物黏附在滤料颗粒表明而被去除。滤料表面对尚未凝聚的胶体还能起接触碰撞的媒介作用，促进其凝聚过程。

实际过滤过程中，上述机理往往同时起作用，只是在不同条件下有主次之分。对粒径较大的悬浮颗粒，以筛滤为主，主要发生在滤层表面；对细微悬浮物，以发生在滤料深层的迁移和黏附为主。经过一定时间的使用以后，滤料床层孔隙率下降，过水的阻力增加，须采取一定的措施，如采用反冲洗将截留物从过滤介质上除去。

5.3.1.3　滤料

滤料是滤池中最重要的组成部分，是完成过滤的主要介质。优良的滤料须满足的要求有：有足够机械强度、有足够化学稳定性、有一定颗粒级配和适当空隙率。常用的滤料有石英砂、无烟煤、大理石、石榴石、白云石聚苯乙烯发泡塑料纤维球滤料等。

滤料的性能指标有：

（1）粒径。粒径表示滤料颗粒的大小，通常是指能把滤料颗粒包围在内的一个假想的球体的直径。

（2）滤料的级配。级配表示不同粒径的颗粒在滤料中的比例，滤料颗粒的级配关系可由筛分试验求得。

（3）有效粒径和不均匀系数。有效粒径表示能使占总质量10%的滤料通过的筛孔直径（mm），记作 d_{10}。d_{10} 反映了产生水头损失的主要部分。d_{80} 表示能使占总质量80%的滤料通过的筛孔直径（mm）。d_{80} 与 d_{10} 的比值称为滤料的不均匀系数，以 k_{80} 表示。不均匀系数越大，滤料越不均匀，小颗粒会填充于大颗粒的间隙间，从而使滤料的孔隙率和纳污能力降低，水头损失增大，因此不均匀系数以小为佳。但是不均匀系数越小，滤料加工费用也越高。通常 k_{80} 应控制在1.65~1.8之间。

（4）纳污能力。滤料层承纳污染物的容量常用纳污能力来表示。其含义是在保证出水水质的前提下，在过滤周期内单位体积滤料中能截留的污物量，以 kg/m^3 或 g/m^3 为单位。

（5）空隙率和比表面积。孔隙率是指在一定体积的滤料层中空隙所占的体积与总体积的比值。比表面积是指单位质量或单位体积的滤料所具有的表面积，以 cm^2/g 或 cm^2/cm^3 为单位。

5.3.1.4　普通快滤池的结构及工作过程

普通快滤池由集水渠、反冲洗排水渠、滤料层、承托层、配水系统和管廊系统等部分组成，其中管廊系统包括进水管、清水管、反冲洗水管、反冲洗排水管及其阀门，如图5-24所示。

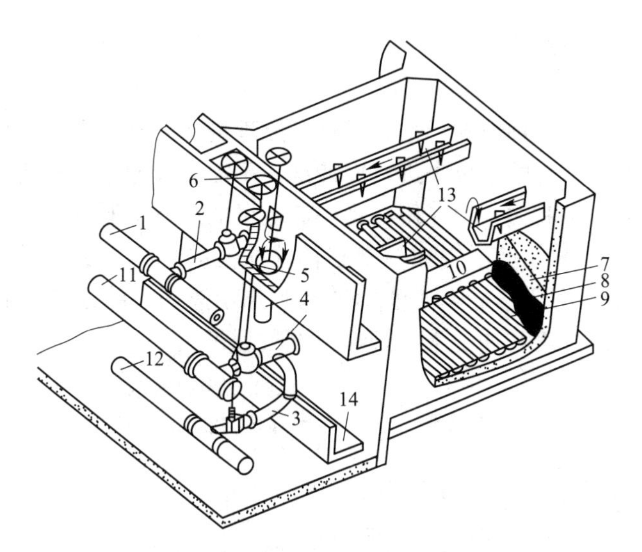

图5-24 普通快滤池构造剖视图

（箭头表示反冲洗水流方向）

1—进水干管；2—进水支管；3—清水支管；4—排水管；5—排水阀；6—集水渠；7—滤料层；8—承托层；9—配水支管；10—配水干管；11—冲洗水管；12—清水总管；13—排水槽；14—废水渠

普通快滤池的过滤工艺包括过滤和反冲洗两个基本阶段。从过滤开始到结束延续的时间成为滤池的工作周期，一般为12~24 h。从过滤开始到反冲洗结束称为一个过滤循环。

过滤过程即污染物截留的过程，最大过滤水头损失1.5~2 m。过滤时开启进水支管与清水支管阀门，关闭冲洗水支管阀门与排水阀。原水从进水总管、支管经集水渠、排水槽进入滤池，在池内水自上而下穿过滤料层、垫料层（承托层），由配水系统收集，并经清水管排出。经过一段时间的过滤后，滤料层被悬浮颗粒所阻塞，孔隙率减小，水头损失增大，出水量下降或出水水质变差。此时，滤池应停止工作，进行反冲洗。

反冲洗即把被截留的污染物从滤料层中洗去，使之恢复过滤能力的过程。反冲洗时关闭清水支管和进水支管阀门，开启排水阀及反冲洗进水管阀门，反冲洗水自下而上通过配水系统、垫料层、滤料层，并由洗砂排水槽收集，经积水渠内的排水管排走。反冲洗过程中，由于反洗水的进入会使滤料层膨胀流化，滤料颗粒之间相互摩擦、碰撞，附着在滤料表面的悬浮物质被冲刷下来，由反洗水带走。经过一段时间反冲洗，滤料层恢复清洁后，停止反洗，进入下一个工作周期。

反冲洗时，滤料层膨胀，反冲洗结束后，滤料在重力作用下落下，质量大的滤料沉积在滤料层下部，轻的在上部。若是单层滤料，会出现上部滤料粒径小、孔隙率小的情况，导致在过滤过程中，上部滤料先发生堵塞，而下部滤料的纳污能力还未得到充分利用，降低过滤时间和效率，可以采用双层滤料或多层滤料来减少这种影响。也就是把密度小的滤料作为上层滤料、密度大的作为下层滤料，平衡反冲洗后由上至下的滤料粒径逐渐增大的不均匀情况，有利于提高过滤效率。

5.3.1.5 过滤设备的类型

按构造滤池可分为普通快滤池、虹吸滤池、无阀滤池、V形滤池等；按过滤推动力可以分为重力式滤池和压力式滤池。

A　虹吸滤池

虹吸滤池是快滤池的一种形式，是利用虹吸原理进水和排走反冲洗水。此外，它利用小阻力配水系统和池子本身的水位来进行反冲洗，不需要大型进水阀或滤速控制装置，也不需冲洗水塔或水泵，可利用水力作用自动控制池子的运行，所以应用较广。

虹吸滤池由 6~8 个单元滤池组成一个整体。滤池的形状主要是矩形，水量少时也可建成圆形。图 5-25 所示为圆形虹吸滤池构造和工作示意图。滤池的中心部分相当于普通快滤池的管廊，滤池的进水和冲洗水的排除由虹吸管完成。

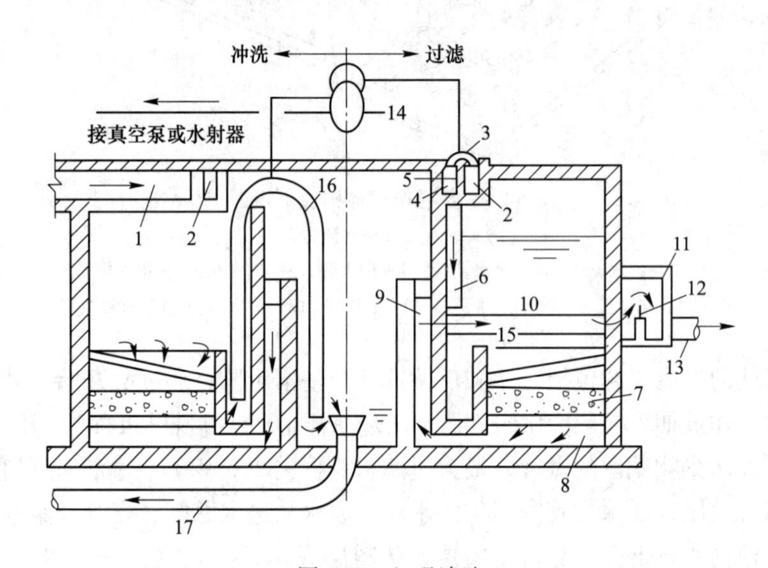

图 5-25　虹吸滤池

1—进水槽；2—配水槽；3—进水虹吸管；4—单个滤池进水槽；5—进水堰；6—布水管；7—滤层；8—配水系统；9—集水槽；10—出水管；11—出水井；12—控制堰；13—清水管；14—真空系统；15—反冲洗排水槽；16—反冲洗虹吸管；17—反冲洗排水管

图 5-25 的右半部分表示过滤时的情况。经过澄清的水由进水槽流入配水槽。经进水虹吸管流入单元滤池进水槽，再经过进水堰（调节单元滤池的进水量）和布水管流入滤池。水经过滤层和配水系统流入集水槽，再经出水管流入出水井，通过控制堰由清水管流出滤池。经过一定时间的过滤运行，滤层的阻力增大，水头损失增加，致使滤层上的水位升高；当水位逐步升高至一定的高度时，也即水头损失到达一定的最大允许值时（一般为 1.5~2.0 m），滤池就要进行反冲洗。

图 5-25 的左半部分表示滤池冲洗时的情况。首先破坏进水虹吸管的真空，使配水槽的水不再进入滤池。利用真空泵和水射器使反冲洗虹吸管形成真空，滤池内的水通过反冲洗虹吸管和冲洗排水管排走，直至滤池内水位继续降低至集水槽水位以下时，就开始反冲洗。反冲洗水自下而上通过滤层，反冲洗的废水继续由冲洗排水管排出。反冲洗的水源是由组合中的其他几格滤池通过环形集水槽源源不断供给，直至排出水水质清洁时为止。要结束滤池的冲洗就要破坏反冲洗虹吸管的真空，反冲洗即行停止，然后再启动进水虹吸管，滤池又重新开始过滤。

B 重力式无阀滤池

由于重力式无阀滤池操作简单，管理方便，因而在生产上广为使用。重力式无阀滤池的设计滤速一般为 10 m/h，平面形式大都为长方形，砖或钢筋混凝土结构，一般两个滤池为一组，建在一起，其构造如图 5-26 所示。

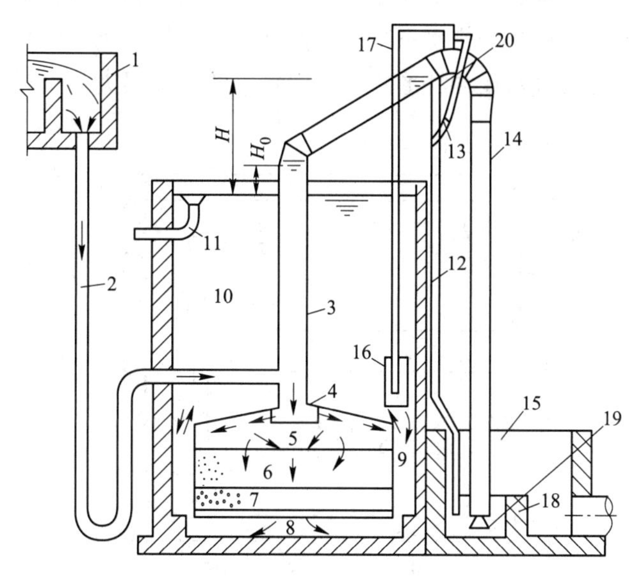

图 5-26 重力式无阀滤池

1—进水分配槽；2—进水管；3—虹吸上升管；4—顶盖；5—配水挡板；6—滤料层；7—承托层和配水系统；8—集水区；9—连通渠；10—反冲洗水箱；11—出水管；12—虹吸辅助管；13—抽气管；14—虹吸下降管；15—排水井；16—虹吸破坏斗；17—虹吸破坏管；18—水封井；19—反冲洗强度调节器；20—虹吸辅助管口

原水从配水槽、U 形进水管进入虹吸上升管后，再由顶盖内的配水挡板布水于滤料层，水自上而下通过滤料层过滤，经小阻力配水系统后进入集水区，通过连通渠流到冲洗水箱，当水位上升至出水管时，过滤水就流入清水池。

运行一定时间后，水头损失增加，水位沿着虹吸上升管慢慢升高。当水头损失增大到一定程度之后，使虹吸上升管中的水位升高到虹吸辅助管管口时，水便从辅助管中急速流下，依靠水流的夹气和引射作用，通过抽气管不断带走虹吸管中的空气，使虹吸管形成真空，产生虹吸作用。此时，冲洗水箱的水经过连通渠、集水区和配水系统从下而上冲洗滤料层，冲洗的废水通过虹吸下降管，流入排水井，从水封井溢流至出水渠。

在冲洗过程中，冲洗水箱的水位逐渐下降，冲洗 5 min 左右，水箱水位下降到虹吸破坏斗以下，虹吸破坏管会把其内的存水吸光，露出管口，空气进入虹吸管，虹吸即被破坏，冲洗过程就此结束，过滤又重新开始。

在滤池的运行过程中，遇到出水水质不理想，或者滤层阻力过大时，可以进行人工强制反冲洗。打开虹吸辅助管的人工强制反冲洗压力管阀门，通过压力水抽走虹吸管的空气，即可达到人为的强制冲洗的目的。

无阀滤池便于自动运行控制，操作方便，节省大型闸阀；缺点是总高度较大，出水标高较高，反冲洗时要浪费一部分澄清水。

C　V 形滤池

V 形滤池是一种高速均粒滤料滤池。在国内外水处理厂已广泛使用，因 V 形进水槽而得名。滤池采用单层加厚均粒石英砂滤料，滤速一般为 12.5~15 m/h。其 V 形进水槽（兼作反冲洗时原水表面清扫布水槽）和排水槽分设两侧，池子可沿着长度的方向发展，布水均匀；底部采用带柄滤头底板的排水系统，不设砾石支承层；反冲洗采用压缩空气、滤后水和原水三种流体，形成气水反冲洗形式，可用较小的水头损失和电耗，而获得理想的冲洗效果，如图 5-27 所示。

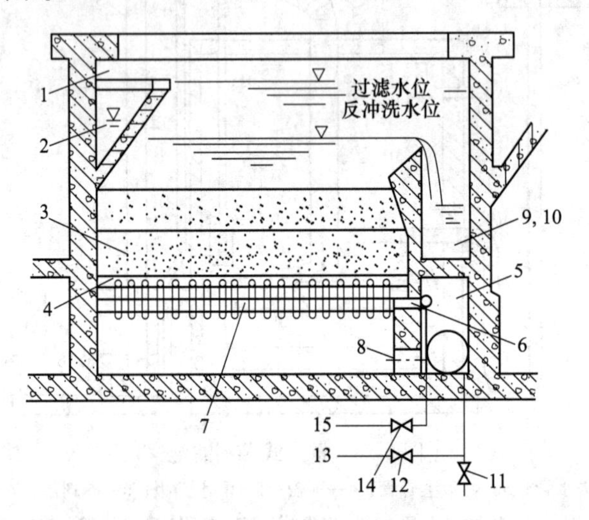

图 5-27　V 形滤池

1—原水入口；2—原水进水（或扫洗）V 形槽；3—滤床；4—滤板和带柄滤头；
5—反冲气水进入及滤后水收集槽；6—反冲洗空气分配孔；7—空气层；
8—反冲洗水分配孔；9—冲洗废水排水槽；10—冲洗排水阀；11—滤后水出水阀；
12—反冲洗进水阀；13—反冲洗水管；14—反冲洗进气阀；15—压缩空气管

5.3.2　技能

5.3.2.1　快滤池滤速及过滤面积的确定

A　滤速的确定

滤速是指单位过滤面积过滤的污水体积流量。滤速分为工作滤速和强制滤速。强制滤速是指在处理水量不变的情况下，部分滤池进行检修停运时，其他滤池的过滤速度。滤速是滤池的重要设计参数和工艺运行参数，确定滤速要综合考虑水质、滤料、过滤面积、投资和运行管理等因素。

饮用水过滤池的滤速应符合有关设计规范要求，我国规定单层砂滤池的正常滤速 v=8~12 m/h，双层滤料滤速滤池 v=12~16 m/h，三层滤料滤池滤速 v=18~20 m/h。过滤废水时的滤速主要取决于悬浮物的浓度和处理要求，在实际设计中，要考虑水质较差时给滤池留有一定生产潜力，滤速应选取低一点，同时要考虑当 1~2 个滤池检修或反冲洗时强制滤速的校核。各类滤池常见滤料组成和滤速见表 5-6。

表5-6 常见滤料组成和滤速

类别	滤料组成		滤速/m·h^{-1}	强制滤速/m·h^{-1}
	粒径/mm	厚度/mm		
单层石英砂滤料	$d_{max}=1.2$，$d_{min}=0.5$	700	8~12	10~14
双层滤料	无烟煤：$d_{max}=1.8$，$d_{min}=0.8$	300~400	12~16	14~18
	石英砂：$d_{max}=1.2$，$d_{min}=0.5$	400		
三层滤料	无烟煤：$d_{max}=1.6$，$d_{min}=0.8$	450	18~20	20~25
	石英砂：$d_{max}=1.2$，$d_{min}=0.5$	230		
	重质矿石：$d_{max}=0.5$，$d_{min}=0.25$	70		

注：滤料相对密度一般为：无烟煤1.40~1.60，石英砂2.65，重质矿石4.2~4.8。

B　过滤面积的确定

设计快滤池时，首先应根据滤池类型确定合适的过滤速度，再根据设计水量，计算出所需的滤池总面积。设计滤速直接涉及过滤水质、处理成本及运行管理等一系列问题，应根据具体情况综合考虑。滤速确定后，滤池总面积 F 由式（5-2）确定。

$$F=\frac{Q}{v} \tag{5-2}$$

式中　F——滤池总面积，m^2；

Q——设计流量，m^3/h；

v——设计滤速，m/h。

每个滤池面积：

$$f=F/N \tag{5-3}$$

式中　N——滤池个数，至少2个。

滤池实际过滤工作时间：

$$T=T_0-t_0-t_1 \tag{5-4}$$

式中　T——滤池实际工作时间，h；

T_0——滤池周期工作时间，h；

t_0——滤池停运后的停留时间，h；

t_1——滤池反冲洗时间，h。

5.3.2.2　滤池主体尺寸的确定

滤池的平面形状可为正方形或矩形，其长宽比主要决定管件布置。一般情况下，单池面积 $f\leqslant 30\ m^2$ 时，长∶宽=1∶1；$f>30\ m^2$ 时，长∶宽=(1.25∶1)~(1.5∶1)。

滤池总深度包括超高（0.25~0.3 m）、滤层上水深（1.5~2.0 m）、滤料厚度、承托层厚及配水系统的高度，总厚度一般为3.0~3.5 m。

5.3.2.3　管渠设计流速

进水管（渠）：0.8~1.2 m/s。

清水管（渠）：1.0~1.5 m/s。

反冲洗管（渠）：2.0~2.5 m/s。

反冲洗排水管（渠）：1.0~1.5 m/s。

5.3.3　任务

表 5-7 为普通快滤池主体工艺尺寸计算。

表 5-7　普通快滤池主体工艺尺寸计算

条件和参数	最大设计水量 $Q_{max}=30000\ m^3/d$，拟采用石英砂单层滤料； 滤速 v 取 10 m/h； 反冲洗强度 $q=14\ L/(s \cdot m^2)$，冲洗时间为 6 min； 滤池工作时间为 24 h，过滤循环为 12 h
计算滤池面积及尺寸	滤池总面积： 滤池个数： 单池面积： 滤池长和宽： 强制滤速校核：
滤池高度	撑托层高度： 滤料层高度： 砂面上水深： 安全高度： 总高度：

任务5.4　膜　分　离

【知识目标】

（1）掌握膜分离去除污染物的性质和特征，适用范围。

（2）掌握超滤、微滤、反渗透膜的基本性质。

（3）掌握膜组件类型及特点，膜分离设备主要结构及相关设备的计算原则和选型依据。

【技能目标】

能进行膜分离设备的基本运行和参数设置。

【素养目标】

（1）具备较好的自学能力和资料查阅能力。

（2）具备一定团队协作能力。

5.4.1　主要理论

5.4.1.1　概述

A　原理和功能

膜分离是指在某种推动力的作用下，利用特定隔膜的选择透过性能，达到分离水中离子、分子或某些微粒的目的。

膜分离的推动力可以是膜两侧的压力差、电位差或浓度差。在膜分离技术中，以水中的物质透过膜来达到处理目的时称为渗析，以水透过膜来达到处理目的时称为渗透。

B　膜分离技术类型

目前污水处理及其净化中常用的膜，按照膜的孔径大小可分为微滤、超滤、纳滤、反渗透、电渗析膜等。膜分离具有去除水中细小悬浮物、胶体、溶解性有机物甚至无机盐离子的功能，常用于污水的再生利用，故把其放在污水三级处理这部分内容。但膜分离技术也广泛应用于工业废水的深度净化和废水中有用物质的回收和利用。各种膜分离技术的类型、特征和主要功能见表5-8。

表5-8　膜分离技术的类型、特征及主要功能

类型	推动力	膜类型	孔径	去除污染物粒径	主要功能
电渗析	电位差	离子交换膜	—	0.1~0.5 nm	分离离子，如酸碱的分离及回收、咸水淡化和重金属离子回收等
微滤	压力差（20~200 kPa）	对称或非对称膜	0.1~2 μm	0.2~100 μm	分离细微悬浮物
超滤	压力差（100~1000 kPa）	非对称膜	1~40 nm	5~500 nm	截留大分子溶解性固体或胶体、微生物等

续表 5-8

类型	推动力	膜类型	孔径	去除污染物粒径	主要功能
纳滤	压力差（<1000 kPa）	复合膜	<10 nm	1~10 nm	截留分子量较大的有机物和多价离子
反渗透	压力差（6~10 MPa）	复合膜	<10 nm	几乎所有溶质	能够截留几乎所有的盐、有机物等溶质，用于纯水制备和海水淡化等

5.4.1.2 电渗析

电渗析是在外加直流电场作用下，利用离子交换膜的选择透过性（即阳膜只允许阳离子透过，阴膜只允许阴离子透过），使水中阴、阳离子做定向迁移，从而达到离子从水中分离的一种物理化学过程。

A 工作原理

如图 5-28 所示，两个电极之间放置着若干交替排列的阳膜与阴膜，让水通过膜间所形成的隔室，在两端电极接通直流电源后，水中阴、阳离子分别向阳极、阴极方向迁移。由于阳膜、阴膜的选择透过性，就形成了交替排列的离子浓度减少的淡室和离子浓度增加的浓室。与此同时，在两电极上也发生着氧化还原反应，即电极反应，其结果是使阴极室因溶液呈碱性而结垢，阳极室因溶液呈酸性而腐蚀。因此，在电渗析过程中，电能的消耗主要用来克服电流通过溶液、膜时所受到的阻力以及电极反应。

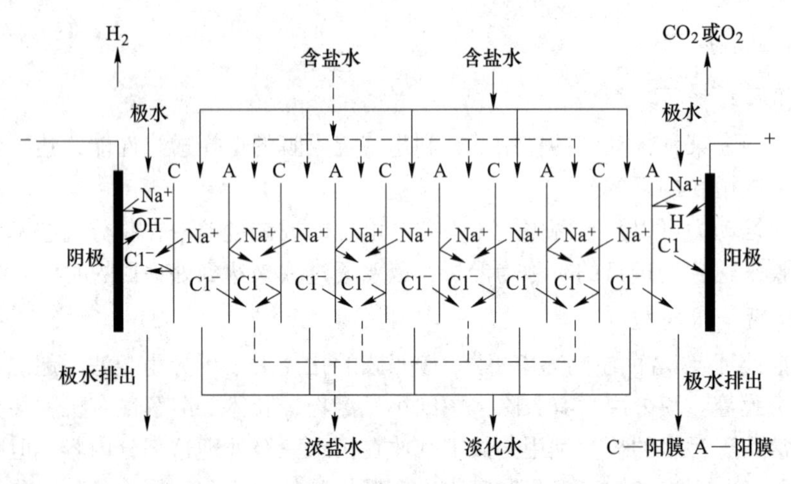

图 5-28 电渗析原理及构造

B 电渗析器

电渗析器由膜堆、极区和压紧装置三部分构成，其结构和板框压滤机相似。

（1）膜堆。膜堆由若干组膜对组成，膜对为电渗析的基本工作单元，其组成及排列顺序为：阳膜—淡水室隔板—阴膜—浓水室隔板。电极（包括中间电极）之间由若干组膜对堆叠一起即为膜堆。

（2）极区。阳极、阴极与膜间的隔室称为极区，由压板、电极、极框和弹性垫板组成。

阳极发生氧化反应：

$$4OH^- \longrightarrow O_2\uparrow + 2H_2O + 4e$$

$$2Cl^- \longrightarrow Cl_2\uparrow + 2e$$

阴极发生还原反应：

$$2H^+ + 2e \longrightarrow H_2\uparrow$$

极区排出的水称为极水，阳极水呈酸性，阴极水呈碱性，必须经过适当处理后才能排放。

(3) 压紧装置。压紧装置将极区和膜堆组成不漏水的电渗析整体设备，一般采用螺栓压紧。

电渗析通常用级、段划分不同的组装和运行形式。一对电极之间的膜堆称为一级，具有同向水流的膜堆称为一段。电渗析器的组装方式有一级一段、多级一段、一级多段和多级多段。电渗析装置如图 5-29 所示。

图 5-29 电渗析装置

C 极化和结垢

电渗析工作中电流的传导是靠水中的阴、阳离子的迁移来完成的，当电流增大到一定数值时，若再提高电流，由于离子扩散不及，在膜界面处将引起水的离解，使氢离子透过阳膜、氢氧根离子透过阴膜，这种现象称为极化。此时的电流密度称为极限电流密度。极化发生后阳膜淡室的一侧富集着过量的氢氧根离子，阳膜浓室的一侧富集着过量的氢离子；而在阴膜淡室的一侧富集着过量的氢离子，阴膜浓室的一侧富集着过量的氢氧根离子。由于浓室中离子浓度高，则在浓室阴膜的一侧发生碳酸钙、氢氧化镁沉淀，从而增加膜电阻，加大电能消耗，减小膜的有效面积，降低出水水质，影响正常运行。

由于电极表面的电化学反应，阴极不断排除氢气、阳极排出氧气。此时，阴极室水呈碱性，当水中有 Ca^{2+}、Mg^{2+} 等离子时，阴极上会发生结垢现象。而阳极室极水呈酸性，对电极有较强腐蚀作用。

因此，电渗析器运行时应采用控制工作电流低于极限电流或用脉冲电代替直流电，定期倒换电极，定期酸洗或碱洗，原水预软化，及时排除极水等手段消除极化和结垢对装置运行的影响。

5.4.1.3　反渗透

A　基本原理

用一种只能让水分子透过而不允许无机盐等溶质透过的半透膜将纯水与废水分开，则水分子将从纯水一侧通过膜向废水一侧透过，结果使废水一侧的液面上升，直到到达某一高度，此即渗透过程。当渗透达到动平衡状态时，半透膜两侧存在一定的水位差或压力差，此即指定温度下的溶液（废水）渗透压 π，在废水一侧施加的压力 p 大于该溶液的渗透压 π，可迫使渗透反向，即水分子从废水一侧反向地通过膜透过到纯水一侧，实现反渗透过程，如图 5-30 所示。

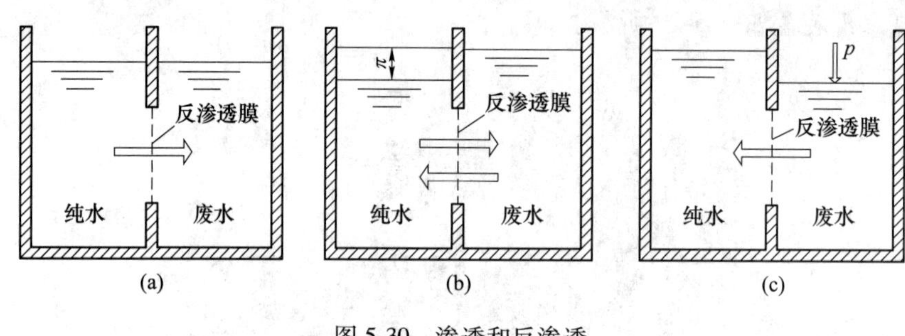

图 5-30　渗透和反渗透

（a）渗透；（b）渗透平衡；（c）反渗透

B　反渗透膜

反渗透膜是一种只允许水分子通过的选择透过性膜，具有不对称的断面结构，如图 5-31 所示。其表皮层结构致密，孔径 0.8~1.0 nm，厚约 0.25 μm，起脱盐的关键作用。表皮层下面为结构疏松、孔径 100~400 nm 的多孔支撑层。在其间还夹有一层孔径约 20 nm 的过渡层。膜总厚度为 100~200 μm。由于膜表面的亲水性，优先吸附水分子而排斥盐分子，因此在膜表皮层形成两个水分子（1 nm）的纯水层，施加压力，纯水层的分子不断通过毛细管流过反渗透膜。控制表皮层的孔径非常重要，影响脱盐效果和透水性，一般为纯水层厚度的 1 倍时，称为膜的临界孔径，可达到理想的脱盐和透水效果。

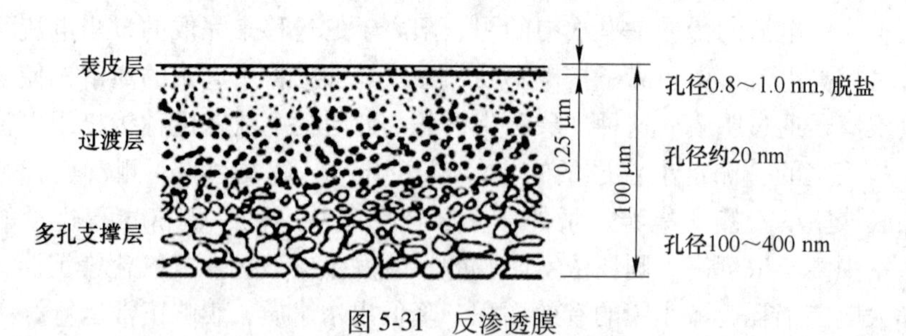

图 5-31　反渗透膜

按形状反渗透膜可分为平板膜和中空纤维两大类；按膜的结构可分为不对称膜和复合膜两大类。按材料目前用于水处理的反渗透膜主要有醋酸纤维素（CA）膜和芳香族聚酰胺膜两大类。一般反渗透膜应具有下列性能：单位膜面积透水速度快，脱盐率高，机械强度好，具有良好的化学稳定性，耐污染、耐酸碱，耐微生物侵蚀，使用寿命长，原料充沛，价格便宜等。

C　反渗透装置

反渗透装置又称膜组件，由膜、固定膜的支撑体、间隔物以及容纳这些部件的容器构成的一个单元称为膜组件。膜组件主要有板框式、管式、卷式和中空纤维式四种类型，除可用于反渗透外，还可用于超滤和微滤等装置。

a　板框式膜组件

板框式膜组件使用平板式膜，这类膜组件的结构与常用的板框压滤机类似，由导流板、膜、微孔支撑板和承压板组成，如图 5-32 所示。微孔支撑板和反渗透膜覆盖在承压板两侧后，承压板和导流板交替一层层叠合后用螺栓固定，形成密闭耐压容器。含盐水在高压下通过反渗透膜，透过液由承压板流出。板框式膜组件组装方便，膜的清洗、更新、维护比较容易，料液流通截面较大，不易堵塞，同一设备可视生产需要而组装不同数量的膜。但设备体积和占地面积大，多用于微滤和超滤。

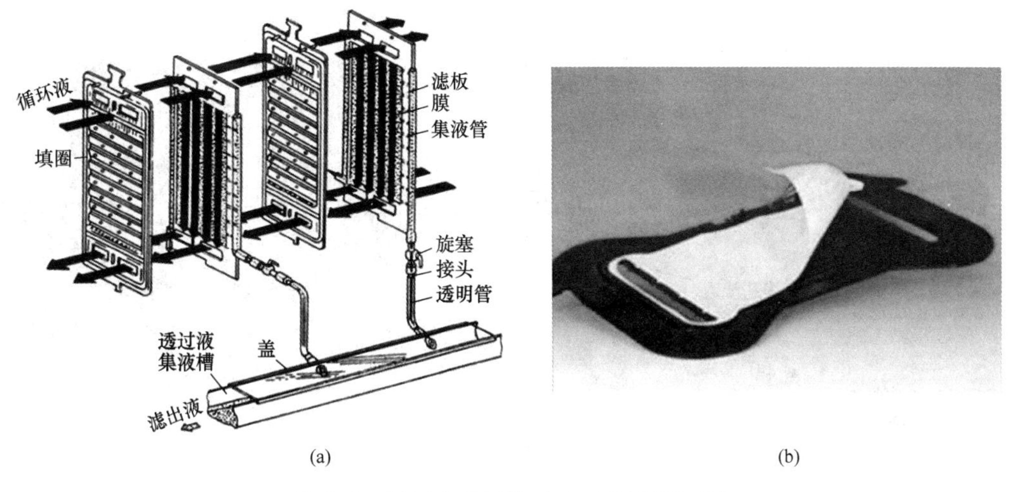

(a)　(b)

图 5-32　板框式膜组件（a）和平板膜（b）

b　管式膜组件

管式膜组件有内压和外压两种形式。管式膜装在耐压微孔管套中，水在压力的推动下从管内透过膜并由管套的微孔壁渗出管外，称为内压式；若膜装在耐压微孔管外壁，水在压力推动下从管外透过膜并由套管的微孔壁渗入管内，称为外压式。考虑到水的流动性，目前多采用内压式。图 5-33 为管式膜组件。

管式膜组件具有结构简单，安装方便，耐高压，透过量大，易清洗等特点；但单位体积膜组件的膜面积少，一般多用于微滤和超滤，适宜处理高黏度及稠厚液体。

c　卷式膜组件

卷式膜组件类似一个长信封状的膜口袋，开口的一边黏结在含有开孔的产品水中心管上。将多个膜口袋卷绕到同一个产品中心管上，使给水水流从膜的外侧流过，在给水压力下，使淡水通过膜进入膜口袋后汇流入产品水中心管内。为了便于产生水在膜袋内流动，在信封状的膜袋内夹有一层产生水导流的织物支撑层；为了使给水均匀流过膜袋表面并给水流以扰动，在膜袋与膜袋之间的给水通道中夹有隔网层，如图 5-34 所示。

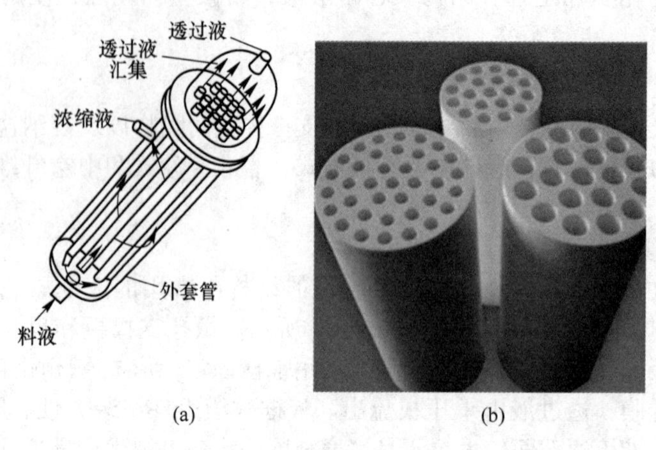

(a)　　(b)

图 5-33　管式膜组件

（a）管式膜组件；（b）管式膜

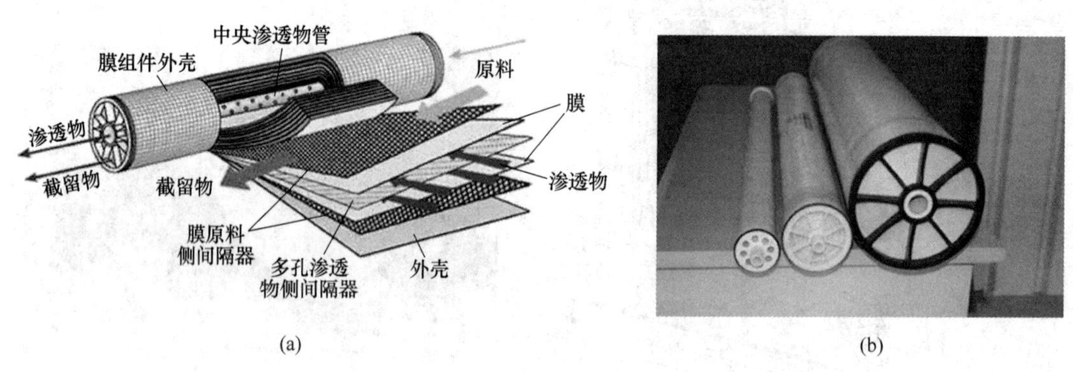

(a)　　(b)

图 5-34　卷式膜组件

（a）卷式膜组件结构；（b）卷式膜

目前卷式膜组件应用比较广泛。与板框式相比，卷式膜组件具有设备比较紧凑、单位体积内的膜面积大的优点；但对制造装配要求较高，清洗检修不方便，不能处理悬浮液浓度较高的料液，适用于微滤、超滤和反渗透。

d　中空纤维式膜组件

中空纤维膜是很细的膜管，外径一般在 100 μm 左右，外径与内径比一般为 2∶1。若干根中空纤维膜开口端用环氧树脂黏合，形成管板，以 O 形环密封，装入耐压容器内，称为中空纤维膜组件，如图 5-35 所示。

中空纤维膜组件设备紧凑，单位设备体积内的膜面积大，可达 16000~30000 m^2/m^3。但中空纤维内径小，阻力大，易堵塞，膜污染难除去，对预处理要求也是最高的。

5.4.1.4　微滤、超滤和纳滤

（1）微滤。微滤膜孔径为 50~15000 nm，过滤精度一般在 0.1~50 μm，常见的各种 PP 滤芯、活性炭滤芯、陶瓷滤芯等都属于微滤范畴，用于简单的粗过滤，过滤水中的泥沙、铁锈等大颗粒杂质，但不能去除水中的细菌等有害物质。操作压力一般为 0.05~0.6 MPa。微滤常用于含有废水处理，也可作为反渗透和纳滤的预处理工序。生活污水处理中常与生物

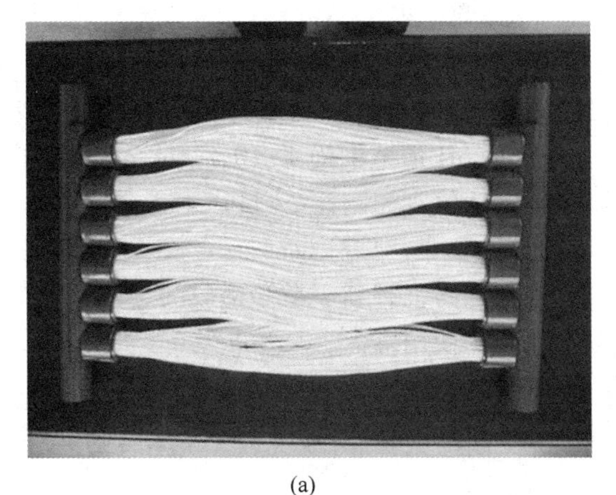

(a)

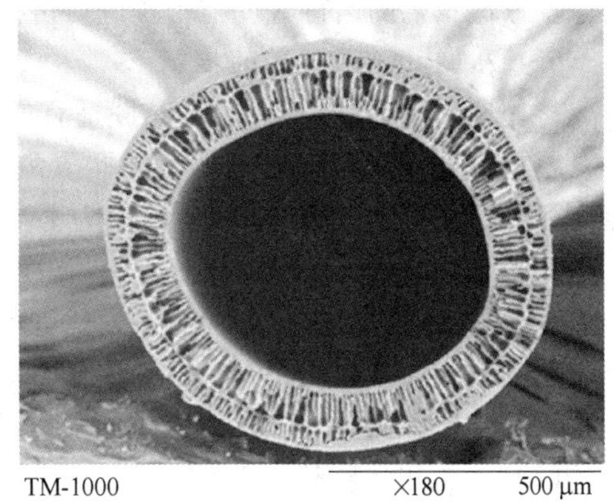

(b)

(c)

图 5-35　中空纤维膜及膜组件

(a) 中空纤维膜组件；(b) 中空纤维膜；(c) 组件

法结合成为膜生物反应器（MBR）工艺。

（2）超滤。超滤也称为超过滤，膜孔径一般为 5～200 nm，可用于去除废水中的大分子物质，截留水中胶体大小的颗粒，而水和低分子量溶质则允许透过膜，并能保留对人体有益的一些矿物质元素。超滤可部分去除水中的细菌、病毒、胶体、大分子等，尤其是对产生浊度物质的去除非常有效，其出水浊度甚至可达 0.1 NTU 以下，常用于污水的深度处理、纯水制备等。

（3）纳滤。纳滤的过滤精度介于超滤和反渗透之间，脱盐率比反渗透低，也是一种需要加电、加压的膜法分离技术，用于去除色和水中部分盐类。纳滤膜具有离子选择性，即允许一价阴离子大量渗过膜，而对具有多价阴离子的盐截留率很高。纳滤主要用于水的软化和净化，工业上也多用于化工和生物工程中物质的分级浓缩、脱色和去除异味等方面。

5.4.2　技能

膜分离工艺运行管理与维护：纳滤、超滤、微滤、反渗透工艺运行与维护类似，本教材以反渗透工艺的运行管理与维护进行讲授。

5.4.2.1　进水 pH 值的控制

待处理原水 pH 值应在反渗透膜适宜的 pH 值范围。一般醋酸纤维膜适宜 pH 值范围为 3~8，进水 pH 值宜控制在4~7；芳香聚酰胺膜适宜的 pH 值范围为4~10，进水 pH 值宜控制在5~9；复合膜适宜的 pH 值范围为1~13，进水 pH 值宜控制在2~11。

5.4.2.2　进水温度的控制

水的黏度随温度升高而降低，因此进水温度适当升高，有利于反渗透膜的透水性能提升。若进水温度超过膜的耐热温度上限，则会影响膜的使用寿命。

5.4.2.3　进水水质控制

（1）当进水浊度超过1 NTU时，应通过过滤、混凝沉淀、超滤等对原水进行预处理，去除水中悬浮物。

（2）若水中有易结垢物质，应通过投加阻垢剂控制其在原水中的浓度。

（3）对于硬度高的原水，应进行软化预处理。

（4）对于细菌、藻类等微生物较多的原水，应通过消毒抑制微生物生长，防止膜表明结垢。

（5）对于 TOC 大于3 mg/L 或含油大于0.1 mg/L 的原水，应进行预处理。

5.4.2.4　操作压力的控制

提高操作压力有利于提高反渗透膜的透水率，但操作压力超过一定限度，会使膜压实变形，从而导致膜的老化并降低透水能力。因此，应根据原水性质及膜的耐压性选择适当的操作压力。

5.4.2.5　膜污染控制

（1）物理清洗：可采用低压高速水流清洗或气、水联合清洗。

（2）化学清洗：可用0.2 mol/L 柠檬酸铵或4%硫酸氢钠溶液进行清洗，主要去除膜表面沉积的金属氢氧化物；盐酸和柠檬酸可用于清洗膜表面的钙、镁污垢和有机物污垢。一般清洗时间为30 min，清洗后需用清水冲洗干净才能正常运行。

（3）短期内停运应维持反渗透系统内的低流速水流。

（4）系统若停运超过一周以上，应用1%~5%甲醛溶液浸泡，以避免微生物在膜上滋生。

5.4.3　任务

5.4.3.1　反渗透实验的基本知识

在25 ℃左右时，自来水电导率与 TDS 比例约为1∶2。其中 TDS 是指总溶解固体（Total dissolved solids），又称溶解性固体总量，单位为毫克/升（mg/L），它表明1 L水中溶有多少毫克溶解性固体。TDS 值越高，表示水中含有的溶解物越多。总溶解固体是指水中全部溶质的总量，包括无机物和有机物两者的含量。

一般可用电导率值估算溶液中的盐分，一般情况下，电导率越高，盐分越高，TDS 越高。在无机物中，除溶解成离子状的成分外，还可能有呈分子状的无机物。由于天然水中所含的有机物以及呈分子状的无机物一般可以不考虑，所以一般也把含盐量称为总溶解固体。

5.4.3.2　实验目的

（1）熟悉反渗透工艺过程，加深对反渗透原理的理解。

（2）掌握反渗透实验装置的运行和操作使用方法。

（3）能使用电导率测定仪进行电导率的测定。

（4）能分析反渗透对污染物的去除情况。

5.4.3.3　主要仪器及设备

（1）反渗透实验装置。

（2）电导率测定仪。

5.4.3.4　实验步骤

（1）实验装置贮水槽加满自来水。

（2）开启电源，使泵正常运转。

（3）选择相应前处理设备和膜组件，打开其进口阀。

（4）由出水阀去水样测量其电导率，同时测量原水电导率。

（5）根据电导率和含盐量比例关系计算含盐量（mg/L）。

（6）根据原水、出水含盐量计算脱盐率，公式如下：

$$\eta = \frac{c_F - c_P}{c_F} \tag{5-5}$$

式中　η——脱盐率,%；

c_F——原水含盐量，mg/L；

c_P——出水含盐量，mg/L。

课程思政点：

目前我国膜技术和膜材料高速发展，已能够自主研发、生产高性能膜，打破了以前膜主要靠进口，价格昂贵的历史。

任务5.5　吸　　附

【知识目标】

（1）掌握吸附去除污染物的性质和特征，适用范围。

（2）掌握常用常见吸附剂基本性质。

（3）掌握吸附相关设备的计算原则和选型依据。

【技能目标】

（1）能进行吸附器的基本运行和参数设置。

（2）会吸附剂的再生操作。

（3）能进行吸附设备主要工艺计算和选型。

【素养目标】

（1）具备较好的自学能力和资料查阅能力。

（2）具备一定团队协作能力。

5.5.1　主要理论

利用多孔性固体吸附剂表面的物理或化学吸附作用可以将废水中的一种或多种物质吸附在固体表面上，将其回收利用的方法称为吸附。具有吸附能力的多孔性固体物质，称为吸附剂。废水中被固体吸附的物质称为吸附质，吸附的结果是吸附质在吸附剂上浓集，吸附剂的表面能降低。

利用吸附法脱除水中的微量污染物，包括脱色，除臭味，脱除重金属、各种溶解性有机物、放射性元素等。利用吸附法进行水处理的适应范围广、处理效果好、可回收有用物料、吸附剂可重复使用，但对进水预处理要求高，运行费用较贵，系统庞大，操作较麻烦。

常用的吸附剂有：活性炭、磺化煤、硅藻土、焦炭、木炭、高岭土、泥煤、木屑、炉渣、金属及其化合物。吸附剂要具有吸附容量大、比表面积和孔隙率也大、吸附速度快、选择性好且机械强度高等性能。通过加热再生、药剂再生、化学氧化再生、湿式氧化再生、生物再生等，可以降低处理成本，减少废渣排放，同时回收吸附质。

5.5.1.1　吸附剂

A　活性炭吸附剂

水处理过程中应用最多的吸附剂是活性炭，其他吸附剂还有碳纤维、磺化煤、沸石、活性白土、硅藻土、焦炭、木炭、木屑、树脂等。

活性炭是一种非极性吸附剂，由果壳、木屑、煤粉在高温下经炭化和活化后制得，外观为暗黑色，有粒状和粉状两种。工业上大量采用的是粒状活性炭。活性炭的主要成分除碳以外，还有少量的氧、氢、硫等元素，含有水分和灰分。它具有良好的吸附性能和稳定的化学性质，可以耐强酸、强碱，能经受水浸、高温、高压作用，不易破碎，如图5-36所示。

图5-36　活性炭

活性炭具有巨大的比表面积和微孔，其总内外比表面积通常可达800~2 000 m^2/g（干炭），形成了强大的吸附能力。对于废水中一些难去除的物质，如表面活性剂、酚、农药、染料、难生物降解有机物和重金属离子等，活性炭吸附具有处理效率高，出水的水质比较稳定，处理后水中的BOD_5、COD和SS可分别达到10 mg/L、15 mg/L和5 mg/L以下。但是，比表面积相同的活性炭，其吸附容量并不一定相同，因为吸附容量不仅与比表面积有关，而且还与微孔结构和微孔的分布，也与其表面化学性质有关。

活性炭吸附剂适用于去除废水中微生物难以降解的或用一般氧化法难以氧化的溶解性有机物质，通常将其作为三级处理，用于处理污染物浓度较低的废水。目前，活性炭已广泛应用于化工行业，如印染、氯丁橡胶、腈纶、三硝基甲苯等的废水处理。

B 吸附剂再生

吸附剂达到吸附饱和之后，必须进行再生，以达到吸附剂重复使用的目的，所以再生是吸附的逆过程。吸附剂再生的方法较多，主要有热处理法、化学再生法、溶剂法、生物氧化法等。活性炭再生应用较多的是热处理法。

热处理法分为低温和高温两种方法。低温适用于吸附了气体的饱和活性炭，通常加热到100~200 ℃，将吸附的物质进行解吸；高温适用于废水处理中的饱和活性炭，通常加热到800~1000 ℃，还需要加入活化气体（如水蒸气、二氧化碳等）才能再生完成。

热处理再生活性炭一般分三个步骤进行：

（1）干燥。加热到100~150 ℃，将吸附在活性炭细孔中的水分（含水率为40%~50%）蒸发出来，同时部分低沸点的有机物也随着挥发出来。干燥过程需热量约为再生总量的50%。

（2）炭化。水分蒸发后，继续加温到700 ℃，这时，低沸点有机物全部被脱附。高沸点有机物由于热分解，一部分转化为低沸点有机物被脱附，另一部分被炭化并残留在活性炭微孔中。

（3）活化。将炭化后留在活性炭微孔中的残留炭通入活化气体（如水蒸气、二氧化碳及氧）进行气化，达到重新造孔的目的。活化温度一般为700~1000 ℃。

活性炭再生过程中，会因磨损与氧化而引起活性炭的损耗。损耗量通常是再生炭质量的5%~10%，数值取决于活性炭的种类与加热炉操作情况。再生后的废气主要含CO_2、H_2、CO以及SO_2、O_2等，视吸附物及活化气的不同而异。

由于废水中成分复杂，用于废水处理的活性炭除含有有机物外，还含有金属盐等无机物，这些金属化合物再生时大多残留在活性炭微孔中（除汞、铅、锌可气化外），使活性炭吸附性能降低。

热处理法是目前废水处理中粒状活性炭再生最普遍最有效的方法。影响再生的因素很多，如活性炭的物理及化学性质、吸附性质、吸附负荷、再生炉型、再生过程中操作条件等。再生后吸附剂性能的回收率可达90%以上。

5.5.1.2 吸附平衡与吸附容量

吸附是一种可逆的过程，当废水和吸附剂充分接触后，吸附质的粒子被吸附剂表面或基团所吸附，一部分被吸附的粒子由于热运动，脱离吸附剂的表面或基团而被解吸回到液相中，前者称为吸附过程，后者称为解吸过程。当吸附速度与解吸速度相等时，即单位时间内吸附质在吸附剂表面与废水中的浓度都不改变时，达到吸附平衡。此时，吸附质在废水中的浓度称平衡浓度。

由于解吸过程的存在，废水中总会有或多或少被吸附物质的存在。影响吸附的因素有吸附剂的性质（如孔隙、比表面积、交换基团等）、吸附质的性质（如溶解度、分子极性、分子量的大小等）和吸附过程的条件。吸附剂的种类不同、吸附的效果不同，一般极性分子或离子型的吸附剂易吸附极性分子或离子型的吸附质。对选定的吸附剂，不同的吸附质，吸附量也不同，吸附质溶解度越小或吸附剂化合反应生成物溶解度越小，就越容易被吸附。对特定吸附质选定吸附剂后，吸附效果主要决定于吸附过程的条件，如废水的pH值、温度、吸附质浓度以及接触时间等。

吸附剂对吸附质的吸附效果，一般用吸附容量和吸附速率来衡量。所谓吸附容量是指单位质量吸附剂所吸附吸附质的质量。

吸附容量由式（5-6）计算：

$$q = \frac{V(C_0 - C)}{W} \tag{5-6}$$

式中　q——吸附容量，g/g；

V——废水容量，L；

W——吸附剂投加量，g；

C_0——原水中吸附质浓度，g/L；

C——吸附平衡时水中剩余吸附质浓度，g/L。

在温度一定的条件下，吸附容量随吸附质平衡浓度的提高而增加。

所谓吸附速率是指单位质量的吸附剂在单位时间内所吸附的物质量。吸附速率决定了废水和吸附剂的接触时间。吸附速率越高接触时间越短，所需吸附设备的容积也就越小。

5.5.1.3　吸附等温式

在温度一定的条件下，吸附容量随吸附质平衡浓度的提高而增加，吸附容量随平衡浓度而变化的公式，称为吸附等温式。其中，弗雷德里希（Freundlich）吸附等温式适用于低浓度条件下的等温吸附，是常用的吸附等温式如下：

$$\frac{Y}{m} = KC^{\frac{1}{n}} \tag{5-7}$$

式中　$\frac{Y}{m}$——吸附容量 q；

m——吸附剂质量；

Y——达到平衡时被吸附的吸附质的质量；

C——吸附质在水中的平衡浓度；

K，n——经验常数，与温度、吸附剂和吸附质类型等有关，n 一般大于 2。

弗雷德里希吸附等温式对应的曲线，如图 5-37（a）所示，表明随着水中吸附质平衡浓度的增加，吸附容量增加，但增加速率变慢。

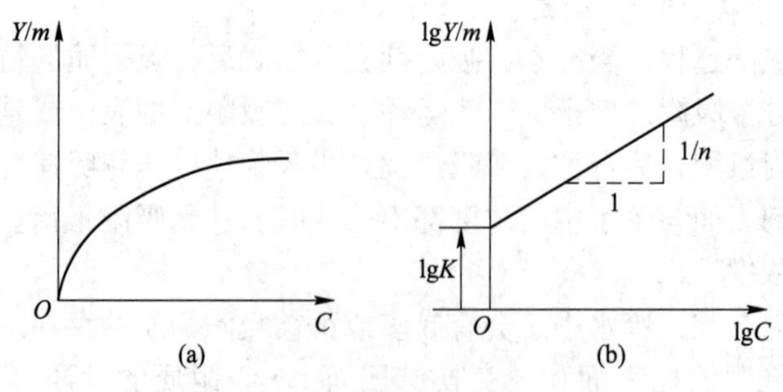

图 5-37　弗雷德里希吸附等温线

（a）吸附等温曲线；（b）对数线性关系曲线

把等温式取线性对数关系可得 $\lg\frac{Y}{m}=\lg K+\frac{1}{n}\lg C$，由吸附实验可做出如图 5-37（b）所示的曲线，其中截距为 $\lg K$、斜率为$\frac{1}{n}$，由此可求得经验常数 K、n。

利用吸附等温式可以比较吸附剂对水中不同吸附质或不同吸附剂对水中吸附质的吸附效能和吸附特性，可以确定达到一定处理需求时吸附剂的用量，其结果也是吸附设备设计和运行的重要依据。

5.5.1.4 吸附工艺和设备

A 吸附操作方式

吸附工艺主要操作步骤是：首先废水与吸附剂接触进行吸附，然后将吸附净化后的废水与吸附有吸附质的吸附剂分开，最后吸附剂解吸再生或更新（部分更新）吸附剂等。该工艺可分为静态吸附和动态吸附两种。

（1）静态吸附。静态吸附是指在水不流动的条件下，进行的吸附操作。其工艺过程是：把一定数量的吸附剂投加入待处理的水中，不断进行搅拌，经过一定时间达到吸附平衡时，以静置沉淀或过滤方法实现固液分离。若一次吸附的出水不符合要求，可以增加吸附剂用量，延长吸附时间或进行二次吸附，直到符合要求。

（2）动态吸附。动态吸附是在水流动条件下进行的吸附操作，其操作的工艺过程是：污水不断地流过装填有吸附剂的吸附床（柱、罐、塔），污水中的污染物和吸附剂接触并被吸附，在流出吸附床之前，污染物浓度降至处理要求值以下，直接获得净化出水。实际中的吸附处理系统一般都采用动态连续式吸附工艺。

B 吸附设备

水处理常用的动态吸附设备有固定床、移动床和流化床。

a 固定床

固定床是指在操作过程中吸附剂固定填放在吸附设备中，是水处理吸附工艺中最常用的一种方式。

当污水连续流经吸附床（吸附塔或吸附池）时，待去除的污染物（吸附质）不断地被吸附剂吸附，在吸附剂的数量足够多时，出水中的污染物浓度可降低到零。在实际运行过程中，随吸附过程的进行，吸附床上部饱和层厚度不断增加，下部新鲜吸附层则不断减少，出水中污染物浓度会逐渐增加，其浓度达到出水要求的限定值时，必须停止进水，转入吸附剂的再生程序。吸附和再生可在同一设备内交替进行，也可将失效的吸附剂卸出，送到再生设备进行再生。

根据水流方向不同，固定床又分为升流式和降流式两种形式。

降流式固定床，如图5-38所示。与过滤器类似，只是滤料换为吸附材料。降流式固定床的出水水质较好，但经过吸附层的水头损失较大，特别是处理含悬浮物较高的废水时，悬浮物易堵塞吸附层，所以要定期进行反冲洗。

升流式固定床中，废水由下往上穿过吸附层，处理水从吸附器上部流出。随着水头损失增大，可适当提高水流流速，使吸附层稍有膨胀以达到自清的目的，其操作类似于升流式膨胀滤池，但流速不能太快，以免吸附剂大量流失。升流式固定床的优点是：由于层内水头损失增加较慢，所以运行周期时间较长。

根据处理水量、原水的水质和处理要求不同，固定床又可分为单床式、多床串联式和多床并联式三种，如图5-39所示。

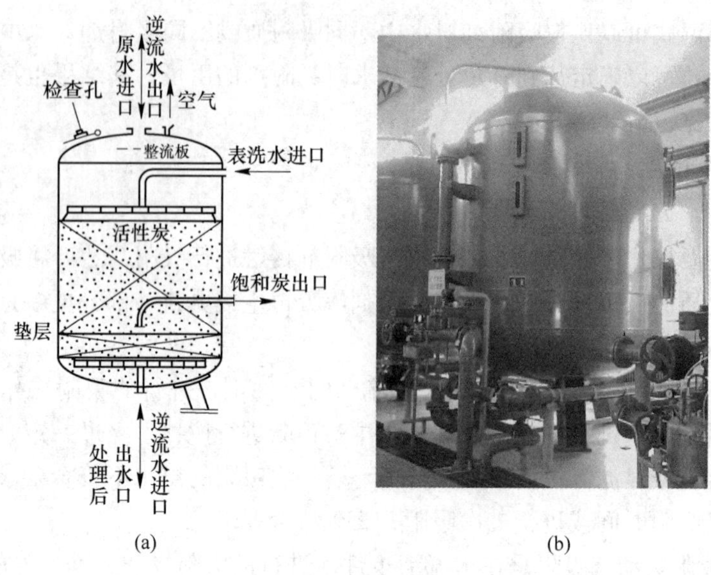

图 5-38　降流式固定床型吸附塔

（a）结构图；（b）实体设备

b　移动床

移动床是指在操作过程中定期将接近饱和的吸附剂从吸附设备中排出，并同时加入等量的吸附剂，如图 5-40 所示。

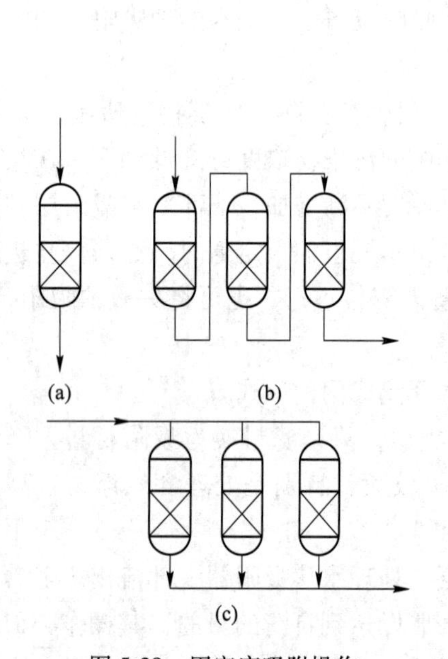

图 5-39　固定床吸附操作

（a）单床式；（b）多床串联式；（c）多床并联式

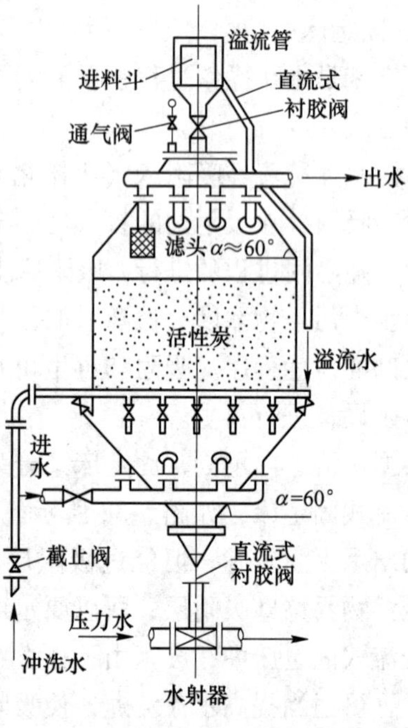

图 5-40　移动床吸附塔构造

移动床的工艺过程是：原水从吸附塔底部流入和吸附剂进行逆流接触，处理后的水从塔顶流出，由于是逆流操作，所以底部吸附剂先接近饱和，吸附饱和的吸附剂从塔底间歇地排出，同时新鲜吸附剂从顶部加入。移动床吸附器不需要反冲洗设备，但吸附剂床上下层不能互相混合，操作管理要求高。

移动床一次卸出的活性炭量一般为总填充量的5%～20%，卸炭和投炭的频率与处理的水量和水质有关。

c　流化床

如图5-41所示，流化床运行过程中，水由下往上流过吸附器内的穿孔板，使上面的吸附剂流化状态，与水的接触面积大，因此用少量的活性炭就可以处理较多的废水。碳粒互相摩擦，适于处理含悬浮物较多的废水，不需要进行反冲。

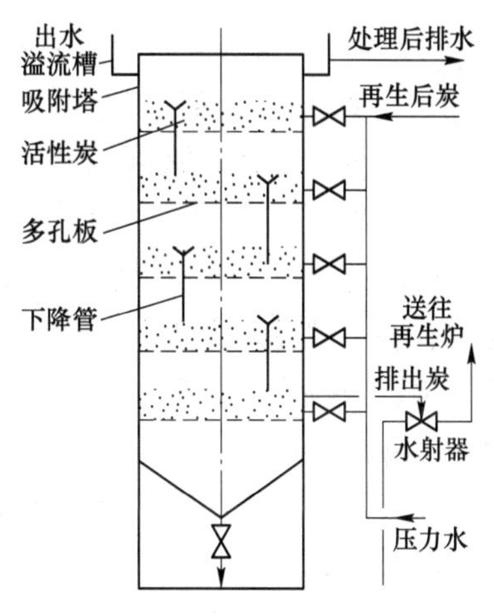

图5-41　流化床吸附工艺

5.5.1.5　吸附过程的影响因素

吸附过程需要控制其操作条件以达到预期的净化效果，因此，除了需要针对所处理的废水性质选择合适的吸附剂外，还必须将处理系统控制在最佳的工艺操作条件下。影响吸附的因素主要有吸附剂的性质、吸附质的性质和吸附过程的操作条件等。

A　吸附剂的性质

用于水处理的吸附剂应具有三项要求：吸附容量大、吸附速度快、机械强度好，主要性质有比表面积、种类、极性、颗粒大小、细孔的构造和分布情况及表面化学性质等。比表面积越大、颗粒越小，吸附容量越大，吸附能力就越强。极性分子（或离子）型的吸附剂易吸附极性分子（或离子）型的吸附质。吸附剂颗粒孔隙发达，有利于吸附质向微细孔中扩散；粒度越小吸附速度越快；机械耐磨强度大，使用寿命长。

B　吸附质的性质

吸附质的性质主要有溶解度、表面自由能、极性、吸附质分子大小和不饱和度、吸附质的浓度等。溶解度越小的吸附质越容易被吸附。同系有机物随碳原子数的增加，有机物疏水性增强，溶解度减小，吸附剂对其的吸附容量越大。吸附质分子体积越大，其扩散系数越大，吸附效率就越大。在一定浓度范围内的吸附质浓度增加，吸附量增大。

C　吸附过程的操作条件

吸附过程的操作条件主要包括水的温度、pH值、共存物质、接触时间等。

（1）温度。吸附过程是放热过程，低温有利于吸附。在活性炭再生时，需要通过加温以促使吸附质解吸。

（2）pH值。pH值会影响吸附质在水中的离解度、溶解度及其存在状态，也会影响吸附剂表面的荷电性和其他化学特性，进而影响吸附的效果。因此，不同的污染物吸附的最佳pH值应通过试验确定。

（3）共存物质。物理吸附过程中，吸附剂可对多种吸附质产生吸附作用，所以若废水中除目标吸附质之外其他杂质过多，这些杂质都会以某种方式与目标吸附质竞争吸附活性中心点。废水中有油类或悬浮物质存在时，会影响吸附质扩散并堵塞孔隙，降低吸附效果。因此，吸附操作前应采取预处理措施去除这些杂质，往往用于废水的深度处理。

（4）接触时间。只有足够的时间使吸附剂和吸附质接触，才能达到吸附平衡，吸附剂的吸附能力才得到充分利用。达到吸附平衡所需要的时间长短取决于吸附操作，吸附速度快，达到平衡所需要的接触时间就越短。

5.5.2　技能

5.5.2.1　活性炭间歇式吸附实验的实验目的

（1）强化污水活性炭吸附工艺理论知识的理解。

（2）掌握吸附等温线的意义、测定及其在吸附操作中的应用。

5.5.2.2　基本理论

当活性炭对水中所含物质吸附时，水中的溶解性物质在活性炭表面积聚而被吸附，同时也有一些被吸附物质由于分子的运动而离开活性炭表面，重新进入水中，即同时发生解吸现象。当吸附和解吸处于动态平衡状态时，称为吸附平衡。吸附平衡时吸附质在溶液中的浓度称为平衡浓度。单位质量吸附剂所吸附的吸附质质量称为吸附容量。

由吸附容量和平衡浓度的关系绘出的曲线称为吸附等温线，表示吸附等温线的公式称为吸附等温式。在水和废水处理中通常用 Freundlich 吸附等温式来比较不同温度和不同溶液浓度时活性炭的吸附容量。

5.5.2.3　设备与试剂

（1）设备包括：间歇式活性炭吸附装置（可用三角烧瓶），振荡器，天平，烘箱，分光光度计，滤膜等。

（2）试剂包括：活性炭，蒸馏水，250 mg/L 亚甲基蓝标准溶液，亚甲基蓝模拟废水。

5.5.2.4　实验步骤

A　标准曲线的绘制

向一系列比色管中配置系列浓度梯度亚甲基蓝溶液，摇匀后在 660 nm 波长处，以蒸馏水为参比测定吸光度。以亚甲基蓝浓度为横坐标、吸光度为纵坐标，绘制亚甲基蓝标准曲线。

B　间歇式吸附实验

（1）将活性炭放在蒸馏水中浸泡 24 h，然后在 105 ℃烘箱内烘 24 h，再将烘干的活性炭研碎，使其为粉状活性炭（因为粒状活性炭要达到吸附平衡耗时较长，为了缩短时间，所以粉状活性炭。

（2）在 6 个锥形瓶中分别加入不同质量粉状活性炭。

（3）在每个锥形瓶中加入 50 mL 的亚甲基蓝模拟废水。

（4）将上述 6 个锥形瓶放在振荡箱内振荡，温度控制在 20 ℃，振荡速度为 100～150 r/min，振荡 40 min 后取出锥形瓶（近似认为达到吸附平衡）。

（5）过滤锥形瓶中的废水，测定其浓度，求出吸附量。

5.5.2.5　数据记录与分析

根据表 5-9 记录数据，并计算吸附量。以平衡浓度为横坐标，吸附量为纵坐标作出吸附等温线，并根据它们的线性对数关系式作图求出经验常数 K、n。

表5-9 间歇式活性炭吸附实验记录

编号	活性炭的投加量 /g^{-1}	原水体积 /mL	原水浓度 /mg · L^{-1}	平衡浓度 /mg · L^{-1}	吸附量/g吸附质 · g活性炭$^{-1}$
1					
2					
3					
4					
5					
6					

5.5.3 任务

（1）若根据上述活性炭吸附亚甲基蓝废水的实验，得出Freundlich吸附等温式经验参数$K=3.9$，$n=2$。现有100 L亚甲基蓝废水，浓度为0.05 g/L，若要求去除率为90%，需要多少活性炭?

（2）为什么要将活性炭磨细，磨细后的活性炭粉末吸附能力及吸附速度与原状活性炭相同吗?

（3）简述吸附等温式的实际意义。

任务5.6 消 毒

【知识目标】

（1）掌握不同消毒方法的特点，适用范围。

（2）掌握常用消毒剂的基本性质、用量。

（3）掌握溶解池、溶液池、反应池及相关设备的计算原则和选型依据。

【技能目标】

（1）能正确选用消毒方法和消毒剂，并考虑其二次污染问题。

（2）能根据公式、经验公式、实验确定消毒剂的理论用量。

（3）能进行溶解池、溶液池、消毒反应池等构筑物的主体尺寸确定。

【素养目标】

（1）具有环保、安全和健康意识。

（2）初步形成综合考虑问题的能力。

（3）养成经验总结及探索的能力。

5.6.1 主要理论

水处理消毒主要目的是控制水中的病原微生物，保证水的排放与使用过程中的生物安全性。例如，在给水处理中，《生活饮用水卫生标准》规定：菌落总数限值为100 CFU/mL，大肠菌群每100 mL水样不得检出。污水处理中，包括生活污水及医疗废水，对粪中的大肠菌群数也做了最高允许排放浓度的要求。

水处理中经混凝沉淀、生物处理等前处理工序能除去大肠菌群的90%~95%，但仍达不到相关标准要求。此外，为了抑制水处理过程中微生物在设备和输送管道中的滋长，也需要对水进行消毒处理。

常见的消毒方法有氯消毒、二氧化氯消毒、紫外消毒、臭氧消毒。

5.6.1.1　氯消毒

污水消毒

A　氯消毒原理

液氯、次氯酸钠、漂白粉、氯胺在水中起主要消毒作用的都是次氯酸或次氯酸根离子，因此它们都属于氯消毒。

当在不含氨的水中加入氯气后，即产生下列反应：

$$Cl_2 + H_2O \rightleftharpoons HOCl + HCl$$

$$HOCl \rightleftharpoons H^+ + OCl^-$$

HOCl为次氯酸，OCl^-为次氯酸根，两者在水中所占的比例主要决定于水的pH值。

HOCl和OCl^-都有氧化能力，但因细菌细胞壁一般带负电荷，HOCl是中性分子，容易扩散到细菌细胞壁表面，并渗入细菌体内，借氯原子的氧化作用破坏菌体内的酶，使细菌死亡。而OCl^-带负电，难以靠近带负电的细菌，消毒效果不好。从图5-42可以看出，水的pH值越低，所含的HOCl越多，因而消毒效果越好。

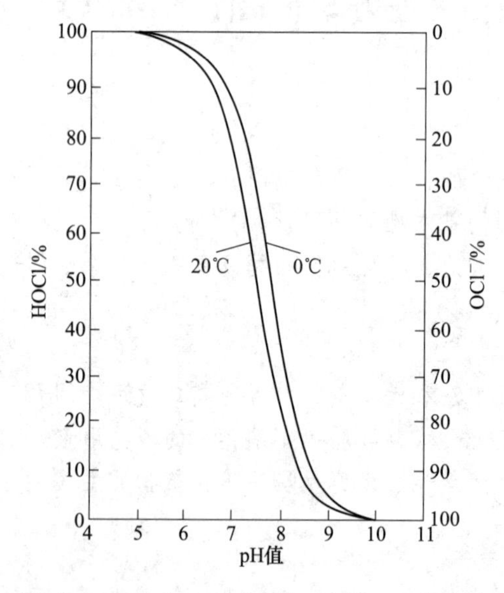

图5-42　HOCl和OCl^-比例与pH值、温度的关系

B　氯胺

当水中有氨时，HOCl和氨化合产生一类称为胺的化合物，其成分视水的pH值及Cl_2和NH_3含量的比值等而定。其反应式如下：

$$NH_3 + HClO \rightleftharpoons NH_2Cl + H_2O$$

$$NH_3 + 2HClO \rightleftharpoons NHCl_2 + 2H_2O$$
$$NH_3 + 3HClO \rightleftharpoons NHCl_3 + 3H_2O$$

NH_2Cl、$NHCl_2$ 和 NCl_3 分别称为一氯胺、二氯胺和三氯胺（三氯化氮），起主要作用的是一氯胺和二氯胺。

由上面的反应式可以看出，这些反应均存在一个动态平衡。氯胺消毒起消毒作用是其缓慢释放的 HClO，当 HClO 因消耗而减少时，按逆反应方向生成 HClO，从而实现消毒的目的。

用氯胺消毒饮用水，起主要作用的是一氯胺和二氯胺。当水的 pH 值在 5～8.5 时，NH_2Cl 和 $NHCl_2$ 同时存在。pH 值较低时，$NHCl_2$ 较多，二氯胺消毒效果最好，所以水的 pH 值低一些有利于消毒，但二氯胺有嗅味。NCl_3 要在 pH 值低于 4.4 时才产生，其消毒效果最差，并有强烈气味，一般不希望其生成。

C　加氯量

a　自由性氯和化合性氯

以 HClO、ClO^-、Cl_2 存在的氯称为自由性氯；以氯胺形式存在的氯称为化合性氯，也称结合氯。

b　需氯量和余氯量

需氯量是指用于灭活水中微生物以达到出水水质要求，以及氧化水中有机物和其他还原性物质所消耗的氯量。

余氯量是指水中加氯与水中杂质反应后剩余的有效氯量，即余氯量=加氯量-需氯量。通过管网输送的水一般都要维持一定的余氯量，其目的是防止微生物在管道输送过程中或其他用水设备内滋生，避免管道的堵塞、腐蚀，并保证用水的安全性。余氯分为自由性余氯和化合性余氯，总余氯为两者之和。

例如，《生活饮用水卫生标准》（GB 5749—2022）规定，加氯接触 30 min 后，游离性余氯不应低于 0.3 mg/L，集中式给水厂的出厂水除应符合上述要求外，管网末梢水的自由性余氯不应低于 0.05 mg/L。《城市污水再生利用——景观环境用水水质》规定，需要通过管道输送再生水的非现场回用情况采用加氯消毒方式，且接触 30 min 后，自由性余氯不应低于 0.05 mg/L。

c　加氯量

由上述可知，加氯量=需氯量+余氯量，如图 5-43 所示。虚线为对角线，与坐标轴夹角为 45°，是指若水中无任何耗氯物质（细菌、有机物、还原性物质等），此时，需氯量为零，加氯量即为余氯量。此种情况不存在于水处理中，该虚线作为参考线。

当水中存在受到耗氯性物质污染时，氧化这些物质需要消耗一定的氯量，即为需氯量。加氯量若小于需氯量，此时余氯量为零（见图 5-43 中的 *OA* 段）。当加氯量超过需氯量后，即产生余氯。若水中无氨，则理论上超过余氯量即为加氯量减去需氯量，并且均为自由性氯；但实际要比该值略小，其原因为测定时可能尚有部分氯与污染物反应中，部分余氯在水中分解。

当水中有氨时，氯与氨生成氯胺，此时的余氯为化合性氯，如图 5-43 中的 *AH* 段所示。随着水中氨的减少和加氯量增加，氯胺被氧化，有如下反应：

$$NH_2Cl + NHCl_2 + HOCl \longrightarrow N_2O + 4HCl$$

$$2NH_2Cl + HOCl \longrightarrow N_2 + 3HCl + H_2O$$

反应结果使氯胺被氧化为不起消毒作用的 Cl^-，余氯反而减少，最终达到最低点 *B*，如图 5-43 中的 *HB* 段所示。

B 点称为折点，折点后所增加的加氯量完全以自由性余氯的形式存在，如图 5-43 中的 *BC* 段所示。这部分余氯线同 45°虚线相互平行，此时消毒效果最好。

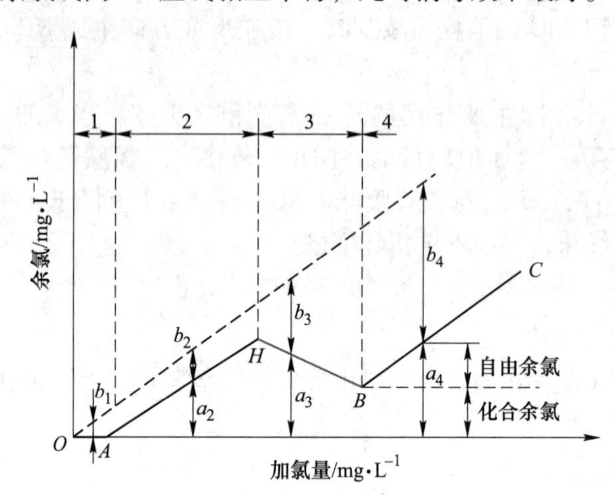

图 5-43　加氯量与余氯量关系图（折点）

按所产余氯的成分氯消毒法可分为两大类。当水中余氯成分为自由性余氯，称为自由性余氯法。当余氯成分为化合性余氯，则称为化合性余氯法。

当按大于折点的量加氯时，常称为折点加氯法或折点，属于自由性余氯法。其优点是消毒过程迅速，并能去除水中的一些产生气味和臭的物质。

自由性氯（HOCl）在水中停留时间太长后容易散失，当管线很长时管网末梢就不容易达到余氯标准，氯胺则能逐渐放出 HOCl 来，能保持较长时间，容易保证管网末梢的余氯要求。此外，自由性余氯容易产生氯臭味，特别是水里含有酚时，更会产生具有恶臭的氯酚。氯胺是逐渐放出 HOCl，氯臭味较轻。

当原水有机物较多时，含氨量高，管网中藻类和细菌有再生长的可能；要达到管网末端自由性余氯要求有困难，或者需要减轻或避免自来水中的氯酚臭味时，可以考虑使用氯胺消毒。当水中不含氨或含量较少时，可人工加氨。采用氯氨消毒法，一般先加氨，充分混合后再加氯，可防止产生氯臭。特别是水中含酚时，氯便主要与氨结合，不致生成氯酚。氯胺消毒的接触时间应不少于 1 h。

D　加氯点

加氯点通过考虑加氯效果、卫生要求以及设备保护来确定，一般有以下四种情况。

（1）最常见是在过滤后的清水中加氯。加氯点是在过滤水到清水池的管道上，或清水池的进口处，以保证氯与水的充分混合，这样加氯量少，效果也好。

（2）过滤之前加氯或与混凝剂同时加氯，可以氧化水中的有机物质，对污染较严重的水或色度较高的水，能提高混凝效果，降低色度和去除铁、锰等杂质。在用硫酸亚铁作为混凝剂时，利用加氯，促使亚铁氧化为三价铁。这样还可改善净水构筑物的工作条件，防止沉淀池底部的污泥腐烂发臭，防止滋长青苔；防止微生物在滤料层中生长繁殖，延长滤池的工作周期。对于污染严重的水，加氯点在滤池前为好，也可以采用二次加氯，滤前一次、滤后一次。这样可以节省加氯量，确保水中保持余氯。

(3) 在管网很长的情况下，要在管网中途补充加氯，加氯点设在中途加压水泵站内投加，这样也可确保管网保持余氯。

(4) 工业循环冷却水系统的加氯点通常有三处，一是循环水泵的吸入口；二是远离循环水泵的冷却塔水池底部；三是加在水泵后的给水总管中，这样可减少氯的挥发，减少氯耗。

E　加氯设备

加氯消毒主要用液氯，加氯系统包括氯瓶、加氯机、混合系统、接触池，常用设备为真空加氯机，如图5-44所示。

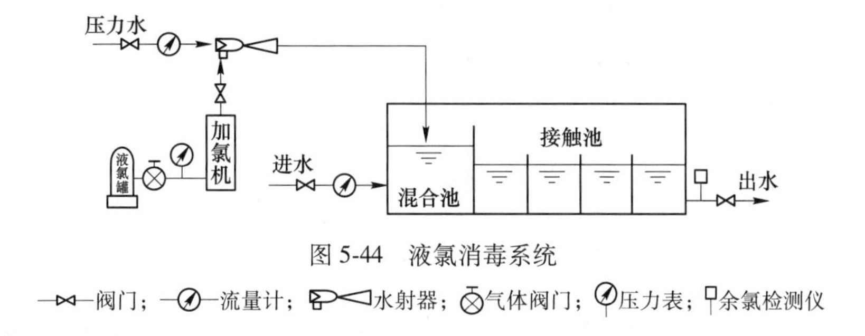

图5-44　液氯消毒系统

—⋈—阀门；—⊘—流量计；水射器；⊗气体阀门；压力表；余氯检测仪

(1) 氯瓶。氯在常温常压下为气体，一般将氯加压于钢瓶内有利于贮藏和运输。氯气为剧毒气体，运行时要防止泄漏。氯遇到水或受潮会腐蚀金属，必须严格防止水或湿气进入氯瓶。液氯气化为吸热过程，常向氯瓶浇水以提供热量，但要防止出口阀由于淋水而受到腐蚀。

氯瓶有卧式和立式两种。卧式氯瓶有两个出氯口，使用时务必要安放得使两个出氯口的连线垂直于水平面，上面一个出氯口为气态氯，下面一个出氯口为液态氯。应注意将上面的出氯口与加氯机相接。使用立式氯瓶时要竖放，出氯口向上。

加氯间和氯库位置应靠近投氯点外，位于主导风向下游，且需与经常有人值班的车间隔开。加氯间及氯库内需设置一系列的安全报警、事故处理措施。

(2) 加氯机。常用的真空加氯机由真空调节器、流量调节器和水射器三大主要部件和连接管线组成，氯气和水流通过水射器投加。加氯机需配有相应的自动检测和控制设备。

(3) 混合系统。目前一般通过加氯机把液氯与水混合后定量在输水管道内进行投加，以利用管道水力条件进行混合，如图5-45所示。

(4) 接触池。接触池的主要功能为使加氯水在接触池内与氯充分混合反应，以达到足够的接触时间，从而满足出水水质要求。一般采用多廊道式平流式接触消毒池，消毒接触时间一般不小于30 min。

F　氯消毒存在的问题

氯化消毒过程中存在一定的安全问题，在氯化消毒杀灭水中病原微生物的同时，氯与水中的有机物反应，产生一系列氯的副产物，主要有两类：一类是挥发性卤代有机物，主要为三卤甲烷；另一类是非挥发性卤代有机物（THMs），主要为卤乙酸（HAAS）。这类物质具有潜在的致癌性和致畸性，可通过强化混凝、氧化法、活性炭吸附和膜过滤以进一

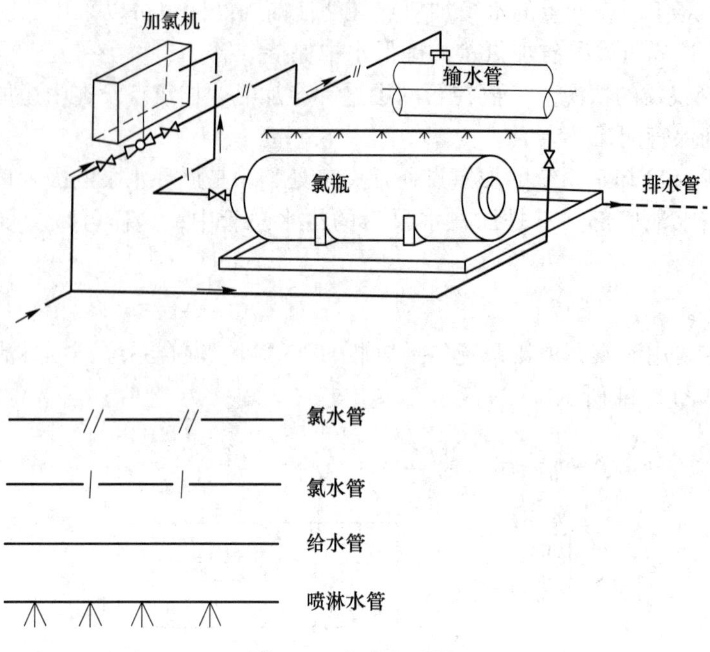

图 5-45　氯投加系统

步去除水中有机物，也可通过降低投氯量、快速混合等工艺操作或采用其他消毒方法来避免副产物的影响。

5.6.1.2　二氧化氯消毒

二氧化氯（ClO_2）在常温下为黄绿色气体，有较强的化学氧化能力，具有灭菌、脱色、除臭、除异味等作用。二氧化氯一般只起氧化作用，不起氯化作用，因此它与水中杂质不会生成三卤甲烷和氯酚；二氧化氯衰减速度慢，持续消毒作用比氯时间长；二氧化氯不水解，受 pH 值影响较小。因此二氧化氯消毒与次氯酸钠、液氯等传统的消毒剂相比具有高效、副产物少、残留少等优点，在自来水和污水的处理消毒中广泛使用。

二氧化氯一般只起氧化作用，不起氯化作用，因此它与水中杂质形成的三氯甲烷等比氯消毒要少得多。

二氧化氯化学性质活泼，易溶于水，但不稳定，长期放置或遇热，易分解失效；若受热或遇光分解生成氧和氯，易引起爆炸，因此二氧化氯通常在现场制备使用。

二氧化氯的制备简单，可以通过化学反应，或电解反应获得。化学反应法制备一般通过二氧化氯发生器进行。

二氧化氯发生器由供料系统、反应系统、安全系统、自动控制系统和吸收投加系统组成，吸收投加系统主要由水射器、室内管阀等组成，如图 5-46 所示。一般通过盐酸和氯酸钠或亚氯酸钠溶液按一定配比输送到二氧化氯发生器内，通过反应制得二氧化氯，制得的二氧化氯通过水射器与压力水混合加入到废水中。

亚氯酸钠与盐酸反应：$5NaClO_2 + 4HCl = 4ClO_2 + 5NaCl + 2H_2O$

氯酸钠与盐酸反应：　$2NaClO_3 + 4HCl = 2ClO_2 + Cl_2\uparrow + 2NaCl + 2H_2O$

采用 $NaClO_2$ 为原料的称为高纯 ClO_2 发生器，$NaClO_3$ 为原料的称为复合型 ClO_2 发生

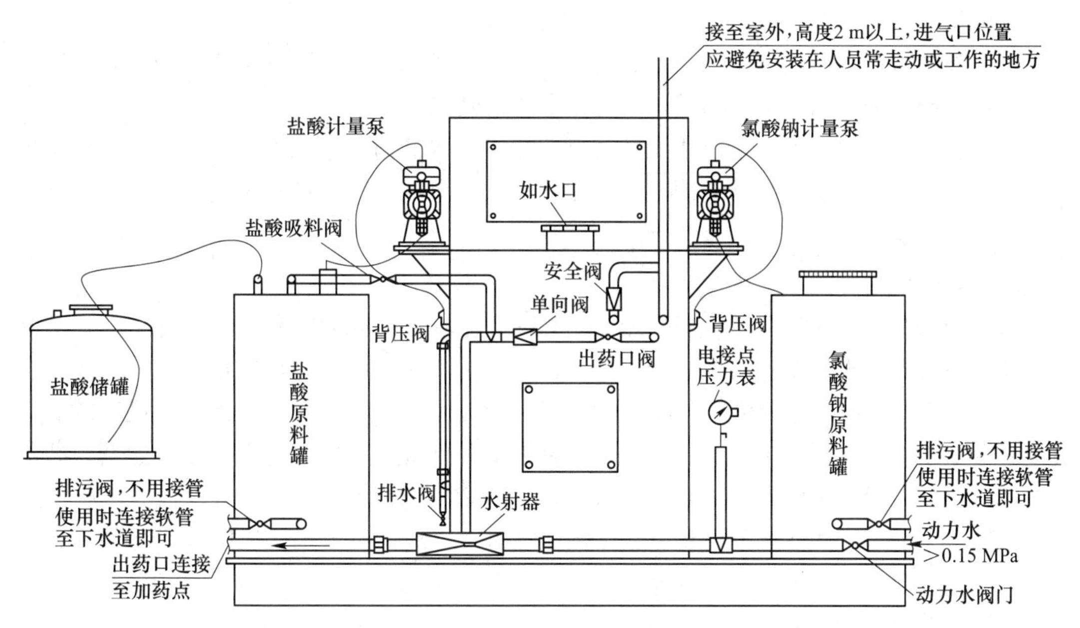

图5-46　二氧化氯发生器

器。对于复合型二氧化氯发生器来讲，根据 ClO_2发生器反应室压力不同，可分为正压式和负压式两种。正压式发生器不设反应物加热系统，可直接对带压（<0.7 MPa）水体进行投加；负压式设反应物加热系统，并利用动力水产生负压投加。前者认为通过提高反应物的接触时间，可以提高原料转化率和 ClO_2 获得率，并通过气体防聚集技术，避免 ClO_2 和 Cl_2 因浓度过高而爆炸；后者认为适当的温度有利于提高反应物的转化率，并利用动力水形成的负压防止 ClO_2和 Cl_2的聚集和加快反应速度。

5.6.1.3　紫外线消毒

A　工作原理

紫外线消毒是一种物理消毒方法，主要原理是用紫外光摧毁微生物的遗传物质核酸（DNA 或 RNA），使其不能分裂复制。除此之外，紫外线还可引起微生物其他结构的破坏。微生物在人体内不能复制繁殖，就会自然死亡或被人体免疫功能消灭，从而不会对人体造成危害。

根据波长不同，紫外线又可分为 315~400 nm、280~315 nm、200~280 nm 和 100~200 nm 四个波段。其中，200~280 nm 波段，波长在 260 nm 左右时杀菌效果最好。

B　紫外线消毒的特点

紫外线消毒具有以下优点：

（1）杀菌效率高。一般在 1 s 以内的紫外线照射，即可对细菌、病毒起到完全的杀灭作用。

（2）广谱性杀菌。紫外线技术在目前所有的消毒技术中，杀菌的广谱性是最高的。

（3）无二次污染。与其他消毒方式相比，紫外线消毒不影响原水的物理化学性质，无二次污染。

（4）运行安全。紫外线消毒不涉及化学药剂，消毒系统对周边环境以及操作人员相对安全、可靠。

（5）维护简单，占地小。紫外线消毒系统目前主要直接安装在明渠内，通过自动控制系统进行控制，因此具有维护简单、占地面积小的特点。

紫外线消毒的缺点为：紫外线无持久杀菌能力，水的输送过程中可能会出现再污染的问题；水中悬浮物浓度对紫外线消毒效果影响较大；电耗量较大等。

C　紫外线消毒的影响因素

影响紫外线消毒的主要因素有：

（1）紫外线穿透率（UVT）。影响紫外线杀菌效果的重要因素是杀菌介质（水）的紫外线穿透率或介质吸收率。紫外线穿透率是指波长为 253.7 nm 的紫外线在通过 1 cm 比色皿水样后，未被吸收的紫外线与输出总紫外线之比，用百分数表示。紫外线穿透率的高低直接决定了紫外线在污水中传播的效率，也是影响紫外线设备规模的重要参数。紫外线的透过率与介质的吸收率受水中溶解的有机物、无机物及未溶解的悬浮物等因素的影响。

（2）总悬浮物（TSS）及尺寸。悬浮颗粒物对紫外线杀菌效果的影响也十分明显，悬浮颗粒能吸收与反射紫外线，从而阻止紫外线照射到细菌与病毒的 DNA 和 RNA 上。另外，悬浮颗粒也会加速石英套管的结垢及污染，从而影响杀菌效果。

水中颗粒物尺寸的大小对紫外线杀菌效果的影响较大，因为大的悬浮颗粒物会形成对细菌与病毒保护的阴影与死角。通常二沉池的出水对紫外线的杀菌更有利，并且水中悬浮颗粒物平均尺寸应小于 30 μm。

（3）水质成分。污水的成分很复杂，除悬浮物外还含有一些有机物和无机物。其中来自工业废水（如：印染、纺织、屠宰等）的一些成分会吸收紫外线，从而降低水体的紫外线穿透率。另外，上述很多杂质会在灯管的石英套管表面结成难以去除的污垢，降低灯管发射到水体中的紫外线能量，从而影响系统的消毒性能。因此，这些因素必须在紫外线消毒系统设计时予以考虑。

（4）污水的前续处理工艺。前续处理工艺对进入紫外线消毒处理单元的水质有决定性影响，因此紫外线消毒系统上游的处理工艺也会影响系统的消毒效果。例如前续工艺采用的处理程度，投加的絮凝、混凝剂等药剂的成分、二级生化处理选用的工艺等。

（5）曝光时间。曝光时间与流量有关。紫外线系统设计时一般按照峰值流量进行设计，流量越小，曝光时间越长，系统具备更大的有效紫外线照射剂量。

D　紫外线消毒系统

目前城市污水处理常用明渠式紫外线消毒系统，它是将紫外线灯管组成消毒模块，浸没在紫外线消毒明渠里，如图 5-47 所示，污水流经紫外线灯经紫外线照射后完成消毒过程。明渠式紫外线消毒系统主要由紫外灯模块、紫外线灯套管及其自动清洗系统、镇流器柜、电控柜、自动监控系统、水位控制器、透光率检测装置等，如图 5-48 所示。

紫外线灯管是紫外线消毒系统的重要组件，为高压石英水银灯，主要有浸水式和水面式两种形式。浸水式是把石英灯管置于水中，此法的特点是紫外线利用率较高，杀菌效果好，但设备的构造较复杂。水面式的特点是构造简单，由于反光罩吸收紫外线以及光线散射，杀菌效果不如前者，目前使用较为广泛的是浸水式紫外线灯管。

紫外线灯管性能不仅是新灯管的杀菌紫外线的能量输出、光电转换效率，还包括灯管

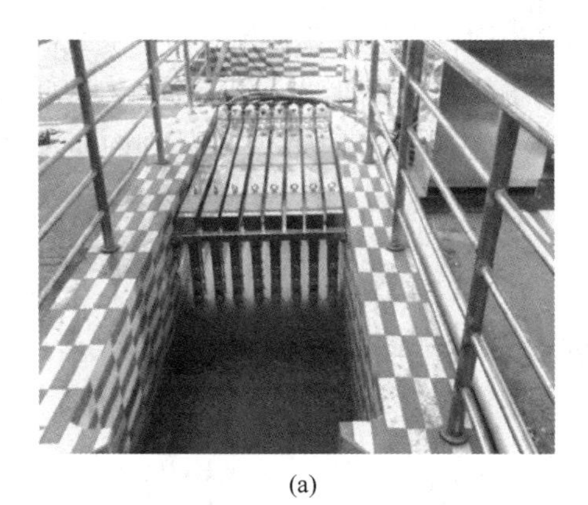
(a)

(b)

图 5-47　紫外线消毒明渠
（a）紫外线消毒渠；（b）紫外线灯

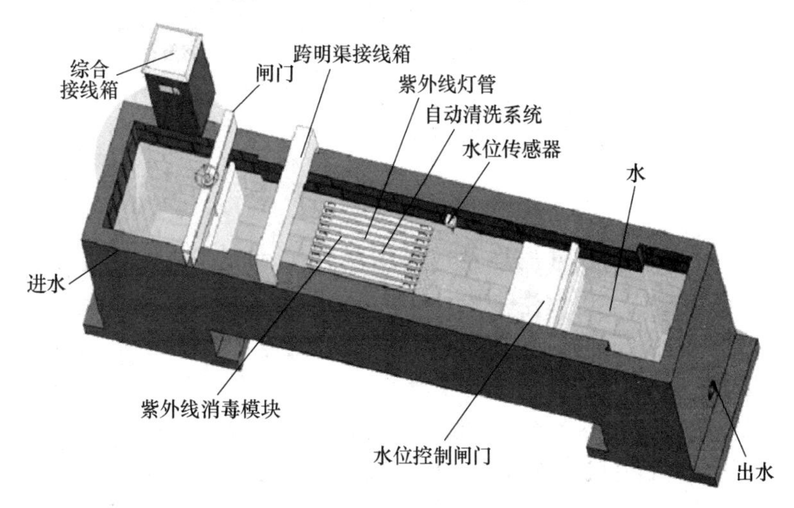

图 5-48　紫外线消毒系统

的老化特性。新灯管的紫外线输出（单位：W）指的是一根新灯管在经过一定时间运行磨合期时的紫外线能输出功率。灯管在使用过程中会逐渐老化，紫外线能输出会随时间而衰减，灯管老化系数定义为灯管在寿命周期终点时的紫外线输出与新灯管紫外线能输出之比。在紫外线照射剂量计算时必须计入灯管老化系数，而不能只考虑紫外线灯管寿命。此外，如前所述城市污水中的成分会使灯管的石英表面结垢，影响系统的消毒性能。为了保证系统消毒性能不受结垢的影响，在紫外线照射剂量计算中应考虑灯管的结垢。

一般紫外线消毒的照射强度为 0.19~0.25 W·s/cm^2，污水层深度为 0.65~1.00 m。

5.6.1.4　臭氧消毒

A　臭氧的性质

臭氧（O_3）是氧气的同素异形体，有腥臭味，化学性质非常活泼，易溶于水，极易分解，分解时释放出自由基态氧：$O_3 = O_2 + [O]$；该气体在常温下为淡蓝色，其密度是空气的 1.6 倍，在空气中易于沉降扩散。

臭氧是强氧化剂，和氯化一样，既能起消毒作用，也起氧化作用；但是臭氧的消毒能力和氧化性都比氯强，既能氧化水中的有机物，也能杀死病毒、芽孢及细菌。因此，臭氧氧化法在污水处理中既可以作为杀菌消毒技术，也可以作为污水深度处理的高级氧化技术，分解难降解有机物。

B　臭氧消毒系统

污水处理中的臭氧消毒系统一般由臭氧发生器、气源处理设备、冷切设备、臭氧投加设备、反应池和臭氧尾气处理器等组成，如图 5-49 所示。

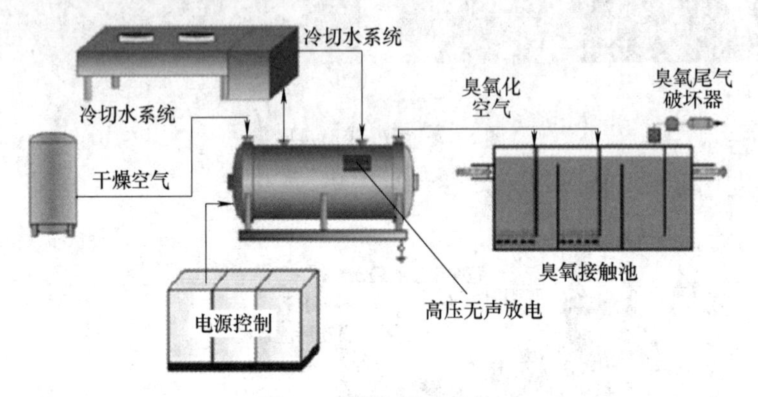

图 5-49　臭氧消毒系统

由于臭氧易分解，所以臭氧都是在现场用空气或纯氧通过臭氧发生器制取（见图 5-50），可分为电晕放电法、电解法和紫外线法，其中电晕放电法使用最为广泛。电晕放电法是通过一定频率的高压电流制造高压电晕电场，使电场内或电场周围的氧分子发生电化学反应，从而制得臭氧。

进入臭氧发生器的气源需要经过气源（空气或氧气）处理设备处理，主要是对气源进行冷却、干燥和过滤。制好的臭氧或臭氧化空气臭氧通过专用管道及曝气器以曝气混合的方式投加于臭氧接触反应池中，气泡分散越小，臭氧利用率越高，消毒效果越好。

常用的臭氧尾气处理方法有化学法和电加热分解法。化学法分为催化剂法和活性炭吸收法。催外剂法是以二氧化锰为基质和填料，作为催化剂，对臭氧起到催化分解作用；活性炭吸附法是利用活性炭载体对臭氧进行吸附和氧化分解。电加热分解法反应速度快，效果好，便于自动运行。

C　工艺控制

臭氧消毒根据处理工艺、投加位置，以及去除污染物类型（除铁锰、脱色、除臭、去除 COD、消毒、除藻等），投加量一般为 0.5～20 mg/L；要根据处理水量、处理效果来调整臭氧投加量，接触时间一般为 10～30 min，接触时间延长，臭氧投加量可适当减少。

在选择臭氧发生器时，要根据污水水质及处理工艺确定臭氧投加量，再根据臭氧投加量和单位时间处理水量确定臭氧使用量，按每小时使用臭氧量选择臭氧发生器台数及型号。

臭氧设备间应设置通风设备，通风机应安装在靠近地面处。臭氧系统设备管道应做防腐处理与密封。臭氧发生器为高压放电设备，应保持良好的接地装置，必须保持电气设备干燥、绝缘、干净。

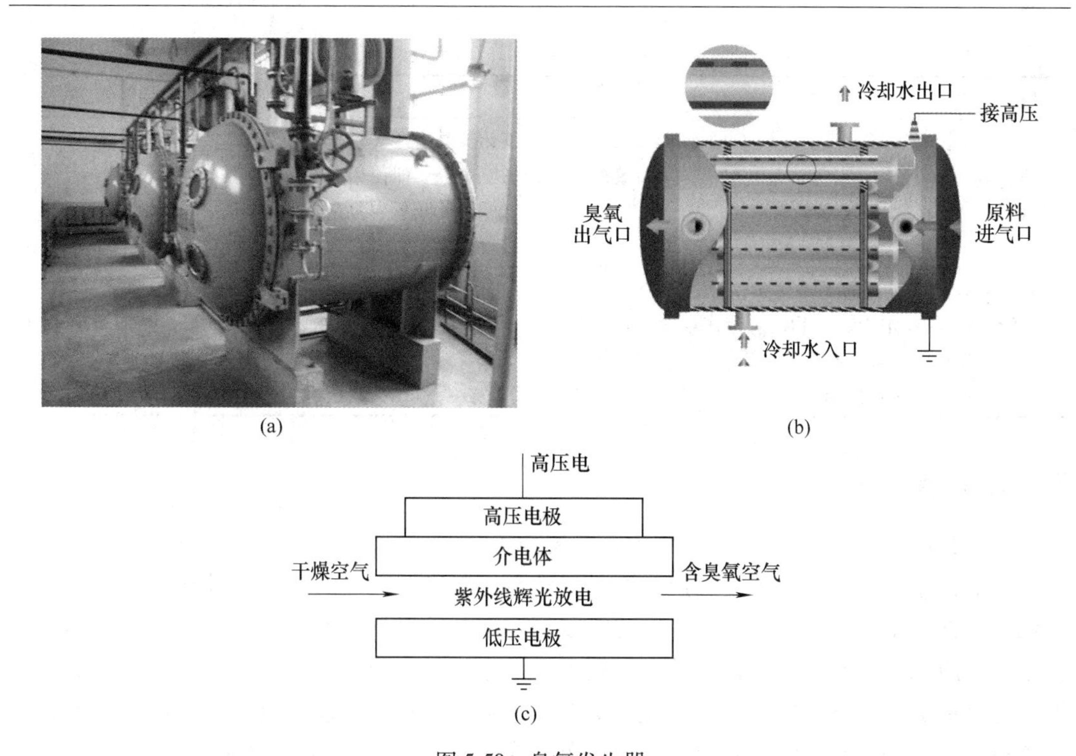

图 5-50　臭氧发生器

(a) 实体设备；(b) 臭氧发生器；(c) 工作原理

D　臭氧消毒的特点

作为优良的氧化剂和杀菌剂，臭氧消毒具有杀菌作用快、效率高，所需浓度较低，且可杀灭抗氯性强的病毒和芽孢等特点。与其他消毒方法相比，臭氧消毒受 pH 值、水温及水质的影响较小，可同时实现消毒、脱色、除味、除臭、氧化破坏水中污染物、增加水的溶解氧等多种功能。臭氧消毒不会产生三卤甲烷等副产物，也不存在残留导致出现二次污染的问题。

由于臭氧消毒要使用臭氧发生器及相关气源、尾气处理设备和投配装置，因此管理维护水平要求较高，设备投资及运行费用也较高。臭氧极易分解，因此不具备持久的杀菌作用，消毒后尚需投加少量消毒药剂，以维持水中所需要的余氯量。

表 5-10 列出了上述四种污水消毒方法的优缺点及适用条件。

表 5-10　四种污水消毒方法的特点及适用条件

名称	优点	缺点	适用条件
液氯	效果可靠，投配设备简单，投量准确，价格便宜	氯氧化形成的余氯及某些氯化物低浓度时对水生物有毒害，当废水含有工业废水比例比较大时可能生成致癌物质	适用于大、中型废水处理厂
臭氧	消毒效果高，并能够有效地降解废水中残留有机物、色、味、废水的 pH 值对废水消毒影响效果很小，不产生难处理或者生物积累性残余物	投资大、成本高、设备管理较复杂	适用于出水水质好、排放水体卫生条件要求高的废水处理

续表 5-10

名称	优点	缺点	适用条件
二氧化氯	无残留物，对人体危害较小，杀菌效果比季铵盐好，是高效杀菌剂	二氧化氯具有爆炸性，必须在现场制备，立即使用；制备含氯低的二氧化氯较复杂，其成本较其他消毒方法高	适用于出水水质较好、排放水体卫生条件要求高的废水处理
紫外线消毒	紫外线消毒无需化学药品，不会产生THMs类消毒副产物；杀菌作用快，效果好；无臭味，无噪声；容易操作，管理简单，运行和维修费用低	电耗能量大、消毒持续性差	适用于中小型废水处理厂

5.6.2 技能

5.6.2.1　碘量法对有效氯测定的基本概念

氯消毒制剂在使用前需要测定其有效氯含量，以确认其效力和作为计算使用剂量的主要依据，饮用水和污水处理氯消毒后也需要测定余氯的含量。有效氯含量过低的氯制剂将失去消毒应用价值，余氯含量过低则不能保证消毒效果，而余氯含量过高则影响水的感官性，甚至造成二次化学性污染，因此有效氯、余氯的含量测定非常重要。氯制剂中的有效氯含量测定常采用碘量法，碘量法也用于测定含量大于 1 mg/L 的总余氯量。

5.6.2.2　主要试剂

（1）KI 溶液。

（2）0.5%淀粉溶液：称取 0.5 g 可溶性淀粉于小烧杯中，用少量水搅匀后加入 100 mL 的沸水中，加入后不断搅拌，并煮沸至溶液透明为止。加热时间不易过长且应迅速冷却，以免降低淀粉指示剂的灵敏性能。如需久存，可加入少量的 HgI_2 或 $ZnCl_2$。

（3）2 mol/L H_2SO_4 溶液。

（4）0.1 mol/L $Na_2S_2O_3$ 溶液：将 12.5 g $Na_2S_2O_3 \cdot 5H_2O$ 溶解在 500 mL 新煮沸冷却后的水中，加入 0.1 g 碳酸钠，储于棕色瓶中并摇匀，保存于暗处一周后标定使用。

5.6.2.3　步骤

A　硫代硫酸钠溶液的标定

用 25 mL 移液管吸取 0.1000 mol/L 重铬酸钾标准溶液 3 份，分别置于 250 mL 碘量瓶中，加入 5 mL 6 mol/L 盐酸、5 mL 20%KI，摇匀后在暗处放置约 5 min，待反应完全，用 100 mL 水稀释。用硫代硫酸钠溶液滴定至溶液由棕色到绿黄色，加入 2 mL 0.5%淀粉指示剂，继续滴定至溶液由蓝色至亮绿色即为终点，根据消耗的硫代硫酸钠溶液的毫升数计算其浓度。

B　有效氯含量的测定

取 10 mL 待测液体，置于 250 mL 碘量瓶中，加入 2 mol/L 硫酸 10 mL，10%碘化钾溶液 10 mL，此时溶液出现棕色。盖上盖并振摇混匀后加蒸馏水数滴于碘量瓶盖缘，在暗处放置约 5 min。打开盖，让盖缘蒸馏水流入瓶内。用硫代硫酸钠溶液（装于 25 mL 棕色滴定管中）滴定游离碘，边滴边摇匀，待溶液呈浅棕黄色时，加入 10 滴 0.5%淀粉指示剂，溶液立即变蓝色，继续滴定至溶液由蓝色至无色即为终点，记录消耗的硫代硫酸钠溶液的毫升数。

C　计算

重复上述测定3次，取3次平均值进行以下计算。

因为1 mol/L硫代硫酸钠标准溶液1 mL相当于0.03545 g有效氯，故可按下式计算有效氯含量。

$$有效氯含量 = M \times V \times 0.03545 \times 100\%/W \tag{5-8}$$

式中　M——硫代硫酸钠标准滴定溶液的浓度，mol/L；

V——滴定消耗的硫代硫酸钠溶液的毫升数；

W——碘量瓶中样液的毫升数。

5.6.3　任务

加氯量的确定（见表5-11）：以商品漂白粉作为消毒剂，测定其中有效氯。取200 mL待消毒水样3~6份，分别加入1%（质量浓度）的一定量的漂白粉溶液，充分搅拌反应30 min后，进行余氯量测定。选择余氯量为0.3~0.5 mg/L的一份来计算加氯量。

表5-11　加氯量的确定方法

<table>
<tr><td>水样描述</td><td colspan="5"></td></tr>
<tr><td rowspan="4">商品漂白粉有效氯含量的测定</td><td>测定方法</td><td colspan="4"></td></tr>
<tr><td>试剂</td><td colspan="4"></td></tr>
<tr><td>器材</td><td colspan="4"></td></tr>
<tr><td>计算及结果</td><td colspan="4"></td></tr>
<tr><td rowspan="6">余氯量测定</td><td>测定方法</td><td colspan="4"></td></tr>
<tr><td>试剂</td><td colspan="4"></td></tr>
<tr><td>器材</td><td colspan="4"></td></tr>
<tr><td>样品编号</td><td>1</td><td>2</td><td>3</td><td>…</td></tr>
<tr><td>1%漂白粉溶液加入量V(mL)</td><td></td><td></td><td></td><td></td></tr>
<tr><td>余氯量（mg/L）</td><td></td><td></td><td></td><td></td></tr>
</table>

续表 5-11

加氯量确定	余氯量为 0.3～0.5 mg/L 的样品加氯量（g/L）	加氯量（Cl_2）$=\dfrac{V\times 1\%\times 1000}{200\times 有效氯含量}$
计算	若消毒水量为 5 t/d，计算该漂白粉消毒剂的用量	
	若消毒水量为 5 t/d，用有效氯浓度为 10% 的次氯酸钠溶液作为消毒剂，则用量为多少	

课程思政点：

以化学消毒目的、对象等授课内容，引入疫情防护、公共安全卫生防护相关思政内容。

项目6　污泥处理与处置

任务6.1　污泥的种类与特性

【知识目标】

（1）了解污泥的来源、基本性质和数量。
（2）掌握表征污泥性质的主要指标。
（3）掌握污泥二次污染危害。

【技能目标】

（1）能对污水厂污泥产污环节进行分析。
（2）能正确进行污泥产量计算。

【素养目标】

形成安全环保意识。

6.1.1　主要理论

污泥处理与处置问题是污水处理过程中产生的重要问题。其原因有两点，首先污泥中含有大量的有毒有害物质，如寄生虫卵、病原微生物、细菌、合成有机物及重金属离子等，它将对周围环境产生不利影响；其次污泥量大，其数量占处理水量的0.3%~0.5%（体积），如进行深度处理，其污泥量还可能增加0.5~1.0倍。

污泥的处理和处置，就是要通过适当的技术措施，使污泥得到再利用或以某种不损害环境的形式重新返回到自然环境中。

只有对这些污泥进行及时处理和处置，才能：

（1）确保污水处理效果，防止二次污染；
（2）使容易腐化发臭的有机物得到稳定处理；
（3）使有毒有害物质得到妥善处理或利用；
（4）使有用物质得到综合利用，变害为利。

总之，污泥处理与处置的目的是减量、稳定、无害化及综合利用，如图6-1所示。

6.1.1.1　污泥的来源

在水处理工程中，根据废水处理的工艺不同，主要的污泥来源有以下几种：

（1）栅渣。来源于格栅或滤网，呈垃圾状，量少，易处理和处置，可与污水处理厂生活垃圾合并处理。

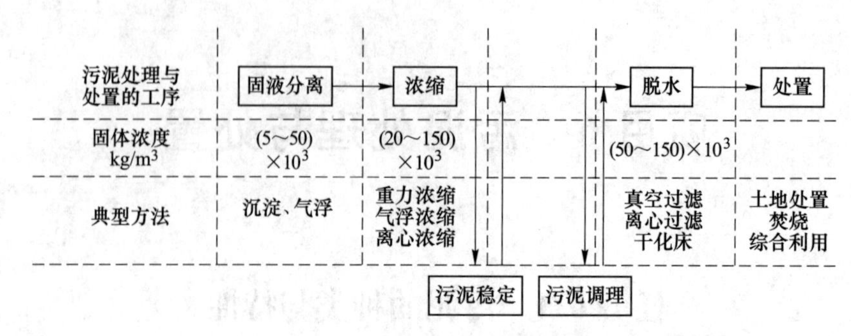

图 6-1　污泥处理与处置流程

（2）浮渣。来源于上浮渣和气浮池，可能多含油脂等，量少。

（3）沉砂池沉渣。来源于沉砂池，主要为比重较大的无机颗粒，量少。

（4）初沉污泥。来源于初沉池，以无机物为主，数量较大，易腐化发臭，可能含有虫卵和病变菌，是污泥处理的主要对象。

（5）化学污泥。来源于用混凝、化学沉淀等方法处理废水后产生的污泥，多数情况下，化学污泥味道较小，易于脱水，但可能含有重金属等化学物质。

（6）二沉污泥。来源于二沉池剩余的活性污泥，有机物质含量高，含水率高，易腐化发臭，难脱水，是污泥处理的主要对象。

另外，在给水处理过程中，在原水被净化时也会产生各种污泥，主要是各种化学污泥；即经化学处理后，除含有原废水中的悬浮物外，还含有化学药剂所产生的沉淀物，这类污泥易于脱水与压实。

6.1.1.2　污泥的分类

按污泥所含主要成分不同，可以将污泥分为有机污泥和无机污泥。

（1）有机污泥：有机污泥常称为污泥，主要成分是有机物，是处理有机废水的产物。有机污泥中常含有肥料成分，但某些工业废水污泥中可能含有有毒物质，而生活污水、肉类加工等废水污泥中又含有病原微生物和寄生虫卵等。

（2）无机污泥：无机污泥常称为泥渣，主要是以无机物为主，也会含有有毒有害物质和一定量的有机污染物，所以也应进行适当处理。

6.1.1.3　污泥的性质指标

A　含水率

污泥中所含水分的质量与污泥总质量之比称为污泥含水率。污泥含水率一般都很高，密度接近于水。污泥含水率对污泥特性有重要影响，不同污泥含水率差别很大。污泥体积、质量及所含固体物浓度之间的关系，可用式（6-1）表示。

$$\frac{V_1}{V_2}=\frac{W_1}{W_2}=\frac{100-p_2}{100-p_1} \tag{6-1}$$

式中　V_1，W_1，p_1——污泥含水率为 p_1%时的污泥体积、质量与固体物浓度；

V_2，W_2，p_2——污泥含水率为 p_2%时的污泥体积、质量与固体物浓度。

由式（6-1）可知，当污泥含水率由 99%降到 98%时，或由 98%降到 96%，或由 97%

降到 94%，污泥体积均能减少一半。也就是污泥含水率越高，降低污泥的含水率对减容的作用越大。

式（6-1）适用于含水率大于 65%的污泥，因含水率低于 65%以后，污泥内出现很多气泡，体积与质量不再符合式（6-1）关系。不同含水率下污泥的状态见表 6-1。

表 6-1　污泥含水率及其状态

含水率	污泥状态
85%以上	流体态
65%~85%	塑态
65%以下	固态

B　挥发性固体和灰分

挥发性固体又称灼烧减重，近似地等于有机物含量；灰分又称灼烧残渣，表示无机物含量。

C　污泥的相对密度

污泥的相对密度等于污泥质量与同体积的水质量的比值。而污泥质量等于其中含水分质量与干固体质量之和。污泥相对密度可用式（6-2）进行计算。

$$S = \frac{100S_1S_2}{PS_1 + (100 - P)S_2} \tag{6-2}$$

式中　S——污泥的相对密度；

P——污泥含水率，%；

S_1——污泥中固体的平均相对密度；

S_2——水的相对密度。

污泥的相对密度主要取决于污泥含水率和固体的平均相对密度。固体的平均相对密度越大，污泥含水率越低。确定污泥相对密度，对于浓缩池的设计、污泥运输及后续处理，都有实用价值。

城市污水厂的污泥量、污泥含水率 p 和相对密度 γ 的经验数据列于表 6-2 中。

表 6-2　城市污水厂的污泥量、污泥含水率和相对密度

污泥种类		污泥量/L · m^{-3}	含水率/%	相对密度
沉砂池沉砂		0.03	60	1.5
初沉池污泥		14~25	95~97.5	1.015~1.02
二沉池污泥	生物膜法	7~19	96~98	1.02
	活性污泥法	10~21	99.2~99.6	1.005~1.008

D　污泥的脱水性能

污泥的脱水性能常用以下两个指标来评价。

（1）污泥过滤比阻 r(m/kg)，其物理意义是：在一定压力下过滤时，单位干重的污泥滤饼，在单位过滤面积上的阻力。比阻越大的污泥，越难过滤，其脱水性能越差。

（2）污泥毛细吸水时间 CST（Capillary Suction Time）。由 Baskerville 和 Gale 于 1968 年

提出，其值等于污泥与滤纸接触时，在毛细管作用下，水分在滤纸上渗透 1 cm 长度的时间，以秒计。CST 越大，污泥的脱水性能越差。

6.1.2　技能

污泥产量计算公式与主要参数见表 6-3。

表 6-3　污泥产量计算公式与主要参数

项目	公式	主要参数（说明）
初沉池污泥量 V_1	$$V_1 = \frac{100C_0\eta Q}{10^3(100-P)\rho} \quad (6\text{-}3)$$	V_1——初次沉淀污泥体积，m^3/d； Q——污水流量，m^3/d； C_0——进水悬浮物浓度，mg/L； η——去除率，一般取 40%~50%； P——污泥含水率，一般取 95%~97%； ρ——沉淀污泥密度，以 1000 kg/m^3 计
剩余污泥量 V_2	可按项目 4 中的式（4-47）计算剩余污泥量	不同的污水处理工艺，有机物降解和微生物内源呼吸的程度不同，剩余污泥的排放量计算方法也不相同
消化污泥量 V_d	$$V_d = \frac{(100-P)V}{100-P_d} \times \left(1 - \frac{P_v - R_d}{10000}\right) \quad (6\text{-}4)$$	V_d——污泥消化后的体积，m^3/d； P——污泥含水率，%； P_d——消化污泥含水率，%； V——生污泥的体积，m^3/d； R_d——污泥的可消化程度，%； P_v——生污泥有机物的含量，%

6.1.3　任务

某污水厂产生的混合污泥 450 m^3/d，含水率 96%，有机物含量为 65%，采用厌氧消化做稳定处理，消化后熟污泥的有机物含量为 50%，消化池无上清液排除设备，求消化污泥量，并填写表 6-4。

表 6-4　消化污泥量的计算

步骤 1：相关参数的确定			
（1）生污泥中有机物含量		（2）生污泥中无机物含量	
（3）熟污泥中有机物含量		（4）熟污泥中无机物含量	
（5）污泥消化后含水率			
步骤 2：消化污泥量的计算			
（1）污泥可消化程度 R_d：			
（2）消化污泥体积 V_d：			

课程思政点：

（1）针对污水处理污泥来源，结合“质量互变规律”辩证唯物主义进行讲解。

（2）结合污水处理行业污泥、危废依法处理处置与建设法治社会思政元素结合学习思考。

任务 6.2　污泥浓缩

【知识目标】

（1）掌握污泥浓缩的基本原理及作用。

（2）掌握污泥浓缩设备、构筑物类型和运行特点。

【技能目标】

（1）掌握污泥浓缩池的设计参数选取。

（2）掌握污泥浓缩池的设计计算。

【素养目标】

（1）提高安全环保意识。

（2）培养创新精神，提高理论联系实际能力。

6.2.1　主要理论

污泥浓缩的作用是去除污泥中大量的水分，从而缩小其体积，减轻其质量，对于减少后续处理过程如消化、脱水、干化和焚烧等的负担都是非常有利的。

6.2.1.1　污泥含水率

污泥中所含水分大致分为以下四类，如图 6-2 所示。

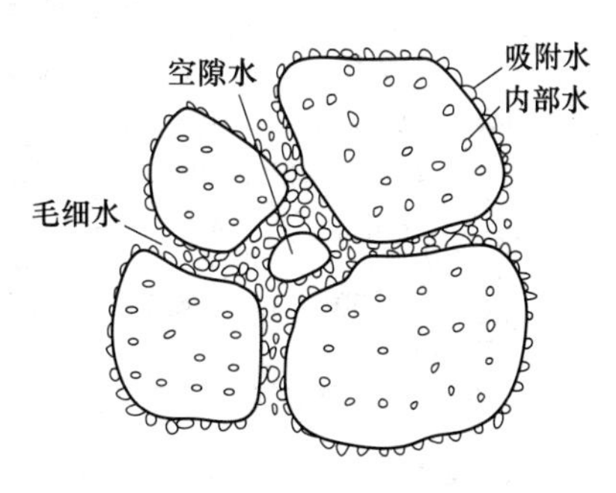

图 6-2　污泥水分

（1）颗粒间的空隙水（游离水）：约占总水分的 70%；

（2）毛细水：颗粒间毛细管内的水，约占 20%；

（3）污泥颗粒表面吸附水：黏附于颗粒或细胞表面的水；

（4）颗粒内部水（包括细胞内部水）：约占 10%。

根据污泥中所含水分的不同，降低污泥含水率的方法有以下三种。

（1）浓缩法：用于降低污泥中的空隙水，因空隙水所占比例最大，故浓缩是减容的主要方法。

（2）自然干化法和机械脱水法：主要脱除毛细水。

（3）干燥与焚烧法：主要解除吸附水与内部水。

污泥浓缩的技术界限大致为：活性污泥含水率可降至97%~98%，初沉池污泥可降至85%~90%。

6.2.1.2　污泥浓缩池

污泥浓缩的主要作用是降低含水率，大幅减少污泥体积，其实质是去除污泥颗粒间隙水的一部分，可分为重力浓缩、气浮浓缩和离心浓缩三种方式。

（1）重力浓缩法。污泥颗粒在重力浓缩池中的沉降行为属于成层沉降，沿浓缩池铅锤方向存在着三个明显的区域：上部为澄清区，该区内固体浓度极低；中层为阻滞区，该区的固体浓度基本恒定，不起浓缩作用，其厚度对下部压缩区有很大影响；下部为压缩区，由于重力作用，污泥中的孔隙水被挤出，固体浓度从上到下逐渐提高。

（2）气浮浓缩法。气浮浓缩能把含水率从99.5%降至94%~96%，澄清液悬浮物浓度低于0.1%。气浮浓缩法分为加压溶气气浮法与真空溶气气浮法两种。加压溶气气浮法工艺流程与废水的气浮处理相似，即浓缩池澄清出水部分回流到容器罐加压溶解空气，加压溶气水和污泥一起进入污泥浓缩池进行反应。

（3）离心浓缩法。离心浓缩是利用离心力达到污泥浓缩的目的，离心机能将含固率为0.5%的活性污泥浓缩到5%~6%，不但效率高、时间短、占地少，而且卫生条件好，但其突出缺点是运行费用较高。

污泥浓缩的运作方式有间歇式和连续式两种，间歇式主要用于污泥量较小的场合，而连续式则适用于污泥量较大的场合。三种污泥浓缩方式的适用范围及优缺点见表6-5。

表 6-5　各种浓缩方法的优缺点及适用范围

方法	优点	缺点	适用范围
重力浓缩法	贮存污泥能力高，操作要求不高，运行费用低（尤其是耗电少）	占地大，且会产生臭气，对于某些污泥工作不稳定，经浓缩后的污泥非常稀薄	适用于固体密度较大的重质污泥，普通剩余污泥等
气浮浓缩法	比重力浓缩的泥水分离效果好，所需土地面积少，臭气问题小，污泥含水率低，可使砂砾不混入浓缩污泥中，能去除油脂	运行费用较重力浓缩法高，占地比离心浓缩法大，污泥贮存能力小	适用于相对密度接近于1的活性污泥（氮磷系统的剩余污泥），或含有气泡的消化污泥
离心浓缩法	占地少，处理效率高，臭气释放少	要求专用离心机，耗电大，对操作人员要求高	适用于绝大多数的污泥

6.2.2　技能

6.2.2.1　连续式重力浓缩池的设计计算

A　设计规定

（1）连续式重力浓缩池一般采用圆形竖流或辐流沉淀池的形式。

（2）竖流式中心管按污泥流量计算，管中的流速不大于30 mm/s；沉淀区按浓缩分离出来的污水量进行设计计算，其上升流速不大于0.1 mm/s。其余部分按竖流式沉淀池设计。竖流式浓缩池不设刮泥机，采用重力排泥，污泥室的截锥体斜壁与水平面形成的角度应不小于 50°。

(3) 圆形辐流式重力浓缩池内可设置搅拌栅条（见图 6-3），搅拌栅条的旋转周速度为 0.02~0.2 m/s。栅条破坏污泥网状结构和胶着状态，促使其中的水分和气泡释放，提高固体沉降速度和静沉固体通量，可使浓缩池的效率提高约 20%。

(4) 浓缩池池体直径一般取 5~20 m，有效水深一般为 4 m 左右，浓缩时间取 12~24 h。当采用定期排泥时，排泥间隔取 6~8 h。

(5) 圆形辐流式重力浓缩池当采用吸泥机排泥时，池底坡度为 0.003；当采用刮泥机时，池底坡度为 (1 : 100)~(1 : 12)，污泥用刮泥机集中到池中心，然后用排泥管排出，刮泥机周边线速一般取 1~2 m/min，污泥斗壁的倾角为 50°~60°。

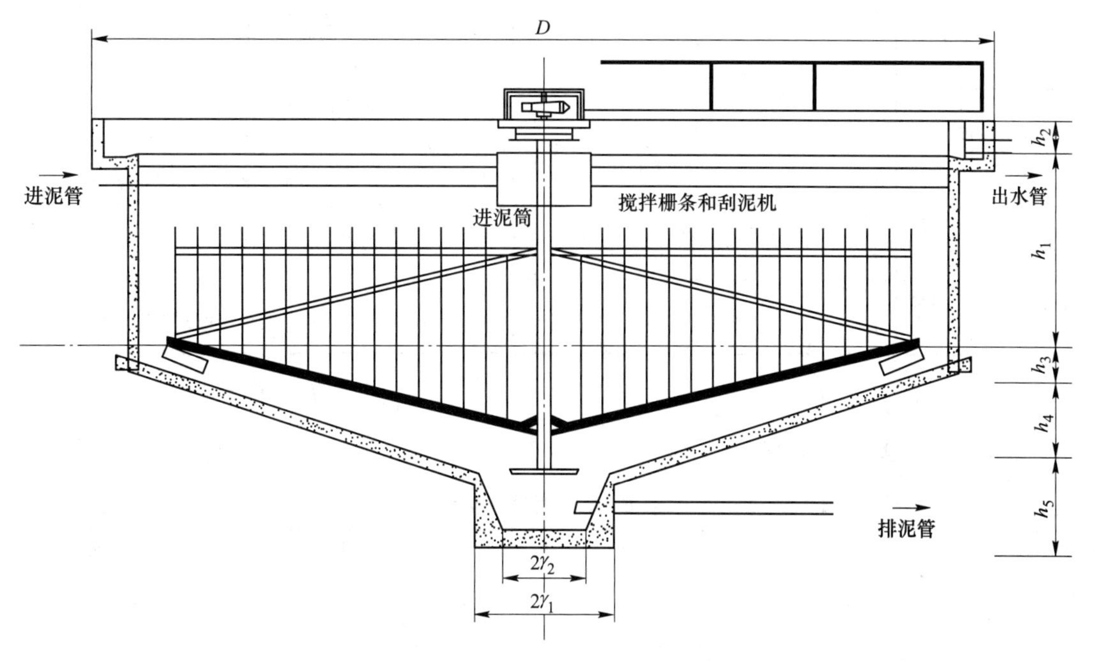

图 6-3 圆形辐流式重力浓缩池

B 设计计算公式

表 6-6 为设计计算公式与主要参数。

表 6-6 设计计算公式与主要参数

设计名称	设计计算公式	主要参数
污泥浓度	$C_0 = (100 - P_0) \times 10$ (6-5)	C_0——进泥污泥固体浓度，kg/m^3； P_0——进泥含水率，%
浓缩池总表面积	$A = \dfrac{QC_0}{G}$ (6-6)	A——浓缩池表面积，m^2； Q——设计污泥量，m^3/d； G——固体通量，kg/(m^3 · d)
浓缩池单池直径	$D = \sqrt{\dfrac{4A}{n\pi}}$ (6-7)	D——单座浓缩池直径，m； n——浓缩池个数

续表 6-6

设计名称	设计计算公式	主要参数
工作部分有效水深	$h_1 = \frac{TQ}{24A}$ (6-8)	h_1——浓缩池工作部分有效水深，m； T——浓缩时间，h
浓缩池总高度	$H = h_1 + h_2 + h_3 + h_4$ (6-9) $h_4 = (R - r_1)i$ (6-10) $h_5 = (r_1 - r_2)\tan\alpha$ (6-11)	H——浓缩池总高度，m； h_2——浓缩池超高，一般取 0.3 m； h_3——浓缩池缓冲层高度，一般取 0.3 m； h_4——浓缩池池底坡度的高差，m； R——浓缩池半径，m； r_1，r_2——污泥斗上下口半径，m； i——浓缩池池底坡度； α——污泥斗壁倾角，(°)
浓缩后污泥体积	$V = Q\frac{100 - V_0}{100 - P_1}$ (6-12)	V——浓缩后污泥的体积，m^3； V_0——浓缩前污泥的体积； P_1——浓缩后污泥含水率，%
污泥斗容积	$V_1 = \frac{\pi}{3}h_5(r_1^2 + r_1r_2 + r_2^2)$ (6-13)	V_1——污泥斗容积，m^3
污泥斗以上圆锥体部分污泥容积	$V_2 = \frac{\pi}{3}h_4(R^2 + Rr_1 + r_1^2)$ (6-14)	V_2——污泥斗以上圆锥体部分污泥容积，m^3

C　主要设计参数

表 6-7 为主要设计参数。

表 6-7　主要设计参数

处理污泥类型	进水含水率 /%	出泥含水率 /%	表面水力负荷 $/m^3 \cdot (m^2 \cdot d)^{-1}$	固体通量 $/kg \cdot (m^2 \cdot d)^{-1}$
初沉污泥	95~97	92~95	24~33	80~120
活性污泥法剩余污泥	99.2~99.6	97~98	2~4	20~30
生物膜法剩余污泥	96~99	94~98	2~6	35~50
初沉污泥和剩余污泥的混合污泥	98.5~99.4	96~98	4~10	30~50

6.2.2.2　气浮浓缩池的设计计算

A　设计规定

（1）气浮浓缩池可采用矩形或圆形。

（2）采用矩形气浮池时，长宽比一般取（3：1）~（4：1），有效水深和宽度之比一般大于0.3，有效水深为3~4 m，水平流速4~10 mm/s，停留时间不小于1.5 h。辐流式气浮池深度不小于3 m。

（3）气固比一般取 0.01~0.04。入流污泥固体浓度高时，取下限；反之，取上限。

（4）溶气罐的容积，一般按加压水停留 1~3 min 计算；罐内溶气压力一般采用 0.3~0.5 MPa；溶气罐的直径和高度比一般取（1：2）~（1：4）；采用填料溶气罐时溶气效率取 0.9，采用无填料溶气罐时溶气效率取 0.5；回流比 R 一般取 1.0~3.0。

（5）气浮池应设置可调试出水堰，控制水面上浮渣厚度为 0.15~0.3 m，刮泥机的运行速度一般采用 0.5 m/min。

B　设计参数

表 6-8 为气浮浓缩池的设计参数。

表 6-8　气浮浓缩池的设计参数

处理污泥类型	进泥含固率 /%	气浮污泥含固率 /%	表面水力负荷/$m^3 \cdot (m^2 \cdot h)^{-1}$		表面固体负荷 /$kg \cdot (m^2 \cdot h)^{-1}$
			有回流	无回流	
初沉污泥	2~4	3~6	1.0~3.6	0.5~1.8	< 10.8
活性污泥混合液	<0.5				1.04~3.12
剩余活性污泥	<0.5				2.08~4.17
初沉污泥和剩余的混合污泥	1 ~3				4.17~8.34

C　设计计算公式

表 6-9 为气浮浓缩池的设计计算公式。

表 6-9　气浮浓缩池的设计计算公式

设计名称	设计公式	主要参数
加压水回流量	$Q_r = \dfrac{1000QC_0\dfrac{A}{S}}{\gamma C_S\left(\eta\dfrac{p}{9.81\times10^4}-1\right)}$　(6-15)	Q_r——加压水回流量，m^3/d； A/S——气固比； γ——空气容量，取值参考设计参数，g/L
回流比	$R = \dfrac{Q_r}{Q}$　(6-16)	R——回流比,%
总流量	$Q_T = Q_r + Q$　(6-17)	Q_T——总流量，m^3/d
过水断面积	$F = \dfrac{Q_T}{v}$　(6-18)	F——气浮池过水断面积，m^2； v——水平流速，m/h
气浮池表面积	$A = \dfrac{Qc_0}{M}$　(6-19)	A——气浮池表面积，m^2
气浮池有效水深	$H' = h_1 + h_2 + h_3$　(6-20)	H'——气浮池有效水深，m； h_1——分离区高度，m； h_2——浓缩区高度，一般取 1.2~1.6 m； h_3——死水区高度，一般取 0.1 m
气浮池总高度	$H = H' + h_4 + h_5$　(6-21)	H——气浮池总高度，m； h_4——气浮池超高，一般取 0.3 m； h_5——刮泥板高度，一般取 0.3 m
校核表面水力负荷	$q = \dfrac{Q_T}{A}$　(6-22)	q——表面水力负荷，$m^3/(m^2 \cdot h)$
校核停留时间	$T = \dfrac{AH'}{Q_T}$　(6-23)	T——停留时间，h
溶气罐容积	$V = \dfrac{tQ_r}{60}$　(6-24)	V——溶气罐容积，m^3； t——溶气停留时间
溶气罐高度	$h = \dfrac{4V}{\pi D^2}$　(6-25)	h——溶气罐高度，m； D——溶气罐直径，m

6.2.3 任务

已知某城市污水处理厂采用活性污泥法作为生物处理工艺，二沉池活性污泥量 $Q = 1500\ m^3/d$，含水率 $P_1 = 99.5\%$，要求气浮浓缩后污泥含水率为 97%，试设计计算气浮浓缩池，并填入表 6-10 中。

表 6-10　气浮浓缩池的主体尺寸与设备选型

步骤 1：相关设计参数的确定			
（1）气浮池个数		（2）单座气浮池流量	
（3）气固比		（4）运行温度	
（5）溶气效率		（6）溶气罐绝对压力	
（7）空气溶解度		（8）空气密度	
步骤 2：气浮浓缩池的主体尺寸计算			
步骤 3：设备选型			
（1）设备选型途径： （2）设备类型、型号： （3）主要性能参数：			
步骤 4：参数校核			

任务 6.3　污泥消化

【知识目标】

（1）了解污泥消化的基本原理。

(2) 掌握污泥消化的方法。
(3) 掌握污泥消化池的基本构造和工作原理。

【技能目标】

(1) 掌握污泥消化池的设计参数选取。
(2) 掌握污泥消化池的设计计算。

【素养目标】

(1) 提高安全环保意识。
(2) 培养创新精神，提高理论联系实际能力。

6.3.1 主要理论

6.3.1.1 污泥稳定与污泥消化

污水处理厂的污泥中含有大量有机物，如果简单将污泥经浓缩脱水处理后投放到自然界，其中的有机物在微生物的作用下，会继续腐化分解，对环境造成各种危害。需采用措施降低污泥的有机物含量，抑制或杀灭其中的微生物，此过程称为污泥稳定。

污泥稳定的方法有生物法和化学法。化学稳定法是向污泥中投加化学药剂以抑制和杀死微生物，或改变污泥的环境使微生物难以生存。化学稳定法有石灰稳定法、氯稳定法和臭氧稳定法。生物稳定法就是在人工条件下加速微生物对污泥中有机物的分解，使之变成稳定的无机物或不易被生物降解的有机物的过程。

6.3.1.2 污泥消化的分类

生物稳定主要分为污泥的好氧消化和厌氧消化。好氧消化是在延时曝气活性污泥法基础上发展起来的，消化效率高但是能耗较大，通常适用于污泥量较小的场合。厌氧消化与好氧消化相比，虽然有机物分解速度慢，分解不完全，池体体积较大，但它具有能耗小和可回收甲烷气等优点，仍然是污泥稳定处理最基本的方法。

6.3.1.3 厌氧消化池

常见的厌氧消化池有传统消化池、高速消化池和厌氧接触消化池。高速消化池和传统消化池的主要区别在于前者增加了搅拌设施；而厌氧接触消化池则是在消化池内搅拌的同时增加了污泥回流。传统消化池的缺点是，由于污泥的分层使微生物和营养物得不到充分接触，因而负荷小、产气量低。此外，消化池内形成的浮渣层不但使有效池容减小，而且造成操作困难。高速消化池内的污泥则处于完全混合状态，克服了传统消化池的缺点，从而使处理负荷和产气率均大大增加。厌氧接触消化池则由于消化污泥的回流在消化池内可维持更高的污泥浓度，因此效率更高。三种常见厌氧消化池的特点对比见表 6-11。

表 6-11 厌氧消化池特点对比

项目	传统消化池	高速消化池	厌氧接触消化池
搅拌	不要求	要求	要求
排泥回流利用	不要求	不要求	要求
加热情况	加热或不加热	加热	加热

续表 6-11

项目	传统消化池	高速消化池	厌氧接触消化池
停留时间/d	>40	10~15	<10
负荷/kgVSS·$(m^3 \cdot d)^{-1}$	0.48~0.8	1.6~3.2	1.6~3.2
均衡配料	不要求	不要求	要求
脱气	不要求	不要求	要求
加料、排料方式	间断	间断或连续	连续

二级厌氧消化工艺是利用污泥消化过程的特点，采用两个消化池串联运行。第一级消化池设有加温、搅拌与沼气收集装置，消化温度 33~35 ℃，消化时间 8~9 d，产气率达 80%。第二级消化池不设加温与搅拌装置，利用来自第一座消化池污泥的余热，继续消化，消化温度可保持在 20~26 ℃，消化时间 20 d 左右，产气量仅占总产气量的 20%，主要功能是浓缩和排除上清液。第一级消化池与第二级消化池的容积比可采用 1∶1、2∶1 或 3∶2，常采用的是 2∶1。

厌氧消化池多为钢筋混凝土拱顶圆柱形池和蛋形池。蛋形消化池的主要特点是池体采用最佳的流体力学形状，因此所需完全混合的能量最小，池中不存在死角，容积利用率高。此外，池顶液面暴露面积较小，通过单独设置的搅拌机能达到理想的破渣效果。蛋形消化池比较适合于大型的城镇污水处理厂的污泥消化，圆柱形池体是最常用的池型。

厌氧消化池的顶盖多采用固定式或浮动式，浮动式顶盖对池体内气压变化的反映比较灵敏。消化池的附属设施主要有加料排料设施、保温加热设施、搅拌和破渣设施、集气设施和排液设施。其中，加热设施主要有池外热交换器加热和池内蒸汽管直接加热，一般多采用池外热交换器加热；搅拌和破渣设施有机械螺旋桨搅拌、水力泵循环搅拌和消化气搅拌，一般多采用消化气循环搅拌；集气主要采用贮气罐；消化池上清液要回流到初沉池进行处理。

6.3.2 技能

（1）污泥消化池的设计参数见表 6-12。

表 6-12 污泥消化池的设计参数

参数	取值范围		说明
	中温	高温	高温消化适用于要求消毒的污泥及含有大量粪便等生物污泥，中温消化适用于一般城镇污水处理厂的污泥
厌氧消化温度	30~35 ℃	50~55 ℃	
挥发性固体负荷	0.6~1.6 kgVSS/$(m^3 \cdot d)$	2.0~3.2 kgVSS/$(m^3 \cdot d)$	
污泥固体停留时间	12.5~20 d	6.7~10 d	
污泥固体投配率	5%~8%	10%~15%	每日加入消化池的新鲜污泥体积与消化池体积的比值
产气量	1.0~1.3 $m^3/(m^3 \cdot d)$	3.0~4.0 $m^3/(m^3 \cdot d)$	消化池的污泥气贮存体积取产气量的 0.2~0.4 倍

续表 6-12

参数	取值范围		说明
	中温	高温	高温消化适用于要求消毒的污泥及含有大量粪便等生物污泥，中温消化适用于一般城镇污水处理厂的污泥
进入消化池污泥含水率	< 97%		
进入消化池污泥碱度	>2000 mg/L		以 $CaCO^3$ 计
进入消化池污泥碳氮比	1∶2		
消化气产率	0.75~1.12 m^3/kgVSS		消化气主要成分为 CH_4 和 CO_2，此外还有少量的 N_2、H_2、H_2S 和水分
圆柱形消化池直径	6~35 m		池高与池径比：0.8~1.0
集气罩高度/直径	1 m / 2 m		
池盖锥角	10°~30°		
下锥体顶直径	0.5~2.0 m		设计污泥面位于池盖容积 1/3~1/2 处

（2）厌氧消化池的设计计算公式与主要参数见表 6-13。

表 6-13 厌氧消化池的设计计算公式与主要参数

主要尺寸	公式	主要参数
消化池有效容积 V	$V = V'T$ (6-26) $V = \frac{V'c}{L_{VSS}}$ (6-27) $V = \frac{V'}{P} \times 100$ (6-28) $T = \frac{1}{P}$ (6-29)	V'——每日投入消化池的原污泥容积，m^3/d； T——污泥固体停留时间，d； c——挥发性活性污泥固体浓度，$kgVSS/m^3$； L_{VSS}——挥发性固体容积负荷 $kgVSS/m^3$； P——污泥投配率，%
消化池集气罩容积和表面积 V_1/A_1	$V_1 = \frac{\pi d_1^2 h_1}{4}$ (6-30) $A_1 = \frac{\pi d_1^2}{4} + \pi d_1 h_1$ (6-31)	h_1——集气罩高度，m； d_1——集气罩直径，m
消化池上锥体容积和表面积 V_2/A_2	$V_2 = \frac{\pi}{12} h_3 (D^2 + Dd_1 + d_1^2)$ (6-32) $A_2 = \frac{\pi}{2}(D + d_1)\frac{h_3}{\sin\alpha}$ (6-33)	D——消化池直径，m； h_3——上锥体高度，m
消化池柱体部分容积和表面积 V_3/A_3	$V_3 = \frac{\pi D^2 h_4}{4}$ (6-34) $A_3 = \pi D h_4$ (6-35)	h_4——柱体部分高度，m
消化池下锥体容积和表面积 V_4/A_4	$V_4 = V_2$ (6-36) $A_4 = \frac{\pi}{2}(D + d_2)\frac{h_2}{\sin\alpha} + \frac{\pi d_2^2}{4}$ (6-37)	h_2——下锥体高度，m； d_2——下锥体直径，m
消化池实际有效容积 V_0	$V_0 = V_2 + V_3 + V_4$ (6-38)	

续表 6-13

主要尺寸	公式	主要参数
污泥固体投配率 P	$P=\frac{V'}{nV_0}$ (6-39)	n——消化池个数
消化池总表面积 A	$A=A_1+A_2+A_3+A_4$ (6-40)	
消化池有效深度 H'	$H'=h_2+h_4+\frac{1}{2}h_3$ (6-41)	
消化池总高度 H	$H=h_1+h_2+h_3+h_4$ (6-42)	
加热生污泥的耗热量 Q_1	$Q_1=\frac{V'}{24}(T_D-T_S)\times 4.186\times 1000$ (6-43)	T_D——消化温度,℃； T_S——生污泥温度,℃； 4.186——水的比热容，kJ/(kg·℃)
消化池池体耗热量 Q_2	$Q_2=\sum AK(T_D-T_A)\times 1.2$ (6-44)	A——消化池各部分表面积，m^2； K——消化池各部分传热系数，kJ/(m^2·h·℃)； T_A——池外介质温度,℃
输泥管道和热交换器的耗热量 Q_3	$Q_3=0.1(Q_1+Q_2)$ (6-45)	
消化池总耗热度	$Q_T=Q_1+Q_2+Q_3$ (6-46)	
热交换器出口处污泥温度	$T'_s=T_s+\frac{Q_{max}}{Q_s+4186}$ (6-47)	T_s——热交换器进口处污泥温度,℃； Q_s——进入热交换器的污泥总量，m^3/d
热水循环量	$Q_w=\frac{Q_{Tmax}}{(T_w-T'_w)\times 4186}$ (6-48)	T'_w——热交换器出水温度,℃； T_w——热交换器进水温度,℃
热交换器长度	$L=\frac{1.2Q_{Tmax}\ln\frac{\Delta T_2}{\Delta T_1}}{\pi d_2K(\Delta T_2-\Delta T_1)}$ (6-49) $\Delta T_1=(T_w-T'_s)$ (6-50) $\Delta T_2=(T'_w-T_S)$ (6-51)	d_2——热交换内管外径，m； K——热交换器传热系数，kJ/(m^2·h·℃)； ΔT_2——热交换器入口水温和出口污泥温差值,℃； ΔT_1——热交换器出口水温和入口污泥温差值,℃
沼气搅拌用气量	$G=q\frac{V_0}{1000}$ (6-52)	q——搅拌气量，L/(min·m^3)
生污泥的相对密度 ρ	$\rho=\frac{100\rho_1\rho_2}{P\rho_1+(100-P)\rho_2}$ (6-53)	ρ_1——污泥中固体相对密度，一般取 2.5； ρ_2——水的相对密度，一般取 1； P——污泥含水率,%
沼气总产量 G_Z	$G_Z=g\rho\times 1000\times V'\left(1-\frac{P}{100}\right)f\eta$ (6-54)	g——沼气产气量，m^3/d； f——生污泥中 VSS 的占比,%； η——消化后 VSS 的去除率,%
沼气柜容量	$V_g=(0.25\sim 0.4)G$ (6-55)	

6.3.3 任务

已知某城市污水处理厂的初沉污泥和二沉剩余活性污泥的混合污泥经污泥浓缩后的含水率为 96%，污泥量为 500 m^3/d，污泥中挥发性固体含量为 65%，经消化后污泥中挥发性固体减少 50%。拟采用中温二级污泥厌氧消化处理，一级消化池考虑加热保温和搅拌，消化温度取 35 ℃，停留时间取 10 d，二级消化池不加热保温和搅拌，停留时间取 20 d。污泥年平均温度为 17.3 ℃，日平均最低温度为 12 ℃；污水处理厂所在地年平均气温为 12.6 ℃，冬季室外计算气温采用历年不保证 5 d 的日平均气温-9 ℃；土壤全年平均温度为 13.4 ℃；冬季计算温度为 4.2 ℃，冬季冻土深度 0.7 m。试设计计算污泥厌氧消化池，并填入表 6-14 中。

表 6-14　厌氧消化池的主体尺寸与设备选型

步骤 1：相关设计参数的确定			
(1)		(2)	
(3)		(4)	
(5)		(6)	
(7)		(8)	
步骤 2：厌氧消化池的主体尺寸计算			
步骤 3：设备选型			
(1) 设备选型途径： (2) 设备类型、型号： (3) 主要性能参数：			
步骤 4：参数校核			

课程思政点：

认识国家“双碳”战略在污水处理行业的实践及意义。

项目7　常见污水处理工艺

任务7.1　A^2/O 工艺

【知识目标】

掌握 A^2/O 工艺的原理、工艺特点和适用条件。

【技能目标】

（1）能进行典型工艺参数确定、构筑物计算和设备选型。
（2）能进行典型处理工艺的基本运行和操作。

【素养目标】

（1）养成自学能力。
（2）培养知识的综合应用素质。
（3）形成良好的职业道德。

7.1.1　主要理论

7.1.1.1　流程和特点

A　A^2/O 工艺的流程

A^2/O 生物脱氮除磷工艺流程，如图7-1所示，城市污水中主要污染物质在 A^2/O 工艺中变化特性，如图7-2所示。

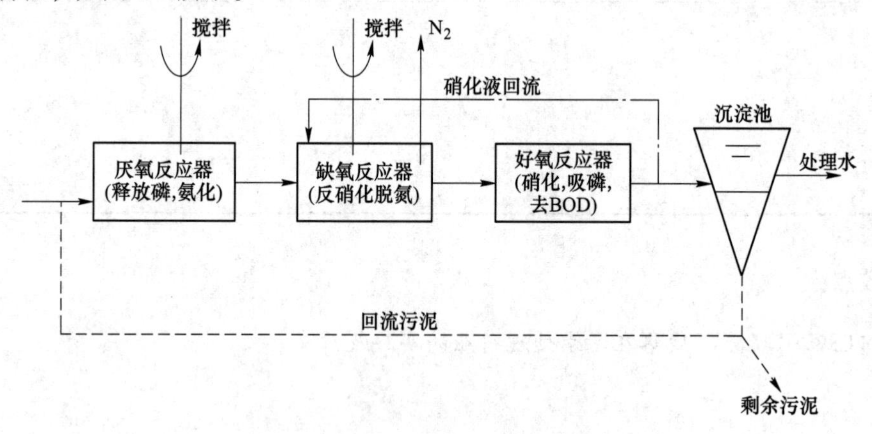

图7-1　A^2/O 同步脱氮除磷工艺流程

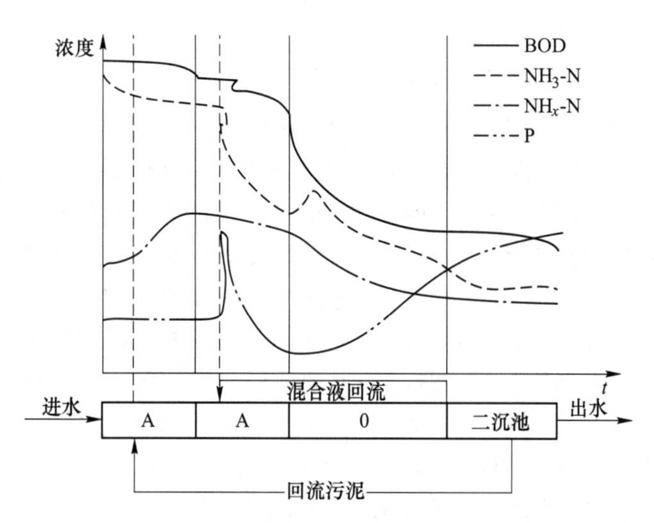

图 7-2　A^2/O 工艺主要污染物去除变化曲线

在首段厌氧池主要是进行磷的释放，使污水中 P 的浓度升高，溶解性有机物被细胞吸收而使污水中 BOD_5 浓度下降；另外，NH_3-N 因细胞的合成而被去除一部分，使污水中 NH_3-N 浓度下降，但 NO_3^--N 含量没有变化。

在缺氧池中，反硝化菌利用污水中的有机物作碳源，将回流混合液中带入的大量 NO_3^--N 和 NO_2^--N 还原为 N_2 释放至空气中，因此 BOD_5 浓度继续下降，NO_x-N 浓度大幅度下降，而磷的变化很小。

在好氧池中，有机物被微生物生化降解后浓度继续下降；有机氮被氨化继而被硝化，使 NH_3-N 浓度显著下降；但是，随着硝化过程的进展，NO_x-N 的浓度增加，P 将随着聚磷菌的过量摄取，也以较快的速率下降。

所以，A^2/O 工艺可以同时完成有机物的去除、脱氮、除磷等功能。脱氮的前提是 NH_3-N 应完全硝化，好氧池能完成这一功能；缺氧池则完成脱氮功能。厌氧池和好氧池联合完成除磷功能。

B　A^2/O 工艺的特点

(1) 厌氧、缺氧、好氧三种不同的环境条件和不同种类微生物菌群的有机配合，能同时具有去除有机物、脱氮除磷的功能。

(2) 在同时脱氮除磷去除有机物的工艺中，该工艺流程最为简单，总的水力停留时间也少于同类其他工艺。

(3) 在厌氧—缺氧—好氧交替运行下，丝状菌不会大量繁殖，SVI 一般少于 100，不会发生污泥膨胀。

(4) 污泥中磷含量高，一般为 2.5%以上。

(5) 厌氧—缺氧池只需轻搅拌，使之混合，而以不增加溶解氧为度。

(6) 沉淀池要防止发生厌氧、缺氧状态，以避免聚磷菌释放磷而降低出水水质，以及反硝化产生 N_2 而干扰沉淀。

(7) 脱氮效果受混合液回流比大小的影响，除磷效果则受回流污泥中挟带 DO 和硝酸态氧的影响，因而脱氮除磷效率不可能很高。

7.1.1.2 主要影响因素

A 污水中可生物降解有机物对脱氮除磷的影响

可生物降解有机物对脱氮除磷有着十分重要的影响，其对 A^2/O 工艺中的三种生化过程的影响复杂、相互制约，甚至相互矛盾。在厌氧池中，聚磷菌本身是好氧菌，其运动能力很弱，增殖缓慢，只能利用低分子的有机物，是竞争能力很差的软弱细菌。但聚磷菌能在细胞内贮存 PHB 和聚磷酸基，当它处于不利的厌氧环境下，能将贮藏的聚磷酸盐中的磷通过水解而释放出来，并利用其产生的能量吸收低分子有机物而合成 PHB，成为厌氧段的优势菌群。因此，污水中可生物降解有机物对聚磷菌厌氧释磷起着关键性的作用。经实验研究，厌氧段进水溶解性磷与溶解性 BOD_5 之比应小于 0.06，才会有较好的除磷效果。

在缺氧段，当污水中的 BOD_5 浓度较高、有充分的快速生物降解的溶解性有机物时，即污水中 C/N 比较高，此时 NO_x-N 的反硝化速率最大，缺氧段的水力停留时间 HRT 为 0.5~1.0 h 即可；如果 C/N 比低，则缺氧段 HRT 需 2~3 h。

在好氧段，当有机物浓度高时污泥负荷也较大，降解有机物的异养型好氧菌超过自养型好氧硝化菌，使氨氮硝化不完全，出水中 NH_4^+浓度急剧上升，使氮的去除效率大大降低。所以要严格控制进入好氧池污水中的有机物浓度，在满足好氧池对有机物需要的情况下，使进入好氧池的有机物浓度较低，以保证硝化细菌在好氧池中占优势生长，使硝化作用完全。由此可见，在厌氧池，要有较高的有机物浓度；在缺氧池，应有充足的有机物；而在好氧池的有机物浓度应较小。

B 泥龄（θ_c）的影响

A^2/O 工艺污泥系统的污泥龄受两方面的影响。首先在好氧池，因自养型硝化菌比异养型好氧菌的增殖速度小得多，要使硝化菌存活并成为优势菌群，则污泥龄要长，一般为 20~30 d 为宜。其次，A^2/O 工艺中磷的去除主要是通过排出含磷高的剩余污泥而实现，如泥龄过长，则每天排出含磷高的剩余污泥量太少，达不到较高的除磷效率。同时过高的污泥龄会造成磷从污泥中重新释放，更降低了除磷效果。所以要权衡上述两方面的影响，A^2/O 工艺的污泥龄一般宜为 15~20 d。

C 溶解氧（DO）的影响

在好氧段，DO 升高，硝化速度增大，但当 DO>2 mg/L 后其硝化速度增长趋势减缓，高浓度的 DO 会抑制硝化菌的硝化反应。同时，好氧池过高的溶解氧会随污泥回流和混合液回流分别带至厌氧段和缺氧段，影响厌氧段聚磷菌的释放和缺氧段 NO_x-N 的反硝化，对脱氮除磷均不利。相反，好氧池的 DO 浓度太低也限制了硝化菌的生长，其对 DO 的忍受极限为 0.5~0.7 mg/L，否则将导致硝化菌从污泥系统中淘汰，严重影响脱氮效果。根据实践经验，好氧池的 DO 以 2 mg/L 左右为宜，太高太低都不利。

在缺氧池，DO 对反硝化脱氮有很大影响。由于溶解氧与硝酸盐竞争电子供体，同时抑制硝酸盐还原酶的合成和活性，会影响反硝化脱氮。为此，缺氧段 DO 应小于 0.5 mg/L。

在厌氧池严格的厌氧环境下，聚磷菌从体内大量释放出磷而处于饥饿状态，为好氧段大量吸磷创造了前提，从而有效地从污水中去除磷。由于回流污泥将溶解氧和 NO_x-N 带入厌氧段，很难保持严格的厌氧状态，所以一般要求 DO 应小于 0.2 mg/L，对除磷影响不大。

D　污泥负荷率 N_s 的影响

在好氧池，N_s 应在 0.18 kg BOD_5/(kgMLSS · d) 以下，否则异养菌数量会大大超过硝化菌，使硝化反应受到抑制。而在厌氧池，N_s 应大于 0.10 kg BOD_5/(kgMLSS · d)，否则除磷效果将急剧下降。所以，在 A^2/O 工艺中其污泥负荷率 N_s 的范围狭小。

E　TKN/MLSS 负荷率的影响

过高浓度的 NH_4^+ 对硝化菌会产生抑制作用，所以 TKN/MLSS 负荷率应小于 0.05 kg TKN/(kgMLSS · d)，否则会影响 NH_4^+ 的硝化。

F　污泥回流比和混合液回流比的影响

脱氮效果与混合液回流比有很大关系，回流比高，则效果好，但动力费用增大，反之亦然。因此，A^2/O 工艺适宜的混合液回流比一般为 200%。

一般地，污泥回流比为 25%~100%，如果太高，污泥将带入厌氧池太多 DO 和硝态氧，影响其厌氧状态（DO<0.2 mg/L），使释磷不利；如果太低，则维持不了正常的反应池污泥浓度（2500~3500 mg/L），影响生化反应速率。

G　水力停留时间 HRT 的影响

根据实验和运行经验表明，A^2/O 工艺总的水力停留时间 HRT 一般为 6~8 h，而三段 HRT 的比例为：厌氧段：缺氧段：好氧段=1：1：(3~4)。

H　温度的影响

好氧段的硝化反应在 5~35 ℃时，其反应速率随温度升高而加快，适宜的温度范围为 30~35 ℃。当低于 5 ℃时，硝化菌的生命活动几乎停止。

缺氧段的反硝化反应可在 5~27 ℃进行，反硝化速率随温度升高而加快，适宜的温度范围为 15~25 ℃。

厌氧段的温度对厌氧释磷的影响不太明显，在 5~30 ℃除磷效果均很好。

I　pH 值的影响

在厌氧段，聚磷菌厌氧释磷的适宜 pH 值是 6~8；在缺氧反硝化段，对反硝化菌脱氮适宜的 pH 值为 6.5~7.5；在好氧硝化段，对硝化菌适宜的 pH 值为 7.5~8.5。

7.1.1.3　A^2/O 的改良工艺

A^2/O 工艺也有不足之处，该工艺很难同时取得好的脱氮除磷效果。当脱氮效果好时，除磷效果则较差，反之亦然。其原因是：该流程回流污泥全部进入厌氧段，为了使系统维持在较低的污泥负荷下运行，以确保硝化过程的完成，要求采用较大的回流比（一般为 60%~80%，最低也应在 40%以上），系统硝化作用良好。由于回流污泥也将大量硝酸盐带回厌氧池，而磷必须在混合液中存在有快速生物降解溶解性有机物及在厌氧状态下，才能被聚磷菌释放出来。但当厌氧段存在大量硝酸盐时，反硝化菌会以有机物为碳源进行反硝化，等脱氮完全后才开始磷的厌氧释放，使得厌氧段进行磷的厌氧释放的有效容积大为减少，从而使得除磷效果较差，脱氮效果较好；反之，如果好氧段硝化作用不好，则随回流污泥进入厌氧段的硝酸盐减少，改善了厌氧段的厌氧环境，使磷能充分地厌氧释放，除磷的效果较好，由于硝化不完全，故脱氮效果不佳。所以，A^2/O 工艺在脱氮除磷方面不能同时取得较好的效果。另外，A^2/O 工艺设备造成厌氧段和缺氧段溶解氧浓度升高，而导致该工艺脱氮除磷效果下降。

为了解决这些问题，A^2/O 工艺又开发出了一些改良工艺。

A　改良 A^2/O 工艺

改良 A^2/O 工艺的工艺流程如图 7-3 所示。在厌氧池之前增设缺氧调节池，来自二沉池的回流污泥和 10%左右的进水首先进入缺氧调节池，停留时间为 20～30 min，微生物利用约 10%进水中有机物还原回流 NO_x-N，消除其对厌氧池的不利影响，从而保证厌氧池的稳定性，提高除磷效果，90%的进水和缺氧调节池出水混合后进入厌氧池进行释磷。

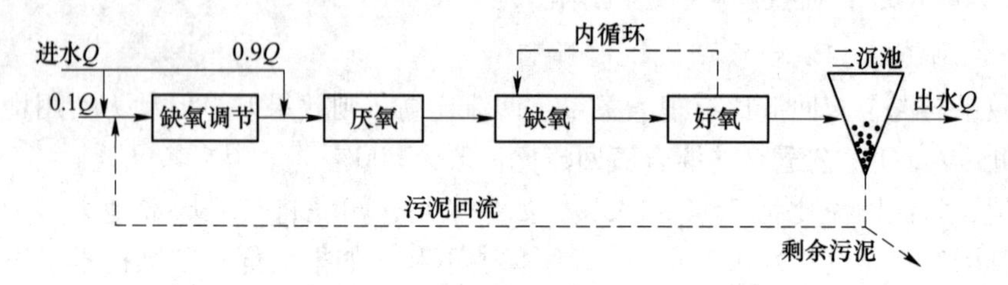

图 7-3　改良 A^2/O 工艺流程

B　倒置 A^2/O 工艺

倒置 A^2/O 工艺主要是针对缺氧反硝化碳源不足而改进设计的，传统 A^2/O 工艺厌氧、缺氧、好氧布置在碳源分配上总是优先照顾释磷的需要，把厌氧区放在工艺的前部，缺氧区置后，这种做法是以牺牲系统的反硝化速率为前提，但释磷本身并不是除磷脱氮工艺的最终目的。就工艺的最终目的而言，厌氧区前置利弊如何值得研究。基于以上认识，针对常规除磷脱氮工艺提出一种新的碳源分配方式，如图 7-4 所示。缺氧区放在工艺最前端，厌氧区置后，即所谓的倒置 A^2/O 工艺。

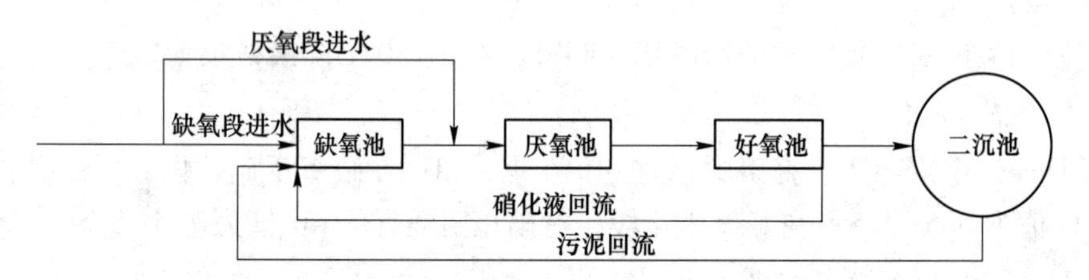

图 7-4　倒置 A^2/O 工艺流程

倒置 A^2/O 工艺的特点如下：

（1）聚磷菌厌氧释磷后直接进入生化效率较高的好氧环境，其在厌氧条件下形成的吸磷动力可得到更充分的利用，具有“饥饿效应”优势；

（2）允许所有参与回流的污泥全部经历完整的释磷、吸磷过程，故在除磷方面具有“群体效应”优势；

（3）缺氧段位于工艺的首端，允许反硝化优先获得碳源，故进一步加强了系统的脱氮能力；

（4）工程上采取适当措施可将回流污泥和内循环合并为一个外回流系统，因而流程简捷，宜于推广。

C　UCT 工艺

UCT 工艺可以改善 A^2/O 工艺中硝酸盐干扰释磷问题，工艺流程如图 7-5（a）所示。它将 A^2/O 中的污泥回流由厌氧区改到缺氧区，使污泥经反硝化后再回流至厌氧区，减少了回流污泥中硝酸盐和溶解氧含量。与 A^2/O 工艺相比，UCT 工艺在适当的 COD/TKN 比例下，缺氧区的反硝化可使厌氧区回流混合液中硝酸盐含量接近于零。

但是，当进水 TKN/COD 较高时，缺氧区无法实现完全的脱氮，仍有部分硝酸盐进入厌氧区，因此又产生改良 UCT 工艺—MUCT 工艺，如图 7-5（b）所示。MUCT 工艺是在 UCT 工艺基础上增设一个缺氧池，回流活性污泥直接进入缺氧反应器，不接纳内部循环硝酸盐。在这个反应器中硝酸盐浓度被降低，其内混合液被循环至厌氧反应器。在第一个缺氧反应器后是第二个缺氧反应器，接纳来自曝气池的内部硝酸盐回流量，从而去除大量硝酸盐。该工艺可通过提高好氧池至第二缺氧池混合液回流比来提高系统脱氮率，由第一缺氧池至厌氧池的回流则强化了除磷效果。

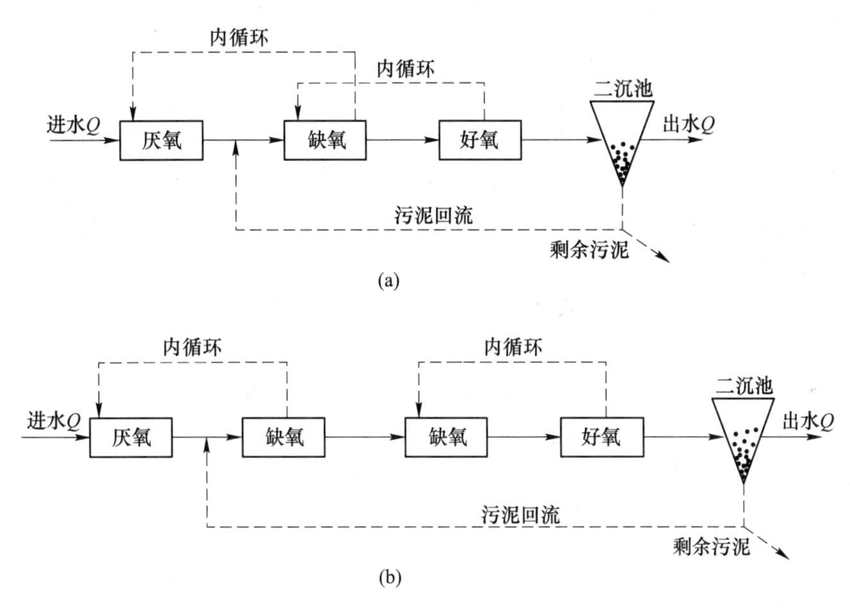

图 7-5　UCT 及 MUCT 工艺流程

（a）UCT 工艺；（b）MUCT 工艺

D　A^2/O 工艺及其变式的比较分析

A^2/O 工艺脱氮除磷过程存在硝化的长泥龄与释磷、反硝化的短泥龄的矛盾，反硝化与释磷碳源分配矛盾以及污泥回流破坏厌氧环境，影响除磷这三个问题。A^2/O 工艺的三种变式也主要是针对这三个问题而设计的。

普通 A^2/O 工艺通常用于 C/N、C/P 比值较高的污水，由于碳源充足，脱氮与除磷在争夺碳源上矛盾较小，易生物降解的含碳有机物量大，回流污泥中的 NO_x-N 在厌氧区消耗的碳源不至于对释磷产生明显影响，系统能达到较好的除磷效果。改良型 A^2/O 工艺在厌氧池前端增设的缺氧调节池利用部分进水中的有机物对回流污泥中的 NO_x-N 反硝化，一定程度上减轻了 NO_x-N 对厌氧区聚磷菌释磷的不利影响，保持了厌氧区相对“压抑”的环境。由于缺氧调节池从进水中得到的碳源有限，反硝化脱氮主要发生在后续的缺氧池，同时进水中的碳源没有完全进入厌氧池用于除磷，最终的处理效果还是受回流污泥的比例和进水中有机物的含量及分配比例影响，一般改良型 A^2/O 工艺若要达到较高的氮磷去除率，也要求污水具有较高的 C/N、C/P 比值。由于增设了预缺氧池，改良的 A^2/O 工艺基建费用增加，占地面积、处理成本增大。

通常厌氧池聚磷菌优先利用污水中易生物降解的有机物除磷，而缺氧池反硝化细菌可以利用多种形态的有机物，倒置的 A^2/O 工艺将缺氧段前置，反硝化细菌优先利用易生物降解的有机物，系统脱氮能力提高，但对厌氧池聚磷菌除磷可能产生基质竞争。为保证除磷效果，可在满足反硝化碳源的前提下，采取分点进水，将部分进水中的碳源直接给厌氧池，用于聚磷菌的释磷，厌氧段释放的磷直接进入生化效率高的好氧段，吸磷效率增强，除磷效果提升。倒置 A^2/O 工艺整个系统的活性污泥都经历了厌氧和好氧的过程，排放的剩余污泥都能充分地吸磷，所以倒置 A^2/O 工艺适合 C/P 较高、C/N 较低的污水，一般当 $BOD_5/TN<4$、$BOD_5/TP>20$ 时，系统具有较好的脱氮除磷效果，倒置 A^2/O 工艺在我国一些大中型城镇污水处理厂的建设或升级改造中得到广泛应用。

UCT 工艺中好氧池混合液和回流污泥首先进入缺氧池，脱氮效果增强，经缺氧池脱氮后的混合液随进水进入厌氧池释磷，一定程度上避免了 NO_x-N 进入厌氧区影响释磷效果，除磷效率增强。厌氧池中的聚磷菌利用进水中 70%的易生物降解有机物进行释磷，10%左右的慢速生物降解的有机物进入缺氧池反硝化脱氮，缺氧池反硝化负荷较高。UCT 工艺适用于处理 C/N 或 C/P 较低的城市污水，当污水 $BOD_5/TN<4$、$BOD_5/TP<20$ 时，UCT 工艺比普通 A^2/O 工艺具有更高的除磷效率；UCT 工艺增加了从缺氧段出流液到厌氧段的回流，增加了能耗，且两套混合液回流交叉不利于控制缺氧段的水力停留时间。

A^2/O 工艺作为最基本的同步脱氮除磷工艺，由于实现不同功能的三种菌种（硝化菌、反硝化菌、聚磷菌）均不能在各自最佳的条件下生长，碳源矛盾、回流 NO_x-N 问题不能从根本上解决，脱氮除磷相互制约，氮磷去除率不可能同时达到最高。工程应用中可根据实际进水情况，有所偏向地重点去除氮或磷，也可以通过操作条件优化，获得最优的氮磷同步去除率。

7.1.1.4　应用实例

广州大坦沙污水处理厂三期工程总处理规模 220000 m^3，采用分点进水 A^2/O 工艺，可按常规 A^2/O 工艺运行，也可按倒置 A^2/O 工艺运行。

生物反应池为矩形钢筋混凝土结构，共 2 池，每池分 2 组，每组规模为 5.5×10^4 m^3/d，可单独运行。每组池由缺氧段、厌氧段和好氧段组成，其中缺氧段 6 池、厌氧段 4 池，每池设 1 台立式搅拌器使池内污泥保持悬浮状态，并且与进水充分混合。每组池好氧段分成 4 个廊道，沿池底敷设微孔管式曝气管，曝气管布置方式按 3 条廊道数量分别为 45%、35%和 20%递减布置。另外，在空气主干管上设电动空气调节阀，根据各管道的 DO 值调节曝气量，实现节能目的。

每组池设一条单独进水渠，在缺氧区和厌氧区各设置多个进水点，配置可调堰门，可根据各种不同的情况，合理分配进水量，同时满足脱氧和除磷对碳源的要求。混合液配水渠在第一缺氧池和第五缺氧池各设一进水点，分别称第一进水点和第五进水点，当关闭第五进水点，混合液自第一进水点进水，生物反应池按倒置 A^2/O 工艺运行，如图 7-6（a）

所示；当关闭第一进水点时，混合液自第五进水点进水，生物反应池按常规 A^2/O 工艺运行，如图 7-6（b）所示。该工艺运行方式灵活多变，可合理选择污水进水点和混合液进水点，实现不同的工况和不同的处理工艺。

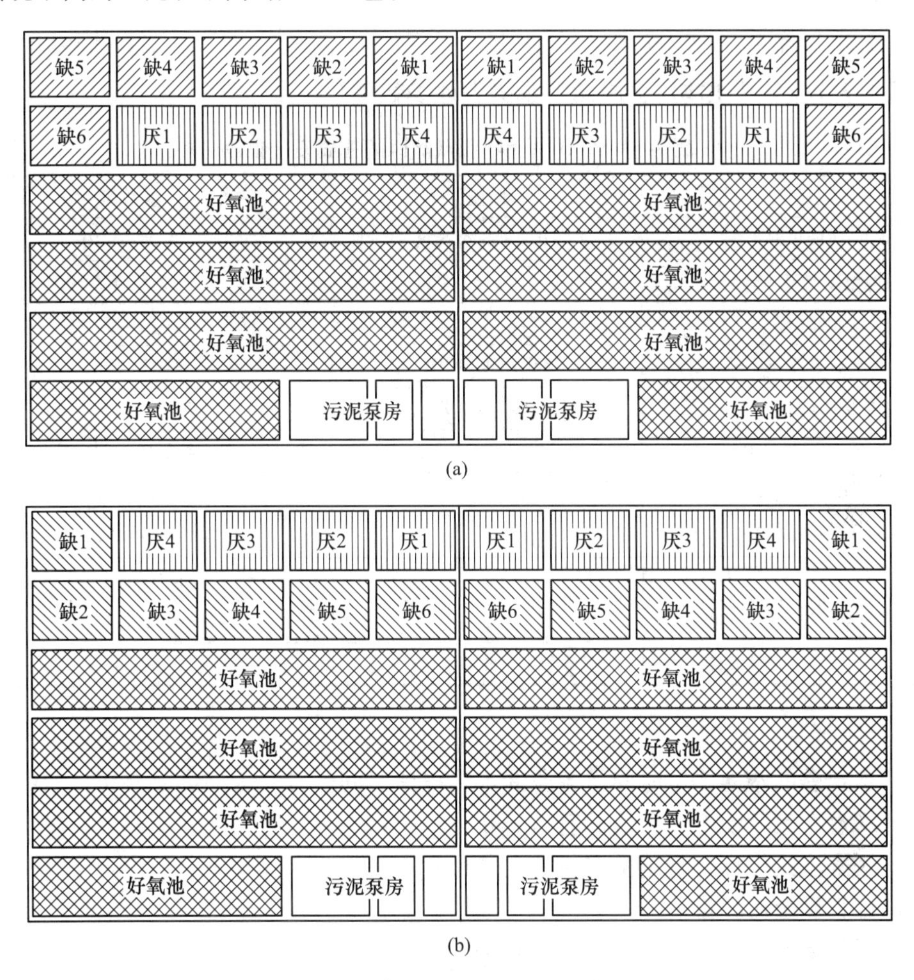

图 7-6　A^2/O 生物反应池运行工艺

（a）倒置 A^2/O 运行模式；（b）常规 A^2/O 运行模式

设置回流污泥和剩余污泥泵房 4 组，与生物反应池合建，位于反应池出水端，混合液内回流泵直接设置于生物反应池出水端的反应池内。生物反应池进行加盖加罩通风除臭处理，其中厌、缺氧区加盖，好氧区加罩，每座生物反应池单独设置 1 组除臭处理装置，共 2 组。

主要设计参数：平均设计流量为 9167 m^2/h（即 220000 m^3/d）；池数共 2 组，每组分 2 池；最高水温为 25 ℃，最低水温为 15 ℃，设计污泥龄为 9.6 d，污泥负荷为 0.105 $kgBOD_5/(kgMLSS \cdot d)$；污泥产率为 1.20 kgDS/去除 $kgBOD_5$，进入缺氧池流量的为 30%～50%，进入厌氧池流量的为 70%～50%，池总有效容积为 74437.5 m^3，有效水深为 7.5 m；总水力停留时间为 8.12 h，其中缺氧区为 1.96 h、厌氧区为 1.31 h、好氧区为 4.85 h，外回流比为 50%～100%、内回流比为 50%～150%；剩余活性污泥量为 26400 kgDS/d，化学污泥量为 1130 kg/d，剩余污泥含水率为 99.25%。

7.1.2　技能

7.1.2.1　A^2/O 工艺计算

A　设计参数

表 7-1 为 A^2/O 法生物脱氮除磷的主要设计参数。

表 7-1　A^2/O 法生物脱氮除磷的主要设计参数

项目		单位	参数值
BOD 污泥负荷 L_s		$kgBOD_5/(kgMLSS \cdot d)$	0.05~0.10
污泥浓度（MLSS）X		g/L	2.5~4.5
污泥龄 θ_c		d	10~22
污泥产率 Y		$kgVSS/kgBOD_5$	0.3~0.6
需氧量 O_2		$kgO_2/kgBOD_5$	1.1~1.8
水力停留时间（HRT）		h	10~23（其中缺氧段 1~2，缺氧段 2~10）
污泥回流比 R		%	20~100
混合液回流比 R_i		%	≥200
总处理效率	BOD_5	%	85~95
	TN	%	60~85
	TP	%	60~85

B　计算步骤

（1）选定总的水力停留时间及各段的水力停留时间。

（2）求总有效容积 V 和各段的有效容积。

（3）按推流式设计，确定反应池的主要尺寸。

（4）计算剩余污泥量。

（5）需氧量计算及曝气系统布置（普通活性污泥法相同）。

（6）厌氧段、缺氧段都宜分成串联的几个方格，每个方格内设置一台机械搅拌器。一般采用叶片式桨板或推流式搅拌器，以保证生化反应进行，并防止污泥沉淀，所需功率按 3~5 W/m^3 污水计算。

C　容积计算

生物反应池中好氧区（池）的容积，可采用污泥负荷或污泥龄计算时，计算公式为式（4-37）和式（4-38），其中厌氧段水力停留时间取 1~2 h、缺氧段水力停留时间 2~10 h，也可按表 7-2（硝化、反硝化动力学）计算。

表 7-2　A^2/O 工艺曝气池容积计算

内容	公式	说　明
厌氧池容积	$V_p = \dfrac{Qt_p}{24}$	V_p——厌氧区（池）容积，m^3； Q——曝气池设计流量，m^3/d； t_p——厌氧区停留时间，1~2 h

续表 7-2

内容	公式	说明
缺氧区容积	$V_n = \dfrac{0.01Q(N_k - N_{te}) - 0.12\Delta X_v}{K_{de}X}$ (7-1) $K_{de(T)} = K_{de(20)} \times 1.08^{(T-20)}$ (7-2) $\Delta X_V = Y\dfrac{Q(NS_0 - S_e)}{1000}$ (7-3)	V_n——缺氧区（池）体积，m^3； Q——曝气池设计流量，m^3/d； N_k——曝气池进水总凯式氮浓度，mg/L； N_{te}——曝气池出水总氮浓度，mg/L； ΔX_v——排出生物反应池系统的微生物量，kgMLVSS/d； K_{de}——脱氮速率，宜根据试验资料确定，无试验资料时，20 ℃的 K_{de} 值可采用 0.03～0.06 $kgNO_3$-N/(kgMLSS·d)，并进行温度修正； $K_{de(T)}$，$K_{de(20)}$——分别为 T ℃和 20 ℃时的脱氮速率； X——混合液污泥浓度，gMLSS/L； T——设计温度，℃； Y——污泥产率系数，宜根据试验资料确定，无试验资料时可取 0.3～0.6 $kgVSS/kgBOD_5$； S_0——曝气池进水 BOD_5，mg/L； S_e——曝气池出水 BOD_5，mg/L
好氧区容积	$V_o = \dfrac{QY_t\theta_{co}(S_o - S_e)}{1000X}$ (7-4) $\theta_{co} = F\dfrac{1}{\mu}$ (7-5) $\mu = 0.47\dfrac{N_a}{K_n + N_a}e^{0.098(T-15)}$ (7-6)	V_o——好氧区（池）体积，m^3； Q——曝气池设计流量，m^3/d； S_o——曝气池进水 BOD_5，mg/L； S_e——曝气池出水 BOD_5，mg/L； θ_{co}——好氧区设计污泥龄，d； Y_t——污泥总产率系数，宜根据试验资料确定，无试验资料时，系统又初次沉淀池时宜取 0.3～0.6 $kgMLSS/kgBOD_5$，无初次沉淀池时宜取 0.8～1.2 $kgMLSS/kgBOD_5$； X——混合液污泥浓度，gMLSS/L； F——安全系数，宜取 1.5～3.0； μ——硝化细菌比生长速率，d^{-1}； N_a——曝气池中氨氮浓度，mg/L； K_n——硝化作用中氮的半速率常速，mg/L； T——设计温度，℃； 0.47——15 ℃时，硝化细菌最大比生长速率，d^{-1}
混合液回流量	$Q_{Ri} = \dfrac{1000V_nK_{de}X}{N_t - N_{ke}} - Q_R$ (7-7)	Q_{Ri}——混合液回流量，混合液回流比不宜大于 400%，m^3/d； V_n——缺氧区（池）体积，m^3； K_{de}——脱氮速率，宜根据试验资料确定，无试验资料时，20 ℃的 K_{de} 值可采用 0.03～0.06 $kgNO_3$-N/(kgMLSS·d)，并进行温度修正； X——混合液污泥浓度，gMLSS/L； N_t——曝气池进水总氮浓度，mg/L； N_{ke}——曝气池出水总凯式氮浓度，mg/L； Q_R——回流污泥量，m^3/d

7.1.2.2　运行与检测

A^2/O 工艺运行应进行检测和控制，并配置相关的检测仪表和控制系统。自动化仪表和控制系统应保证 A^2/O 污水处理厂（站）的安全和可靠，方便运行管理。

（1）预处理单元宜设 pH 值计、液位计、液位差计等，大型污水处理厂宜增设化学需氧量检测仪、悬浮物检测仪和流量计等。

（2）应设溶解氧检测仪和氧化还原电位检测仪等，大型污水处理厂宜增设污泥浓度计等。

（3）应设回流污泥流量计，并采用能满足污泥回流量调节要求的设备。

（4）应设剩余污泥宜设流量计，条件允许时可增设污泥浓度计，用于监测和统计污泥排出量。

（5）总磷检测可采用实验室检测方式，除磷药剂根据检测设定值自动投加。大型污水处理厂应设总氮和总磷的在线监测仪，检测值用于指导工艺运行。

7.1.3　任务

在 A^2/O 工艺运行过程中，发现：进入曝气池在线 DO 仪值下降，SVI 和 SV 偏高，认为污泥膨胀，情况属于丝状菌膨胀。请在曝气池和二沉池中有效的调整控制污泥膨胀问题。

参考答案：

（1）检查镜检照片，查找膨胀原因。

（2）将风机阀门开到最大，同时启动备用风机，使好氧池 DO 值在 2.0 mg/L 以上。

（3）开大二沉池排泥阀门开度（大于 70%），增大剩余污泥排放量。

（4）通过调节控制曝气池 SV 值在 30%以下，SVI 值在 150 以下。

任务 7.2　氧化沟工艺

【知识目标】

掌握生氧化沟工艺的原理、工艺特点和适用条件。

【技能目标】

（1）能进行典型工艺参数确定、构筑物计算和设备选型。

（2）能进行典型处理工艺的基本运行和操作。

【素养目标】

（1）培养自学能力。

（2）培养知识的综合应用素质。

（3）形成良好的职业道德。

7.2.1 主要理论

7.2.1.1 工艺流程和特点

A 氧化沟的工艺流程

氧化沟污水处理工艺是由荷兰卫生工程研究所（TNO）在 20 世纪 50 年代研制成功的，第一家氧化沟污水处理厂于 1954 年在荷兰 Voorshoper 市建成投入使用。该工艺属于活性污泥法的一种变形，工作原理本质上与活性污泥法相同，但运行方式不同。其主体曝气池呈封闭的沟渠型，污水和活性污泥的混合液在其中不断循环流动，因而也称为“环形曝气池”“连续循环曝气池”。氧化沟工艺一般采用延时曝气，并增加了脱氮功能，所以同时具有去除 BOD_5 和脱氮的功能，采用机械曝气，一般不设初沉池和污泥消化池。氧化沟及其工艺流程，如图 7-7 所示。

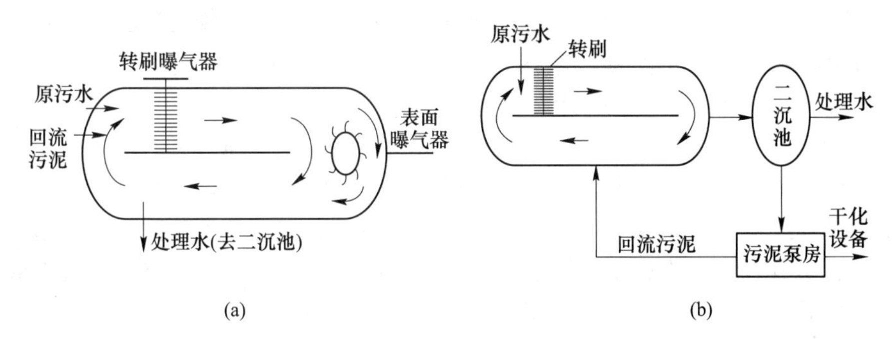

图 7-7 氧化沟及其工艺流程
（a）氧化沟平面图；（b）氧化沟工艺流程

B 氧化沟的主要设备

a 氧化沟曝气设备

常用的氧化沟曝气设备有三种：

（1）曝气转刷由水平轴及安置在其上的许多叶片构成，可分为单速和双速两种；

（2）曝气转碟由水平轴上带动的一组曝气转盘组成；

（3）竖轴表曝机可分为倒伞型、平板型、泵型等。

氧化沟的曝气设备应符合下列技术要求：

（1）对曝气设备充氧的要求，好氧区溶解氧浓度应大于 2 mg/L；

（2）设施的充氧能力要有适应需氧量变化的灵活性；

（3）曝气转刷和曝气转碟的动力效率应不低于 1.7 $kgO_2/(kW \cdot h)$；

（4）曝气设备应具有推动水流的循环作用，氧化沟中的曝气设备只安装在一定位置，当溶解氧浓度沿池长变化时，有利于硝化和生物脱氮；

（5）曝气设备应具有搅拌、混合作用，以防污泥沉淀；

（6）曝气设备应满足维修要求。

b 搅拌、推流装置

氧化沟应确保沟底不产生沉泥，当曝气设备不能满足推动和混合要求时，宜增设搅拌、推流装置。因此，水下推动器或潜水搅拌机常与双速曝气转刷配合适用。当曝气转刷低速运行时，由于其混合效果较差，可采用水下推动器或潜水搅拌机辅助；也可设置在远离曝气设备的位置，防止污泥沉淀。

c　氧化沟系统的进出水设备

氧化沟的进水和回流污泥进入点一般设在曝气器的下游，有脱氮要求时设置于缺氧区，并与曝气设备保持一段距离。进水管上宜设置配水闸板或配水闸阀，进水设备应保证均匀配水、控制流量或变换进水方向。出水设备一般采用溢流堰，调节堰高可改变曝气设备的浸没深度，适应不同需氧量的运行要求。

d　内回流门

竖轴表曝机氧化沟利用其流速将混合液回流至缺氧区时，可设置内回流门。内回流门的设计一般根据混合液回流量计算确定。

C　氧化沟工艺特点

（1）简化了预处理。氧化沟水力停留时间和污泥龄比一般生物处理法长，悬浮有机物可与溶解性有机物同时得到较彻底的去除，排出的剩余污泥已得到高度稳定，因此氧化沟不设初次沉淀池，污泥不需要进行厌氧消化。

（2）占地面积少。在流程中省略了初次沉淀池、污泥消化池，有时还省略了二次沉淀池和污泥回流装置，使污水处理厂总占地面积不仅没有增大，反而缩小。

（3）具有推流式流态的特征。氧化沟具有推流特性，使得溶解氧浓度在沿池长方向形成浓度梯度，形成好氧、缺氧和厌氧条件。通过对系统合理的设计与控制，可以取得最好的除磷脱氮效果。

（4）不设二次沉淀池，简化了工艺。将氧化沟和二沉池合建为一体式氧化沟，以及近年来发展的交替工作的氧化沟，可不用二沉池，从而使处理流程更为简化。

（5）剩余污泥量少，污泥性质稳定。由于氧化沟工艺为延时曝气，水流停留时间长，一般为10~24 h，污泥龄也长达20~30 d，有机物得到较彻底的降解，产生的剩余污泥量少，且性质稳定，使污泥不需消化处理而直接脱水，节省处理费用，也便于管理。

（6）耐冲击负荷。由于氧化沟内的循环量一般为污水量的几十倍至几百倍，所以循环流量大大地稀释了氧化沟的原污水，同时水力停留时间和污泥龄较长，所以氧化沟具有较强的抗冲击负荷能力。

（7）处理效果稳定，出水水质好。氧化沟工艺污泥负荷率低，水力停留时间长，污泥龄长，所以BOD_5、SS的去除率均大于85%，同时耐冲击负荷，处理效果稳定。氧化沟内的溶解氧沿沟长方向不均匀分布，靠近某些区段还呈现厌氧状态。这样，沟内相继进行硝化和反硝化，同时聚磷菌交替处于厌氧和好氧条件下，交替进行释磷和过量摄取磷，然后将高磷剩余污泥排放，达到生物除磷的目的。所以氧化沟不仅可去除BOD_5，而且还能脱氮除磷，出水水质好。

7.2.1.2　氧化沟的常见工艺

按氧化沟的运行方式，氧化沟可分为连续工作式、交替工作式和半交替工作式三大类型。

连续式氧化沟进出水流向不变，氧化沟只作曝气池使用，系统设有二沉池，常见的有卡鲁塞尔（Carrousel）氧化沟、奥贝尔（Oebal）氧化沟和帕斯韦尔（Pasveer）氧化沟。

交替工作氧化沟是在不同时段，氧化沟系统的一部分交替轮流作为沉淀池，不需要单独设立二沉淀，常见的有三沟式氧化沟（T型氧化沟）。

半交替工作氧化沟系统设有二沉池，使曝气池和沉淀完全分开，故能连续式工作；同时可根据要求，氧化沟又可分段处于不同的工作状态，具有交替工作运行的特点，特别利于脱氮，常见的有DE型氧化沟。

A　帕斯韦尔氧化沟工艺

帕斯韦尔（Pasveer）氧化沟工艺系统可称为传统氧化沟工艺系统，在20世纪50年代开发。它具有氧化沟工艺系统的各项基本特征，曝气设备采用卧式转刷曝气器，工艺流程如图7-8所示。

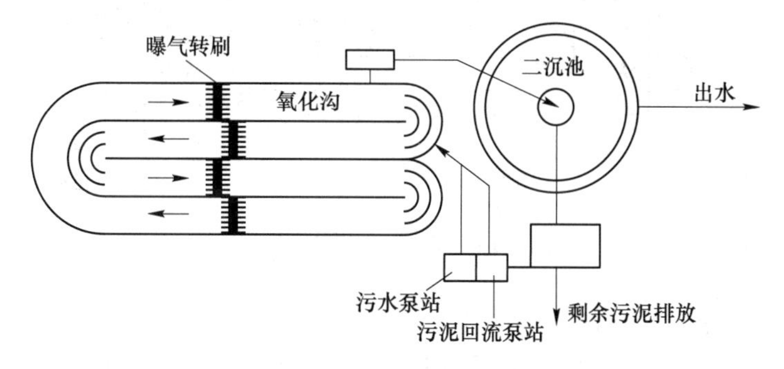

图7-8　帕斯韦尔氧化沟工艺流程

B　卡鲁赛尔氧化沟工艺及其变形

a　传统的卡鲁赛尔（Carrousel）氧化沟工艺

由图7-9可知，这是一个多沟串联系统，进水与活性污泥混合后沿箭头方向在沟内做不停地循环流动。卡鲁赛尔氧化沟与帕斯韦尔氧化沟的最大区别在于它采用的是垂直安装的低速表面曝气器，每组沟渠安装一个，均安装在同一端，因此形成了靠近曝气器下游的富氧区和曝气器上游以及外环的缺氧区，这不仅有利于生物凝聚，还使活性污泥易于沉淀。BOD_5去除率可达95%~99%，脱氮效率约90%，除磷效率约为50%。

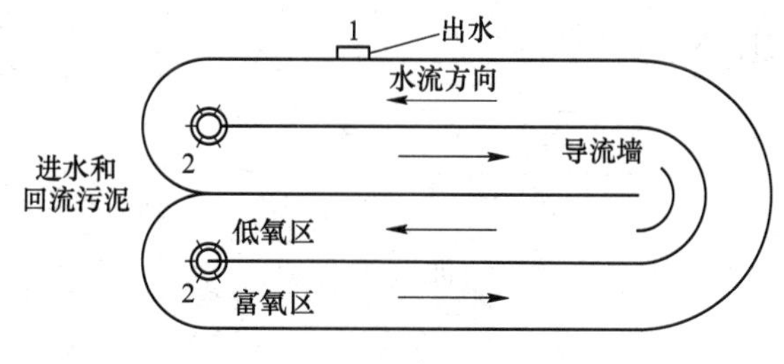

图7-9　卡鲁赛尔氧化沟

1—出水堰；2—曝气器

卡鲁塞尔氧化沟的表面曝气机单机功率大，其水深可达5 m以上，使氧化沟面积减少土建费用降低。由于曝气机功率大，使得氧的转移效率大大提高，平均转移效率至少达到2.1 kg/(kW·h)。因此这种氧化沟具有极强的混合搅拌耐冲击能力。当有机负荷较低时，可以停止某些曝气器运行，以节约能耗。

b　单级卡鲁赛尔氧化沟工艺

单级卡鲁塞尔氧化沟有两种形式：一是有缺氧段的卡鲁塞尔氧化沟，可在单一池内实现部分反硝化作用，适用于有部分反硝化要求但要求不高的场合；另一种是卡鲁塞尔 A/C 工艺（图 7-10），即在氧化沟上游加设厌氧池，可提高活性污泥的沉降性能，有效控制活性污泥膨胀，出水磷的含量通常在 2.0 mg/L 以下。这两种工艺一般用于现有氧化沟的改造，与标准的卡鲁塞尔氧化沟工艺相比变动不大，相当于传统活性污泥工艺的 A/O 和 A^2/O 工艺。

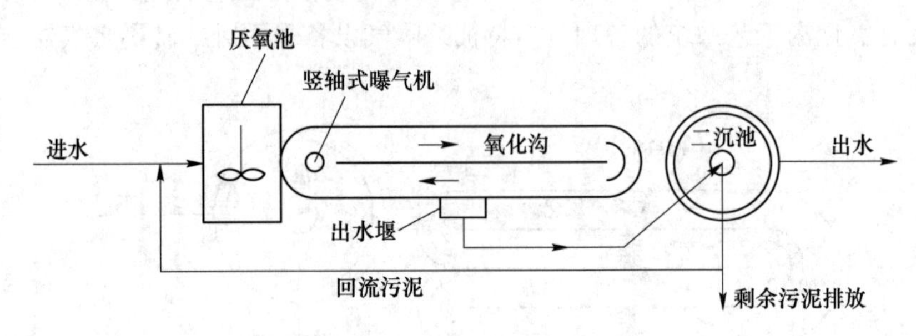

图 7-10　AC 卡鲁赛尔氧化沟

c　合建式卡鲁塞尔氧化沟

缺氧区与好氧区合建式氧化沟是美国 EIMCO 公司专为卡鲁塞尔系统设计的一种先进的生物脱氮除磷工艺（卡鲁塞尔 2000 型），如图 7-11 所示。它在构造上的主要改进是在氧化沟内设置了一个独立的缺氧区，缺氧区回流渠的端口处装有一个可调节的活门。根据出水含氮量的要求，调节活门张开程度，可控制进入缺氧区的流量。缺氧区和好氧区合建式氧化沟的关键在于对曝气设备充氧量的控制，必须保证进入回流区处的混合液处于缺氧状态，为反硝化创造良好的环境。缺氧区内有潜水搅拌器，具有混合和维持污泥悬浮的作用。

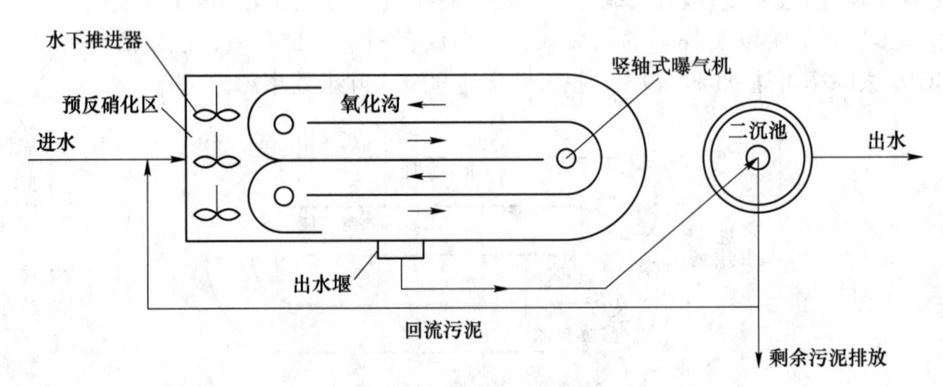

图 7-11　卡鲁塞尔 2000 型氧化沟

在卡鲁塞尔 2000 型基础上增加前置厌氧区，可以达到脱氮除磷的目的，被称为 A^2/C 卡鲁塞尔氧化沟。

四阶段卡鲁塞尔 Bardenpho 系统在卡鲁塞尔 2000 型系统下游增加了第二缺氧池及再曝气池，实现更高程度的脱氮。五阶段卡鲁塞尔 Bardenpho 系统在 A^2/C 卡鲁塞尔系统的下游增加了第二缺氧池和再曝气池，实现更高程度的脱氮和除磷。

综上所述，厌氧、缺氧与好氧合建的氧化沟系统可以分为三阶段 A^2/O 系统以及四、五阶段 Bardenpho 系统，这几个系统均是 A/O 系统的强化和反复，因此这种工艺的脱氮除磷效果很好，脱氮率达 90%~95%，如图 7-12 所示。

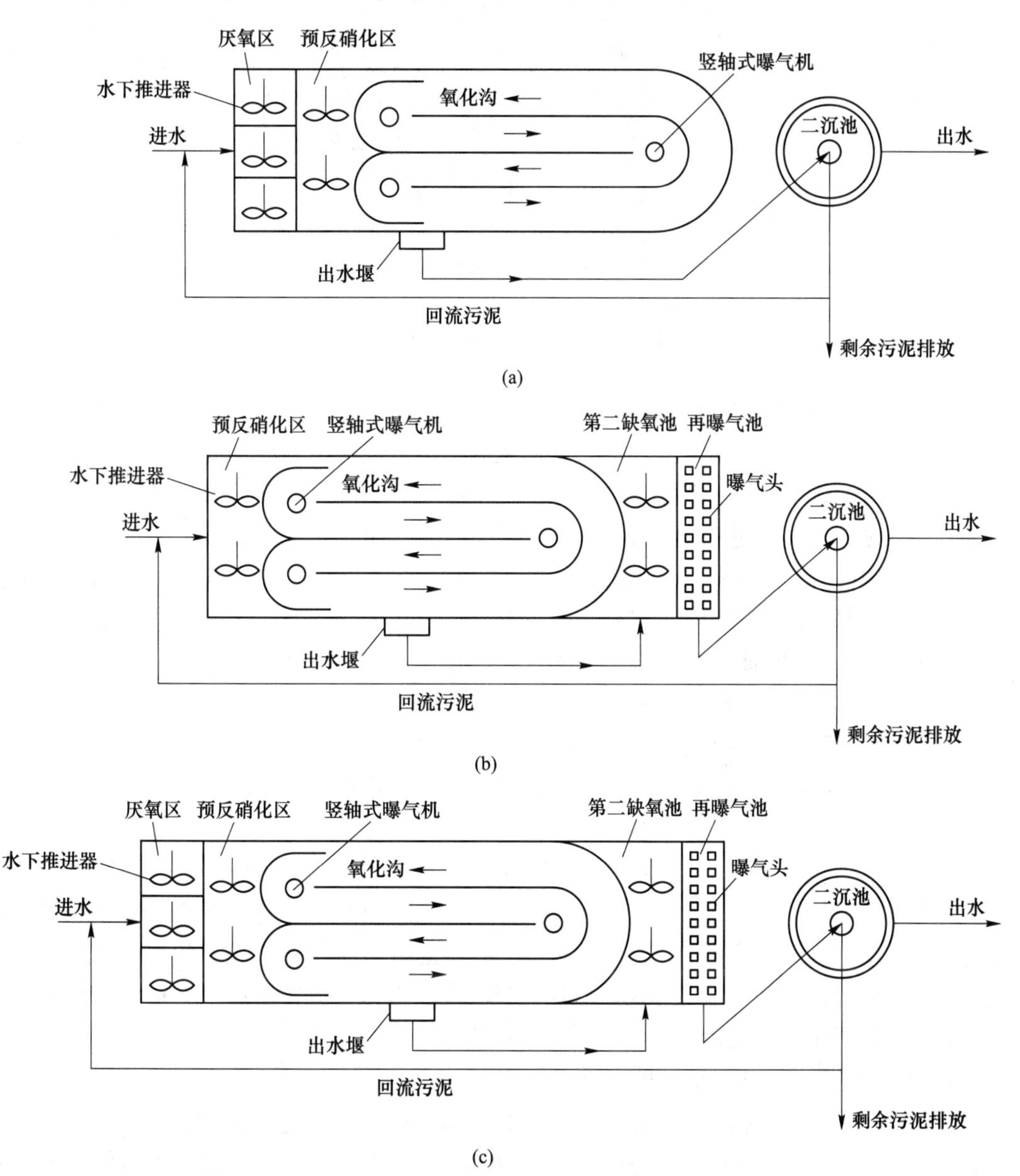

图 7-12　AC 卡鲁塞尔氧化沟的改进型工艺

(a) A^2/C 卡鲁塞尔氧化沟；(b) 四阶段卡鲁塞尔氧化沟；(c) 五阶段卡鲁塞尔氧化沟

d　卡鲁塞尔 3000 型氧化沟

卡鲁塞尔 3000 系统是在卡鲁塞尔 2000 系统前再加上一个生物选择区。该生物选择区是利用高有机负荷筛选菌种，抑制丝状菌的增长，提高各污染物的去除率，其后的工艺原理同卡鲁塞尔 2000 系统，如图 7-13 所示。

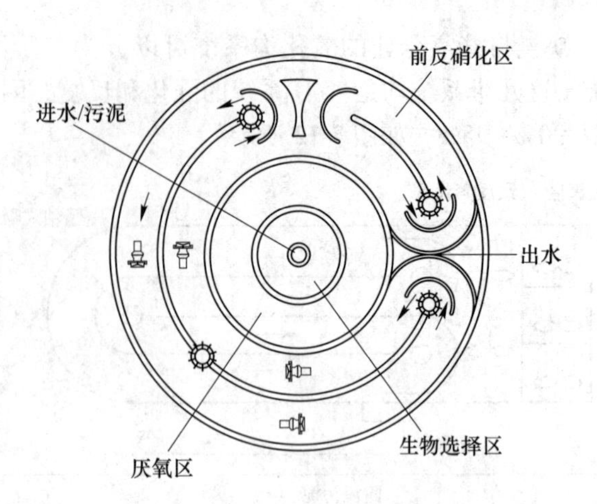

图 7-13　卡鲁塞尔 3000 型氧化沟

卡鲁塞尔 3000 系统的较大优势表现在：一是增加了池深，可达 7.5~8 m，同心圆式，池壁共用，减少了占地面积，降低造价同时提高了耐低温能力，水温可达 7 ℃左右；二是曝气设备的巧妙设计，表曝机下安装导流筒，抽吸缺氧的混合液，采用水下推进器解决流速问题；三是使用了先进的曝气控制器 QUTE，采用一种多变量控制模式；四是采用一体化设计，从中心开始，包括以下环状连续工艺单元：进水井和用于回流活性污泥的分水器，分别由四部分组成的选择池和厌氧池，此外还有 3 个曝气器和 1 个预反硝化池的卡鲁塞尔 2000 系统；五是圆形一体化的设计使得氧化沟不需额外的管线，即可实现回流污泥在不同工艺单元间的分配。

C　奥贝尔型氧化沟工艺

奥贝尔（Oebal）型氧化沟的曝气设备一般采用水平轴转盘式曝气机，转盘的转速为 43~55 r/min，转盘的浸没深度可在 230~530 mm 调节。

奥贝尔型氧化沟简称同心圆式（见图 7-14 和图 7-15），它也是分建式，有单独二沉池，采用转碟曝气，沟深较大，脱氮效果很好，但除磷效率不够高，要求除磷时还需前加厌氧池。应用上多为椭圆形的三环道组成，3 个环道用不同的氧化沟（如外环为 0，中环为 1，内环为 2），有利于脱氮除磷。采用转碟曝气，水深一般在 4.0~4.5 m，动力效率与转刷接近，山东潍坊、北京黄村和合肥王小郢的城市污水处理厂应用此工艺。

D　交替工作式（PI 型）氧化沟工艺

交替工作式 PI（Phase Isolation）型氧化沟，即交替式和半交替式氧化沟，是 20 世纪 70 年代在丹麦发展起来的，包括 DE 型、VR 型和 T 型氧化沟，其中 DE 型和 VR 型为双沟氧化沟、T 型为三沟氧化沟。随着各国对污水处理厂出水氮、磷含量要求越来越严，开发出了功能加强的 PI 型氧化沟，主要由 Kruger 公司与 Demmark 技术学院合作开发的，称为 BIO-DENITRO 和 BID-DENIPHO 工艺，这两种工艺都是根据 A/O 和 A^2/O 生物脱氮除磷原理，在 DE 型氧化沟的基础上创造缺氧/好氧、厌氧/缺氧/好氧的工艺环境，达到生物脱氮除磷的目的。

a　DE 型氧化沟

DE 型氧化沟为半交替式双沟氧化沟，它具有独立的二沉池和回流污泥系统。2 个氧

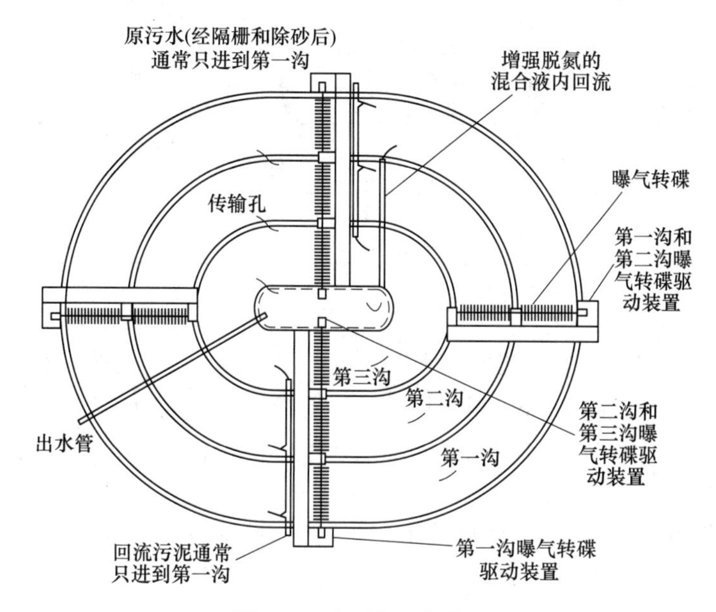

图 7-14　奥贝尔型氧化沟

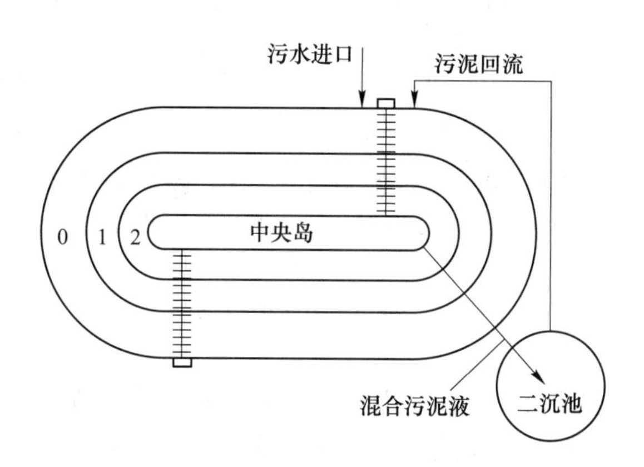

图 7-15　奥贝尔氧化沟工艺流程

化沟相互连通，串联运行，可交替进、出水，沟内曝气转刷高速运行时曝气充氧，低速运行时只推动水流，不充氧。通过 2 个沟内转刷交替处于高速和低速运行，使 2 个沟交替处于缺氧和好氧状态，从而达到脱氮的目的。如果在氧化沟前增设厌氧池，可以达到脱氮除磷的功能。

DE 氧化沟生物脱氮（BIO-DENITRO）流程：该流程为丹麦专利工艺，其工艺流程，如图 7-16 所示。

DE 型氧化沟生物脱氮运行程序一般分为 4 个阶段，每 4 个阶段组成一个运行周期，每个周期 4 h。其运行程序，如图 7-17 所示。

（1）阶段 A：污水进入沟Ⅰ，沟Ⅰ内转刷低速运转，沟Ⅱ内转刷高速运转。沟Ⅰ出水堰关闭，沟Ⅱ出水堰开启并排水。在该阶段中，沟Ⅰ为缺氧区，进行反硝化脱氮；沟Ⅱ为好氧区，进行硝化。该阶段历时 1.5 h。

（2）阶段 B：污水进入沟Ⅰ，沟Ⅰ与沟Ⅱ内转刷均处于高速运转。沟Ⅰ出水堰关闭，

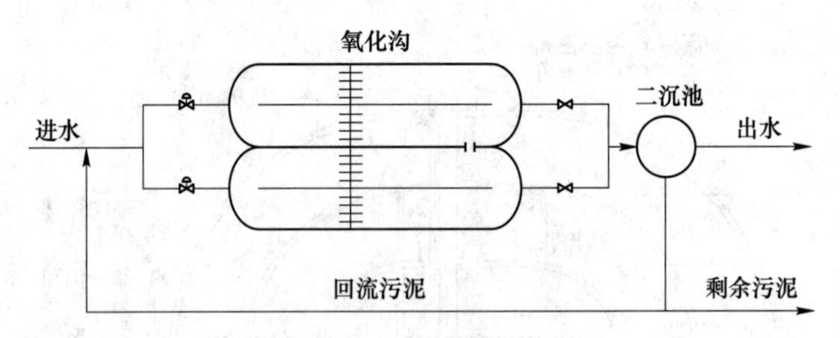

图 7-16 DE 氧化沟工艺流程

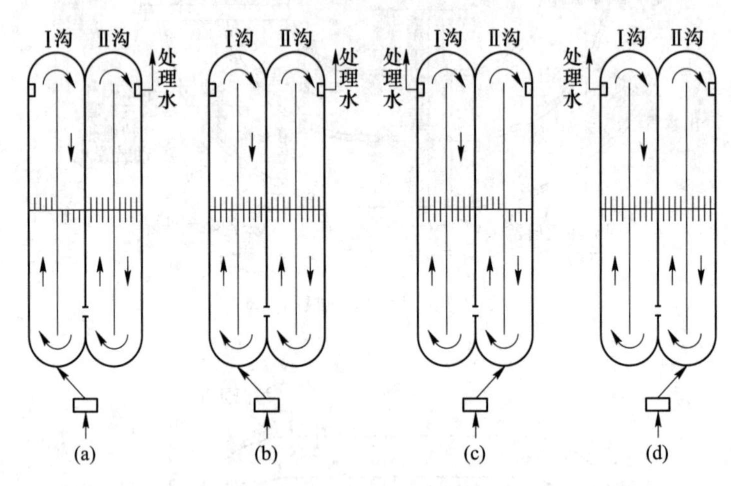

图 7-17 DE 型氧化沟硝化与反硝化运行控制程序

（a）阶段 A；（b）阶段 B；（c）阶段 C；（d）阶段 D

沟Ⅱ出水堰开启并排水。在该阶段中，沟Ⅰ和沟Ⅱ均为好氧区，进行硝化。该阶段为过渡期，历时较短，仅为 0.5 h。

（3）阶段 C：污水进入沟Ⅱ，沟Ⅰ内转刷处于高速运转。沟Ⅱ内转刷为低速运转，沟Ⅰ出水堰开启并排水，沟Ⅱ出水堰关闭。在该阶段中，沟Ⅰ为好氧区，沟Ⅱ为缺氧区。该阶段历时 1.5 h。

（4）阶段 D：污水仍进入沟Ⅱ，沟Ⅰ与沟Ⅱ内转刷均处于高速运转。沟Ⅰ出水堰开启并排水，沟Ⅱ出水堰关闭。在该阶段中，沟Ⅰ和沟Ⅱ均为好氧区，进行硝化。该阶段也为过渡期，历时 0.5 h。

DE 型氧化沟生物脱氮除磷（BID-DENIPHO）流程：该流程也是丹麦专利工艺，根据脱氮除磷机理，在 DE 型氧化沟前增设一厌氧池，以便进行除磷，而脱氮功能则由交替工作的 2 个沟完成，厌氧池为连续式运行，所以该流程具有生物脱氮除磷的功能。

在我国，东莞市塘厦镇水质净化厂首先采用了 DE 型氧化沟生物脱氮除磷工艺，设计规模为 30000 t/d，一期工程为 15000 t/d。该厂于 1996 年 4 月建成投产，稳定运行至今，其工艺流程，如图 7-18 所示。

沟Ⅰ、沟Ⅱ硝化及反硝化交替进行，一个周期循环时间 224 min。硝化阶段按溶解氧的要求来控制转刷的开启（溶解氧设计值 3 mg/L），反硝化阶段双速转刷（慢速）以停 35 min、开 5 min 的程序交替进行。

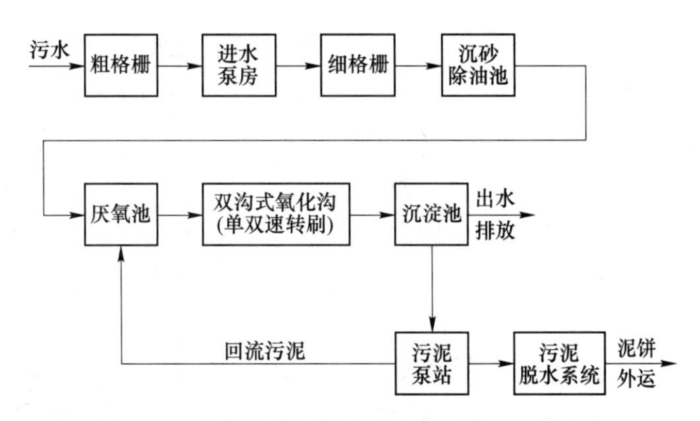

图 7-18　东莞市塘厦镇水质净化厂处理工艺流程

主要工艺参数如下：

pH 值：6.5~7.5

碳氮比值（BOD_5）：TN>4.8

BOD_5 负荷：0.05~0.15 $kgBOD_5/(kgMLSS \cdot d)$

污泥龄：15~20 d

混合液浓度：4000~5000 mg/L

溶解氧：厌氧段 DO≤0.2 mg/L，缺氧段 DO 为 5~0.8 mg/L，好氧段 DO 为 2~3 mg/L

b　T 型氧化沟

T 型氧化沟为交替式三沟氧化沟，是由丹麦 Kruger 公司创建的，我国邯郸市污水处理厂采用了该工艺，三沟式氧化沟结构，如图 7-19 所示。图 7-19 中氧化沟由 3 条同容积的沟槽相互连通串联组成，两侧的 A、C 池交替作为曝气池和沉淀池，中间的 B 池一直为曝气池。原污水交替地进入 A 池或 B 池或 C 池，处理出水则相应地从作为沉淀的 C 池或 A 池流出，曝气沉淀在两侧池内交替进行，既无二沉池也无须污泥回流系统，剩余污泥一般从中间的 B 池排出。

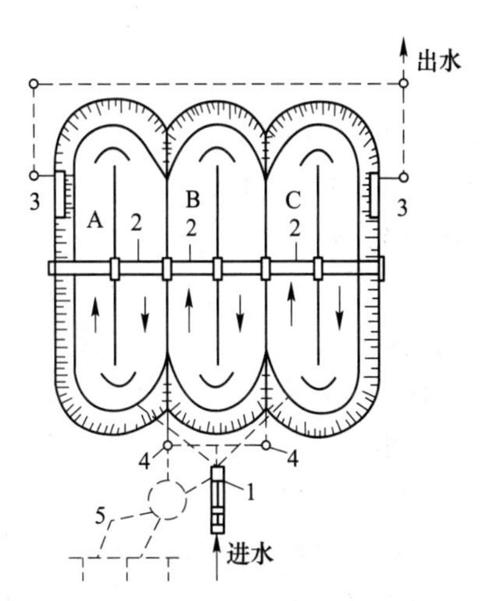

图 7-19　三沟式氧化沟

1—沉砂池；2—曝气转刷；3—出水堰；4—排泥井；5—污泥井

三沟式氧化沟的水深为 3.5 m 左右。一般采用水平轴转刷曝气，两侧沟的转刷是间歇曝气，以使污水处于缺氧状态，中间沟的转刷是连续曝气。

三沟式氧化沟脱氮的运行程序分为 6 个运行阶段，工作周期为 8 h，如图 7-20 所示。它由自动控制系统根据其运行程序自动控制进、出水的方向，溢流堰的升降以及曝气转刷的开动和停止。

（1）阶段 A：工作周期为 2.5 h，污水经配水井进入第一沟，沟内转刷低速运转，仅维持沟内活性污泥处于悬浮状态下环流，沟内处于缺氧反硝化状态，反硝化菌将上阶段产生的 NO_x-N 还原成 N_2 逸出。在此过程中，原污水作为碳源，而不必外加碳源。同时，沟内出水堰能自动调节，混合液进入第二沟。第二沟内转刷在阶段 A 均处于高速运行，使其

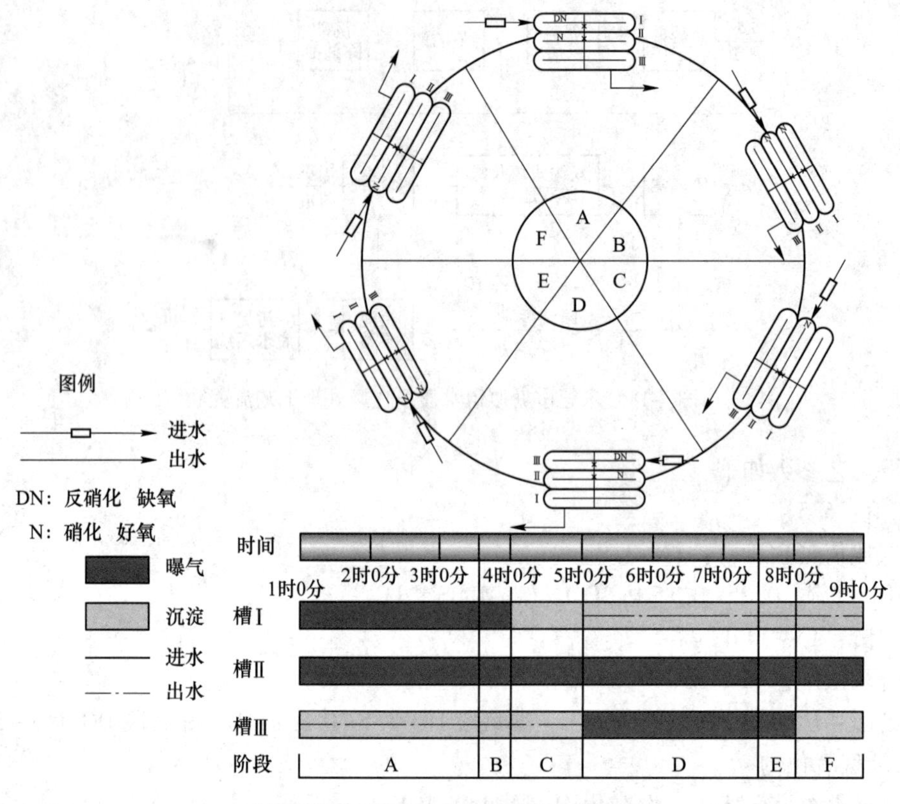

图 7-20　三沟式氧化沟的基本运行方式

沟内的混合液保持恒定环流，其 DO 为 2 mg/L，在此进行有机物的降解和氨氮的硝化。处理后的混合液再进入第三沟，此时第三沟内的转刷处于闲置状态，所以在该阶段，第三沟仅用做沉淀池，使泥水分离，澄清水通过已降低的出水堰从第三沟排出。

（2）阶段 B：工作周期为 0.5 h，污水入流从第一沟调到第二沟，此时第一沟内的转刷高速运转，第一沟由缺氧状态逐步转为富氧状态，第二沟内转刷仍高速运转。所以，阶段 B 时的第一、二沟内均处于好氧状态，都进行有机物的降解和氨氮的硝化。经第二沟处理过的混合液再进入第三沟，第三沟仍为沉淀池，沉淀后的污水通过第三沟出水堰排出。

（3）阶段 C：工作周期为 1.0 h，第一沟转刷停止运转，开始泥水分离，需要时间约 1 h，至该阶段末分离过程结束。在阶段 C，入流污水仍然进入第二沟，处理后污水也通过第三沟出水堰排出。

（4）阶段 D：工作周期为 2.5 h，污水入流从第二沟调至第三沟，第一沟出水堰降低，第三沟出水堰升高，第三沟内转刷低速运转，使混合液悬浮环流，处于缺氧状态，进行反硝化脱氮。然后混合液流入第二沟，第二沟内转刷高速运转，使之处于好氧状态，进行有机物降解和氨氮消化。经处理后再流入第一沟，此时第一沟作为沉淀池，澄清水通过第一沟已降低的出水堰排出。阶段 D 与阶段 A 相类似，所不同的是，硝化发生在第三沟，而沉淀发生在第一沟。

（5）阶段 E：工作周期为 0.5 h，污水入流从第三沟转向第二沟，第三沟转刷高速运转，以保证在该阶段末沟内有剩余氧。第一沟仍作沉淀池，处理后污水通过该沟出水堰排出。第二沟转刷高速运转，仍处于有机物降解和氨氮消化过程。阶段 E 和阶段 B 相对应，不同的是两个外沟的功能相反。

（6）阶段 F：工作周期为 1.0 h，该阶段基本与阶段 C 相同，第三沟内转刷停止运转，开始泥水分离，入流污水仍然进入第二沟，处理后的污水经第一沟出水堰排出。

由上述运行可以看出，三沟式氧化沟脱氮是在两侧沟同一反应池内完成。氧化沟系统并没有单独设置反硝化区，只是在运行过程中设置了停曝期来进行反硝化，从而获得较高的氮去除率。三沟式氧化沟脱氮运行程序，可完成有机物的降解和硝化、反硝化过程，能取得良好的 BOD_5 去除效果和脱氮效果。

河北邯郸市污水处理厂设计规模 100000 m^3/d，第一期工程为 66000 m^3/d。该厂利用丹麦政府的赠款引进丹麦克鲁格公司三沟式氧化沟技术，第一期工程已建成二组三沟式（T 型）氧化沟，1991 年投入运行，已被国家环保总局列入氧化沟工艺处理城市污水的示范工程，每组平面尺寸 $L \times B \times H = 98\ m \times 73\ m \times 3.5\ m$，由 3 条同容积的沟槽串联组成。两组氧化沟总容积 39900 m^3，采用水平转刷曝气。设计进水 BOD_5 为 134 mg/L，SS 为 160 mg/L，NH_3-N 为 22 mg/L。要求出水 $BOD_5 \leqslant 15$ mg/L，SS≤15 mg/L，NH_3-N 为 2~3 mg/L。运行结果表明，每项水质指标均达到了设计要求。

E 一体化氧化沟

一体化氧化沟又称为合建式氧化沟，是指集曝气、沉淀、泥水分离和污泥回流功能为一体，无须建造单独二沉池的氧化沟。有代表性的是船型一体氧化沟，将平流式沉淀池设在氧化沟一侧，其宽度小于氧化沟宽度，因此它就像在氧化沟内放置一条船，混合液从其底部及两侧流过，在沉淀槽下游一端有进水口，将部分混合液引入沉淀槽，即沉淀槽内水流方向与氧化沟内混合液的流动方向相反，沉淀槽内的污泥下降并由底部的泥斗收集回流至氧化沟，澄清水则由沉淀槽内流水方向的尾部溢流堰收集排出。一体化氧化沟也可利用侧沟或中心岛进行泥水分离，一体化氧化沟可省去污泥回流泵房。

一体化氧化沟除一般氧化沟具有的优点外，还有以下优点：工艺流程短，构筑物和设备少，不设初沉池、调节池和单独的二沉池；污泥自动回流，投资少、能耗低、占地少、管理简便；造价低，建造快，设备事故率低，运行管理工作量少；固液分离效果比一般二次沉淀池高，使系统在较大的流量浓度范围内稳定运行。

7.2.2 技能

7.2.2.1 氧化沟设计参数

氧化沟一般由沟体、曝气设备、进水分配井、出水溢流堰和导流装置等部分组成。氧化沟前一般不设置初沉池，当悬浮物（SS）高于 BOD5 设计值 1.5 倍时，曝气池前应设置初沉池。氧化沟一般按两组或多组系列布置，并设置配水井。进水和回流污泥点一般设在缺氧区首端，出水点设在曝气器下游的好氧区。

氧化沟有效水深应考虑曝气、混合、推流的设备性能，一般为 3.5~4.5 m。当采用曝气转刷、转碟时，超高应为 0.5 m；当采用竖轴表曝机时，超高应为 0.8~1.2 m。氧化沟转弯处可设置一道或多道导流墙，墙高出设计水位 0.2~0.3 m，沟内平均流速应大于 0.25 m/s。

当采用氧化沟进行脱氮除磷时，主要设计参数要求与 A^2/O 工艺相同。当采用延时曝气法运行氧化沟时，其参数宜根据试验资料确定；无试验资料时，可采用经验数据或按表 7-3 中的规定取值。

表 7-3　延时曝气氧化沟的主要设计参数

项目		单位	参数值
BOD 污泥负荷 L_s		$kgBOD_5/(kgMLSS \cdot d)$	0.03~0.08
污泥浓度（MLSS）X		g/L	2.5~4.5
污泥龄 θ_c		d	>15
污泥产率 Y		$kgVSS/kgBOD_5$	0.3~0.6
需氧量 O_2		$kgO_2/kgBOD_5$	1.5~2.0
水力停留时间（HRT）		h	≥16
污泥回流比 R		%	75~150
总处理效率	BOD_5	%	>95

7.2.2.2　运行与检测

氧化沟工艺运行应进行检测和控制，其过程检测包括以下四个部分。

A　预处理检测

（1）预处理应设酸碱度计、水位计、水位差计，大型污水处理厂宜增设化学需氧量检测仪、悬浮物检测仪、流量计。

（2）pH 值应控制在 6.0~9.0 之间。

（3）应设置水位计、水位差计用于水位监测控制。

（4）化学需氧量、悬浮物、流量等检测数据应参与后续工艺控制。

B　氧化沟检测

（1）氧化沟内应设溶解氧检测仪和水位计，大型污水处理厂应增设污泥浓度计，污泥浓度计应设于好氧区（池）平稳段。

（2）厌氧区（池）的溶解氧浓度应控制在 0.2 mg/L 以下，缺氧区（池）的溶解氧浓度应控制在 0.2~0.5 mg/L，好氧区（池）的浓度一般不小于 2.0 mg/L。

（3）好氧区（池）污泥浓度应根据处理要求控制在设计参数范围内，超过设计参数值时，应加大排泥量。

C　回流污泥及剩余污泥检测

（1）回流污泥应设流量计，并采取能满足污泥回流量调节要求的措施。

（2）剩余污泥应设流量计，条件允许时可增设污泥浓度计，用于监测、统计污泥排出量。

D　加药系统检测

总磷监测可采用实验室检测方式，药剂根据检测设定值自动投加。大型污水处理厂条件允许时可设总磷在线监测仪，检测值用于自动控制药剂投加系统。

7.2.3　任务

在氧化沟运行过程中发现，污泥回流阀门长期开度过大，氧化沟排泥阀门长期过低，造成氧化沟中污泥过多。发生如下事故现象：

（1）氧化沟表面形成细微的暗褐色泡沫；

（2）回流污泥量过大；

（3）污泥负荷低。

请对此事故进行处理。

参考答案：

（1）氧化沟表面形成细微的暗褐色泡沫，回流污泥量过大，污泥负荷低，确认其他工艺指标正常。

（2）氧化沟中开大排泥阀门开度，增大排泥量。

（3）减少回流污泥阀门开度，减少回流污泥量。

（4）定时观察氧化沟泡沫问题改善。

任务 7.3　SBR 及其改进型工艺

【知识目标】

掌握 SBR 工艺的原理、工艺特点和适用条件。

【技能目标】

（1）能进行典型工艺参数确定、构筑物计算和设备选型。

（2）能进行典型处理工艺的基本运行和操作。

【素养目标】

（1）培养自学能力。

（2）培养知识的综合应用素质。

（3）形成良好的职业道德。

7.3.1　主要理论

SBR 工艺

7.3.1.1　流程和特点

间歇式活性污泥法（Sequencing Batch Reacter Activated Sludge Process，缩写为 SBR 活性污泥法），又称为序批式活性污泥法，其污水处理机理与普通活性污泥法完全相同。SBR 法于 20 世纪 70 年代由美国开发，并很快得到了广泛应用，我国于 20 世纪 80 年代中期开始了研究与应用。

SBR 工艺去除污染物的机理与传统活性污泥工艺完全相同，只是运行方式不同。传统工艺采用连续运行方式，污水连续进入生化反应系统并连续排出；SBR 工艺采用间歇运行方式，初沉池出水流入曝气池，按时间顺序进行进水、反应（曝气）、沉淀、出水、排泥或待机的 5 个基本运行程序，从污水的流入开始到待机时间结束称为一个运行周期，这种运行周期周而复始反复进行，从而达到不断进行污水处理之目的。因此，SBR 工艺不需要设置二沉池和污泥回流系统。

间歇式活性污泥法工艺的一般工艺流程，如图 7-21 所示。

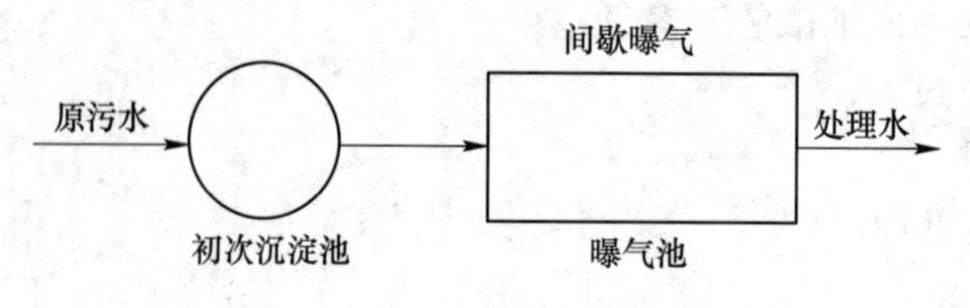

图 7-21　SBR 的一般工艺流程

A　典型运行工序

SBR 工艺的典型运行程序如图 7-22 所示。

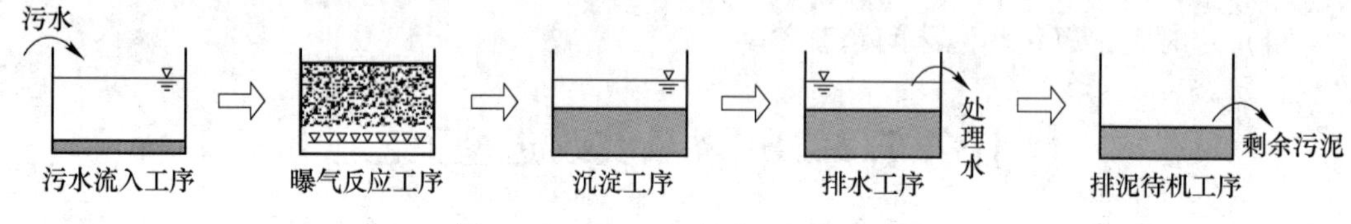

图 7-22　SBR 工艺的典型运行工序

（1）污水流入工序。污水流入曝气池前，该池处于操作周期的待机（闲置）工序，此时沉淀后的上层清液已排放，曝气池内留有沉淀下来的活性污泥。污水在该时段内连续进入间歇式曝气池内，直至达到最高运行液位。

（2）曝气反应工序。当污水注满后，即开始曝气操作，使污染有机物质进行生物降解。在该时间段间歇式曝气池内既不进水也不排水，因此该工序是最重要的一道工序。

（3）沉淀工序。在该时间段内曝气池不进水或排水也不曝气，使池内混合液处于静止状态，进行泥水分离，沉淀时间一般为 1.0～1.5 h，沉淀效果良好。

（4）排水工序。排除曝气池沉淀后的上层清液，留下活性污泥，作为下一个操作周期的菌种。

（5）排泥待机工序。将活性污泥作为剩余污泥排放，然后等待一个运行周期的开始。

SBR 工艺的每一运行周期一般在 6～10 h 范围内，其运行程序和运行周期可根据进水水质及对处理功能的要求，进行灵活调节。

B　SBR 工艺的设备和装置

（1）滗水器。SBR 工艺一般采用滗水器排水，在滗水器排水的过程中，滗水器能随水位的下降而下降，排出的始终是上层清液。为了防止水面上浮渣进入滗水器被排走，滗水器排水口一般都淹没在水下一定深度。

按结构形式滗水器可分为旋转式、虹吸式、自浮式、简易式等几种。目前，在国内应用广泛的多为旋转式。旋转式滗水器由滗水堰口、支管、干管、可进行 360°旋转的回转支撑、滑动支撑、驱动装置、自动控制装置等组成。工作时在驱动装置的作用下，滗水堰口滗水器底部回转支撑中心线为轴向下做变速圆周运动，在此过程中 SBR 反应池中的上清液将通过滗水堰口流入滗水支管、在经滗水干管排出。滗水工作完成后，滗水堰口以滗水器底部的回转支撑中心线为轴线向上做匀速圆周运动，使滗水堰口停在待机，待进水、生化、沉淀等工序完成后再进行下一次滗水过程。旋转式滗水器结构，如图 7-23 所示。

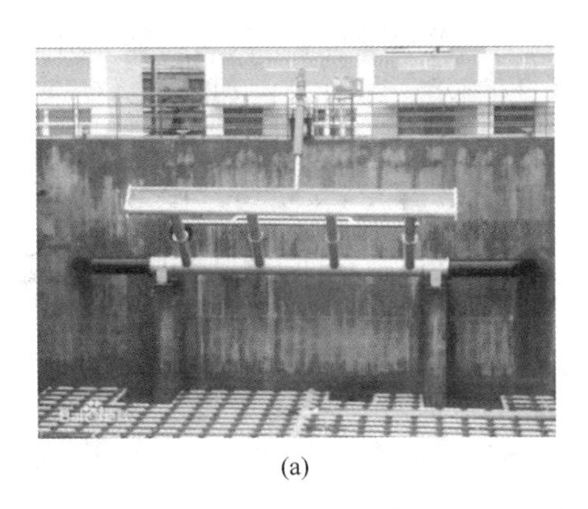
(a)

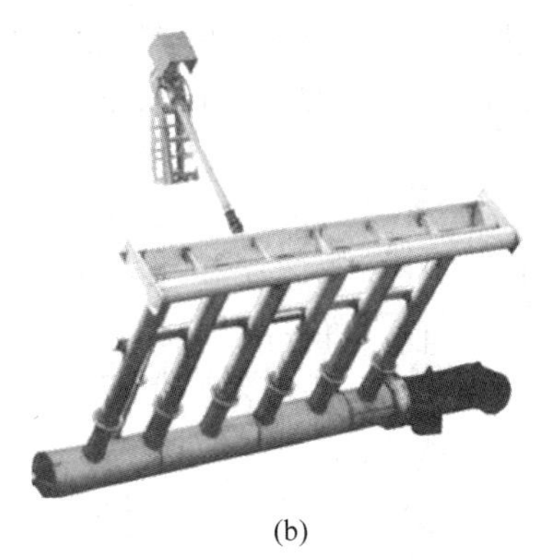
(b)

图 7-23　旋转式滗水器
（a）工作安装示意图；（b）设备图

（2）曝气装置。SBR 工艺的曝气分为机械曝气和鼓风曝气两大类，与活性污泥法曝气系统的相同。

（3）阀门、排泥系统。SBR 运行中的曝气、滗水及排泥等过程均采用计算机自动控制系统完成，因此需要配备相应的电动、气动阀门，以便控制气、水的自动进出及关闭。目前，剩余污泥的排放均采用潜水泵的自动排放方式实现。

（4）自动控制系统。SBR 采用自动控制系统来达到其工艺的控制要求，把人工操作难以实现的控制通过计算机、软件、仪器设备有机结合自动完成，并创造满足微生物生产的最佳环境。

C　特点

SBR 工艺具有以下特点：工艺简单，构筑物少，无二沉池和污泥回流系统，基建费和运行费都较低；SBR 用于工业废水处理，不需设置调节池；污泥的 SVI 值较低，污泥易于沉淀，一般不会产生污泥膨胀；调节 SBR 运行方式，可同时具有去除 BOD_5 和脱氮除磷的功能，运行管理得当，处理水水质优于连续式活性污泥法；SBR 的运行操作、参数控制应实施自动化操作管理，以便达到最佳运行状态。

7.3.1.2　SBR 工艺脱氮除磷时的运行工序

根据生物脱氮除磷的机理，当生化反应过程中存在好氧和缺氧状态时，污水中有机物和氮就可以通过微生物氧化降解与硝化、反硝化而得到有效去除。当生化反应过程中存在厌氧和好氧状态时，污水中有机物和磷就可以通过微生物氧化降解与聚磷菌的放磷、摄磷作用而得到有效去除。如果要同时去除污水中的有机碳源、氮和磷，则可在生化反应过程中设置厌氧、缺氧和好氧状态。所以，SBR 工艺可根据要求脱氮除磷的功能，通过改变典型的 SBR 运行工序来实现。下面简要介绍 SBR 工艺的三种运行工序。

A　SBR 工艺的脱氮运行工序

SBR 工艺的脱氮运行工序的功能是去除污水中有机污染物和脱氮。对此，在 SBR 典型运行工序的基础上增加停曝搅拌工序。Ⅰ阶段仍为污水流入工序。Ⅱ阶段为曝气反应工序，除进行有机物生化降解外，还要进行氨氮的硝化。Ⅲ阶段是停曝搅拌工序，在该阶段内停止曝气，采用潜水搅拌机对其混合液进行搅拌混合，反硝化细菌进行反硝化脱氮。由于全部混合液均进行反硝化，总的脱氮效率能达到 70%左右。Ⅳ阶段和Ⅴ阶段与典型 SBR 运行工序相同，分别为排水工序和排泥待机工序。SBR 工艺的脱氮运行工序，如图 7-24 所示。

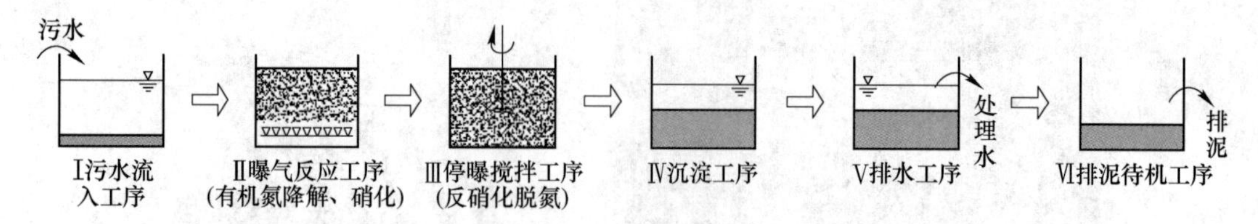

图 7-24　SBR 工艺的脱氮运行工序

B　SBR 除磷运行工序

SBR 除磷运行工序的功能是去除污水中的有机污染物和磷，只要适当改变 SBR 工艺的典型运行工序，就可达到去除污水中有机污染物和除磷的目的。

在Ⅰ阶段污水流入的同时，开启潜水搅拌设备，使入流污水与前一周期留在池内的污泥充分混合接触。该阶段工作状态为厌氧，聚磷菌进行磷的释放，为聚磷菌在Ⅱ阶段的曝气反应工序进行摄磷作准备。所以，应保持Ⅰ阶段混合液内的 DO 浓度在 0. 2 mg/L 以下。

Ⅱ阶段为曝气反应工序，开启曝气系统进行曝气，使池内混合液 DO 浓度保持在 2. 0 mg/L 以上。此时 BOD_5 进行生化降解，聚磷菌过量摄磷。但该阶段曝气时间不宜过长，以免发生硝化。因为硝化产生出的 NO_3^--N 会干扰Ⅰ阶段中磷的释放，因此降低了除磷率。

Ⅲ阶段为沉淀排泥工序。在该阶段中，沉淀与排泥同步进行，主要目的是防止磷的二次释放，这是因为聚磷菌在释放磷之前就以剩余污泥的形式排出系统。

Ⅳ阶段为排水待机工序，SBR 工艺的除磷工序，如图 7-25 所示。

当控制总的运行周期为 8 h 左右时，则该运行工序的除磷效率可达 90%以上。

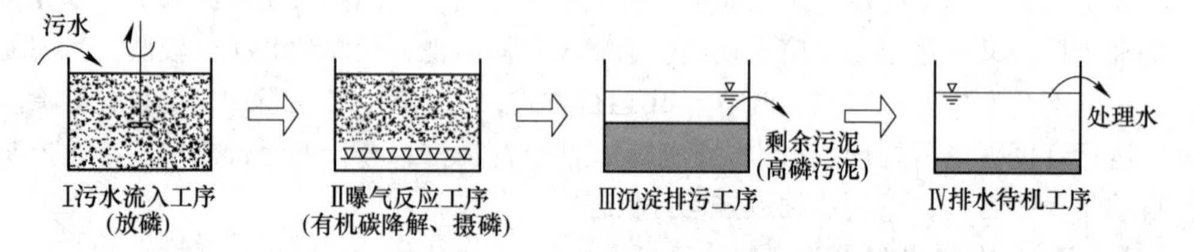

图 7-25　SBR 工艺的除磷运行工序

C　SBR 工艺的脱氮除磷运行工序

Ⅰ阶段为污水流入工序，在污水流入的同时采用潜水搅拌设备进行搅拌，将 DO 浓度控制在 0. 2 mg/L 以下，使聚磷菌进行厌氧放磷。

Ⅱ阶段仍是曝气反应工序，控制 DO 浓度在 2. 0 mg/L 以上，在该阶段进行有机物生物降解、氨氮硝化和聚磷菌好氧摄磷，一般曝气时间应大于 4 h。

Ⅲ阶段为停曝搅拌工序，即停止曝气，用潜水搅拌进行混合搅拌，DO 浓度一般在 0. 2 mg/L 以下，处于缺氧状态，使之进行反硝化脱氮，该阶段一般历时在 2 h 以上。

Ⅳ阶段为沉淀排泥工序，该阶段先进行泥水分离，然后排放剩余污泥（高磷污泥）。

Ⅴ阶段为排水待机阶段，总的运行周期一般为 8~10 h。

SBR 工艺脱氮除磷的运行工序，如图 7-26 所示。

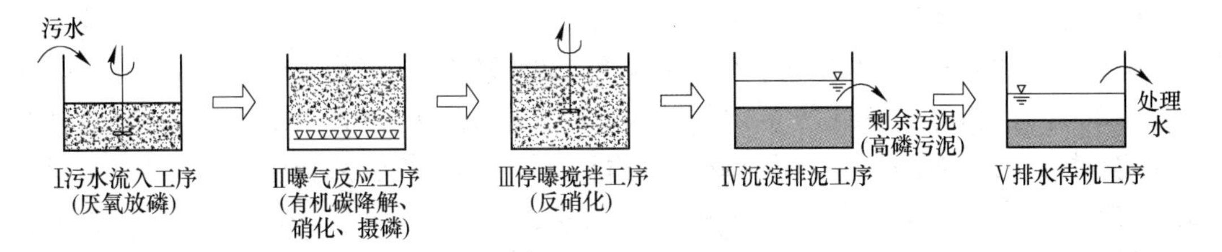

图 7-26　SBR 工艺脱氮除磷的运行工序

7.3.1.3　主要影响因素

SBR 工艺同时具有去除 BOD_5、生物脱氮除磷的功能，影响其脱氮除磷的主要因素有以下三个方面。

A　易生物降解的基质浓度

在厌氧状态下，聚磷菌释磷量越多，则聚磷菌在好氧状态下摄取磷量越大，因此，如何设法提高厌氧条件下聚磷菌的释磷是达到高效除磷的重要条件。在厌氧条件下，易生物降解的基质由兼性异养菌转化成低分子脂肪酸（如甲、乙、丙酸）后，才能被聚磷菌所利用，而这种转化对聚磷菌的释磷起着诱导作用。如果这种转化速率越高，则聚磷菌的释磷速率就越大，单位时间内释磷量越多，导致聚磷菌在好氧状态下的摄磷量更多，从而有利于磷的去除。所以，污水中易生物降解基质的浓度越大，除磷就越高，通常以 BOD_5/TP（总磷）的比值来作为评价指标，一般认为 BOD_5/TP>20，则磷的去除效果较稳定。

SBR 工艺进水过程为单纯注水缓慢搅拌时，在进水过程中曝气池内活性污泥混合液由缺氧过渡到厌氧状态，混合液污泥浓度逐渐降低。虽然进水过程中基质也会缓慢降解，但速度很慢，基质将不断积累，反硝化细菌则会利用水中有机物作碳源，通过反硝化作用可去除部分 NO_x-N。聚磷菌在厌氧条件下释放磷，当进水结束时，其易生物降解基质浓度值更高，则兼性厌氧细菌将易生物降解基质转化成低分子脂肪酸的转化速率大，其诱导聚磷菌的释磷速率就高，释磷量就大，聚磷菌好氧条件下的摄磷量更高，除磷效率才会提高。

另外，进水慢速搅拌可提前进入厌氧状态，利于释磷，并缩短厌氧反应时间。

B　NO_3^--N 对脱氮除磷的影响

当进水处于厌氧状态时，进水带来了极少量 NO_3^--N，但主要是好氧停止曝气后至沉淀及排水工序的缺氧段的反硝化作用不完全而留下的 NO_3^--N。由于 NO_3^--N 的存在，会发生反硝化反应，反硝化消耗易生物降解基质，而反硝化速率比聚磷菌的磷释放速率快，所以，反硝化细菌与聚磷菌争夺有机碳源，而优先消耗掉部分易生物降解的基质。如果厌氧混合液中 NO_3^--N 浓度大于 1.5 mg/L，会使聚磷菌释放时间滞后，释磷速率减缓，释磷量减少，最终导致好氧状态下聚磷菌摄取磷的能力下降，影响除磷效果。所以，应尽量降低曝气池内进水前留于池内的 NO_3^--N 浓度，这主要靠好氧曝气停止后沉淀、排水段的缺氧运行。如果反硝化彻底，残留的 NO_3^--N 浓度很小，同时也提高了氮的去除率，反之亦然。对此，应对曝气好氧反应阶段以灵活的运行控制，如采取“曝气（去除 BOD_5、硝化、摄磷）→停止曝气缺氧（投加少量碳源，进行反硝化脱氮）→再曝气（去除剩余有机物）”的运行方式，能够提高脱氮效率，减少下一周期进水工序厌氧状态时的 NO_3^--N 浓度。

C 运行时间和 DO 的影响

运行时间和 DO 是 SBR 工艺取得良好脱氮除磷效果的两个重要参数。进水工序的厌氧状态，DO 浓度控制在 0.3~0.5 mg/L，以满足释磷要求，易生物降解基质浓度较高时，则释磷速率快。当释磷速率为 9~10 mg/L（gMLSS · d）时，水力停留时间大于 1 h，则聚磷菌体内的磷已充分释放。所以，在一般情况下，城市污水经 2 h 的厌氧状态释磷，其磷的有效释放已甚微。如果污水中 BOD_5/TP 偏低时，则应适当延长厌氧时间。

好氧曝气工序 DO 浓度应控制在 2.5 mg/L 以上，曝气时间以 4 h 为宜，主要应满足 BOD_5 降解和硝化需氧以及聚磷菌摄磷过程的高氧环境。由于聚磷菌的好氧摄磷速率低于硝化速率，因此，以摄磷来考虑曝气时间较合适，但时间不宜过长，否则聚磷菌内源呼吸使自身衰减死亡和溶解，导致磷的释放。

好氧曝气之后，沉淀、排放工序均为缺氧状态，DO 浓度不高于 0.7 mg/L，时间以 2 h 左右为适宜。在此条件下，反硝化菌将好氧曝气工序时储存体内的碳源释放，进入 SBR 特有的储存性反硝化作用，使 NO_3^--N 进一步去除而脱氮；但当时间过长时，DO 浓度低于 0.5 mg/L，则会造成磷释放，导致出水中含磷量大大增加，影响除磷效果。各工序运行时间分配处理效果的影响见表 7-4。

表 7-4 各工序运行时间分配处理效果的影响

时间分配/h						有机物去除率/%	PO_4^{3+} 去除率/%	N 去除率/%
进水		曝气好氧	沉淀	排水待机	总时间			
搅拌（缺氧）	停止搅拌（厌氧）							
1.5	0.5	4.0	1.5	0.5	8.0	80.3	93.2	—
1.0	0.5	3.0	1.0	0.5	6.0	71.5	96.8	—
1.0	1.0	4.0	1.0	1.0	8.0	93	96.8	82
1.0	2.0	3.0	1.0	1.0	8.0	80	77.8	92.5

7.3.1.4 SBR 的改良工艺

迄今，在 SBR 经典工艺基础上已开发出多种各具特色的改进型工艺，其中具有代表性的有：间歇循环延时曝气工艺系统（ICEAS 工艺系统）（Intermittently Cycle Extended Aeration System）、循环活性污泥工艺系统（CASS 工艺系统）（Cycle Activated Sludge System）、连续进水间歇曝气工艺系统（DAT-IAT 工艺系统）（Demand Aeration Tank-Intermittent Aeration Tank）、一体化活性污泥工艺系统（Unitank 工艺系统）以及改良型序批式活性污泥工艺系统（MSBR 工艺系统）等。这一系列序批式活性污泥工艺系统的新工艺、新系统的主要特征，可归纳为下列各项：

（1）一般都不采用二次沉淀池能及污泥同流系统一类的附属设备，从而减少了占地，工程投资也较省。

（2）都采取了一定措施使泥水分离在静置沉淀的状态下实施，澄清效果好。

（3）基本都能连续进水及连续滗水。

（4）都采取了一定措施，便于利用计算机及其软件系统调控运行操作。

A 间歇循环延时曝气活性污泥工艺

间歇循环延时曝气活性污泥法（ICEAS）工艺于 20 世纪 80 年代初在澳大利亚兴起，是变形的 SBR 工艺，其基本工艺操作过程，如图 7-27 所示。与 SBR 工艺相比 ICEAS 工艺是在进水端增加了预反应区且为连续进水（沉淀期和排水期仍保持进水），间歇排水，没有明显的反应阶段和闲置阶段。

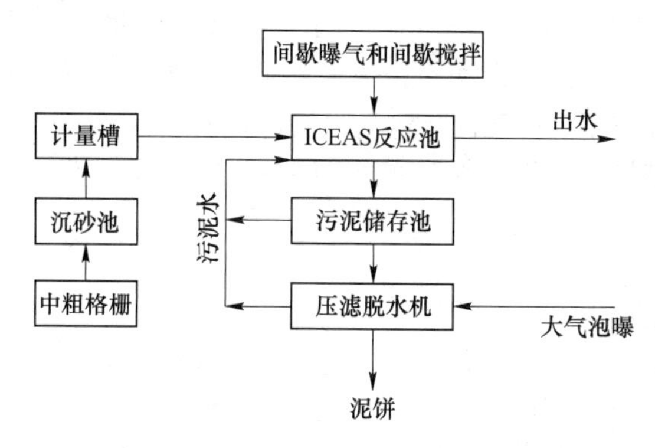

图 7-27 ICEAS 工艺污水处理厂典型处理工艺流程

ICEAS 工艺系统不设初次沉淀池，对城市污水，其预处理工艺一般也仅设格栅。污水经格栅处理后连续地进入预反应区，再通过隔墙底端连接孔进入主反应区。预反应区主要的作用有：

（1）向主反应区配水，配水过程对主反应区进行的各项反应不产生任何干扰和影响。

（2）具有生物选择和防止产生污泥膨胀现象的作用。首先，处于缺氧状态的预反应区能够起到生物选择器的作用，选择出适应入流污水性质的微生物种属。其次，预反应区的缺氧状态能够抑制属于绝对好氧菌的丝状菌的生长繁育，防止产生污泥膨胀现象。

（3）连续进入的污水和回流到预反应区的各种液流在此得到良好的混合再进入主反应区。

ICEAS 系统在处理市政污水和工业废水方面比传统的 SBR 系统费用更省、管理方便。但是，由于进水贯穿整个运行周期的每个阶段，沉淀期进水在主反应区底部造成水力紊动而影响泥水分离时间，因此进水量受到了一定限制。通常水力停留时间较长。由于 ICEAS 工艺设施简单，管理方便，因此国内外均得到广泛应用，图 7-28 所示为 ICEAS 工艺设备的剖面构造图。

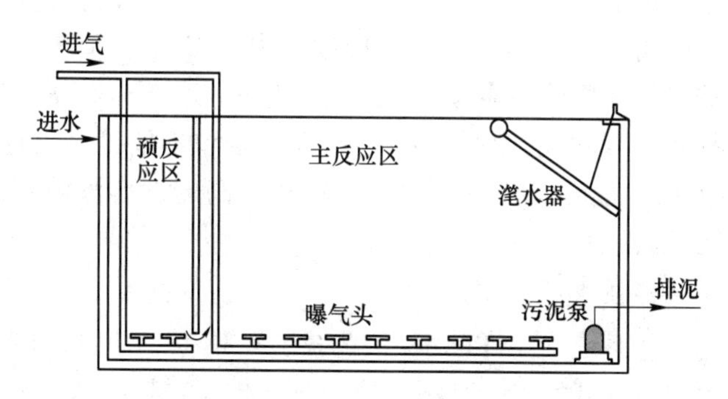

图 7-28 ICEAS 工艺设备的剖面构造

B　循环式活性污泥系统

循环式活性污泥法（CAST）是 SBR 工艺的一种新形式，其工艺设备的剖面构造图如图 7-29 所示。CAST 方法在 20 世纪 70 年代开始得到研究和应用，是设计更加优化合理的生物选择器。该工艺将主反应中部分剩余污泥回流至选择器中，在运行方式上沉淀阶段不进水，使排水的稳定性得到保障。通常的 CAST 一般分为三个反应区：一区为生物选择器，一般在缺氧/厌氧状态下运行，主要目的是生物选择作用，同时还可有效改善污泥沉降性能，防止污泥膨胀；二区为缓冲区，当作为生物选择区的辅助区时按缺氧/厌氧状态运行，当作为预反应区与主反应区同步运行时按好氧状态运行，第二区也可考虑不设；三区为主反应区，按好氧状态运行，有机物的降解及脱氮除磷等反应都在三区内进行。三个反应区容积之比一般为 1 : 5 : 30。

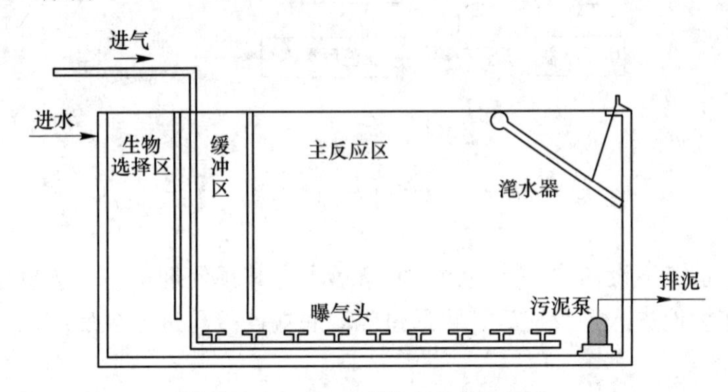

图 7-29　CAST 工艺设备的剖面构造

CAST 方法的主要优点：工艺流程非常简单，土建和设备投资低（无初沉池和二沉池以及规模较大的回流污泥泵）；能很好地缓冲进水水质、水量的波动，运行灵活；在进行生物除磷脱氮操作时，整个工艺的运行得到良好的控制，处理出水水质尤其是除磷脱氮的效果显著优于传统活性污泥法；运行简单，无须进行大量的污泥回流和内回流。

C　连续进水间歇曝气工艺系统

连续进水间歇曝气工艺系统（DAT-IAT 工艺）主体构筑物由需氧池（DAT）和间歇式曝气池（IAT）组成。DAT 反应器好氧运行，污水与从 IAT 回流的活性污泥同时连续流入，通过高强度的连续曝气，强化活性污泥的生物吸附作用，充分发挥活性污泥的初期降解功能，去除大部分有机物。经过了 DAT 的初步生化、调节、均衡作用，IAT 反应器进水水质稳定、负荷低，提高了对水质变化的适应性。由于 C/N 比值较低，能够发生硝化反应，又由于进行间歇曝气和搅拌，能够形成缺氧—好氧—厌氧—好氧的交替环境，在去除 BOD_5 的同时，获得脱氮、除磷的效果。本工艺的沉淀和排放工序也连续进水。与 CAST 和 ICEAS 相比，DAT-LAT 能够保持较长的污泥龄和很高的混合液浓度，对有机负荷及毒物有较强的抗冲击能力。

D　一体化活性污泥工艺系统

一体化活性污泥工艺系统（UNTTANK 工艺系统）是 1987 年 Interbrew 与 K. U. Leutven 合作，以三沟氧化沟为基础开发的一种污水处理新工艺。它整体呈一体化型式，典型的单段 UNITANK 系统由一个矩形反应池组成，此矩形反应池被分为三格方池结构。三池之间通过隔墙开口实现水力导通，每个单元池中设有曝气系统和搅拌器，在两侧单元池设固定溢流出水堰和剩余污泥排放口，该二池交替作为曝气池和沉淀池，但中间单元池只作曝气池。图 7-30 显示了 UNITANK 工艺污水处理厂的典型处理工艺流程，图 7-31 所示为单段式 UNITANK 工艺设备的剖面构造图。

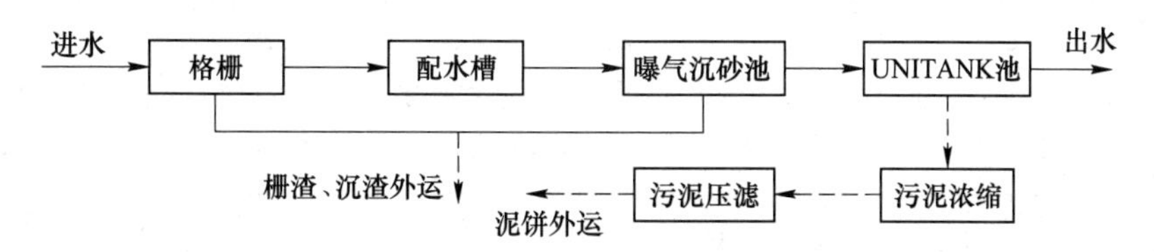

图 7-30　UNITANK 工艺污水处理厂的典型处理工艺流程

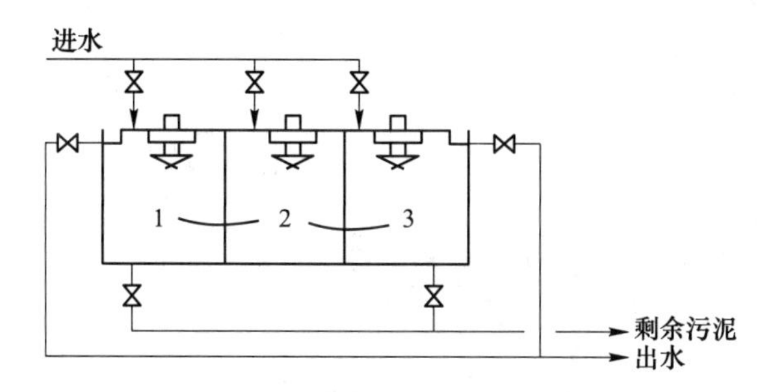

图 7-31　单段式 UNITANK 工艺设备的剖面构造

与其他 SBR 最大不同之处是 UNITANK 工艺可在恒定水位下连续运行，容积利用率较高，采用固定出水堰，不需设置浮式滗水器。但是，该工艺无专门的厌氧区，磷去除效果不理想；而且系统管道布置复杂，需要大量的电动进水与空气阀门以及剩余污泥阀门，切换过于频繁，故需要较高的自动监测和自动控制水平。

E　SBR 工艺及其变式的比较

表 7-5 是各种 SBR 工艺的基本参数和性能对比。

表 7-5　各种 SBR 工艺的基本参数和性能对比

工艺	传统 SBR 工艺	ICEAS 工艺	CAST 工艺	UNITANK 工艺	IAT-DAT 工艺
进出水	间歇进水，间歇排水	连续进水，间歇排水	间歇进水，间歇排水	连续进水，连续排水	连续进水，间歇排水
曝气	间歇	间歇	间歇	中池连续，边池间歇	DAT 连续，IAT 间歇
沉淀	静态	半静态	静态	半静态	半静态
容积利用率/%	50~60	50~58	50	50	66.7
污泥回流	无	有	有	无	有
水位变化/m	1~2	1~1.5	1~2	固定水位	<1
脱氮	尚可	尚可	好	一般	较好

续表 7-5

工艺	传统 SBR 工艺	ICEAS 工艺	CAST 工艺	UNITANK 工艺	IAT-DAT 工艺
除磷	一般	一般	一般	较差	一般
防止污泥膨胀	一般	尚可	好	一般	较好
通用性	小型污水处理厂最合适	可用于中小型污水处理厂	脱氮除磷要求高最合适	土地特别紧张时最适用	可用于中小型污水处理厂

7.3.1.5　应用实例

上海桃浦工业区污水处理厂总处理规模 80000 m^3，采用 SBR 工艺运行。该厂处理的工艺流程如图 7-32 所示。

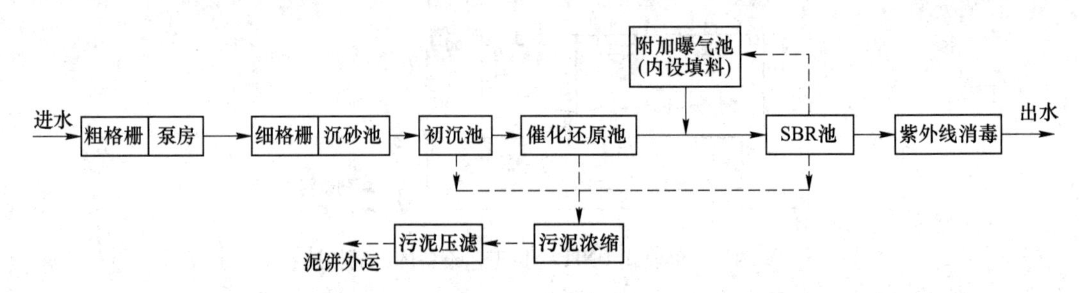

图 7-32　上海桃浦工业区污水处理厂的工艺流程

SBR 池工艺设计参数：

（1）SBR 池数量：3 座，每座分 4 格，每格尺寸 120 m×7.5 m×6.0 m；

（2）污水停留时间：24 h；

（3）SBR 池曝气利用率：58%；

（4）SBR 最大计算需氧量：761 kg/h；

（5）污泥负荷：0.075 $kgBOD_5/(kgMLSS \cdot d)$；

（6）MLSS：3 g/L；

（7）污泥产率：0.45 $kg/kgBOD_5$；

（8）污泥量：4050 kg/d(包括附加曝气池)。

在每座 SBR 池中设有 2 台水下推进器，每台流量 Q 为 50 m^3/h，电机功率 N 为 13 kW，其中 1 台执行器需更换。

在每座 SBR 池中第 1、4 格内设置潜水搅拌机，每格 2 台，每池 4 台，共 12 台，每台电机功率为 11 kW，每台搅拌机附起吊架。

在每座 SBR 池中第 3 格内设置潜水泵，每台水泵流量 Q 为 416 m^3/h，扬程 H 为 4.5 m，电机功率 N 为 11 kW，共 4 台，其中 1 台仓库备用。

在每座 SBR 池中第 3 格距池底 2.35 m 处设 DN300 mm 排泥管，污泥排入预浓缩池。

曝气头采用膜式曝气管，每池共铺设长度 L 为 2000 mm 的膜式曝气管 1232 根。

7.3.2　技能

7.3.2.1　SBR 工艺计算

表 7-6 为 SBR 工艺曝气池的容积计算与主要参数。

表 7-6　SBR 工艺曝气池的容积计算公式与主要参数

项目	计算公式	主要参数
曝气池容积	$V=\dfrac{24QS_o}{1000XL_St_R}$　(7-8)	V——生物反应池容积，m^3； Q——每周期进水量，m^3； S_o——曝气池进水 BOD_5，mg/L； L_S——曝气池 BOD 污泥负荷，以脱氮、除磷或同步脱氮除磷为主要目标时，应按 A_N/O、A_P/O、A^2/O 工艺的规定取值，$kgBOD_5/(kgMLSS\cdot d)$； T_R——每个周期反应时间，h
SBR 工艺各工序时间	进水时间： $t_F=\dfrac{t}{n}$　(7-9)	t_F——每池每个周期所需要的进水时间，h； t——一个运行周期所需要的时间，h； n——每个系列反应池个数
	反应时间： $t_R=\dfrac{24S_om}{1000\,L_SX}$　(7-10)	S_o——曝气池进水 BOD_5，mg/L； m——充水比，仅需除磷时应为 0.25～0.50，需脱氮时应为 0.15～0.30； L_S——曝气池 BOD 污泥负荷，$kgBOD_5/(kgMLSS\cdot d)$； X——曝气池内污泥浓度，gMLSS/L
	沉淀时间：t_S 宜为 1.0 h	
	排水时间：t_D 宜为 1.0～1.5 h	
	总时间： $t=t_R+t_S+t_D+t_b$　(7-11)	t_R——每个周期反应时间； t_S——沉淀时间； t_D——排水时间； t_b——闲置时间
尺寸确定	反应池宜采用矩形池，水深为 4.0～6.0 m； 反应池长度和宽度之比：间隙进水时应为（1∶1）～（2∶1），连续进水时应为（2.5∶1）～（4∶1）	

7.3.2.2　运行与检测

SBR 污水处理工程应进行过程检测和控制，并配置相应的检测仪表和控制系统。自动化仪表和控制系统应保证 SBR 污水处理工程的安全性和可靠性，方便运行管理。参与控制和管理的机电设备应设置工作和事故状态的检测装置。

运行检测要求如下：

（1）进水泵房、格栅、沉砂池应设置 pH 值计、液位计、液位差计、流量计、温度计等。

（2）SBR 反应池内应设置温度计、pH 值计、溶解氧（DO）仪、氧化还原电位计、污泥浓度计、液位计等。

(3) 为保证污水处理厂（站）安全运行，按照下列要求设置监测仪表和报警装置。

1）进水泵房：应设置硫化氢（H_2S）浓度监测仪表和报警装置。

2）污泥消化池：应设置甲烷（CH_4）、硫化氢（H_2S）浓度监测仪表和报警装置。

3）加氯间：应设置氯气（Cl）浓度监测仪和报警装置。

7.3.3 任务

某污水处理厂处理规模 Q 为 4000 m^3/d，总变化系数 1.78，进出水指标见表 7-7。拟采用 CASS 工艺进行处理，试确定 CASS 池容积。

表 7-7　进出水水质标准

指标	BOD_5	COD_{cr}	SS	TN	TP	NH_3-N
进水水质标准/$mg \cdot L^{-1}$	300	140	180	32	4.8	24
出水水质标准/$mg \cdot L^{-1}$	≤20	≤60	≤20	≤20	≤1	≤8(15)

CASS 池容积的计算见表 7-8。

表 7-8　CASS 池容积的计算

步骤	参数选取计算	结果
指标参数选取	混合液悬浮固体浓度（MLSS）	
	生物反应池 5 d 生化需氧量污泥负荷（L_S）	
	反应池有效水深 H	
	充水比 m	
CASS 运行周期计算	曝气时间 $T_R = \dfrac{24S_0m}{1000\ L_SX}$	
	沉淀时间 T_S	
	排水时间 T_D	
	运行周期：$T = T_R + T_S + T_D$	
	每日运行周期数：$n = \dfrac{24}{T}$	
CASS 池总容积 V	$V = \dfrac{24QS_0}{XL_ST_R}$	
CASS 池单池容积 V_i	$V_i = \dfrac{V}{N}$	

任务 7.4　MBR 工艺

【知识目标】

掌握 MBR 的原理、工艺特点和适用条件。

【技能目标】

（1）能进行典型工艺参数确定、构筑物计算和设备选型。
（2）能进行典型处理工艺的基本运行和操作。

【素养目标】

（1）培养自学能力。
（2）培养知识的综合应用素质。
（3）形成良好的职业道德。

7.4.1　主要理论

膜生物反应器（Membrane Bio-Reactor，MBR）是高效膜分离技术与活性污泥法相结合的新型污水处理技术，可用于有机物含量较高的市政或工业废水处理。20 世纪 70 年代开始 MBR 的技术应用，但其在污水处理领域的大规模应用是 80 年代在日本等国广泛应用。该技术由于具有诸多传统污水处理工艺无法比拟的优点，因此受到普遍关注。

7.4.1.1　发展概述

20 世纪 60 年代末期美国最早开始研究膜生物反应器。1969 年 Smith 等报道采用超滤膜来替代传统活性污泥工艺中的二沉池，用于处理城市污水。美国的 Dorr-Oliver 公司在 1966 年前后也开始了膜生物反应器的研究，开发了 MST（Membrane Sewage Treatment）的工艺。这一时期，研究的重点在于开发适合高浓度活性污泥的膜分离装置。由于受当时的膜生产技术所限，膜的使用寿命短、通量小，加之当时对处理排放出水水质要求不严，使这项技术在相当长一段时间仅停留在实验室研究规模，未能投入实际应用。

20 世纪 70 年代末期，日本由于污水再生利用的需要，膜生物反应器的研究工作有了较快的进展。1983~1987 年，日本有 13 家公司使用好氧膜生物反应器处理污水，处理水作为中水回用，这一阶段的膜生物反应器的形式主要是分置式。

有关膜技术与厌氧反应器的组合使用在 20 世纪 80 年代初也受到关注。1982 年 Dorr-Oliver 公司开发了 MARS 工艺（Membrane Anaerobic Reactor System）用于处理高浓度有机工业废水。同时 80 年代初，在英国也开发了类同的工艺，该工艺在南非进一步发展成为 ADUF 工艺（Anaerobic Digester Ultrafiltration Process）。

到 80 年代末以后，国际上研究深度和广度不断加强。在传统分置式膜生物反应器的基础上，提出了运行能耗低、占地更为紧凑的一体式膜生物反应器。膜生物反应器在日本、美国、法国、英国、荷兰、德国、南非、澳大利亚等国已得到相当多的应用，主要应用对象包括：生活污水的处理与回用、粪便污水处理、有机工业废水处理等。

我国对膜生物反应器的研究始于 20 世纪 90 年代初。近年来，由于该项技术具有的巨大吸引力和潜在的应用前景，许多大学、研究所、环保公司也加入到了此项技术的研究开发中。

7.4.1.2　原理及特点

A　MBR 工艺的原理

MBR 工艺是一种用膜分离过程取代传统活性污泥法中二次沉淀池的水处理技术。在传统的废水生物处理技术中，泥水分离在二沉池中靠重力作用完成，其分离效率依赖于活性污泥的沉降性能，沉降性越好，泥水分离效率越高。而污泥的沉降性取决于曝气池的运行状况，改善污泥沉降性必须严格控制曝气池的操作条件，这限制了该方法的适用范围。由于二沉池固液分离的要求，曝气池的污泥不能维持较高浓度，一般在 1.5~3.5 g/L，从而限制了生化反应速率。水力停留时间（HRT）与污泥龄（SRT）相互依赖，提高容积负荷与降低污泥负荷往往形成矛盾。系统在运行过程中还产生了大量的剩余污泥，其处置费用占污水处理厂运行费用的25%~40%。传统活性污泥处理系统还容易出现污泥膨胀现象，出水中含有悬浮固体，出水水质恶化。针对上述问题，MBR 将分离工程中的膜分离技术与传统废水生物处理技术有机结合，大大提高了固液分离效率，并且由于曝气池中活性污泥浓度的增大和污泥中特效菌（特别是优势菌群）的出现，提高了生化反应速率。同时，通过降低 F/M 比减少剩余污泥产生量（甚至为零），从而基本解决了传统活性污泥法存在的许多突出问题。

膜生物反应器是常规活性污泥法的进一步发展，它主要由膜组件和生物反应器两部分组成。大量的微生物（活性污泥）在膜生物反应器内与基质（废水中的可降解有机物等）充分接触，通过氧化分解作用进行新陈代谢以维持自身生长、繁殖，同时使有机污染物降解。膜组件通过机械筛分、截留等作用对废水和污泥混合液进行固液分离。生物处理系统和膜组件的有机结合，不仅提高了系统的出水水质和运行的稳定性，还延长了大分子物质在生物反应器中的水力停留时间，使之得到最大限度的降解，并加强了系统对难降解物质的去除效果。因此，膜生物反应器是将膜分离装置和生物反应器结合而成的一种新的处理系统。它把膜分离工程与生物工程结合起来，以膜分离装置取代普通生物反应器中的二沉池而取得高效的固液分离效果。

典型 MBR 系统的工艺流程，如图 7-33 所示。污水经预过滤后流入调节池，调节进水的水质和流量。被格栅拦截的杂质需要定期清理。接下来，调节池中的污水被泵输送至 MBR 系统，并与活性污泥进行充分的接触。污水中的有机物被微生物降解，而不能被降解的杂质则被 MBR 系统中的膜组件分离。处理后，水可达标排放或回用。此外，输送到 MBR 系统中的空气也是处理过程中非常重要的一部分，它可促进反应器中流体的循环流动，提高活性污泥的降解效率，还可使它们发生相互摩擦，清洁膜组件。

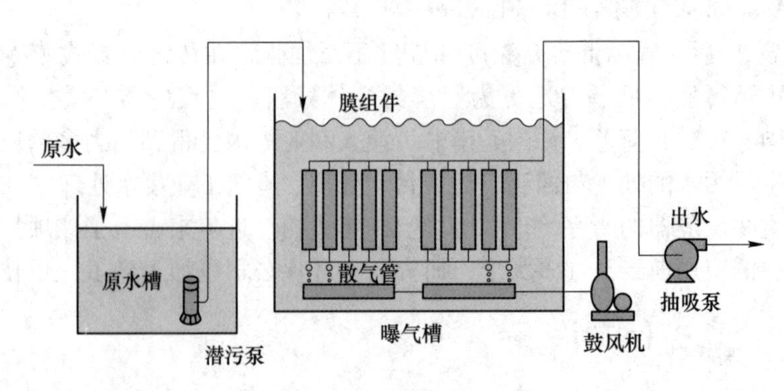

图 7-33　典型 MBR 系统工艺流程

B　MBR 工艺的特点

a　MBR 工艺的优点

（1）处理效果好，对水量水质变化具有很大的适应性。MBR 工艺中的膜组件能够高效实现固液分离，大幅度去除细菌和病毒，处理出水中 SS 浓度将低于 5 mg/L，浊度低于 1NTU，分离效果远优于传统沉淀池，出水可直接作为非饮用市政杂用水进行回用；膜分离将微生物全部截留在生物反应器内，有效地提高了反应器对污染物的整体去除效果。另外，MBR 反应器耐冲击负荷能力强，对进水的水量及水质变化具有很好的适应性。

（2）剩余污泥量少、污泥膨胀概率低。MBR 工艺可以在高容积负荷、低污泥负荷下运行，系统中剩余污泥产量低，后续污泥处理处置费用大幅降低。此外，由于膜组件的截留作用，反应器内可保持较高的生物量，在一定程度上遏制了污泥膨胀。

（3）去除氨氮及难降解有机物效率高。MBR 中的膜组件有利于将增殖缓慢的微生物（如硝化细菌等）截留在反应器内，保证系统的硝化效果。此外，MBR 能延长一些难降解有机物（特别是大分子有机物）在反应器中的水力停留时间（HRT），有利于去除该类污染物。

（4）占地面积小，不受应用场合限制。MBR 反应器内能维持高浓度的生物量，因而能承受较高的容积负荷，致使反应器容积小，大大节省占地面积。例如，城镇污水处理中的 MBR 可获得高达 25000 mg/L 的混合液浓度。MBR 工艺流程简单、结构紧凑、占地面积小，不受应用场所限制，可做成地上式、半地下式和地下式。

（5）运行控制趋于灵活，能够实现智能化控制。MBR 工艺实现了 HRT 与污泥停留时间 SRT 的完全分离，实际运行控制根据进水特征及出水要求灵活调整，可实现微机智能化控制，方便操作管理。

（6）用于传统工艺升级改造。MBR 工艺可作为传统污水处理工程的深度处理单元，在城市二级污水处理厂升级改造及出水深度处理等方面进行应用。

b　MBR 工艺的缺点

（1）膜组件造价高，MBR 反应器基建投资明显高于传统污水处理工艺。例如，常规的污水处理厂处理规模越大，单位体积的污水处理成本越低，而通常情况下膜组件的价格与污水处理规模成正比。

（2）膜组件容易被污染，需要有效的反冲洗措施以保持膜通量。MBR 泥水分离过程须保持一定的膜驱动压力，使得部分大分子有机物（特别是疏水性有机物）滞留于膜组件内部，造成膜污染，降低了膜通量，这时一般需要配备有效的膜清洗措施。

（3）系统运行能耗高。MBR 系统内污泥浓度较高，要保持足够的传氧速率就必须增大曝气强度。此外，为了提高膜通量、减轻膜污染，还必须进一步增大流速冲刷膜表面。由此得出，这两个方面因素均使得 MBR 工艺能耗高于传统的生物处理工艺。

7.4.1.3　MBR 对污染物的去除效果

A　有机污染物处理效果

膜生物反应器能够有效地去除有机污染物并获得良好的出水水质。采用分置式好氧膜生物反应器对城市污水的处理进行了试验研究，表现出稳定的有机物去除率，即使进水 COD 浓度在 100~800 mg/L，TN 浓度在 10~40 mg/L 大幅度变化的情况下，COD 和 TN 去除率分别可达 96%和 95%以上，出水 COD 浓度均小于 20 mg/L。水质监测指标及其与建设部杂用水水质标准的比较见表 7-9。

表 7-9 MBR 处理城市污水出水监测指标与建设部杂用水水质标准（GB/T 18920—2002）的比较

项目	膜出水	杂用水标准	
		冲厕	道路清扫、消防
BOD/mg · L^{-1}	<20	10	15
氨氮/mg · L^{-1}	<1	10	10
总大肠菌数/个 · L^{-1}	未检出	3	3
pH 值	8. 2	6. 5~9. 0	6. 5~9. 0
色度/度	<2. 5	30	30
浊度/NTU	<2	5	10
嗅	无不难闻味	无不难闻味	无不难闻味

与传统活性污泥法相比，MBR 对有机物的去除效率要高得多。在传统活性污泥法中，由于受二沉池对污泥沉降特性要求的影响，当生物处理达到一定程度时，要继续提高系统的去除效率很困难，往往需要延长很长的水力停留时间也只能少量提高总的去除效率；而在膜生物反应器中，可在比传统活性污泥法更短的水力停留时间内达到更好的去除效果，因此在提高系统处理能力和出水水质方面表现出一定的优势。

与传统工艺相比，MBR 对含碳有机物的去除有以下特点：

（1）去除率高，一般大于 90%，出水达到回用水的指标；

（2）污泥负荷（F/M）低；

（3）所需水力停留时间（HRT）短，容积负荷高；

（4）抗冲击负荷能力强。

MBR 对有机物的去除效果来自两方面：一方面是生物反应器对有机物的降解作用，MBR 系统中生物降解作用增强；另一方面是膜对有机大分子物质的截留作用，大分子物质可以被截留在好氧反应器内，获得比传统活性污泥法更多的与微生物接触反应时间，并有助于某些专性微生物的培养，提高有机物的去除效率。在 MBR 系统中，膜对含碳物质去除的贡献约占 30%。在好氧反应器中应用的原理同样适用于厌氧反应器。

膜对溶解性有机物的去除来自三个方面的作用：

（1）通过膜孔本身截留作用，即膜的筛滤作用对溶解性有机物的去除，如图 7-34（a）所示；

（2）通过膜孔和膜表面的吸附作用对溶解性有机物的去除，如图 7-34（b）所示；

（3）通过膜表面形成的沉积层的筛滤/吸附作用对溶解性有机物的去除，如图 7-34（c）所示。

在这三种去除作用机理中，各种机理作用对溶解性有机物去除的贡献并不相同。第一种作用只能去除溶解性有机物中分子量大于膜的截留分子量的大分子有机物，对于大量的分子量小于膜孔径的有机物的去除，主要是通过第二、三种作用去除。

因此，膜表面的沉积层对溶解物的截留去除起着重要的作用，即溶解性物质的截留去除主要是通过沉积层的筛滤/吸附作用完成，部分是由膜表面和膜孔的吸附作用完成。

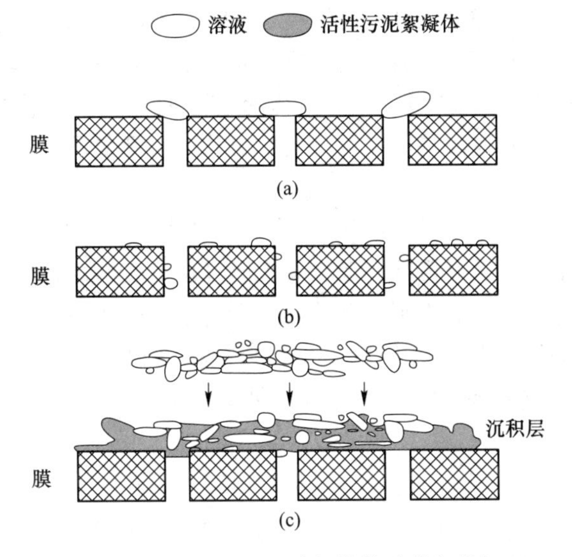

图 7-34 膜对活性污泥溶解性物质截留的机理
（a）膜孔的筛滤作用；（b）膜孔和膜表面的吸附作用；（c）沉积层的筛滤/吸附作用

B 氮磷去除效果

传统的脱氮工艺主要建立在硝化、反硝化机理之上，主要形式有两级和单级（SBR）脱氮工艺。两级脱氮工艺是指硝化和反硝化分别在好氧反应器和缺氧反应器进行，而单级脱氮工艺则是在一个反应器（SBR）内通过时间序列来实现缺氧和好氧的循环过程。对于 MBR 脱氮而言，目前多数依然是建立在传统的硝化、反硝化机理之上的两级或单级脱氮工艺。

在膜生物反应器中，由于膜分离对硝化细菌的高效截留作用，生物反应器内可以维持高浓度的硝化细菌，因此通常膜生物反应器可以获得非常高的硝化效果，氨氮去除率可以达到 95%以上。通过调整适当的操作方式，膜生物反应器中也能获得很好的 TN 去除率。在膜生物反应器内控制 DO 浓度的条件下，可以发生同步硝化、反硝化反应。

生物法除磷主要通过聚磷菌过量从外部摄取磷，并将其以聚合态贮藏在体内，形成高磷污泥，排出系统，从而达到除磷效果。因此，泥龄短的系统由于剩余污泥量较多，可以取得较高的除磷效果。许多研究者利用浸没式生物膜、生物滤池等对人工配制废水和生活污水进行除磷试验研究，得到的除磷效率在 50%~90%，在厌氧阶段释放出来的磷比进水中要高 100%~300%，生物膜干固体中磷的含量占 4.3%~6.1%。但是，对于 MBR 工艺来说，一般泥龄较长，不利于磷的去除。

C 难降解有机物处理效果

采用膜生物反应器处理含难降解有机物废水，可强化系统对难降解有机物的处理效果，提高系统对冲击负荷的承受能力。膜生物反应器较普通活性污泥法，对难降解有机物的去除效率和去除负荷更高，抗进水有毒物冲击负荷能力更强，运行更为稳定，可获得比传统工艺更好的处理效果，处理出水可以达到中水回用标准。此外，采用膜生物反应器处理制药废水、石化废水等，也取得了良好的效果。

D　对细菌及病毒的去除效果

MBR 工艺用于城市和生活污水处理的一大优势是物理消毒作用。传统的城市生活污水处理出水必须经过消毒工艺，一般的消毒方法是加氯和超强度光辐射。然而，加氯消毒会产生有机致癌物（三卤甲烷 THMs），对人体有害，而且具有一定的臭气负荷，而紫外线杀菌对粪便大肠杆苗的去除较差。在可替代的方法中，臭氧和过乙酸的效率也受到水质的限制。

以 MBR 工艺处理生活污水则显示了一举多得的技术优势，几乎所有的 MBR 工艺都能有效去除致病菌和病毒，出水中肠道病毒、总大肠杆菌、粪链球菌、粪大肠杆菌和大肠埃悉氏杆菌等都低于检测限，甚至达到检不出的水平，去除量为 6~8 lg（lg：以 10 为底的对数，用以表示对细菌去除的数量级）。出水可直接达到致病菌和病毒的排放要求，这也是选择 MBR 作为传统工艺的替代工艺的一个重要原因。

7.4.1.4　分类

A　膜的分类

膜是一种分离材料，在污水处理工程中多被用来截留污水中的固体或溶解性污染物，还有部分用于从污水中萃取污染物质或传输气体。膜的最佳物理结构是：较薄的膜材料厚度，较窄的孔径尺寸分布，较高的表面孔隙率。根据不同分类标准，可将膜材料划分为以下四类。

（1）根据膜孔径的大小，可将膜分为微滤膜（microfiltration，MF）、超滤膜（ultrazfiltration，UF）、纳滤膜（nanofiltration，NF）和反渗透膜（reverse osmosis，RO）。这几类膜对废水中物质的透过性能，如图 7-35 所示。表 7-10 为各种膜单元的功能与主要用途。

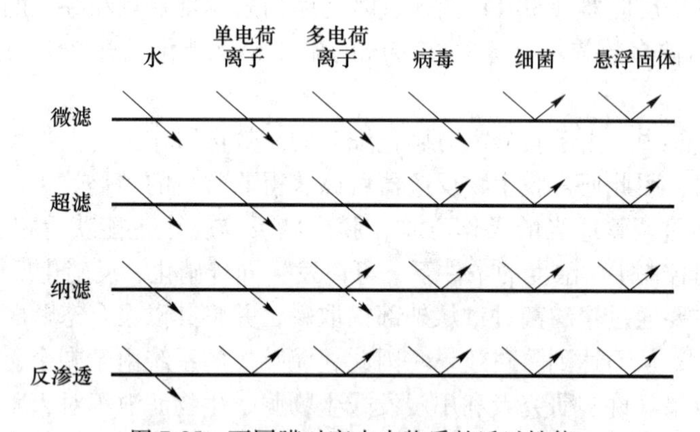

图 7-35　不同膜对废水中物质的透过性能

表 7-10　各种膜单元的功能与主要用途

膜单元种类	过滤精度 /μm	截留分子量 /D	功能	主要用途
微滤(MF)	0.1~10	>100000	去除悬浮颗粒、细菌、部分病毒及大尺度胶体	饮用水去浊，中水回用，纳滤或反渗透系统预处理
超滤(UF)	0.002~0.1	10000~100000	去除胶体、蛋白质、微生物和大分子有机物	饮用水净化，中水回用，纳滤或反渗透系统预处理

续表 7-10

膜单元种类	过滤精度 /μm	截留分子量 /D	功能	主要用途
纳滤(NF)	0.001~0.003	200~1000	去除多价离子、部分一价离子和分子量 200~1000Daltons 的有机物	脱除井水的硬度、色度及放射性镭，部分去除溶解性盐，工艺物料浓缩等
反渗透(RO)	>100	>100	去除溶解性盐及分子量大于 100 Daltons 的有机物	海水及苦咸水淡化，锅炉给水、工业纯水制备，废水处理及特种分离等

（2）根据膜材料的不同，可将膜分为有机膜（聚合物）和无机膜（陶瓷和金属）两类。有机膜种类多、应用广泛，价格相对较低，且能够耐化学腐蚀，但该类膜在使用过程中易污染、寿命较短。无机膜具有良好的化学稳定性；抗污染能力强（特别对于憎水性物质），耐高温和酸碱，机械强度高，寿命长等优点，但价格普遍较高。

常用的膜材料有聚砜（PSF）、磺化聚砜（S-PSF）、聚醚砜（PES）、聚丙烯腈（PAN）、聚偏氟乙烯（PVDF）、聚乙烯（PE）、聚丙烯（PP）和陶瓷等，这些材料都耐生物降解，优选亲水性好的膜材料以耐污染。

（3）按膜分离机理不同，可将膜分为多孔膜、致密膜和离子交换膜。通常情况下，纳滤膜和反渗透膜归属于致密膜，而微滤膜和超滤膜归属于多孔膜。

（4）按物理形态不同，可将膜划分为固膜（目前市场上常应用）、液膜和气膜三类。

B　膜组件

所谓膜组件，就是将一定面积及数量的膜以某种形式组合形成的器件。在实际的污水处理过程中，膜组件的组合方式对其使用寿命和处理效果至关重要。目前污水实际处理工程中应用的膜组件主要有板框式、螺旋卷式、管式、中空纤维式及毛细管式，其中板框式、圆管式和中空纤维式膜组件在实际工程中较为常用。

a　中空纤维式

中空纤维具有高压下不变形的强度，无须支撑材料。把大量（多达几十万根）中空纤维膜装入圆筒形耐压容器内，纤维束的开口端用环氧树脂铸成管板，外径一般为 40~250 μm、内径为 25~42 μm。在 MBR 中，常把组件直接放入反应器中，不需耐压容器，构成浸没式膜生物反应器。外压式膜组件使用更为普遍。图 7-36 所示为中空纤维膜实物。

优点：装填密度高，一般可达 16000~30000 m^2/m^3；造价相对较低；寿命较长；可以采用物化性能稳定，透水率低的尼龙中空纤维膜；膜耐压性能好，不需要支撑材料。

缺点：对堵塞敏感，污染和浓差极化对膜的分离性能有很大影响，压力降较大；再生清洗困难；原料的前处理成本高。

b　板框式

板框式是 MBR 工艺最早应用的一种膜组件形式（见图 7-37），外形类似于普通的板框式压滤机。

优点：制造组装简单，操作方便，易于维护、清洗、更换。

缺点：密封较复杂，压力损失大，装填密度小。

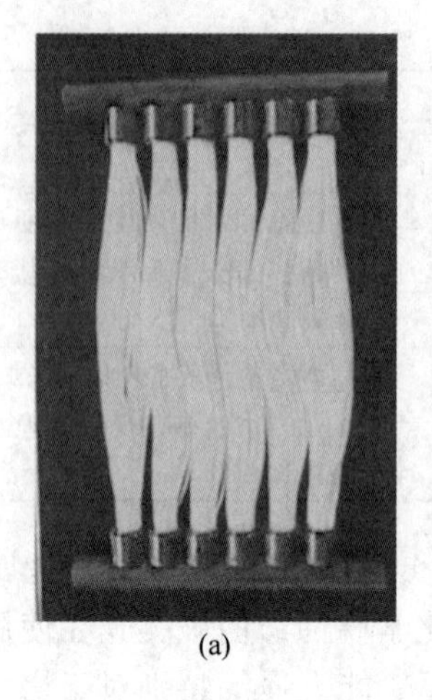

(a)

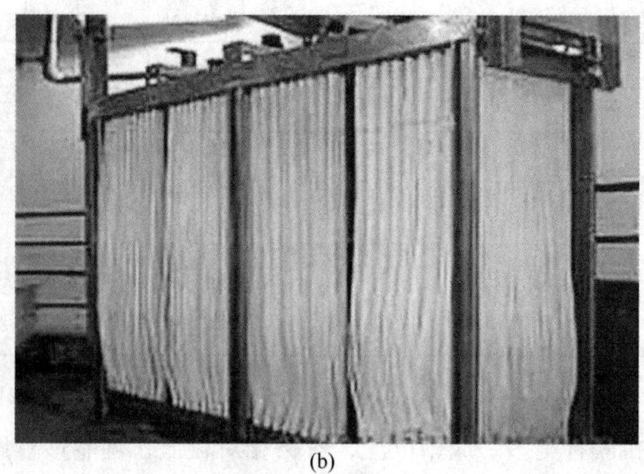

(b)

图 7-36　中空纤维膜实物

(a) 中空纤维膜组件；(b) 设备图

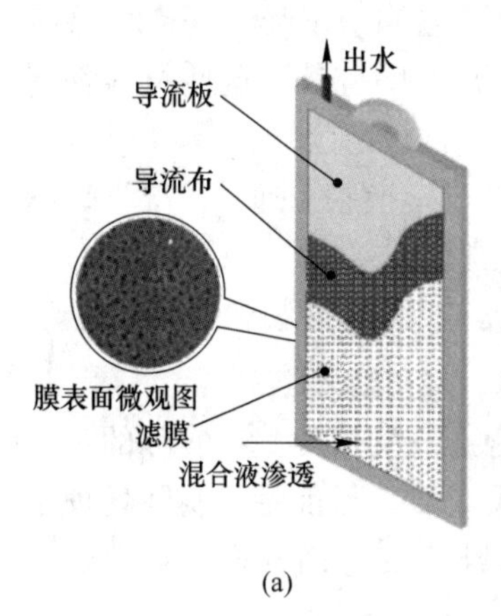

(a)

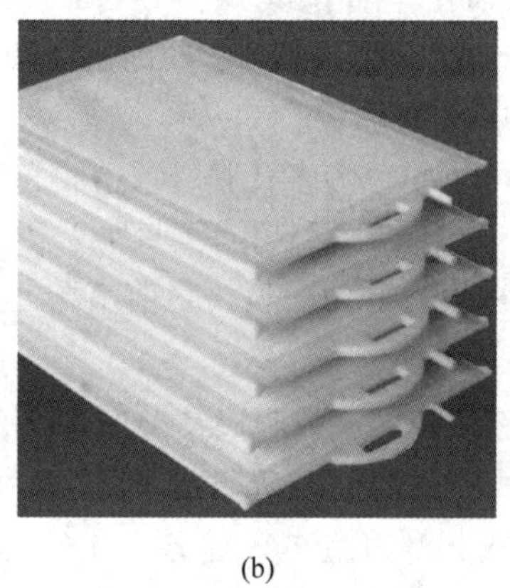

(b)

(c)

图 7-37　平板膜

(a) 板框式膜组件工作原理示意图；(b) 板框；(c) 板框式膜组件

c　管状膜

由膜和膜的支撑体构成，有内压型和外压型两种运行方式。实际中多采用内压型，即进水从管内流入，渗透液从管外流出。膜直径在 6~24 mm 之间。管状膜被放在一个多孔的不锈钢、陶瓷或塑料管内（见图 7-38），每个膜器中膜管数目一般为 4~18 根。目前管状膜主要有烧结聚乙烯微孔滤膜、陶瓷膜、多孔石墨管等，价格较高，但耐污染且易清洗，尤其对高温介质适用。

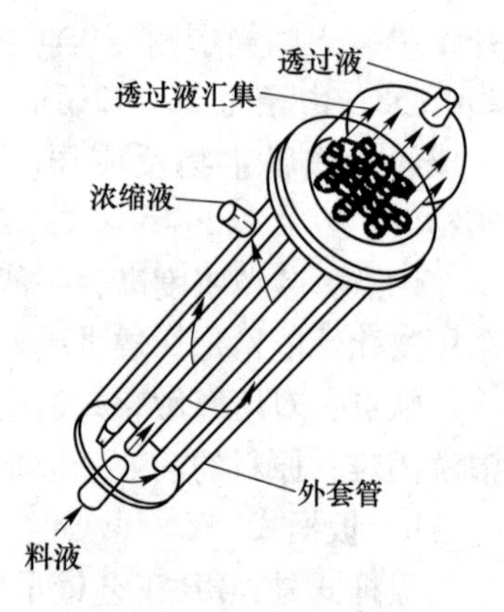

图 7-38　管状膜组件

优点：料液可以控制湍流流动，不易堵塞，易清洗，压力损失小。

缺点：装填密度小，一般低于 300 m^2/m^3。

d　螺旋卷式膜组件

主要部件为多孔支撑材料，两侧是膜，三边密封，开放边与一根多孔的中心产品水收集管密封连接，在膜袋外部的原水侧垫一层网眼型间隔材料，把膜袋—隔网依次迭合，绕中心集水管紧密地卷起来，形成一个膜卷，装进圆柱形压力容器内，就制成了一个螺旋卷式膜组件（图 7-39）。

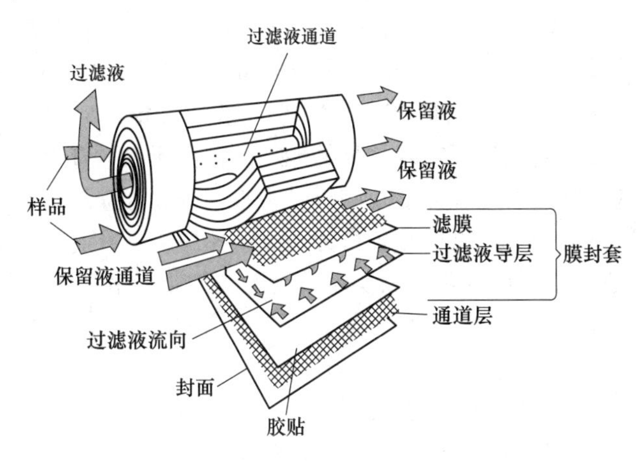

图 7-39　卷式膜组件工作原理

优点：膜的装填密度高，膜支撑结构简单，浓差极化小，容易调整膜面流态。

缺点：中心管处易泄漏，膜与支撑材料的黏结处膜易破裂而泄漏，膜的安装和更换困难。

MBR 膜组件的选用要结合待处理污水特征，综合考虑其成本、装填密度、膜污染及清洗、使用寿命等因素合理选择技术参数。在设计中一般有如下要求：

（1）对膜提供足够的机械支撑，保证水流通畅，没有流动死角和静水区；

（2）能耗较低，膜污染进程慢，并应尽量减少浓差极化，提高分离效率；

（3）尽可能保证较高的膜组件的装填密度，并且保证膜组件的清洗；

（4）具有足够的机械强度以及良好的化学和热稳定性。

C　膜工艺的分类

根据膜组件的不同设置位置，可将 MBR 工艺划分为分置式膜生物反应器（Recirculated Membrane Biobeactor，rMBR）和一体式膜生物反应器（Submerged Membrane Bioreactor，sMBR）两种基本类型。

（1）分置式 MBR。分置式膜生物反应器中，生化后反应器中的废水经加压泵送入膜组件，透过液可回用于浓缩液再返回反应器，进一步生化降解或部分经循环泵加压后再返回膜组件中。分置式 MBR 的膜组件形式一般为平板式和管式，主要应用于工业废水的处理，其特点为：运行稳定可靠，操作管理容易，易于膜的清洗、更换及增设；但动力消耗较高。

（2）一体式 MBR。一体式膜生物反应器中，膜组件直接浸泡于反应器中，反应器下方有曝气装置，将空压机送来的空气形成上浮的微气泡，在曝气的同时，又使膜表面产生一个剪切应力，利于膜表面除污，透过液在抽吸泵的负压下流出膜组件。一体式膜生物反应器主要应用于市政和工业污水的处理，其最大特点是运行能耗低，且具有结构紧凑、体积小等；但单位膜的处理能力小，膜污染较重，透水率较低。与分置式相比，一体式可用于大规模的废水处理厂，这也是一体式膜组件得以广泛应用的原因，目前世界上约有 55% 使用一体式 MBR。

由于需要对浓缩液回流，维持分置式 MBR 较一体式 MBR 的运行需要更高的能耗；一体式 MBR 膜组件置于高浓度的泥水混合液中，所以膜污染较分置式更快。一体式 MBR 一般在膜组件下方设置曝气管路，通过鼓气使气泡对膜纤维表面进行吹脱并使膜纤维产生抖动，以达到对膜组件的清洗目的，而分置式 MBR 一般通过定期对膜组件进行水（气）的反向冲洗来实现。虽然分置式运行需要较高的能耗，但由于其置于反应器之外，因此它更适合于高温、高酸碱等恶劣的处理环境，同时具备较高的膜通量。

综上所述，两种类型的反应器根据各自的特点有相应的适用范围。从目前的应用状况来看，一体式 MBR 适于处理市政污水以及流量较大的工业废水，而分置式 MBR 适于处理特种废水和高浓度废水。

7.4.1.5　*应用领域*

进入 20 世纪 90 年代中后期，膜生物反应器在国外已进入了实际应用阶段。加拿大 Zenon 公司首先推出了超滤管式膜生物反应器，并将其应用于城市污水处理。为了节约能耗，该公司又开发了浸入式中空纤维膜组件，其开发出的膜生物反应器已应用于美国、德国、法国和埃及等十多个国家，规模为 380~7600 m^3/d。日本三菱人造丝公司也是世界上浸入式中空纤维膜的知名提供商，其在 MBR 的应用方面也积累了多年的经验，在日本以及其他国家建有多项实际 MBR 工程。日本 Kubota 公司是另一个在膜生物反应器实际应用中具有竞争力的公司，它生产的板式膜具有流通量大、耐污染和工艺简单等特点。国内一些研究者及企业也在 MBR 实用化方面进行着尝试。现在，膜生物反应器已应用于以下领域：

（1）城市污水处理及建筑中水回用。1967 年第一个采用 MBR 工艺的污水处理厂由美国的 Dorr-Oliver 公司建成。1977 年，一套污水回用系统在日本的一幢高层建筑中得到实际应用。90 年代中期，日本就有 39 座 MBR 工艺污水处理厂在运行，并且有 100 多处的高楼采用 MBR 将污水处理后回用于中水道。1997 年，英国 Wessex 公司在英国 Porlock 建立了当时世界上最大的 MBR 系统。

在市政废水领域，MBR 可应用于现有污水处理厂的更新升级，特别是出水水质难以达标排放或处理流量剧增而占地面积无法扩大的情况。受膜材料价格的影响，现阶段应用 MBR 技术的新建市政污水处理厂只限于较小规模。

（2）工业废水处理。20 世纪 90 年代以来，MBR 的处理对象不断拓宽，除中水回用、粪便污水处理以外，MBR 在工业废水处理中的应用也得到了广泛关注，如处理食品工业废水、水产加工废水、养殖废水、化妆品生产废水、染料废水、石油化工废水，均获得了良好的处理效果。90 年代初，美国建造了一套用于处理某汽车制造厂工业废水的 MBR 系统，处理规模为 151 m^3/d，该系统的有机负荷达 6.3 kgCOD/($m^3 \cdot d$)，COD 去除率为 94%，绝大部分的油与油脂被降解。在荷兰，一家脂肪提取加工厂采用传统的氧化沟污水处理技术处理其生产废水，由于生产规模的扩大，导致污泥膨胀，污泥难以分离，最后采用膜组件代替沉淀池，运行效果良好。

（3）微污染饮用水净化。随着氮肥与杀虫剂在农业中的广泛应用，饮用水也不同程度受到污染。LyonnaisedesEaux 公司在 20 世纪 90 年代中期开发出同时具有生物脱氮、吸附杀虫剂、去除浊度功能的 MBR 工艺，1995 年该公司在法国 Douchy 建成了日产饮用水 400 m^3的工厂，出水中氮浓度低于 0.1 mg/L，杀虫剂浓度低于 0.02 μg/L 。

（4）粪便污水处理。粪便污水中有机物含量很高，传统的反硝化处理方法要求有很高污泥浓度，固液分离不稳定，影响了三级处理效果。MBR 使粪便污水不经稀释可直接处理。

日本已开发出被称为 NS 系统的粪便处理技术，最核心部分是平板膜装置与好氧高浓度活性污泥生物反应器组合的系统。NS 系统于 1985 年在日本崎玉县越谷市建成，生产规模为 10 m^3/d，1989 年又先后在长崎县、熊本县建成新的粪便处理设施。NS 系统中的平板膜每组约 0.4 m^2，几十组并列安装，做成能自动打开的框架装置，并能自动冲洗。膜材料为截流分子量 20 000 的聚砜超滤膜。反应器内污泥浓度保持在 15000～18000 mg/L 范围内。到 1994 年，日本已有 1200 多套 MBR 系统用于处理 4000 多万人的粪便污水。

（5）土地填埋场、堆肥渗滤液处理。土地填埋场、堆肥渗滤液含有高浓度的污染物，其水质和水量随气候条件与操作运行条件的变化而变化，MBR 技术在 1994 年前被多家污水处理厂用于该种污水的处理。通过 MBR 与 RO 技术的结合，不仅能去除 SS、有机物和氮，而且能有效去除盐类与重金属。美国 Envirogen 公司开发出一种 MBR 用于土地填埋场渗滤液的处理，并在新泽西建成一个日处理能力为 40 万加仑（约 1500 m^3/d）的装置，在 2000 年底投入运行。该种 MBR 使用一种自然存在的混合菌来分解渗滤液中的烃和氯代化合物，其处理污染物的浓度为常规废水处理装置的 50～100 倍。在现场中试中，进液 COD 浓度为几百至 40000 mg/L，污染物的去除率达 90%以上。

7.4.1.6　*应用实例*

广州京溪污水处理厂工程设计规模 100000 m^3/d，采用 MBR 工艺，工艺流程，如图 7-40 所示。污水由厂外泵站提升，经压力输水管送入厂区，经处理后就近排入沙河涌左支流作为景观补水。

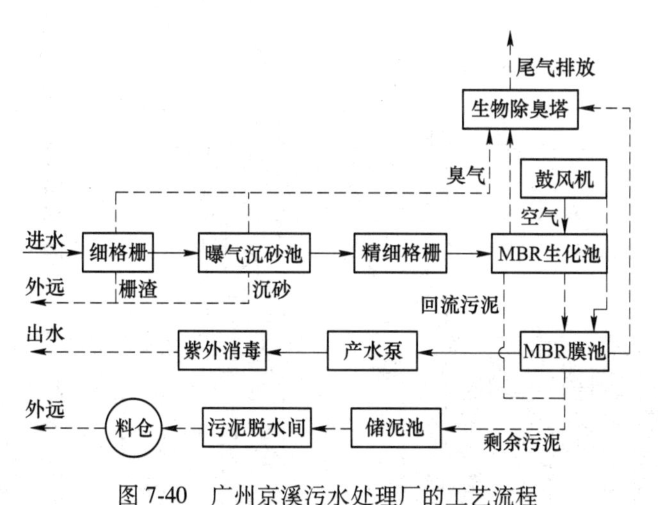

图 7-40　广州京溪污水处理厂的工艺流程

（1）MBR 生化系统生化池工艺设计参数。设 2 座 MBR 生化池，采用改良型 A/O 生化池，单座平面尺寸 36.5 m×54.05 m，水深 7 m，生化区 MLSS 为 5～7 g/L，膜区 MLSS 为 6～8 g/L，污泥负荷 L_s 为 0.07～0.1 kgBOD/(kgMLSS · d)，污泥龄 15～20 d，HRT 为

7.43 h，其中厌氧池为 0.99 h、缺氧区 1.99 h、好氧区为 4.45 h（包括膜池 1.6 h）。膜池污泥回流比 R=150%~300%，好氧区混合液回流比 R=150%~400%，缺氧区至厌氧区回流比 R=100%。

（2）MBR 生化系统膜池工艺设计参数。设 2 座 MBR 膜池，位于改良型 A/O 生化池的后端，对生化后污水进行泥水分离。工程采用聚偏氟乙烯（PVDF）中空纤维帘式膜，设计膜通量为 14.5 L/(m^2·h)，膜孔径 $\phi \leqslant 0.1$ μm，共设 20 个膜处理单元，每单元设 10 个膜组件。

（3）MBR 生化系统设备间设计参数。设备间配置 MBR 膜组件系统配套的出水、反洗、循环、剩余污泥排放等设施。

1）产水泵 Q=320 m^3/h，H=14 m，N=22 kW，共 22 台，2 台备用；

2）反洗泵 Q=360 m^3/h，H=12 m，N=18.5 kW，2 台，1 用 1 备；

3）循环泵 Q=350 m^3/h，H=10 m，N=18.5 kW，2 台；

4）剩余污泥泵 Q=100 m^3/h，H=15 m，N=7.5 kW，2 台；

5）真空泵 Q=3.4 m/min，真空度 700 mmHg，2 台，1 用 1 备；

6）中水水泵 Q=50 m^3/h，H=30 m，N=7.5 kW，3 台，2 用 1 备；

7）空压机 Q=0.8 m^3/min，p=0.65 MPa，N_v=7.5 kW，2 台，1 用 1 备；

8）储气罐 V=2.5 m^3，p=0.8 MPa，1 座。

图 7-41 为 MBR 生化系统的平面布置。

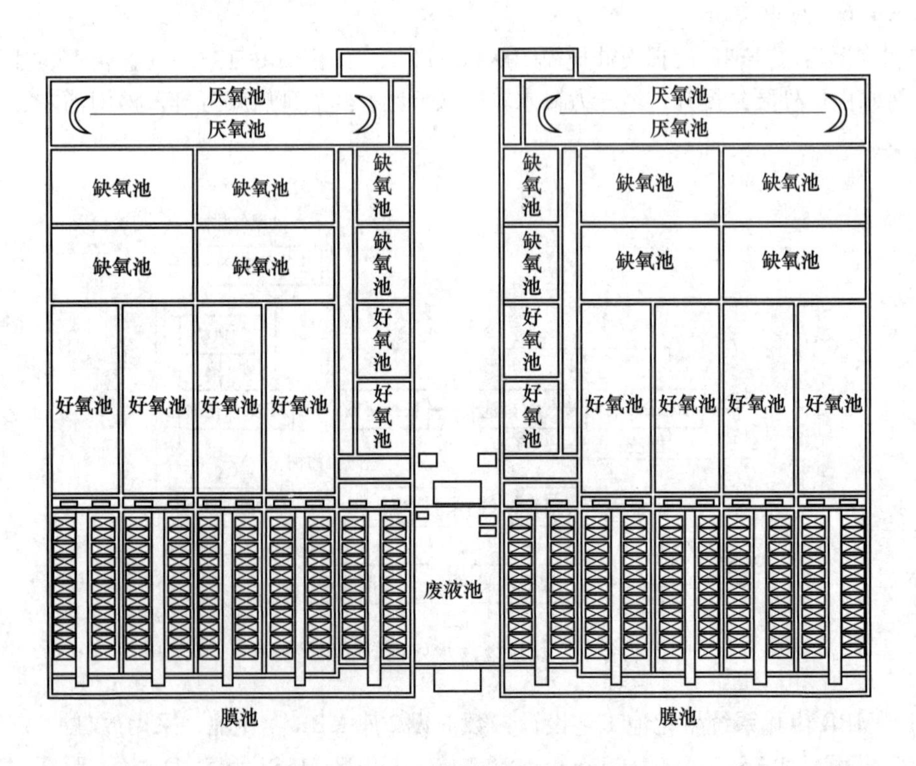

图 7-41　MBR 生化系统平面布置

7.4.2 技能

7.4.2.1 调试

A 微滤、超滤系统调试

(1) 系统启动时，应开启浓水排放管阀门和产水管阀门，用自来水冲洗膜组件内的保护液，直到冲洗水无泡沫为止。

(2) 进水压力0.1~0.4 MPa，工作温度为15~35 ℃。

(3) 调试项目应包括：1) 进水压力，MPa；2) 进水流量，m^3/h；3) 产水流量，m^3/h；4) 浓水流量，m^3/h；5) 浓水压力，MPa。

(4) 系统每连续运行30 min，应反冲洗一次，反冲洗时间应为30 s。

B 纳滤、反渗透系统调试

(1) 膜系统启动前，应彻底冲洗预处理设备和管道，清除杂质和污染物。

(2) 膜系统进水管阀门和浓水管调节阀门须完全打开。用低压、低流量合格预处理出水赶走膜系统内空气，冲洗压力为0.2~0.4 MPa，ϕ100 mm压力容器冲洗流量为0.6~3.0 m^3/h，ϕ200 mm压力容器冲洗流量为2.4~12.0 m^3/h。

(3) 内有保护液的膜元件低压冲洗时间应不少于30 min，干膜元件低压冲洗时间应不少于6 h。在冲洗过程中，检查渗漏点，立即紧固。

(4) 第一次启动高压泵，须将进水阀门调到接近全关状态，缓慢开大进水阀门，缓慢关小浓水排放管阀门，调节浓水流量和系统进水压力直至系统产水流量达到设计值。升压速率应低于0.07 MPa/s。

(5) 系统连续运行24~48 h，记录运行参数作为系统性能基准数据。运行参数应包括：1) 进水压力，MPa；2) 进水流量，m^3/h；3) 进水电导率，μS/cm；4) 产水流量，m^3/h；5) 产水电导率，μS/cm；6) 浓水压力，MPa；7) 浓水流量，m^3/h；8) 系统回收率,%。此时，将系统实际运行参数与系统设计参数比较。

(6) 上述调节在手动操作模式下进行，待运行稳定后将系统切换到自动控制运行模式。

(7) 系统运行第一周内，应定期检测系统性能，确保系统性能在运行初始阶段处于合适的范围内。

7.4.2.2 运行管理

A 启动

(1) 检查进水水质是否符合要求；

(2) 在低压和低流速下排除系统内空气；

(3) 检查系统是否渗漏。

B 运行

(1) 调节浓水管调节阀门，缓慢增加进水压力直至产水流量达到设计值；

(2) 检查和试验所有在线监测仪器仪表，设定信号传输及报警；

(3) 系统稳定运行后，记录操作条件和性能参数。

C 停机

(1) 先降压后停机，当需要停机时，缓慢开大浓水管调节阀门，使系统压力下降至最低点再切断电源。

（2）停机时，应对膜系统进行冲洗，用预处理水大流量低压冲洗整个系统 3~5 min。

（3）膜分离系统停机后，其他辅助系统也应停机。

7.4.3　任务

以查阅资料法、实地考察法为主，对采用 MBR 工艺的中水站进行考察，绘制该中水站的工艺流程图，并记录其主要运行参数。

课程思政点：

新时期污水处理提标改造对污水处理设计、运行的创新、协调、绿色、开放、共享等新发展理念要求，需要水处理工程技术人员具有创新精神和工匠精神。

任务 7.5　工业废水处理

【知识目标】

（1）掌握中和、化学沉淀、离子交换、氧化还原等常用工业废水处理单元知识。

（2）掌握常用中和剂，氧化、还原剂，化学沉淀剂的基本性质、用量。

（3）了解高级氧化废水处理方法。

（4）掌握冶金、化工等典型工业废水的水质特征。

（5）了解冶金、化工等典型工业污废水处理的工艺流程及相关设备。

【技能目标】

（1）能正确选用化学药剂并考虑其二次污染问题。

（2）能根据公式、经验公式、实验确定相关化学药剂的理论用量。

（3）能初步进行冶金、化工等典型工业污废水的产污环节和水质特征分析。

（4）能利用所学废水处理单元知识初步确定典型工业污废水处理工艺。

【素养目标】

（1）形成理论联系实际能力。

（2）培养实事求是的职业素养。

（3）具备知识迁移能力。

工业废水水质成分复杂，随工业类型、原料、成品及生产工艺的不同废水中污染物成分各异，往往含有酸、碱、重金属、难生物降解有机物及其他有毒有害物质，具有不易净化、易造成二次污染的特点。对于水质成分复杂的工业废水，需要较复杂的处理工艺并且还需考虑废水处理后的循环利用及有价污染物的回收利用。

7.5.1　主要理论

工业废水常用的处理单元包括中和、化学沉淀、氧化还原、高级氧化法、离子交换等，这些处理单元与前面所学的各处理单元，根据水质成分和出水要求可组成针对不同工业废水的基本处理工艺。

7.5.1.1　中和

去除废水中的酸或碱，使其pH值达到排放或后续处理要求称为中和。处理酸、碱废水的碱、酸物质称为中和剂。利用中和原理处理污水的方法称为中和处理法。

通常酸性废水含有有机酸和无机酸两类，主要来源于化工、冶金等行业。碱性废水中常见的碱性物质有苛性钠、碳酸钠、硫化钠及胺等，主要来源于石油炼化、造纸等行业。

对于酸碱废水的处理，首先要考虑的是能否综合利用。酸性废水浓度在3%以上，碱性废水浓度在1%以上，必须考虑酸碱的回收，这样不仅使有用成分得到回收利用，同时节省了废水处理的费用。例如，采用扩散渗析法回收钢铁生产酸洗废液中的硫酸，采用蒸发浓缩法回收苛性钠等。当酸碱废水浓度较低时，回收和综合利用的意义不大，要考虑中和处理。

A　酸碱废水中和处理

酸碱废水中和是一种最常用的方法，既简单又经济。在中和过程中应控制碱性废水的投加量，使处理后的废水呈中性或弱碱性。酸碱完全中和的条件为：

$$\sum Q_b B_b \geqslant \sum Q_a B_a \alpha k$$

式中　Q_b——碱性废水流量，m^3/h；

B_b——碱性废水浓度，g/L；

Q_a——酸性废水流量，m^3/h；

B_a——酸性废水浓度，g/L；

α——碱性中和剂对酸的比耗量，是指中和1 kg酸所需碱的量，见表7-11；

k——反应不均匀系数，一般取1.5~2。

表 7-11　碱性中和剂对酸的比耗量

酸	中和1 kg酸所需碱的量/kg				
	CaO	$Ca(OH)_2$	$CaCO_3$	$MgCO_3$	$CaCO_3 \cdot MgCO_3$
H_2SO_4	0.571	0.755	1.020	0.860	0.940
HNO_3	0.455	0.590	0.795	0.688	0.732
HCl	0.770	1.010	1.370	1.150	1.290
CH_3COOH	0.466	0.616	0.830	0.695	—

当酸碱废水排出的水质水量比较稳定且酸碱含量接近平衡时，可直接进行中和；当水质水量变化较大时，可采用调节池调节后进入中和池进行中和处理；当废水本身的酸碱含量不能平衡时，需要补加中和剂。

B　投药中和

投药中和方法应用广泛，适合任何浓度、任何性质的酸性或碱性废水，对水质水量的波动适应能力强，中和药剂利用率高。

酸性废水中和处理时，常用的中和剂有石灰、石灰石、烧碱等，碱性废水中和处理时常用的中和剂有盐酸、硫酸等。药剂的选用，应考虑其溶解性、反应速率、成本和可能造成的二次污染。

投药量计算应先根据化学反应式或者酸碱等当量关系求得理论投药量，再根据该药剂的纯度和反应效率，确定实际投加量。以投药中和处理酸性废水为例，中和药剂的消耗量计算如下：

$$G = \frac{QCaK}{1000P}$$

式中　Q——废水流量，m^3/h；

C——废水中酸的质量浓度，mg/L；

a——中和剂的比耗量，可由表 7-11 查得；

K——反应不均匀系数，一般取 1.1～1.2（石灰中和硫酸废水，采用湿投时，K 取 1.05～1.10；中和含盐酸、硝酸废水时 K 取 1.05）；

P——药剂的有效成分含量，一般生石灰含 CaO 60%～80%，熟石灰含 $Ca(OH)_2$ 65%～75%，电石渣含 CaO 60%～70%。

投药中和法可采用间歇处理或连续流式处理。当废水量少、废水间断产生时可采用间歇处理，设置 2～3 个池子，交替工作。当废水量大时，一般用连续流式处理，并为获得稳定可靠的中和效果，可采用多级（二级或三级）串联。投药中和处理的工艺过程，如图 7-42 所示。

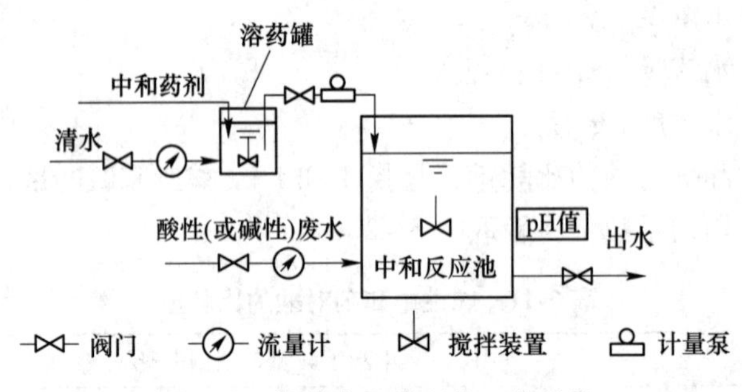

图 7-42　投药中和处理的工艺过程

石灰是最常用的碱性中和药剂，常采用湿投法。生石灰需先消解为 40%～50%的石灰浆，再配制成浓度为 5%～15%的石灰乳液。

C　过滤中和法

过滤中和是指采用碱性颗粒材料作为滤料处理酸性废水的方法，常用的碱性滤料有石灰石、大理石、白云石，这种方法适用于含酸浓度不大于 3 g/L 并生成易溶盐的酸性废水。如果废水中含有大量悬浮物、油脂类、重金属盐，则不便采用这种方法。

普通中和滤池为固定床，分为升流式和降流式两种，图 7-43 为升流式中和滤池过滤处理的工艺流程。酸性废水从底部进入中和滤池后，向上穿过滤料区，再通过缓冲区使水和滤料分离，处理后的废水由出水槽均匀地汇集流出池外。

以石灰石作滤料处理硫酸废水时，中和过程中生成的硫酸钙在水中溶解度很小，易在滤料表面形成覆盖层，会阻碍滤料和酸的接触反应，因此废水的硫酸浓度一般不超过 2 g/L。

如果硫酸浓度过高，可以通过回流出水进行稀释。

D　烟道气中和法

用含有 CO_2、SO_2、H_2S 等酸性气体的烟道气作中和剂处理碱性废水，用喷淋塔作为中和设备，如图 7-44 所示。塔中滤料为惰性填料，本身不参与中和反应；运行时碱性废水从塔顶用布液器喷出，流向填料床，烟道气则自塔底进入填料床。水、气在填料床接触过程中，废水和烟道气都得到了净化，使废水处理与消烟除尘、气体净化结合起来。

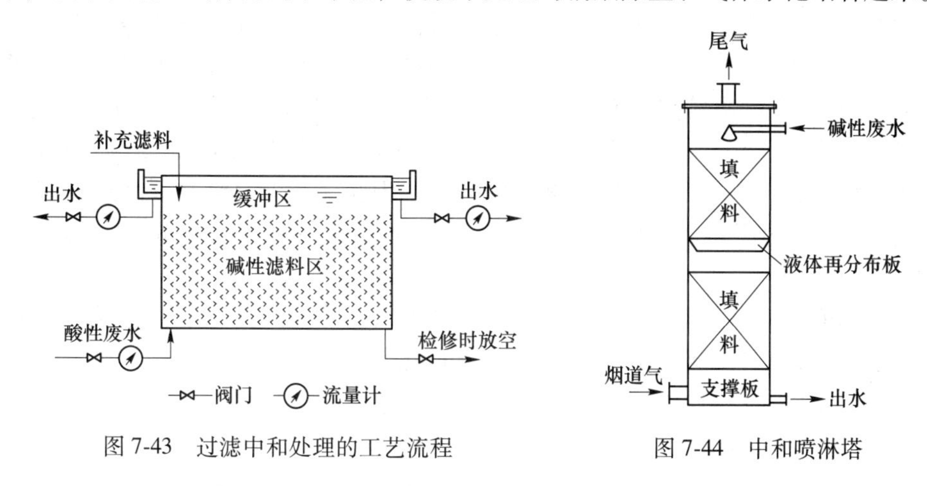

图 7-43　过滤中和处理的工艺流程　　图 7-44　中和喷淋塔

7.5.1.2　化学沉淀

化学沉淀法是向水中投加某些化学药剂，使之与水中溶解性物质发生化学反应，生成难溶化合物，再进行固液分离，从而除去废水中污染物的方法。该法主要用于在废水处理中去除重金属（如 Hg、Zn、Cd、Cr、Pb、Cu 等）和某些非金属（如 As、F 等）离子。虽然膜分离、吸附等方法也能去除水中这些物质，但是化学沉淀法仍然是应用最多的方法之一。

物质在水中的溶解能力可用溶解度表示。溶解度的大小主要取决于物质和溶剂的本性。习惯上把溶解度大于 1 g/100 g H_2O 的物质称为可溶物，小于 0.1 g/100 g H_2O 的物质称为难溶物，介于两者之间的，称为微溶物。

利用化学沉淀法处理废水形成的化合物都是难溶物。根据采用的沉淀剂及反应的生成物不同，可将重金属化学沉淀法分为氢氧化物沉淀法、硫化物沉淀法和铁氧体沉淀法等。

例如，一定温度下，在难溶化合物硫化锌的饱和溶液中，溶解的硫化锌分子全部离解为锌离子和硫离子。因此，在硫化锌的饱和溶液中，固态的硫化锌和溶解的硫化锌形成的平衡关系如下：

$$ZnS(固体) \rightleftharpoons Zn^{2+} + S^{2-}$$

这时

$$[Zn^{2+}][S^{2-}] = K_{ZnS}$$

式中　K_{ZnS}——ZnS 在该温度下的溶度积常数，$K_{ZnS} = 1.2\times10^{-23}$。

因此，可向废水中投加某种可溶硫化物作为沉淀剂，当废水中锌离子和硫离子的浓度的乘积超过硫化锌的溶度积，硫化锌就会从废水中沉淀出来，废水中锌离子的浓度就会降低。

若需进一步降低废水中锌离子浓度，可利用同离子效应投加过量的沉淀剂，但沉淀剂会引起其他水质指标发生变化。例如，采用氢氧化物作为沉淀剂，会使废水 pH 值升高；采用硫化物作为沉淀剂，过量的硫离子会使废水 COD 升高。因此，化学沉淀法往往与其他处理方法联合使用。

A　氢氧化物沉淀

除了碱金属和部分碱土金属外，其他金属的氢氧化物大都是难溶的。难溶金属的氢氧化物的溶度积一般都很小，因此可用氢氧化物沉淀法去除废水中的大多数金属离子，氢氧化物沉淀法常用的沉淀剂有石灰、碳酸钠、苛性钠等。最常用的是石灰法，该法的优点是：经济、简便、药剂来源广。但是，此法在实践中还存在不少问题和困难，主要是劳动卫生条件差，石灰品级不稳定，管道易结垢堵塞与腐蚀，沉渣体积庞大，脱水困难。其中，沉渣问题最为突出，因为金属氢氧化物沉渣多为胶体状态，含水率高达 95%～98%，给脱水造成了极大的困难。因此，该法一般适用于不准备回收的低浓度金属废水（如 Cd^{2+}、Zn^{2+}）的处理。

氢氧化物沉淀法可用于矿山、铅锌冶炼厂等废水的处理。图 7-45 所示为某矿山废水处理工艺流程。废水经二级化学沉淀后，出水可达到排放标准。

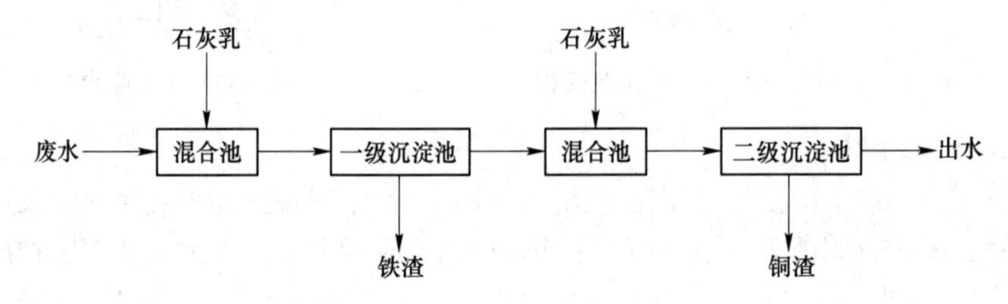

图 7-45　某矿山废水处理工艺流程

B　硫化物沉淀

硫化物沉淀法是向废水中投加硫化物沉淀剂，使废水中的重金属离子与硫离子反应，生成难溶的金属硫化物沉淀。硫化物沉淀法比氢氧化物沉淀法对废水中的重金属离子（如 Hg^{2+}、Ag^{+}、Cu^{2+}等）的去除更为彻底，常用的沉淀剂有 H_2S、NaHS、Na_2S、$(NH_4)_2S$ 等。

采用硫化物沉淀法处理含重金属废水，去除率高，可分步沉淀，泥渣中金属品位高，便于回收利用，适用 pH 值范围大，但过量的 S^{2-} 可使处理水 COD 增加。当 pH 值降低时，会产生有毒的 H_2S。

用硫化物沉淀法处理含 Hg^{2+}、Cu^{2+}、Zn^{2+}、Cd^{2+}、Pb^{2+}、AsO_2^- 等废水在生产上均得到了应用。硫化物沉淀法主要用于去除无机汞。对于有机汞，必须先用氧化剂将其氧化成无机汞，然后再用硫化物沉淀法将其去除。过量的 S^{2-} 会增加水体的 COD，还能与硫化汞沉淀生成可溶性的络合阴离子 $[HgS_2]^{2-}$，降低汞的去除率；在 pH 值高时，这个转化显得特别严重。因此，废水的 pH 值最好维持在 7 或 7.5 左右，在反应过程中，要补投 $FeSO_4$ 溶液，以去除过量的硫离子。这样，不仅有利于汞的去除，而且有利于沉淀的分离，如图 7-46 所示。

例如，某化工厂采用硫化钠共沉淀法处理乙醛车间排出的含汞废水，废水含汞 5～10 mg/L，pH 值为 2～4。原水用石灰将 pH 值调到 8～10 后，先投加 6%的 Na_2S，与汞反应

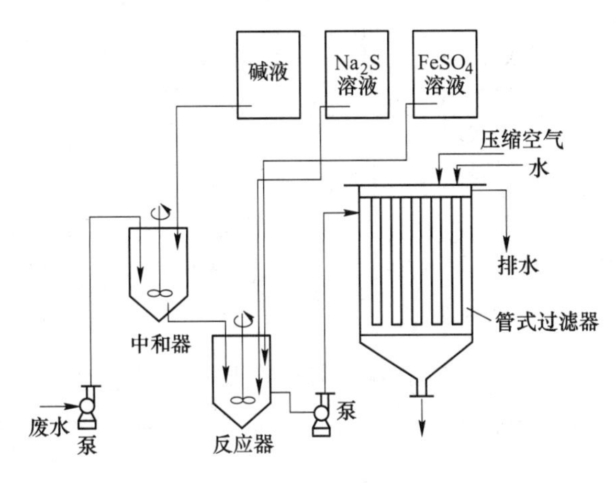

图 7-46　硫化物沉淀除汞工艺流程

后再投加 7%的 $FeSO_4$，处理后出水含汞降到 0.2 mg/L。

虽然硫化物沉淀法比氢氧化物沉淀法可更完全地去除重金属离子，但由于沉淀反应生成的硫化物颗粒细、沉淀困难，一般需要投加混凝剂以加强去除效果，这使处理费用增加，因此应用受到一定的限制。

7.5.1.3　氧化还原

化学氧化还原

对于一些有毒有害的污染物质，当难以用生物法或者物理方法处理时，可以用氧化还原法将它们转化为无毒或者微毒的物质，或者转化成容易与水分离的形态，从而达到处理的目的，这种方法称为氧化还原法。

氧化还原法包括氧化法和还原法两类。常用的氧化法包括氯氧化法、芬顿氧化法等；常用的还原法包括铁屑还原法、药剂还原法，如硫酸亚铁、亚硫酸氢钠等。

氧化法主要去除物质为难生物降解有机物、还原性离子如 CN^-、S^{2-}、Fe^{2+}、Mn^{2+} 等；还原法主要用于对一些重金属离子如汞、铜、镍、六价铬等的去除。

对于有机物的氧化还原过程，由于涉及共价键，电子的移动情形很复杂，难以用电子的得失来分析，常根据加氧或加氢反应来判断。把加氧或去氢的反应称为氧化反应，把加氢或去氧的反应称为还原反应。

A　氯氧化法

氯除了可用于废水消毒外，还可作为氧化剂，用于工业废水的氧化处理。氯化处理常用的药剂有液氯、漂白粉、次氯酸钠、二氧化氯等。

以次氯酸盐氧化工艺为例，其工艺过程包括次氯酸盐溶液的配制和投加、废水的 pH 值调节、氧化反应、固液分离等过程，工艺流程，如图 7-47 所示。

废水与次氯酸盐溶液在氧化反应池混合并发生氧化反应，通过反应池内氧化还原电位（ORP）数据调节次氯酸盐溶液投加量以保证氧化反应充分进行。反应过程中可能产生气体，需经过废气吸收处理后排放。

a　含氰废水的氯氧化法处理

氯氧化法处理含氰废水是分阶段进行的。在一定的反应条件下，第一阶段将 CN^- 氧化

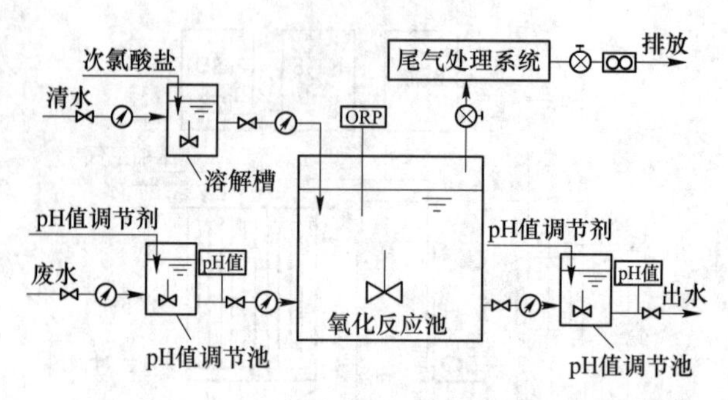

图 7-47　次氯酸盐氧化处理工艺流程

阀门　流量计　搅拌装置　气体阀门　氧化还原电位(ORP)监测仪

成氰酸盐，反应方程式为：

$$CN^- + ClO^- + H_2O \longrightarrow CNCl + 2OH^-$$

$$CNCl + 2OH^- \xrightarrow{pH值 \geqslant 10} CNO^- + Cl^- + H_2O$$

反应生成的 CNCl 有剧毒，在酸性条件下稳定，易挥发；只有在碱性条件下才容易转变成毒性极小的 CNO^-。

第二阶段，CNO^-在不同的 pH 值下进一步氧化降解或水解，反应方程式为：

$$2CNO^- + 3ClO^- + H_2O \xrightarrow{pH值 = 7.5 \sim 9} N_2\uparrow + 3Cl^- + 2HCO_3^-$$

$$CNO^- + 2H^+ + H_2O \xrightarrow{pH值 < 2.5} NH_4^+ + CO_2$$

第二阶段的氧化降解反应，在低 pH 值下可加速进行，但产物为 NH_4^+，且有重新溢出 CNCl 的危险，当 pH 值>12 时，反应终止。通常将 pH 值控制在 7.5~9 之间。采用过量氧化剂，将第二阶段的反应进行到底，称为完全氧化法。如果只进行第一步反应，称为不完全氧化法。

b　含硫化物废水的氯氧化法处理

氯氧化硫化物的反应方程式如下：

$$H_2S + Cl_2 \longrightarrow S + 2HCl$$

$$H_2S + 3Cl_2 + 2H_2O \longrightarrow SO_2 + 6HCl$$

硫化氢部分氧化成硫时，1 mg/L H_2S 需 2.1 mg/L Cl_2；完全氧化成 SO_2 时，1 mg/L H_2S 需 6.3 mg/L Cl_2。

c　含酚废水的氯氧化法处理

采用氯氧化法除酚，理论投氯量与酚量之比为 6∶1 时，即可将酚完全破坏。由于废水中存在其他化合物也与氯作用，实际投氯量必须过量数倍，一般要超出 10 倍左右。如果投氯量不够，则酚氧化不充分，而且生成具有强烈臭味的氯酚。当氯化过程在碱性条件下进行时，也会产生氯酚。

d　废水的氯氧化法脱色处理

氯能氧化破坏有机物的发色官能团，使废水色度消除，因此氯可用于印染等工业废水的脱色处理。另外，在脱色的同时还有可能进一步降低废水的 COD。脱色效果与 pH 值以及投氯方式有关，在碱性条件下效果更好。在 pH 值相同时，用次氯酸钠比液氯更加有效，操作也更为安全。

B　臭氧氧化法

臭氧（O_3）是氧的同素异构体，臭氧的氧化性很强，其氧化还原电位与 pH 值有关。在酸性溶液中，$E^{\oplus}=2.07\ V$，氧化性仅次于氟；在碱性溶液中，$E^{\oplus}=1.24\ V$，氧化性略低于氯。在理想条件下，臭氧可把水溶液中大多数单质和化合物氧化到它们的最高氧化态；对水中有机物有强烈的氧化降解作用，还有强烈的消毒杀菌作用。

产生臭氧的方法很多，目前在工业上常用干燥空气或氧气经无声放电制取，如图 7-48 所示。

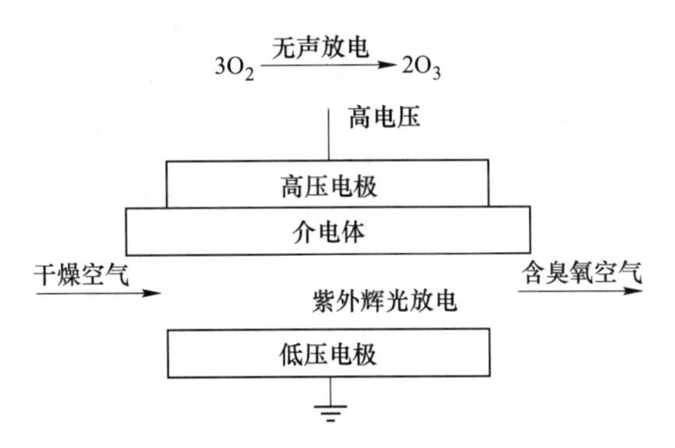

图 7-48　无声放电制取臭氧化空气

常用的管式臭氧发生器内有数十至上百组放电管，每组放电管有 2 根同心圆管，外管为金属管（常用不锈钢或铝管），内管为玻璃管或瓷管（管内壁涂有银或石墨作导电层）。玻璃管一端封死，管壁与金属管之间有 1~3 mm 的环状放电间隙，在 10000~20000 V 的高压电场下，使通过干燥净化的空气（或氧气）中一部分氧分子经电子轰击分解成氧原子，再与氧分子合成为 O_3，或直接合成为 O_3，用这种方法生产的臭氧浓度为 1%~3%（质量比）。

臭氧氧化法主要是用于有机废水的消毒杀菌，还用于废水的脱色、除臭、除氰、除铁、除洗涤剂、除酚及其他有机物和深度处理中。

例如，北京某炼油厂废水用臭氧作深度处理，臭氧投量 40 mg/L，与水接触时间 15~30 min，废水中的酚从 0.18 mg/L 降至 0.015 mg/L，油从 14.5 mg/L 降至 0.1 mg/L，COD 从 52 mg/L 降至 33 mg/L。

C　芬顿氧化法

芬顿（Fenton）氧化法是利用芬顿试剂氧化分解废水中污染物的方法。

芬顿试剂为过氧化氢（H_2O_2）和亚铁离子（Fe^{2+}）反应生成的具有强氧化性羟基自由基（OH·）的混合溶液体系。

$$Fe^{2+} + H_2O_2 \longrightarrow Fe^{3+} + OH\cdot + OH^-$$

1 mol 的 H_2O_2 与 1 mol 的 Fe^{2+} 反应后生成 1 mol 的 Fe^{3+}，同时伴随生成 1 mol 的 OH^- 外加 1 mol 的羟基自由基 OH·。正是羟基自由基的存在，使得芬顿试剂具有强的氧化能力。在 pH 值为 4 的溶液中，OH·自由基的氧化电势可达 2.73 V。在自然界中，氧化能力在溶液中仅次于氟气。因此，持久性有机物，特别是一般氧化剂难以氧化的芳香烃类化合物及一些杂环类化合物，都可被芬顿试剂氧化分解。

芬顿氧化法适用于含难降解有机物废水的处理，如造纸工业废水、煤化工业废水、石油化工废水、精细化工废水、发酵工业废水、垃圾渗滤液等，既可作为废水生化处理前的预处理工艺，也可作为废水生化处理后的深度处理工艺。

a　工艺过程

芬顿氧化处理废水的工艺过程包括双氧水和亚铁离子溶液的配制与投加、废水 pH 值调节、芬顿反应、脱气中和、混凝沉淀等部分，如图 7-49 所示。

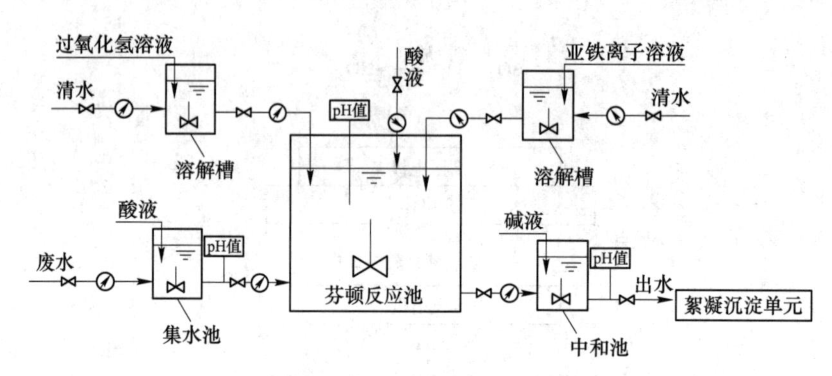

图 7-49　芬顿氧化工艺流程

—⋈— 阀门　—⊘— 流量计　⋈ 搅拌装置

首先按照工艺要求配制一定浓度的双氧水溶液和亚铁离子溶液，待处理的废水按照氧化反应条件的要求投加酸液调节 pH 值至酸性。之后，废水进入芬顿反应池，在芬顿反应池内进水段加入双氧水和亚铁离子溶液，生成的 OH · 与废水中的污染物发生氧化反应。

芬顿反应池内设有 pH 值计，以 pH 值计的读数作为调节参数，通过调节酸液投加量以保证芬顿反应充分进行。经过芬顿反应后，废水呈酸性，而且废水中含有大量反应过程中产生的气泡，需要在脱气中和池中使气泡脱除，并适当投加碱液使废水 pH 值回调至中性范围，才能进入后续处理环节。

在絮凝沉淀单元，投加絮凝剂（一般为 PAM）与废水中的悬浮物形成大的絮体，之后通过沉淀处理实现固液分离。

b　工艺操作

一般芬顿工艺是在酸性条件下发生的。在中性或者碱性条件下，Fe^{2+} 不能催化 H_2O_2 产生 OH ·；工程上建议废水 pH 值调节到 2~4。

芬顿处理废水时要判断药剂投加量和经济性，投加量并非越多越好，最佳投加剂量需要试验确定。在缺乏试验数据的情况下投加比例为：$c(H_2O_2$, mg/L$)$: $c($COD, mg/L$)$ 宜为 1 : 1~2 : 1；$c(H_2O_2$, mg/L$)$: $c(Fe^{2+}$, mg/L$)$ 宜为 1 : 1~10 : 1。

当芬顿氧化法出水直接排放时，pH 值应调整至满足固液分离要求和排放要求；当芬顿氧化法出水进入后续处理工艺时，pH 值应调整至满足固液分离要求和后续处理工艺要求。

D 药剂还原

a 铁屑还原法

铁屑还原是用铁屑作为滤料的固定床还原处理废水的方法，铁屑还原处理工艺流程，如图 7-50 所示。

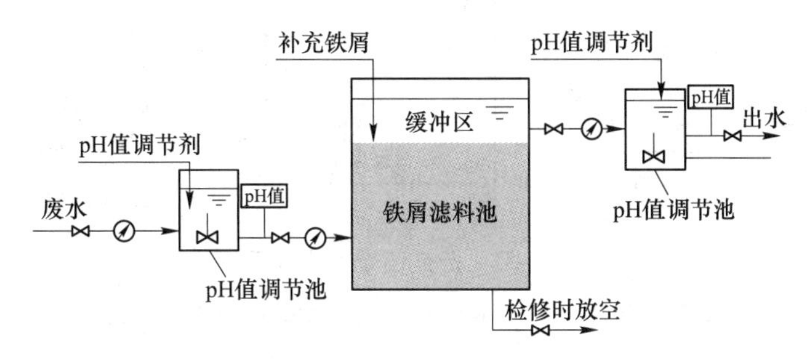

图 7-50 铁屑还原工艺流程

—⋈— 阀门 —⊘— 流量计 ⋈ 搅拌装置

首先废水进入 pH 值调节池，在调节池中按照还原反应要求调节 pH 值；然后废水进入填充有铁屑的还原反应池，废水在还原反应池流经铁屑滤料时与之接触发生还原反应。还原处理后的废水，再进入后置 pH 值调节池进行 pH 值调节，使废水中的还原反应产物形成沉淀，以便后续通过沉淀、气浮或过滤处理进行固液分离。

例如，电镀、冶炼、制革、化工等工业废水中常含有剧毒的 Cr^{6+}，以 CrO_4^{2-} 或 $Cr_2O_7^{2-}$ 形式存在。在酸性条件（pH 值<4.2）下，只有 $Cr_2O_7^{2-}$ 存在，在碱性条件（pH 值>7.6）下，只有 CrO_4^{2-} 存在。利用还原剂将 Cr^{6+} 还原成毒性较低的 Cr^{3+}，是最早采用的一种治理方法。采用的还原剂除铁屑外还有二氧化硫、亚硫酸、亚硫酸氢钠、亚硫酸钠、硫酸亚铁等。

工艺流程通常包括两步。首先，废水中的 Cr^{6+} 与还原剂反应被还原为 Cr^{3+}；然后，加碱生成 $Cr(OH)_3$ 沉淀，在 pH 值=8~9 时，$Cr(OH)_3$ 的溶解度最小。

b 药剂还原法

药剂还原法是利用具有还原能力的还原性药剂对废水中的污染物进行还原处理的方法，常用的还原剂有硫酸亚铁、氯化亚铁、硼氢化钠等。药剂还原处理的工艺流程包括还原剂配制与投加、废水的 pH 值调节、还原反应、固液分离等几个部分，药剂还原处理工艺流程如图 7-51 所示。

按照工艺要求配制一定浓度的还原剂溶液，待处理废水按照还原反应条件调节 pH 值；经过 pH 值调节后的废水进入还原反应池，在还原反应池内废水与还原性溶液混合并发生还原反应。还原反应池内设有在线 ORP 计。以 ORP 计数作为调节参数，调控还原性药剂溶液投加量。经过化学还原处理后的废水，通过后置调节池调节 pH 值。经过处理的废水中如含有反应生成的沉淀物，需进入后续的沉淀、气浮等固液分离单元处理。

7.5.1.4 离子交换

A 作用和原理

离子交换法是利用离子交换剂对水中存在的有害离子进行交换处理的方法。其实质是

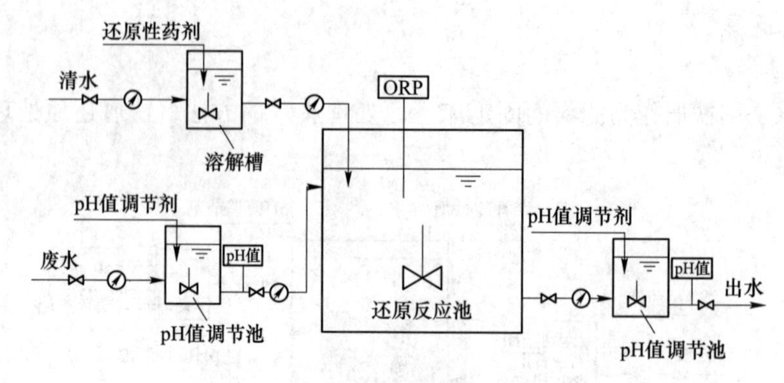

图 7-51　药剂还原工艺流程

阀门　流量计　搅拌装置　氧化还原电位(ORP)监测仪

离子交换剂的可交换离子与水中其他同性离子的交换反应，是一种特殊的吸附过程。与吸附相比，其特点在于：离子交换法主要吸附水中的离子化物质，并进行等当量的离子交换。

离子交换过程可以看作是固相的离子交换树脂与液相（废水）中电解质之间的化学置换反应，其反应一般是可逆的。

阳离子交换过程为：

$$R^-A^+ + B^+ \rightleftharpoons R^-B^+ + A^+ \tag{7-12}$$

阴离子交换过程为：

$$R^+C^- + D^- \rightleftharpoons R^+D^- + C^- \tag{7-13}$$

式中　R——树脂本体；

A^+，C^-——树脂上可交换的离子；

B^+，D^-——溶液中被交换离子。

离子交换是一种可逆反应，遵循质量作用定律，交换剂具有选择性。离子交换剂上的交换离子，先和交换势大的离子交换。一般常温和低浓度时，阳离子的价数越高，交换势就越大；同价离子则原子序数越高，其交换势就越大。

在废水处理中，离子交换法主要用于回收有用物质和贵重、稀有金属，如金、银、铜、铬、镉、锌等。

B　离子交换剂

离子交换剂有无机、有机离子交换剂两类。无机离子交换剂有天然沸石和人工合成沸石，沸石既可以做阳离子交换剂，也能做吸附剂。有机离子吸附剂有磺化煤和各种离子交换树脂，在废水处理中应用较多的是交换树脂。

C　离子交换树脂

离子交换树脂是一类具有离子交换特性的高分子聚合电解质（见图 7-52），是一种疏松的具有多孔结构的固体球形颗粒，粒径一般为 0.3～1.2 mm，既不溶于水也不溶于电解质，在孔隙的一定部位上有可供交换离子的交换基团。所以，离子交换树脂主要是由不溶性的树脂本体和具有活性的交换基团两部分组成。树脂本体为有机化合物和交联剂组成的高分子共聚物，其中，交联剂的作用是使树脂本体形成立体的网状结构。交换基团由起交换作用的离子和树脂本体联结的离子组成。如磺酸型阳离子交换树脂 $R—SO_3^-H^+$（R 表示树脂本体），$—SO_3^-H^+$是交换基团，其中 H^+是可交换的离子；季铵型阴离子交换树脂 $[R_4N]^+OH^-$中，N^+ OH^-是交换基团，其中 OH^-是可交换离子。

图 7-52　离子交换树脂

按照离子交换树脂基团的选择性，可分为阳离子交换树脂、阴离子交换树脂和螯合树脂等。

D　离子交换树脂的性能

（1）交换容量 E。交换容量 E 是指离子交换树脂进行离子交换反应的性能，每克干树脂或每毫升湿树脂所能交换的离子的毫克当量数，分别用 E_w(mg/g) 和 E_v(mg/mL) 表示。

（2）全交换容量 E_t 和工作交换容量 E_{op}。全交换容量 E_t是指每单位数量树脂能进行离子交换反应的化学基团的总量；工作交换容量 E_{op}是指离子交换树脂在实际工作条件下的离子交换能力。

（3）再生交换容量。再生交换容量是指在一定再生剂量条件下所取得再生树脂的交换容量，通常再生交换容量为总交换容量的 50%~90%（一般控制 70%~80%），而工作交换容量为再生交换容量的 30%~90%，后者比率也称为树脂的利用率。

（4）树脂密度。树脂密度是设计交换柱、确定反冲洗强度的重要指标，也是影响树脂分层的主要因素，分为湿真密度和湿视密度。

湿真密度是树脂在水中充分溶解后的质量与真体积（不包括颗粒孔隙体积）之比，其值一般为 1.04~1.3 g/mL。

湿视密度是树脂在水中溶解后的质量与堆积体积之比，一般为 0.60~0.85 g/mL。

E　离子交换工艺设备

根据运行方式，离子交换工艺设备可分为固定床离子交换器、流动床离子交换器、移动床离子交换器和混合式离子交换器。其中，固定床离子交换器应用最为广泛，其交换和再生在同一设备内完成，属于间歇工作设备，经常采用一开一备的方式。按装填的离子交换剂的种类又分为单床、多床、复合床和混合床。固定床离子交换器，如图 7-53 和图 7-54 所示。

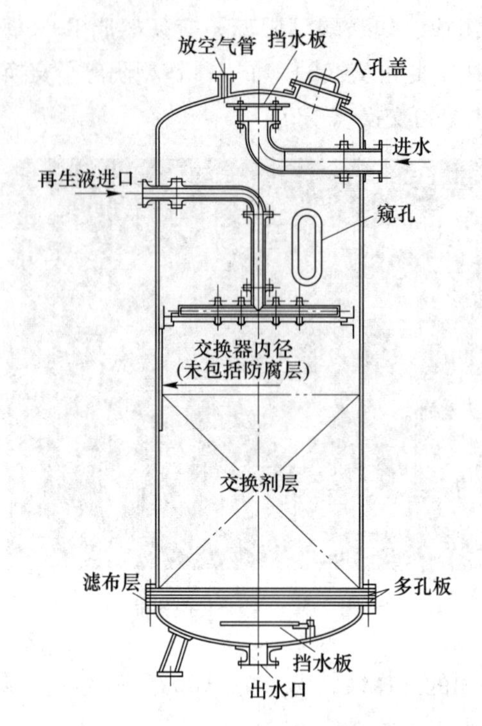

图 7-53　固定床离子交换器结构

图 7-54　固定床离子交换器现场设备

F　离子交换工艺过程

离子交换工艺过程通常包括以下四个步骤。

（1）离子交换。利用离子交换树脂的交换能力，从废水中去除目标离子的操作过程。

（2）反冲洗。利用冲洗水使树脂层松动，以利于再生液均匀渗入与交换颗粒充分接触，同时把离子交换过程中产生的破碎粒子和截留的悬浮物冲走的过程。树脂层在反冲洗时一般膨胀率为 30%～40%。

（3）再生。利用再生液浸泡、洗涤，使饱和失效的离子交换树脂恢复交换能力的操作过程。通过树脂再生，一方面可以恢复树脂的交换能力，另一方面也可以回收有用物质。

$$R^-A^+ + B^+ \rightleftharpoons R^-B^+ + A^+ \tag{7-14}$$

式（7-14）中，再生时可显著增加 A^+浓度，在浓差作用下，大量 A^+向树脂内扩散，而树脂内的 B^+则向溶液扩散。反应向左进行，达到树脂再生的目的。

（4）清洗。清洗是利用清洗液对再生后的离子交换树脂再次进行洗涤，除去残留的再生液的操作过程。

7.5.2　技能

以有色冶金和化学工业典型工业废水处理及利用为案例，通过学习，同学们应能根据特定的工业废水水质水量和出水要求，完成工业废水处理与利用的初步工艺流程确定及相关计算。

7.5.2.1　冶金工业废水处理案例

冶金工业一般包含黑色冶金和有色冶金两大类。黑色冶金通常是指钢铁工业，有色冶金是指除铁、锰、铬以外的金属冶炼。

按所含的主要污染物性质钢铁工业废水可分为以含有机污染物为主的有机废水和以含无机污染物为主的无机废水，以及仅受热污染的冷却水。例如，焦化厂的含酚氰废水是有机废水，炼钢厂的转炉烟气除尘废水是无机废水等。按所含污染物的主要组成分类，钢铁工业废水分为含酚废水、含油废水、含铬废水、酸性废水、碱性废水与含氟废水等。

有色冶金废水主要来源于有色金属产业链中金属矿山矿坑内排水、废石场淋浸水、选矿厂尾矿排水；有色金属冶炼生产过程，包括烧结、焙烧、熔炼、浸出、净化、电解等工序产生的废水；有色金属加工的酸洗废水、电镀废水等。由于铜、铅、锌等有色金属矿石有各种伴生元素存在，所以有色冶炼废水中含有汞、镉、铅、铬、锌、铜、钴、镍、锡等重金属及砷离子和氟的化合物。

A　冷却水处理

冷却水在冶金废水中所占的比例最大。例如，钢铁厂的冷却水约占全部废水的70%。

冷却水分间接冷却水和直接冷却水。（1）间接冷却水使用后水温升高，通常未受污染，冷却后可循环使用。若采用汽化冷却工艺，则用水量可显著减少，部分热能可回收利用。（2）直接冷却水因与产品接触，使用后不仅水温升高，水中还会含有油、金属氧化物等污染物质。直接外排会对水体造成化学污染和热污染，因此需要处理达标后排放或循环使用。

通常先将直接冷却废水送入水力旋流器，除去粒度在 100 pm 以上的颗粒，然后再把废水送入混凝沉淀处理单元除去除细小悬浮颗粒，该过程可投加混凝剂和助凝剂强化处理效果。

冷轧车间的直接冷却水含有乳化油，必须先用化学混凝法、加热法或调节 pH 值等方法破坏乳化油，然后进行气浮分离。浮油可用刮板清除，或用超滤法分离，废油经收集后可以作再生燃料。含乳化液的直接冷却水处理工艺流程，如图 7-55 所示。

B　洗涤废水处理

通常冶金工业的除尘废水和煤气、烟气洗涤水中含有剧毒的氰化物以及硫化物、酚类无机盐和锌、镍等金属离子。废水中的氰化物可用氯、漂白粉或臭氧等把氰化物氧化为氰

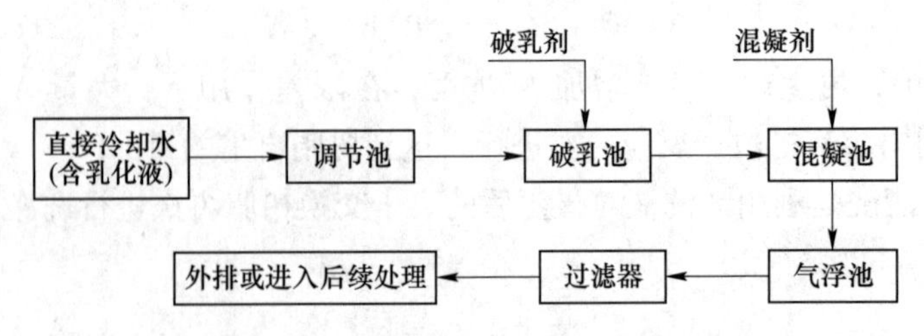

图 7-55 含乳化液直接冷却水处理工艺流程

酸盐，也可投加硫酸亚铁将氰化物还原为无毒的亚铁氰化物，还可用塔式生物滤池进行生物处理。

高炉煤气洗涤水水量大，用上述方法处理氰化物很不经济，大多采用沉淀池澄清后循环使用。

一般采用化学方法处理含氰废水。废水先进入调节池调质调量，再进入化学反应池，在碱性条件下被次氯酸氧化成氰酸根，最终通过沉淀进行泥水分离。沉渣经真空过滤或压力过滤脱水并烘干后，可作为烧结的原料。

C 炼焦废水处理

炼焦废水通常采用化学法处理，主要是通过调节废水 pH 值使重金属离子转化成氢氧化物沉淀而被去除，也可以向废水中加入硫化物使重金属离子变成重金属硫化物后经沉淀或过滤而去除。此外，还可以采用离子交换法、浮选法、反渗透法等回收有价金属。

D 铜冶炼废水处理

铜冶炼酸性重金属离子废水主要来源于铜火法初炼、湿法精炼和烟气制酸过程，为高浓度含砷废水。

高浓度含砷废水通常也含有较高浓度的氨氮。被处理的废水经调节池调节水量水质后进行混凝沉淀处理，再采用三级氨吹脱去除废水中的氨氮，吹脱出的氨气可以通过清水淋洗吸收方式来回收氨水。

在二、三级吹脱前需采用石灰乳碱化废水，控制 pH 值大于 11，使水中的氨氮基本上以游离氨（NH_3）形式存在。同时，废水中的 SO_4^{2-} 与石灰乳中的 Ca^{2+} 可以反应生成 $CaSO_4$ 沉淀。

冶炼生产洗涤处理产生的废酸处理后液中铁离子含量较高，采用以下三段中和与铁盐混凝法处理：

第一段中和，加入 $CaCO_3$，将废酸处理后液 pH 值调至 2.5，使 $CaCO_3$ 与原水中 SO_4^{2-} 反应生成 $CaSO_4$ 沉淀，去除废水中大部分 SO_4^{2-}。在 pH 值为 2.5 的条件下，废水中的铁和三价砷基本不会形成沉淀，只有少量五价砷会形成难溶盐进入沉渣中，$CaSO_4$ 沉渣可用来回收石膏。

第二段中和，用石灰乳调 pH 值至 8~9 并鼓风搅拌，利用废水中含砷和铁且浓度比较高的特点，使废水中的砷生成溶解度很小的砷酸铁盐沉淀。另外，Fe^{3+} 的水解产物 $Fe(OH)_3$ 胶体也可以吸附废水中的砷，生成难溶盐沉淀而将其去除。因此，本段可去除废水中全部的五价砷、大部分三价砷和铁离子。

第三段中和，用石灰乳调 pH 值至 9.5 以上，并加入 $FeSO_4$，鼓风搅拌，进一步去除废水中的三价砷。然后，废水可以进入后续处理单元与其他废水混合处理达标后排放，如图 7-56 所示。

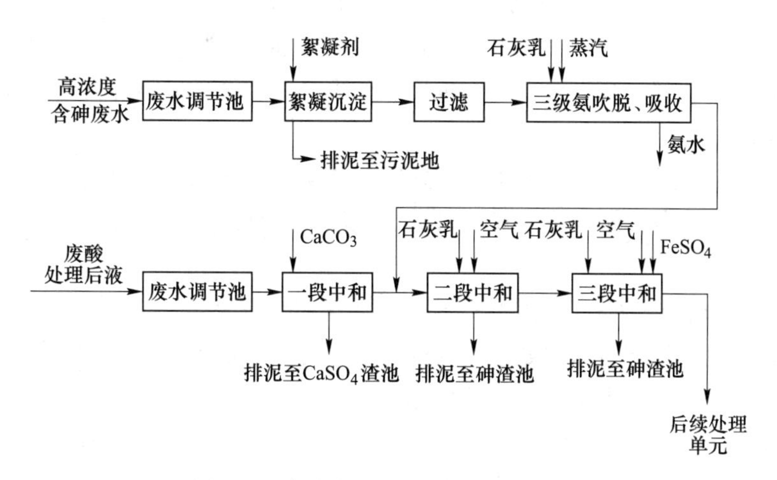

图 7-56　高浓度含砷废水处理工艺流程

E　铅锌冶炼废水处理

铅锌冶炼废酸来源于烟气净化工序，如湿式除尘洗涤水、硫酸电除雾的冷凝液和冲洗液以及受尘、酸污染的冲洗水等。酸性废水中含有铅、锌、铜、砷、氟等杂质，相对于铜冶炼厂的酸性废水水质，铅锌冶炼废水中铜含量较低，可采用中和沉淀法和铁盐氧化法处理。

处理酸度大、重金属含量高的废酸污水时，多采用三段中和处理流程：先用石灰乳进行一段中和，形成含氟化钙的石膏，降低废酸酸度；然后用石灰乳进行二段中和，除去砷和大部分重金属；三段采用中和-铁盐氧化流程，除去残余的砷和重金属。

处理酸度小、重金属含量不高的酸性废水，可采用中和沉淀-污泥回流流程。

F　铝冶炼废水处理

铝冶炼废水的治理途径有两条：一是从含氟废气的吸收液中回收冰晶石；二是对没有回收价值的浓度较低的含氟废水进行处理，除去其中的氟。

含氟废水处理方法有混凝沉淀法、吸附法、离子交换法、电渗析法及电凝聚法等，其中混凝沉淀法应用较为普遍。按使用药剂的不同，混凝沉淀法可分为石灰法、石灰-铝盐法、石灰-镁盐法等。吸附法一般用于深度处理，首先把含氟废水用混凝沉淀法处理，再用吸附法做进一步处理。

7.5.2.2　化学工业废水处理案例

化学工业废水来自化工生产过程，主要来自于化工生产的原料和产品在生产、包装、运输、堆放的过程中物料流失，经雨水或清洁用水冲刷而形成的废水；化学反应不完全产生的废料，副反应产生的废料；生产过程排出的废水、冷却水；设备和管道密封不良或操作不当，形成泄漏产生废水；设备和容器的清洗等途径。

化工废水污染物的种类、性质和浓度取决于化工生产过程，不仅依废水类别而异，而且不同的化工生产过程产生的废水，其水质差异很大。废水特点主要表现为排放量大，组成复杂，有毒有害物质多，可生化性差，废水色度高等方面。

A　石油化工废水处理

石油化工废水特点是含油量高，氨氮含量高，有机物成分复杂，部分废水可生化性差。根据这种废水的特点，石油化工废水处理工艺应选用生物处理、物理处理与化学处理相结合的综合处理工艺，基本处理过程包括预处理、生化处理、深度处理三部分。

a　预处理

在石油化工生产过程中，化工生产装置区内通常会对部分废水进行预处理，以实现物质回收利用和减少污染物排放量的双重目的。在废水处理站内的预处理包括均质调节、除油等处理单元。

（1）均质调节。石油化工企业生产装置多、工艺流程复杂，造成水质、水量的波动范围大。为了满足生化处理与深度处理设施的要求，通常会在废水处理站内设置调节池、均质池等设施，从而达到减小水质水量的变化。

炼油废水调节池的调节时间通常为 16~24 h，化工废水调节池调节时间一般为 24~48 h，均质调节池一般为 8~12 h；废水处理站通常还设置应急储存池，停留时间一般为 8~12 h。

均质池内通常设有混合搅拌装置，混合搅拌的方法有水泵强制循环搅拌、空气搅拌、射流搅拌、机械搅拌及流态搅拌等。

（2）除油。石油化工废水采用的除油方法包括隔油、气浮等。

石油化工废水中含有较多的浮油，油水分离设施可采用平流隔油池、斜板隔油池、聚结油水分离器等。隔油池应密闭，盖板应采用难燃材料。隔油池内设置集油、斜板清洗等设施。隔油池、隔油罐、聚结油水分离器应设蒸汽消防设施。隔油池的集油管所在油层内应设加热设施，隔油池分离段设集泥斗。

气浮除油适用于去除分散油和乳化油。石油化工废水处理中的气浮工艺通常采用二级气浮，第一级气浮采用散气气浮，有利于去除大颗粒的油珠，停留时间短，能耗较低，占地面积小；第二级气浮采用溶气气浮，有利于去除较小粒径的油珠，提高除油效率，除油效果好。气浮池前应设药剂混合和絮凝设施。

b　生化处理

石油化工废水通常采用生物处理去除废水中的有机污染物以及氨氮、总氮，生物处理包括厌氧和好氧生物处理。根据水质性质及处理要求不同，采用一级生化工艺或多级生化组合工艺。

部分石油化学工业产生的废水有机污染物浓度高、可生化性较差，可采用厌氧生物处理作为前处理，以降低有机物浓度，部分废水采用水解酸化工艺可提高废水可生化性。活性污泥法为石油化工废水处理中普遍采用的生物处理工艺。根据废水水量、进水水质特点以及出水水质要求，采用的工艺有 A^2/O 工艺、A/O 工艺、氧化沟工艺、序批式（SBR）工艺、纯氧曝气工艺、膜生物反应器（MBR）工艺以及生物膜法工艺等。

生物膜法一般是在活性污泥法之后的生化处理，包括生物接触氧化法、曝气生物滤池、塔式生物滤池、移动床膜生物反应器（MBBR）以及生物活性炭（PACT）等工艺，如图 7-57 所示。

图 7-57　移动床膜生物反应器（MBBR）

c　深度处理

废水深度处理包括过滤、化学氧化、深度生物处理、活性炭吸附、消毒等工艺。深度生物处理通常包括生物接触氧化法、曝气生物滤池、移动床膜生物反应器（MBBR）、膜生物反应器（MBR）、生物活性炭等工艺。根据水质，可采用一种工艺或多种工艺的组合。

B　煤化工废水处理

煤化工是以煤为原料，通过一系列化学工艺过程将煤转化为气体、液体、固体燃料及各种化学化工产品的工业。煤化工产品主要包括焦炭、煤气、合成氨、天然气、液体燃料（煤制油）、烯烃、醋酸、甲醛、乙二醇等以及其他副产品。某煤气化制天然气固定床气化工艺项目废水处理工艺，如图 7-58 所示。

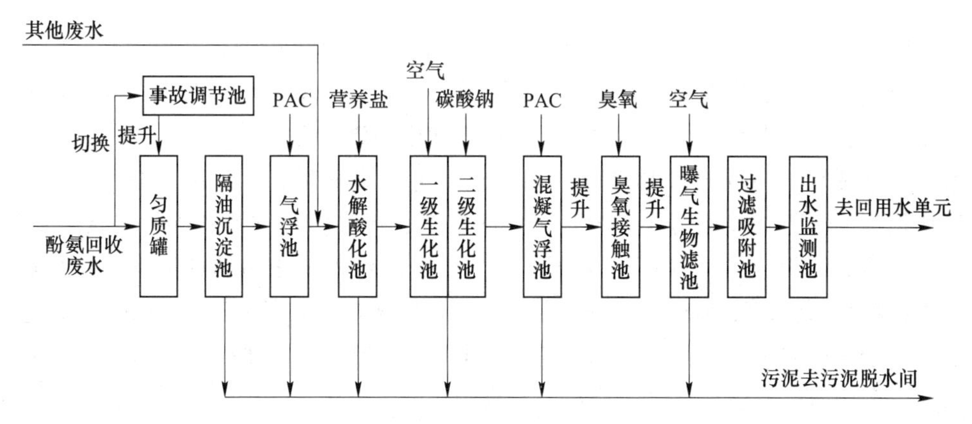

图 7-58　固定床气化废水处理工艺流程

来自生产工艺装置区酚回收水塔底部排出的生产废水进入废水匀质罐，废水在罐内进行隔油、水量水质调节，起到均匀水量水质的作用，保证废水进入生物处理和后续构筑物水质和水量的相对稳定。

匀质罐的出水流入隔油沉淀池。隔油沉淀池的浮油进入污油池，池底污泥进入污泥池，最终送至污泥脱水间。隔油沉淀池可去除绝大部分油类、悬浮物质和少部分 COD、色度，减轻后续生化系统的处理负荷。

隔油沉淀池的出水进入气浮池，与投加的絮凝剂和助凝剂在反应池内混合反应，通过气浮去除乳化油。

气浮出水流入中间水池与厂区的生活污水，低温甲醇洗废水，甲烷化废水，曝气生物滤池反洗水，过滤吸附反洗水通过水力搅拌混合。

中间水池的混合废水经提升至酸化水解池以改善废水生化性能，提高 BOD_5/COD。

水解酸化池出水进入 A/O 工艺为主体的两级生化池，进行生物有机物去除、脱氮反应。两级生化池出水进入二沉池进行泥水分离。

二沉池出水进入混凝反应池，经过混凝反应后废水进入气浮装置，以进一步去除有机污染物、色度以及悬浮物，减少后续氧化剂用量。

混凝、气浮装置的出水进入臭氧接触缓冲池，废水在臭氧作用下进一步去除色度提高废水可生化性，有利于提高后续曝气生物滤池（BAF）的去除率。

为防止未完全反应剩余臭氧对后续生化系统产生毒害作用，含有臭氧的水要进入缓冲池，臭氧在缓冲池中通过自身的衰减和延长反应时间达到消除对微生物毒害作用。

废水经臭氧氧化处理后进入曝气生物滤池（BAF），经过 BAF 处理后，COD 及残余 NH_3-N 会进一步降低。BAF 设有气、水反冲洗系统，反冲洗废水进入反冲废水池，用泵送至酸化水解池前端的中间水池。

BAF 出水提升至过滤吸附池，废水中的有机物和色度得到进一步去除，吸附饱和的吸附剂，通过水力提升至再生间进行再生。

过滤吸附池出水进入清水池，处理达标后的水送至回用水装置。

C 印染废水处理

纺织印染用水量大，约 80%成为废水。按印染物质不同，印染废水分为棉布纺织印染废水、毛纺废水、化学纤维加工废水；按加工工序不同，印染废水分为退浆废水、煮炼废水、漂白废水、丝光废水、染色废水、印花废水和染整废水等。

印染综合废水的主要污染物有化学需氧量、生化需氧量、悬浮物、总氮、氨氮、总磷、硫化物等。COD 主要来源于前处理工序的浆料、棉胶、纤维素和半纤维素以及染色、印花工序使用的助剂和染料等；SS 来源于工艺中的纤维屑、未溶解的原料等；总氮和氨氮来源于染料和原料，如偶氮染料等。废水中总氮和氨氮的浓度一般在 10 mg/L 以下，但蜡染工艺由于使用尿素，其废水中总氮的浓度可达约 300 mg/L。磷主要来源于工艺中的含磷洗涤剂，采用磷酸三钠生产工艺排放的废水中总磷浓度为 5~10 mg/L。色度主要来源于染料，硫化物来源于硫化染料，二氧化氯来源于漂洗过程。

印染废水的常用处理技术可分为物理法、化学法和生物法三类。物理法主要有格栅、调节、沉淀、气浮、过滤、膜技术等，化学法有中和、混凝、电解、氧化、吸附、消毒等，生物法有厌氧生物法、好氧生物法、兼氧生物法。印染废水常用处理技术见表 7-12。

表 7-12　印染废水常用处理技术

名称	主要构筑物、设备及化学品	处理对象
格栅与筛网	粗格栅、细筛网	悬浮物、漂浮物、织物碎屑、细纤维
中和	中和池、碱性酸性药剂投加系统；各类中和剂（硫酸、盐酸等）	pH 值
混凝沉淀（气浮）	各种类型反应池（机械搅拌反应池、隔板反应池、旋流反应池、竖流折板反应池）、加药系统、沉淀池（平流式、竖流式、辐流式）、气浮分离系统（加压溶气气浮、射流气浮、散流气浮）；药剂：$FeSO_4$、$FeCl_3$、$Ca(OH)_2$、$Al_2(SO_4)_3$、PAC、PAM、PFS	色度物质、胶体悬浮物、COD、LAS
过滤	砂滤，膜滤等过滤器（MF、UF、NF 等）	细小悬浮物、大分子有机物、色度物质
氧化脱色	臭氧氧化、二氧化氯氧化、氯氧化、光催化氧化、芬顿氧化	COD、BOD_5、细菌、色度物质
消毒	接触消毒池，氯气、NaClO、漂白粉、臭氧	残余色度物质、细菌
吸附	活性炭、硅藻土、煤渣等吸附器及再生装置	色度物质、BOD_5、COD
厌氧生物处理	升流式厌氧颗粒污泥床（UASB）、厌氧附着膜膨胀床（AAFEB）、厌氧流化床（AFBR）、水解酸化	BOD_5、COD、色度物质、NH_3-N、磷
好氧生物处理	推流曝气、氧化沟、间歇式活性污泥法（SBR）、循环式活性污泥法（CAST）、吸附再生氧化法（A/B）、生物接触氧化法	BOD_5、COD、色度物质、NH_3-N、磷

7.5.3　任务

黏胶纤维为主要的化纤品种。由于黏胶纤维是湿法纺丝成形，纺丝用的凝固浴中含有 $ZnSO_4$，因此废水中含有大量的 Zn^{2+}，这种含锌较高的废水排放到水体中，会对环境造成严重污染。国家规定：农田灌溉用水，含锌量的允许极限浓度为不超过 5 mg/L。在水体中如锌的浓度高于 10 mg/L，则对鱼类及作为鱼类饲料的浮游生物都将有致命的影响；而采用一次沉淀形成的含锌污泥，则会造成二次污染。因此，黏胶纤维生产废水处理应重点考虑锌的回收问题。

如果黏胶纤维废水含硫酸和硫酸锌浓度各约 9 g/L，请设计废水处理工艺，包括工艺流程框图绘制、各处理单元功能分析、药剂投加量计算等内容。

课程思政点：

（1）通过“酸碱中和、化学沉淀”相关理论引入方法论中“事物对立统一，质量互变规律”等思政内容。

（2）通过工业废水处理与循环利用讲述我国目前污水资源化利用的基本方针政策。

项目8　污水处理厂设计与运营

任务8.1　污水处理厂设计概述

【知识目标】

(1) 熟悉污水处理厂（站）设计基本原则。

(2) 熟悉污水处理厂（站）设计基本步骤和各阶段完成程度。

【技能目标】

(1) 能根据工艺初步设计要求收集相关数据和资料。

(2) 能初步确定工艺流程。

【素养目标】

(1) 培养资料收集及查阅能力。

(2) 提高实事求是的职业素养。

8.1.1　主要理论

8.1.1.1　污水处理厂的建设程序

污水处理工程的建设必须按国家基本建设程序进行，现行的基本建设程序一般分编制项目建议书、项目可行性研究、项目工程设计、工程和设备招投标、工程施工、竣工验收、运行调试和达标验收几个步骤。这些建设步骤基本包括了项目建设的全过程，它们也可划分为3个阶段。

A　项目立项阶段

项目立项阶段需根据城市市政规划或环境保护部门要求，分析项目建设的必要性和可行性。本阶段以确定项目为中心，一般由建设单位或其委托的设计研究单位编制项目建议书和项目可行性研究报告，通过国家计划部门、投资银行或企业计划部门论证便可获得立项。对于某些小规模项目，只编制污水处理工程方案设计，并通过投资部门的论证便可立项。

B　工程建设阶段

工程建设阶段包括工程设计、工程和设备招投标、工程施工、竣工验收等过程。

(1) 工程设计。项目立项后，设计单位根据审批的可行性研究报告进行施工图设计，其任务是将可行性研究报告确定的设计方案的具体化，要将污水处理厂（站）区、各处理构（建）筑物、辅助构（建）筑物等的平面和竖向布置，精确地表达在图纸上，其设计深度应能满足施工、安装、加工及施工预算编制要求。在施工图设计之前，可能还需进行扩大初步设计，进一步论证技术的可靠性、经济合理性和投资的准确性。

（2）工程设备招投标。工程设备招投标是经过比较投标方的能力、技术水平、工程经验、报价等，选定工程施工单位和设备供应单位的过程，该过程是保证工程质量和节省工程投资的基础。

（3）工程施工。工程施工包括土建施工，设备加工制造及安装的全过程。

（4）竣工验收。竣工验收是全面检查设计和施工质量的过程，其核心是质量，不合格工程必须返工或加固。

C 试运行阶段

试运行阶段包括联动试车、运行调试、达标验收等过程。联动试车由施工单位、设备供应单位、建设单位共同完成，检查设备及其安装的质量，以确保能正常投入使用。试运行的目的是确保处理系统达到设计的处理规模和处理效果，并确定最佳的运行条件。对于生物处理系统，往往要用较长时间来完成“培菌”任务。达标验收是由环境保护部门检验处理系统出水是否达到排放标准。

8.1.1.2 污水处理厂的设计阶段

按建设项目所处理的对象不同设计工作可划分为城市污水处理厂工程设计和工业企业废水处理站工程设计，由于污水来源、性质、水量及处理工艺方面差别较大，使其设计工作也有所不同。

按建设项目技术的复杂程度设计工作可划分为两个阶段（初步设计和施工图设计）或一个阶段（施工图设计）；同样可按污水处理规模大小或重要性划分为两阶段设计或一阶段设计。技术复杂、处理规模大、重要的项目一般按两阶段设计，技术复杂程度、处理规模、重要性均小的按一阶段设计。两阶段设计时，必须在上阶段设计文件得到上级主管部门批准后才允许进行下阶段的设计工作。

8.1.1.3 各阶段设计内容

A 设计前期阶段

城市污水处理厂前期工作一般包括项目建议书、预可行性研究和可行性研究。某些项目由于情况比较特殊，程序可以适当简化，直接作可行性研究报告，以可研报告代替项目建议书。设计前期工作非常重要，要求设计人员具备踏实的专业知识和较丰富的实际工作经验。要求设计人员充分掌握与设计有关的原始数据、资料，具有深入分析、归纳这些数据、资料，并从中得出非常切合实际结论的能力。

a 项目建议书和预可行性研究

我国规定，投资在 3000 万元以上的较大工程项目，应进行预可行性研究。作为建设单位（习惯称甲方）向上级送审的“项目建议书”的技术附件。须经专家评审，经上级机关审批后，可以“立项”，就可以进行下一步的可行性研究。

“项目建议书”一般应包括以下内容：

（1）建设项目提出的必要性和依据，需引进技术和进口设备的项目，应说明国内外技术差距、概括引进和进口的理由。

（2）项目内容范围，拟建规模和建设地点的初步设想。

(3) 资源情况、建设条件、协作关系，需引进技术和进口设备的要做出引进国别、厂商的初步分析和比较。

(4) 投资估算和资金筹措设想，利用外资项目要说明利用外资的理由和可行性，以及偿还贷款能力的初步测算。

(5) 项目建设进度的设想。

(6) 经济效益和社会效益的初步估算。

b 可行性研究

可行性研究报告（设计任务书）是对与本项工程有关的各个方面进行深入调查研究结果进行综合论证的重要文件，它为本项目的建设提供科学依据，保证所建项目在技术上先进、可行，在经济上合理、有利，并具有良好的社会效益与环境效益。

作为建设项目前期工作的核心，可行性研究的主要任务是：进行充分的资料收集、分析和现场调研，对拟建项目建设的必要性、实施的可行性、技术的可靠性以及经济合理性进行多角度的综合分析论证，在多方案比较的基础上，提出最适合当地的推荐方案。由于在可行性研究阶段，污水处理厂的规模、处理标准、工艺方案、选址、工程投资等均已基本确定，因此可行性研究是工程建设前期工作中最为关键的环节。可行性研究的成果，将直接影响到政府有关部门的决策。

可行性研究的工作成果是提出可行性研究报告，批准后的可行性研究报告是编制设计任务书和进行初步设计的依据。可行性研究报告的基本内容如下：

(1) 项目背景。项目承办单位即项目法人及项目主管部门，可行性研究报告的编制依据、原则和范围，城市概况与总体规划概要，排水工程现状和城市排水规划要点。

(2) 项目实施的意义和必要性。

(3) 污水处理厂厂址与建厂条件。城市污水处理厂用地规划情况、用地规划批准文件，所选厂址的工程地质情况，污水处理厂用电规划、电力部门供电意向书，污水处理厂生产生活用水水源规划、水资源管理部门批文，防洪规划对污水处理厂建设标准的内容，污水处理厂厂址的交通现状与规划要求。

(4) 污水处理厂的建设规模与污水处理程度。现有污水量及污水水质情况，污水量预测及建设规模，污水处理程度。

(5) 污水处理工艺的方案选择与评价。污水和污泥处理工艺方案比较，污泥的最终处置。

(6) 推荐方案的工程设计。污水处理厂总平面布置，污水污泥处理的工艺流程设计，主要构筑物工艺设计，土建、电器、仪表与自控设计，软弱地基的加固设计，非标机械设计、采暖通风设计、建筑与绿化设计，污水收集系统及污水处理厂的进水管道修建设计，污水处理厂建设设计，管理机构及定员，污水处理厂出水管道及再生回用设计。

(7) 工程投资估算（可行性研究的投资估算经批准后，初步设计概算不得超过10%）。

(8) 资金筹措。

(9) 财务评价及工程效益分析。

B 初步设计阶段

a 初步设计的目的及任务

初步设计的主要目的如下：

（1）提供审批依据：进一步论证工程方案的技术先进性、可靠性和经济合理性；

（2）投资控制：提供工程概算表，其总概算值是控制投资的主要依据，预算和决算都不能超过此概算值；

（3）技术设计：包括工艺、建筑、变配电系统、仪表及自控等方面的总体设计及部分主要单体设计，各专业所采用的新技术论证及设计；

（4）提供施工准备工作：如拆迁、征地、三通（水、电、路）一平并与有关部门签订合同；

（5）提供主要设备材料订货要求：设备与主材招标合同的技术规格书的依据，包括污水、污泥、电气与自控、化验等方面设备与主材的工艺要求、性能、技术规格、数量。

初步设计的任务包括确定工程规模、建设目的、投资效益，设计原则和标准、各专业各体设计及主要工艺构筑物设计、工程概算、拆迁征地范围和数量、施工图设计中可能涉及的问题及建议。

批准的初步设计是进行施工图设计的依据，扩大初步设计文件应满足主要设备订货、工程招标及进行施工准备的要求。

b　初步设计的基本内容

扩大初步设计文件应包括：设计说明书、设计图纸、主要工程数量、主要材料设备规格与数量、工程概算。初步设计文件应能满足审批、投资控制、施工图设计、施工准备、设备订购等方面工作依据的要求。

（1）设计说明书。详细说明深化的可行性研究中确定的推荐方案，在已确定总体方案的前提下，进行工艺、建筑、结构、电气、仪表与自控等专业的局部方案比较，解决设计过程中全部技术问题，提供主要设计参数。当采用特殊处理工艺、特殊污泥处理工艺或特殊施工工艺时，还需提供主要计算成果，以供设计审查用。初步设计中还将完成设备选型、单项构筑物上部建筑和下部建筑以及下部结构的技术设计，并最后确定总平面布置、工艺流程、竖向设计及全厂主要管线综合。初步设计说明书应全面叙述本项目的全部工程内容，表达工程建成后的全貌，为施工图设计提供依据，是完成项目建设前期工作的最后内容。

（2）设计图纸。扩大初步设计图纸除提供全厂总图外，还将提供污水处理厂的水、泥、气、强电、弱电等各种系统图，各单项建筑物和构筑物的平面图和剖面图，将展示其建成后的实际面貌，满足项目法人和主管部门进行设计审查的需要。

（3）主要工程量与主要材料设备表应能满足工程施工招标、施工准备及主要设备订货的需要。

（4）工程概算。初步设计概算是控制和确定建设项目造价的文件，设计概算批准后，就成为固定资产投资计划和建设项目总包合同的依据。概算文件应完整地反映工程初步设计内容，严格执行国家有关制度，实事求是地考虑影响造价的各种因素，正确地依据定额、规定进行编制。

概算文件包括：编制说明、总概算书、综合概算书、单位工程概算书、主要建筑材料和技术经济指标。

c　施工图设计阶段

施工图设计是以初步设计的图纸和说明书为依据，并在初步设计被批准后进行。

施工图设计的任务是将污水处理厂各处理构筑物的平面位置和高程，精确地表示在图纸上；将各处理构筑物的各个节点的构造、尺寸都用图纸表示出来，每张图纸都应按一定的比例，用标准图例精确绘制，使施工人员能够按照图纸准确施工。

施工图设计的图纸量很大，是设计内容的体现。

8.1.2　技能

8.1.2.1　基础资料收集

（1）设计依据见表8-1。

表8-1　设计依据

（1）基本情况资料	国家有关水污染防治的政策法规与标准，国家的有关水污染防治法，国家对区域水污染防治的规划和目标任务，国家的《地面水环境质量标准》《污水综合排放标准》、某些行业的水污染物排放标准等
	省（部）级政府关于区域水污染治理的任务和限期目标、区域水污染防治物总量控制规划
	地方政府的水污染治理规划，城市或企业的排水系统现状和规划，包括现有和规划的点源污染治理情况
	污水处理工程的建设范围、建设规模和建设地址
	污水处理工程的设计服务范围（或对象）的污水产生、排放、水质水量特征
	污水处理后拟达到的排放标准
	污水或污泥的综合利用目标
	污水和污泥处理的总体工艺方案
	城市或企业概况和自然环境条件，主要包括地形地貌、气象与水文、工程地质、水文地质等
（2）设计任务书或委托书	包括污水处理工程的规模、进水水质、处理后水质、工程设计范围、设计文件交付时间、进度等，并应明确任务书的签批机关、文号和日期
（3）工程设计资料	建筑范围内的地形图、污水管渠或河道的断面图，用水、用电、用气和交通运输方面的协议书，并应明确以上资料的名称、来源、编制单位和日期。对于污水处理改（扩）建工程，应提供现有污水处理工程设计资料或实测资料（包括工程的总图、单体构筑物和设备等内容）

（2）设计基础资料见表8-2。

表8-2　设计基础资料

（1）城市（或企业）现状和规划资料	
1）现状资料	城市（或企业）现状地形图
	城市（或企业）现状排水规划图
2）规划资料	城市（或企业）总体规划图及说明书
	城市（或企业）排水规划图及说明书

续表 8-2

（2）自然资料	
1）气象资料	气温：绝对最高、最低气温，历年逐月平均气温
	风向与风速：历年风向频率（或以风改表示）、最大风速
	降水量：历年平均降水量、最大降雨量、历年平均降雨天数
	蒸发量：历年年蒸发量、最大蒸发量
	土地冰冻深度：历年冰冻深度、最大冰冻深度，历年冰冻期天数平均值、最小值
2）水文和工程地质	地表水体：纳污水体功能与流向、水体流域的纳污状况与污染趋势，本污染源对纳污水体的污染贡献、排入口及其水质状况，河流的历年逐月最高、平均、最低水位及相应的流量、流速、水质指标、河流供水水位、淹没范围，河流冰冻期限与厚度，湖泊、水库的水位与容量（包括环境污染状况及容量）
	地下水：含水层的厚度与分布、与补给水源的关系、地下水水质状况与指标
	工程地质：土壤物理分析、力学试验资料，应有钻孔柱状图及水文地质剖面图，并附说明
3）地震资料	建厂（站）地区地震烈度
（3）供水、供电及交通运输资料	
1）供水资料	城市供水管网及供水范围与能力，对本项目供水指标及价格，建筑地区地下水涌水量、可供水量及水质
2）供电资料	供电电源的电压、可靠程度，供电方式，供电点至用电点距离，供电部门对用电的要求及收费价格
3）供气资料	城市能提供的热媒蒸汽的能力、价格
4）交通运输	建筑与城市及其他区域的交通状况
（4）污染源资料：在对城市或企业供水排水、生产工艺及排放基本情况了解的基础上，应重点调查或监测主要污染源情况、排放口或纳污口水质、水量资料；应重点调查污染源污水排放周期并监测不同时段的污水水质	
（5）概算资料：建厂（站）地区的土建、市政工程概算定额、当地市场主要建材供应价格，征地及迁拆费用，劳动力工资标准及其他管理费用规定等	
（6）其他资料	
1）批复文件	初步设计或可研报告或方案设计批准文件
2）协议文件	与有关单位（如供电、供水、银行等单位）的协议文件
3）设备资料	某些订购设备样本

8.1.2.2 现场踏勘

A 现场踏勘的目的和内容

（1）了解城市或企业现状和发展规划。

（2）了解现有排水设施和观察污水状况，增加对污水的感性认识，必要时确定重点污染源，监测其排放周期及其水质。

（3）了解处理厂（站）选址现场地形情况，需要对选场形状、尺寸、高程、污水进出口进行测量。

（4）搜集和核实必要的设计基础资料。

(5) 确定污水处理排放应达到的标准。

(6) 提出可能的方案，并征求当地有关单位的意见。

(7) 了解与有关部门协议内容。

(8) 为现场勘测、监测做准备（协作关系、现场工作条件、工器具等）。

B 步骤

(1) 了解项目建议书，可行性研究报告内容。

(2) 分析或调查城市或企业有关资料，列出现场查勘计划。

(3) 现场调查，听取建设单位及有关部门意见，进一步搜集落实设计基础资料。

(4) 现场查勘、监测。

(5) 现场查勘资料的整理。

C 注意事项

(1) 在初期资料收集分析的基础上，应尽早确定查勘的范围及重点，使查勘工作有针对性，起到补充作用。

(2) 城市发展状况或企业生产经营状况与技术管理水平，会影响总体设计方案选择及具体工程设计。

(3) 在书面资料的基础上，须注意与有关部门专家、领导的意见交流。

(4) 对污水性质与特征的分析，不仅要看指标数据，还需对生产工艺深入分析，仔细观察污水的感官状况。

(5) 不但要调查处理进水口，还要仔细调查出水口；既要重视污染源调查，也要深入进行选址调查。

(6) 对同类污水及其处理工程调查，了解其污水性质特征、处理方法与效果、运行经验和存在的问题。

(7) 及时分析整理现场查勘资料，提出对方案设计的意见，并做好资料的分类和保管，不应随意使之扩散和丢失。

8.1.2.3 污染源调查

A 调查的目的

污染源调查的主要目的是查清主要污染企业的排污状况。

(1) 了解需处理污水的水质、水量，确定需处理污水的污染源组成。

(2) 了解污染源排污种类、污染危害强度、排污规律，确定主要污染源。

(3) 对重点污染源和混合污水进行现场监测，掌握其污水排放量和污水水质。

B 调查的步骤

污染源调查主要是对工业污染源进行调查，应建立在对生产工艺和排污工艺初步了解的基础上。污染源调查可分为三个阶段，即准备阶段、调查阶段和总结阶段。

a 准备阶段

(1) 明确调查目的；

(2) 制定调查计划：明确污染源调查的范围与重点、内容与浓度、方法与频次；

(3) 调查准备：组织好专业人员、分工协作，准备采样与测试的器具、交通工具、准备记录与计算图表，准备采样及分析测试所用药品，准备水样保存方法及容器、药品。

b　调查阶段

（1）定点采样：按拟定的采样点、时间、频率、项目（如 pH 值、温度及流量等）采样或测试，做好记录。

（2）样品分析：按计划的水质测试项目、测试方法对样品分析。

（3）数据处理：对现场测试结果、室内分析结果进行整理、计算，去除错误数据。

c　总结阶段

（1）评价：评价调查结果的客观性、代表性、评价需处理污水及重点污染源的性质与特征、水质水理指标，并与其他途径所得数据进行比较。

（2）建立档案：将现场记录、分析结果、计算结果分类归档保存。

（3）撰写调查报告。

8.1.2.4　现场勘测

在可行性研究报告或方案设计通过论证之后，为保证工程设计的质量，应有建址现场准确的工程勘测资料。现场勘测之前，应搜集已有的勘测资料，在保证质量的前提下尽量加以利用，以缩小新的勘测范围，减少勘测工作量。

A　地形测量

（1）区域总平面图：比例尺（1∶1000）~（1∶50000），应包括地形、地物等高线、坐标等。

（2）建址区平面图：比例尺（1∶200）~（1∶1000），应包括地形、地物、等高线等，实测范围包括厂内与厂外相关部分内容（如道路、进出水口、拆迁物等），视具体情况确定。

（3）管渠测量：与本工程有关，需利用其改造或在其附近施工的管渠，应测出地形、管道定线、纵断面高程及交叉点等，比例尺视测量范围而定。

B　工程地质勘察

a　工程勘察要求

（1）工程范围内勘察的地形、地物概述。

（2）地下水概述：包括勘测时实测水位，历年地下水水位及其变幅、地下水侵蚀性。

（3）土壤物理分析及力学试验资料。

（4）钻孔布置：主要构筑物（如调节池、泵房、沉淀池、曝气池、浓缩池、厌氧消化池等）和大型建筑物（如综合办公楼、鼓风机房、脱水机房等），一般应布置 2~4 个钻孔，其深度决定于构（建）筑物基础下受力层的深度，一般应钻至基底下 3~6 m，水中构筑物的钻孔深度应达到河床最大冲蒯深度以下不小于 5 m 或钻至中等风化岩石为止。

（5）勘测成果除满足上述要求外，应对设计构筑物的基础砌置深度、基础及上层结构的设计要求、施工排水、基槽处理以及特殊地区的地基（如淤泥、湿土、高填土等）提出必要的处理建议。

b　不同设计阶段对勘察内容的要求

（1）初步设计阶段：要求勘察部门对工程场地稳定性作出评价，对主要构筑物地基基础方案及对不良地质防治工程方案提供工程地质资料及处理建议。

（2）施工图设计阶段：要求勘察部门根据设计确定的构筑物位置，在初步设计勘察结论的基础上进行勘察部门认为需要进行的补充勘察工作，并提出补充报告。

8.1.3　任务

对某污染源排污情况进行调查，并完成表 8-3。

表 8-3　某污染源排污情况调查

项目		内容	单位	测定值	备注
水量调查	各处排污点	污水的来源及组成			
		一个生产周期内的排水周期			
		一个排水周期内排污总量			
		一个排水周期内最大流量			
		一个排水周期内平均流量			
	总出水口处	污水的平均日流量			
		最高日流量			
		平均日流量			
		最高日最高时流量			
		平均日最高时流量			
水质调查	物理指标	温度			
		悬浮物			
		色度			
		泡沫度			
		气味			
	化学指标	pH 值			
		酸度/碱度			
		总氮（TN）			
		总磷（TP）			
		油类			
		重金属离子			
		有毒有机物			
	有机物指标	BOD_5			
		COD_{Cr}			
		TOC			
	生物指标	细菌总数			
		病原菌情况			
	特殊指标	如放射性指标等（表格可自行添加）			

任务 8.2　污水处理厂的设计

【知识目标】

(1) 了解厂址选择原则。
(2) 掌握污水厂（站）平面布置的原则。
(3) 掌握污水处理厂（站）高程布置的原则和基本计算方法。

【技能目标】

(1) 能确定污水处理厂（站）规模、处理程度和处理级别。
(2) 能确定处理工艺，并进行工艺比选。
(3) 能选择合适的污水处理厂常见配水和计量设备。
(4) 能进行污水处理厂平面布置和高程布置。
(5) 能进行简单的高程计算。

【素养目标】

(1) 培养一丝不苟、认真、严谨的工程素质。
(2) 具备综合应用文献、软件的素质。

8.2.1　主要理论

8.2.1.1　设计内容和原则

A　设计内容

污水要达标排放，一般需经预处理、一级处理、二级处理才能达到要求，甚至需要三级处理才能达到目的。污水厂的设施一般分为处理构筑物、辅助生产构（建）筑物、附属生活建筑物。

污水厂处理工艺设计一般包括：根据城市或企业的总体规划或现状与设计方案选择处理厂厂址；处理工艺流程设计说明；处理构筑物型式选型说明；处理构筑物或设施的，设计计算；主要辅助构（建）筑物设计计算；主要设备设计计算选择；污水厂总体布置（平面及竖向）及厂区道路，绿化和管线综合布置；处理构（建）筑物、主要辅助构（建）筑物、非标设备设计图绘制；主要设备材料表编制。

B　设计原则

(1) 在确保污水厂处理后达到排放要求的前提下，考虑现实的经济和技术条件，以及当地的具体情况（如施工条件），选择的处理工艺流程、构（建）筑物型式、主要设备、设计标准和数据等，应最大限度地满足污水厂功能的实现，使处理后污水符合水质要求。

(2) 污水厂设计采用的各项设计参数必须可靠。设计时必须充分掌握和认真研究各项自然条件（如水质水量资料、同类工程资料），按照工程的处理要求，全面地分析各种因素，选择好各项设计数据，在设计中一定要遵守现行的设计规范，保证必要的安全系数，对新工艺、新技术、新结构和新材料的采用持积极慎重的态度。

（3）污水处理厂（站）设计必须符合经济的要求。污水处理工程方案设计完成后，总体布置、单体设计及药剂选用等要尽可能采取合理措施，降低工程造价和运行管理费用。

（4）污水厂设计应当力求技术合理。在经济合理的原则下，必须根据需要，尽可能采用先进的工艺、机械和自控技术，但要确保安全可靠。

（5）污水厂设计必须注意近远期的结合，不宜分期建设的部分，如配水井、泵房及加药间等，其土建部分应一次建成；在无远期规划的情况下，设计时应为今后发展留有挖潜和扩建的条件。

（6）污水厂设计必须考虑安全运行的条件，如适当设置分流设施、超越管线、甲烷气的安全贮存等。

8.2.1.2　水量、水质和污水处理程度

A　设计水量

（1）旱季设计流量：晴天时最高日最高时的城镇污水量。

（2）雨季设计流量：分流制的雨季设计流量是旱季设计流量和截流雨水量的总和；合流制的雨季设计流量就是截流后的合流污水量。

（3）截流雨水量：排水系统中截流的雨水，这部分雨水通过污水管道送至城镇污水处理厂，以控制城镇地表径流污染。

污水厂的规模按平均日流量确定，但污水厂应通过扩容或增加调蓄设施，保证雨季设计流量下的达标排放。当采用雨水调蓄时，污水厂的雨季设计流量可根据雨季设计流量调蓄规模相应降低。工业废水量应根据工业企业工艺特点确定，工业企业的生活污水量应符合现行国家标准《建筑给水排水设计标准》（GB 50015）的有关规定。

污水处理构筑物的设计流量应符合下列规定：

（1）旱季设计流量应按分期建设的情况分别计算。

（2）当污水为自流进入时，应满足雨季设计流量下运行要求；当污水为提升进入时，应按每期工作水泵的最大组合流量校核管渠配水能力。

（3）提升泵站、格栅和沉砂池应按雨季设计流量计算。

（4）初次沉淀池应按旱季设计流量设计、雨季设计流量校核，校核的沉淀时间不宜小于 30 min。

（5）二级处理构筑物应按旱季设计流量设计，雨季设计流量校核。

（6）管渠应按雨季设计流量计算。

B　设计水质

a　城镇污水

城镇污水的设计水质应根据调查资料确定，或参照邻近城镇、类似工业区和居住区的水质确定。在无资料的情况下，可根据《室外排水设计规范》（GB 50014）的规定计算。

生活污水中下列污染物指标的设计人口当量值可取：

（1）BOD_5 为 40~60 g/(人 · d)；

（2）SS 为 40~70 g/(人 · d)；

（3）TN 为 8~12 g/(人 · d)；

（4）TP 为 0.9~2.5 g/(人·d)。

b　工业废水

工业废水的设计水质可参照同类型工业已有数据采用，其 BOD_5、SS、TN 和 TP 值可折合成人口当量值计算。

c　水质浓度的计算

水质浓度按式（8-1）计算。

$$S = \frac{1000a_s}{Q_s} \tag{8-1}$$

式中　S——某污染物质在污水中的浓度，mg/L；

a_s——每人每日对该污染物排出的克数，g；

Q_s——每人每日（平均日）的排水量，L。

城镇污水混合水质按各种污水的水质、水量加权平均计算。

C　污水处理程度

城镇污水处理程度的主要污染指标一般采用 BOD5、SS、NH_3-N、TN 和 TP 等，其处理程度可按式（8-2）计算。

$$\eta = \frac{C_0 - C_e}{C_0} \times 100\% \tag{8-2}$$

式中　η——污水需要处理的程度,%；

C_0——未经处理的城镇污水中某种污染物质的平均浓度，mg/L；

C_e——允许排入水体的已经处理的污水中该污染物质的平均浓度，mg/L。

确定污水处理程度的几种方法如下：

（1）根据受纳水体对主要污染指标的要求确定。该方法是根据受纳水体对主要污染指标的一般要求和污水厂所在地的地方要求，要求将污水处理到出水符合受纳水体对主要污染指标要求确定的内容。

（2）根据城镇污水厂污染物排放标准的要求确定。该方法是根据排入地表水域环境功能和保护目标，选用《城镇污水处理广污染物排放标准》（GB 18918）有关出水标准即 C_e，代入式（8-2）计算确定污水厂应达到的处理程度。

（3）根据受纳水体的稀释自净能力确定。当设计的污水厂所在地水体环境容量的潜力很大时，利用水体的稀释和自净能力，能取得暂时的经济上的好处，但需慎重考虑。

目前根据我国技术经济水平的实际情况，城镇污水处理程度和方法应根据现行的国家和地方的有关排放标准、污染物的来源及性质、排入地表水域环境、功能和保护目标确定。

8.2.1.3　厂址选择

根据《室外排水设计规范》（GB 50014）的规定，污水厂、污泥处理厂位置的选择应符合城镇总体规划和排水工程专业规划的要求，并应根据下列因素综合确定：

（1）便于污水收集和处理再生后回用和安全排放；

（2）便于污泥集中处理和处置；

（3）在城镇夏季主导风向的下风侧；

(4) 有良好的工程地质条件；

(5) 少拆迁、少占地，根据环境影响评价要求，有一定的卫生防护距离；

(6) 有扩建的可能；

(7) 厂区地形不应受洪涝灾害影响，防洪标准不应低于城镇防洪标准，有良好的排水条件；

(8) 有方便的交通、运输和水电条件；

(9) 独立设置的污泥处理厂，还应有满足生产需要的燃气、热力、污水处理及其排放系统等设施条件。

污水厂的建设用地应按项目总规模控制；近期和远期用地布置应按规划内容和本期建设规模，统一规划，分期建设；公用设施应一次建设，并尽量集中预留用地。

当污水厂位于用地非常紧张、环境要求高的地区时，可采用地下或半地下污水厂的建设方式，但应进行充分的必要性和可行性论证。

8.2.1.4　工艺选择

A　处理工艺方案的内容和依据

a　内容

处理工艺方案的主要内容包括：

(1) 污水处理工艺基本路线的确定。例如，根据处理要求确定处理级别，是采用一级处理还是二级处理，或者需要三级处理。

(2) 主要净化处理构筑物或设施的选择与工艺流程的确定。

(3) 净化处理构筑物或设施及其相关设备的计算及其选定。例如，二沉池及其刮泥机、曝气池及曝气扩散器。

(4) 其他处理构筑物或设施，辅助构筑物或设施的计算及选定。例如，污泥处理系统与相关设施，鼓风机房、泵房、回流污泥泵房等。

b　依据

(1) 污水处理程度：这是污水处理工艺选定的主要依据，决定于原污水水质和处理后出水水质。

(2) 处理规模和原污水水质水量变化规律：例如，某些处理工艺（完全混合曝气池、塔式生物滤池和竖流沉淀池等）只适用于水量不大的小型污水处理厂；原污水水质水量变化很大时，处理方案中因考虑对水质水量的调节（如设调节池）或选用承受冲击负荷能力较强的处理工艺。

(3) 新工艺、新技术的试验资料或类似污水处理厂的运行资料：采用先进技术，应做到技术上先进可靠，经济上高效节能。对于采用新工艺、新技术的设计，应对其设计参数和技术经济指标做精心选择。

(4) 工程造价与运行费用：在保证处理水达到水质标准时，要尽可能地降低工程造价和运行费用。这样，以原污水的水质、水量及其他自然状况为已知条件，以处理水应达到的水质指标为制约条件，以处理系统最低的总造价和运行费用为目标函数，建立三者之间的相互关系。另外，减少占地面积也是降低建设费用的重要措施。

(5) 厂址条件：厂址地区的气候、地形等自然条件也是污水处理工艺选定的影响因素。如太冷或太热地区，不适合采用普通生物滤池和生物转盘工艺。降雨量明显高于蒸发量的地区，不宜采用污泥干化场。如当地拥有农业开发利用价值不大的旧河道、洼地、沼泽地等，可以考虑采用稳定塘、土地处理等工艺。厂址地区水文、工程地质、原材料、电力供应等具体问题，也要求考虑一些特殊的工艺和土建结构技术。

（6）对计量、水质检验及自控的要求：计量、水质检验及自控所需的仪器设备的设置不单纯是管理工作的需要，更重要的是为了做到严格控制工艺过程达到高效、安全与经济的目的。

（7）污泥处理工艺的影响：污泥处理工艺作为污水处理系统方案的一部分，决定于污泥的性质与污泥的出路（农用、填埋、排海等）。污水处理构筑物排出的剩余污泥性质不同，对选用污泥处理工艺有较大影响。

（8）工程施工难易程度：工程施工的难易程度和运行管理需要的技术条件也是选定处理工艺流程需要考虑的因素。地下水位高、地质条件较差的地方，不宜选用深度大、施工难度高的处理构筑物。

c　常用的处理工艺

从处理工艺的作用原理来看，各种方法适合处理不同状态、性质的污染物，如沉淀池适合处理悬浮液污水，而生物滤池、活性炭吸附则适合于处理溶解性污水。水中杂质与处理工艺的关系如图 8-1 所示。

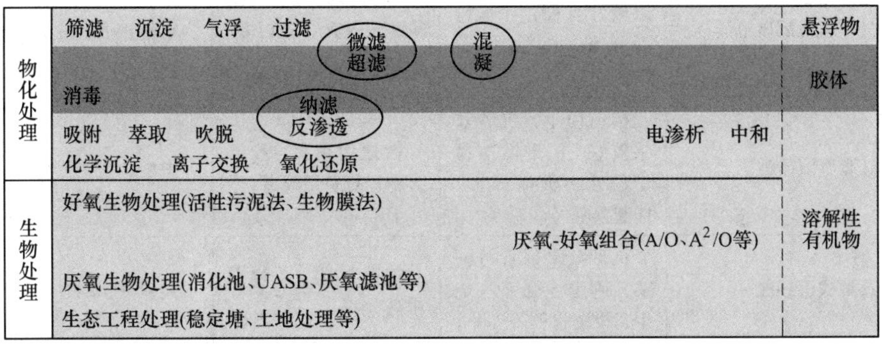

图 8-1　水中杂质与处理工艺的关系

B　城市污水处理工艺及选择

由于污水来源的多样性及其组成的复杂性，采用的处理方法一般是几种工艺的组合而不是单纯一种方法。表 8-4 是各级处理方法与处理效果，其中三级处理一般在污水需要回用时设置。

表 8-4　各级处理方法与处理效果

级别	去除的主要污染物	处理方法	处理效果
一级	悬浮固体	格栅、沉砂、沉淀	SS：50%，BOD_5：20%~30%
二级	胶体和溶解性有机物、悬浮物	好氧生物处理	SS：80%，BOD_5：85%，TN：30%，TP：10%
三级	悬浮物、溶解性有机物和无机盐、氮和磷	混凝、过滤、吸附、电渗析、生物接触氧化、AO 工艺、A^2/O 工艺	SS：40%，BOD_5：60%，TN：80%，TP：65%

a　一级处理构筑物

同一级处理构筑物，不同的型式具有各自的特点，表现在它的工艺系统、构造型式、适应性能、处理效果、运行与维护管理等。同时，其建造费用和运行费用也存在差异。因此，确定了处理工艺流程后，应进行处理构筑物型式的选择，必要时可通过技术经济比较确定，见表 8-5。

表 8-5　常用一级处理构筑物比较

构筑物	类型	优点	缺点	适用条件
格栅	机械格栅、人工清渣格栅			每日栅渣量大于 0.2 m^3，采用机械格栅
	粗、中、细格栅			保护人流设施、拦截粗大漂浮物，选粗格栅，栅条间距 50~100 mm；保护污水提升泵房，选中格栅，栅条间距 10~40 mm；保护曝气扩散器或填料等装置，选细格栅，栅间距 3~10 mm
沉砂池	平流式沉砂池	构造简单，沉砂效果较好且稳定，运行费用低，重力排砂方便	重力排砂时施工困难，沉砂含有机物多，不易脱水	小型、中型污水厂
	曝气沉砂池	构造简单，沉砂效果较好，沉砂清洁易于脱水、机械排砂、能起预曝气	占地面积大，投资大，运行费用较高	中型、大型污水厂
	钟式沉砂池	沉砂效果好且可调节，适应性强，占地少、投资省	构造复杂，运行费用高	大、中、小型污水厂
沉淀池	平流式沉淀池	沉淀效果较好，耐冲击负荷，平底单斗时施工容易，造价低	配水不易均匀，多斗式构造复杂，排泥操作不方便、造价高，链带式刮泥机维护困难	适用地下水位高的大、中、小型污水厂
	竖流式沉淀池	静压排泥系统简单，排泥方便，占地面积小	池深池径比值大，施工较困难；抗冲击负荷能力差；池径大时，布水不均匀	适用地下水位低的小型污水厂
	辐流式沉淀池	沉淀效果较好，周边配水时容积利用率高，排泥设备成套，性能好、管理简单	中心进水时配水不易均匀，机械排泥系统复杂、安装要求高，进出配水设施施工困难	适用地下水位高地质条件好的大中型污水厂
	斜板沉淀池	沉淀效果效率高，停留时间短，占地面积小，维护方便	构造比较复杂，造价较高	适用下地下水位低的小型污水厂

续表 8-5

构筑物	类型	优点	缺点	适用条件
斗式静压排泥		单斗时操作方便，不易堵塞；设施简单，造价低	增加池深池底构造复杂，多斗时操作不方便，排泥不彻底	中、小型含泥砂量少污水厂
穿孔管排泥		操作简便，排泥历时短，系统简单造价低	孔眼易堵塞，池宽太大时不宜采用，泥砂量大时效果差，有时需配排泥泵	小型含泥砂量少的污水厂
吸泥机		排泥效果好，可连续排泥，操作简便	机械构造复杂，安装困难；造价高，故障不多但维修麻烦	大、中型污水厂
刮泥机		排泥彻底效果好，可连续排泥，操作简便	机械构造较复杂，水力部分设备维修量大，还需配排泥管或泵	大、中型污水厂

b　二级处理构筑物

城市污水二级处理的主要方法有活性污泥法和生物膜法两类，两类又有很多具体工艺形式，选用时应根据城市污水构成和水质指标精心论证，尤其是工艺参数的确定最好通过试验来确定，见表 8-6。

表 8-6　常用二级处理构筑物比较

方法	类型	优点	缺点	适用条件
活性污泥法	传统活性污泥法	BOD 去除率高达 90%～95%，工作稳定，构造简单，维护方便	占地大投资高，产泥多且稳定性差，抗冲击能力较差，运行费用较高	出水要求高的大、中型污水厂
	完全混合活性污泥法	抗冲击负荷能力强，运行费用较低，占地不多投资较省	BOD 去除率 80%～90%，构造较复杂，污泥易膨胀，设备维修工作量大	污水浓度高的中、小型污水厂
	氧化沟法	BOD 去除率 95% 以上，有较高脱氮效果，系统简单管理方便，产泥少且稳定性好	曝气池占地多投资高，运行费用较高	悬浮性 BOD 低，有脱氮要求的中、小型污水厂

续表 8-6

方法	类型	优点	缺点	适用条件
生物膜法	生物滤池	运行过程比较省电，进水悬浮性有机物浓度低时管理简单	占地面积大，卫生条件差，易堵塞，不适宜低温环境	低浓度、低悬浮物的小型污水厂
	生物转盘	构造简单、动力消耗低，抗冲击负荷能力强，操作管理方便，污泥净生长量小且稳定性比较好、不发生污泥膨胀，具有脱氮和除磷能力	盘片数量多、材料贵，水深浅占地面积大，基建投资大，处理效率易受环境条件影响	气候温和的地区、水量小的污水厂
	生物接触氧化	处理能力较大、占地面积省，对冲击负荷适应性强，不发生污泥膨胀现象，污泥产量少，不需污泥回流，出水水质较好	布水、布气不易均匀，填料价格昂贵，运行不当易堵塞	悬浮性有机物浓度低的中、小型污水厂

c 三级处理构筑物

污水三级处理又称为深度处理，其目的有：

（1）去除处理水中残有的悬浮物（包括微生物絮体），脱色、脱臭，使水进一步得到澄清。

（2）进一步降低 BOD_5、COD、TOC 等指标，使水质进一步稳定。

（3）脱氮除磷，消除能够导致水体富营养化的因素。

（4）消毒杀菌，去除水中的有毒有害物质。

要达到上述第一个目的，可采用过滤、混凝等技术，满足第二个目的可采用混凝、过滤、吸附、臭氧氧化等技术。脱氮除磷则使用 A/O 法或 A^2/O 法，一般与去除 BOD_5 的活性污泥法一起运行，见表 8-7。消毒杀菌，可用臭氧氧化、液氯或次氯酸钠消毒法，见表 8-8。

混凝、过滤与吸附方法的比较见表 8-7。表中处理效果是指一般城市污水厂二级处理水采用该方法能达到的效果，括号内指接触过滤时的效果。占地面积、投资、运行费用包括整个系统。

表 8-7 常用三级处理构筑物比较

处理方法	主要去除对象	处理效果/%			工艺系统和设备	运行管理	占地面积	投资	运行成本
		SS	BOD_5	COD					
混凝	悬浮有机物	70	40	25	混合-反应-沉淀	简单	大	低	中
过滤	悬浮有机物	65（80）	35（50）	20（35）	混合-反应-过滤	复杂	中	中	中
吸附	悬浮有机物	90	90	80	过滤-吸附	复杂	大	高	高

表 8-8　常用消毒方法比较

类型	优点	缺点	适用条件
液氯消毒	效果可靠稳定，投配设备简单，造价运行费低	可能形成有害的氯化有机物	大、中型污水厂
漂白粉消毒	漂白粉直投设备简单，运行控制简单，价格低	含氯量低，用量多	小型污水厂
臭氧氧化	效率高并能降解有机物色、味等，接触时间短且不受 pH 值与温度影响，不产生有害副产物	设备复杂，投资高；消耗电能多，运行费用高；需避免残余臭氧	纳污水体卫生条件要求高的大、中、小型污水厂
紫外线消毒	效率高，接触时间短，无气味产生，不改变水的理化性质	消耗电能多，运行费用高；无持续消毒能力	小型污水厂

C　工业污水处理工艺及选择

工业污水水质、水量与处理后水质标准确定后，应确定污水处理的要求，根据此要求和污水的特征与状态选择处理工艺。工业污水处理的基本工艺路线如图 8-2 所示。该流程反映出不同的处理水去向及相应处理程度，当污水水质变化或处理要求低时可省略预处理和三级处理。

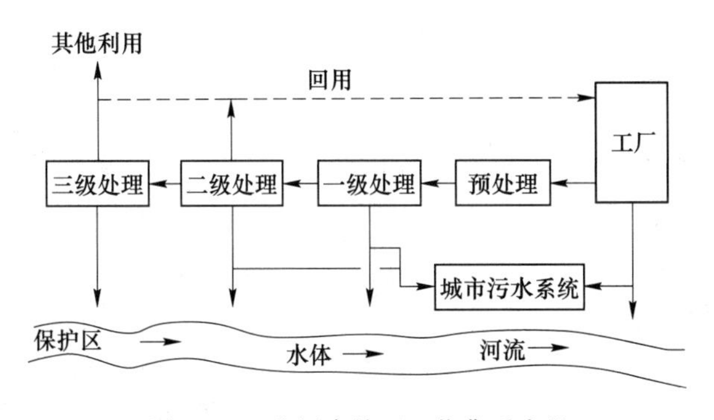

图 8-2　工业污水处理工艺典型流程

确定工业污水处理工艺时，应根据水质指标和处理要求，分析污水中污染物构成、污染物化学性质、污染物生物降解性、污染物在水中的存在状态（密度、粒度、溶解度），参照各级处理方法的作用与去除对象，选择所需各级方法，组合形成处理工艺方案，见表 8-9。由于工业污水性质差异和变化很大，在分析处理工艺所用方法时，应参考类似企业污水的处理工艺及运行效果。若无类似治理工程可参考，最好通过试验来确定要选的处理工艺。

表 8-9　工业污水厂常用的工艺类型

级别	方法	去除对象
预处理	格栅或筛网、捞毛机	水中大的垃圾和杂物
	均化池（调节池）	调节水量和水质，必要时增加沉淀作用
	沉砂池或水力旋流分离器	除去砂等相对密度大的杂质
	吹脱塔	去除一些易挥发成分，如氨和氰化物等
	冷却池	降低水温同时起沉淀作用
	加热池（塔）	若一级处理采用厌氧反应器，需要维持温度较高并稳定时采用
一级处理	沉淀池或絮凝沉淀池	去除悬浮物和胶体
	中和池或中和沉淀池、中和滤池	主要是调整污水 pH 值，也可能去除部分悬浮物
	化学沉淀池	以化学反应去除一些重金属离子或溶解些无机盐、有机物
	气浮池	去除浓度较高的乳化油，或相对密度小难于沉淀的悬浮物
	厌氧生物处理装置	主要降解高浓度（BOD>1000 mg/L）有机污染物
二级处理	好氧生物处理	去除低浓度的悬浮态、胶态、深解态有机污染物
	过滤或接触过滤、微滤机等	进一步去除细小悬浮物和胶体
	化学氧化或还原	去除一些化学法不能去除的重金属离子和无机盐
三级处理	生物氧化塘或生物滤池、污水土地处理系统	进一步去除可溶性有机物、无机盐、重金属离子
	A/O 或 A^2/O 工艺	对氮和磷更高处理要求时采用的活性污泥法
	化学氧化或还原	去除一些化学法不能去除的重金属离子和无机盐
	离子交换	去除溶解盐（阴、阳离子）
	吸附	去除可溶性有机物、重金属盐等
	电渗析、反渗透、超滤等	进一步去除溶解盐、大分子物质和超微细颗粒

8.2.1.5　主要构筑物

主要构筑物根据项目 2~项目 6 的内容进行设计计算。

8.2.1.6　总体布置

污水厂的总体布置包括平面布置和高程布置两部分。

平面布置的内容主要包括：各种构（建）筑物的平面定位，各种输水管道，阀门的布置，排水管渠及检查井的布置，各种管道交叉位置，供电线路位置，道路、绿化、围墙及辅助建筑的布置等。

高程布置的内容主要包括：各处理构（建）筑物的标高（例如池顶、池底、水面等）；管线埋深或标高；阀门井、检查井井底标高，管道交叉处的管线标高；各种主要设备机组的标高；道路、地坪的标高和构筑物的覆土标高。

A　平面布置

污水厂
平面布置

污水处理厂厂区内有各处理单元构筑物，连通各处理构筑物之间的管、渠及其他管线，辅助性建筑物，道路及绿地等。污水处理厂厂区平面布置就是要将这些构（建）筑物在平面空间上加以组合，使之能更好地适应污水处理流程。

a　平面布置遵循的主要原则

（1）按功能分区，配置得当。这主要是指对生产、辅助生产、生产管理、生活福利等构（建）筑物的布置，要做到分区明确、配置得当，而又不过分独立分散；既有利于生产，又避免非生产人员在生产区通行和逗留，确保安全生产。在有条件时（尤其建新厂时），最好把生产区和生活区分开。

（2）功能明确、布置紧凑。首先应保证生产的需要，结合地形、地质、土方、结构和施工等因素全面考虑。其次布置时力求减少占地面积，减少连接管（渠）的长度，便于操作管理。

（3）顺流排列，流程简捷。这是指处理构（建）筑物尽量按流程方向布置，避免与进（出）水方向相反安排，各构筑物之间的连接管（渠）应以最短路线布置，尽量避免不必要的转弯和用水泵提升，严禁将管线埋在构（建）筑物下面，目的在于减少能量（水头）损失、节省管材、便于施工和检修。

（4）充分利用地形，平衡土方，降低工程费用。某些构筑物放在较高处，便于减少土方，便于放空、排泥，又减少了工程量；而另一些构筑物放在较低处，使水的流程按重力顺畅输送。

（5）必要时应预留适当余地，考虑扩建和施工可能（尤其是对大中型污水处理厂）。

（6）构（建）筑物布置应注意风向和朝向。将排放异味、有害气体的构（建）筑物布置在居住与办公场所的下风向；为保证良好的自然通风条件，建筑物布置应考虑主导风向。

b　污水厂的平面布置

（1）处理构筑物的布置。污水处理厂的主体是各种处理构筑物，布置时对其平面位置、方位、操作条件、走向、面积等通盘考虑，安排时应对高程、管线和道路等进行协调。为了便于管理和节省用地，避免平面上的分散和零乱，往往可以考虑把几个构筑物和建筑物在平面、高程上组合起来，进行组合布置。构筑物的组合原则如下：

1）对工艺过程有利或无害，同时从结构、施工角度看也是允许的，可以组合。例如，曝气池（或氧化池）与沉淀池的组合，反应池与沉淀池的组合，调节池与浓缩池的组合。

2）从生产上看，关系密切的构筑物可以组合成一座构筑物，如调节池和泵房、变配电室与鼓风机房、投药间与药剂仓库等。

3）为了集中管理和控制，有时对于小型污水厂还可以进一步扩大组合范围。构筑物之间的净距按它们中间的道路宽度和铺设管线所需的宽度确定，其间距一般可取 5～20 m，某些有特殊要求的构筑物（如消化池、消化气罐等）的间距则按有关规定确定。

（2）厂内管线的布置。污水处理厂各种管线是联系各处理构筑物的污水、污泥管、渠，管、渠的布置应使各处理构筑物或各处理单元能独立运行。当某一处理构筑物或某处理单元因故停止运行时，也不致影响其他构筑物的正常运行。若构筑物分期施工，则管、渠在布置上也应满足分期施工的要求；必须敷设接连入厂污水管和出流尾渠的超越管，在不得已情况下可通过此超越管将污水直接排入水体，但有毒废水不得任意排放。厂内尚有给水管、输电线、空气管、消化气管和蒸汽管等，各种管渠应全面安排，避免相互干扰，处理构筑物间输水、输泥和输气管线的布置应使管渠长度短、损失小、流行通畅、不易堵塞和便于清通。各污水处理构筑物间的管渠连通，在条件适宜时，应采用明渠。管道复杂时应设置管廊，管廊内敷设仪表电缆、电信电缆、电力电缆、给水管、污水管、污泥管、再生水管、压缩空气管等，并设置色标。

所有管线的安排，既要有一定的施工位置又要紧凑，并应尽可能平行布置和不穿越空地，以节约用地。

（3）辅助建筑物的布置。辅助建筑物包括泵房、鼓风机房、办公室、集中控制室、化验室、变电所、机修、仓库、食堂等，辅助建筑物的布置也应尽量考虑组合布置，如机修间和材料库的组合，控制室、值班室、化验室、办公室的组合等。其建筑面积大小应按具体情况与条件而定。在可能时应设立试验车间，以不断研究与改进污水处理方法。辅助建筑物的位置应根据方便、安全等原则确定，如鼓风机房应设于曝气池附近以节省管道与动力、变电所应设于耗电量大的构筑物附近等。化验室应远离机器间和污泥干化场，以保证良好的工作条件。办公室、化验室等均应与处理构筑物保持适当距离，并应位于处理构筑物的夏季主风向的上风向处。操作工人的值班室应尽量布置在使工人能够便于观察各处理构筑物运行情况的位置。

此外，处理厂内的道路应合理布置以方便运输，并应大力植树绿化以改善卫生条件。

总平面布置图可根据污水处理厂的规模采用（1∶200）～（1∶1000）比例尺的地形图绘制，常用的比例尺为 1∶500。

图 8-3 所示为 A 市污水处理厂总平面布置图，该厂主要的处理构筑物有：格栅、沉砂池、厌氧混合池、氧化沟与二次沉淀池等生产构筑物及若干辅助建筑物。该厂平面布置的特点是布置整齐、紧凑；回流污泥泵房紧邻氧化沟，加氯间紧邻接触池，节约了管道与动力费用，便于操作管理；办公室、生活区与处理构筑物、鼓风机房、泵房、消化池等保持一定距离，卫生条件与工作条件均较好。图 8-4 所示为 B 市污水处理厂总平面布置图，主要处理构筑物有：格栅、曝气沉砂池、曝气池、二次沉淀池等。该厂平面布置的特点是流线清晰、布置紧凑；办公室等建筑物均位于常年主风向的上风向，且与处理构筑物有一定距离卫生、工作条件较好。在流程内多次计量，为构筑物的运行情况创造了条件，但增加了水头损失。二期工程设置在一期工程与厂前区之间，若二期工程改用不同的工艺流程或另选池型时，在平面布置上受到一定限制。

构筑物一览表

序号	构筑物编号	构筑物名称	序号	构筑物编号	构筑物名称	序号	构筑物编号	构筑物名称	序号	构筑物编号	构筑物名称
1	Y_1	已建泵房、格栅间及吸水井	9	⑭	氧化沟	17	㉑	出水采样室	25	㉛	综合办公楼
2	⑤	格栅沉砂池	10	⑮	配水井	18	㉒	污泥浓缩池	26	㉜	值班宿舍
3	R_1	格栅沉砂池(二期)	11	⑯	终沉池	19	R_{22}	污泥浓缩池(二期)	27	㉝	职工食堂、浴室及开水房
4	⑥	预处理控制室	12	⑰	污泥泵房	20	㉖	均质池	28	㉞	机修间、工房、仓库
5	⑦	流量检测井	13	⑱	加氯间	21	R_{26}	均质池(二期)	29	㉟	车库
6	⑪	总降变电所	14	⑲	接触池	22	㉗	污泥脱水机房	30	㊱	锅炉房
7	⑫	低压变电所	15	R_{19}	接触池(二期)	23	R_{27}	污泥脱水机房(二期)	31	㊲	厂区回用水泵房
8	⑬	厌氧混合池	16	⑳	巴氏槽	24	㉚	传达室	32	㊳	冲洗泵房

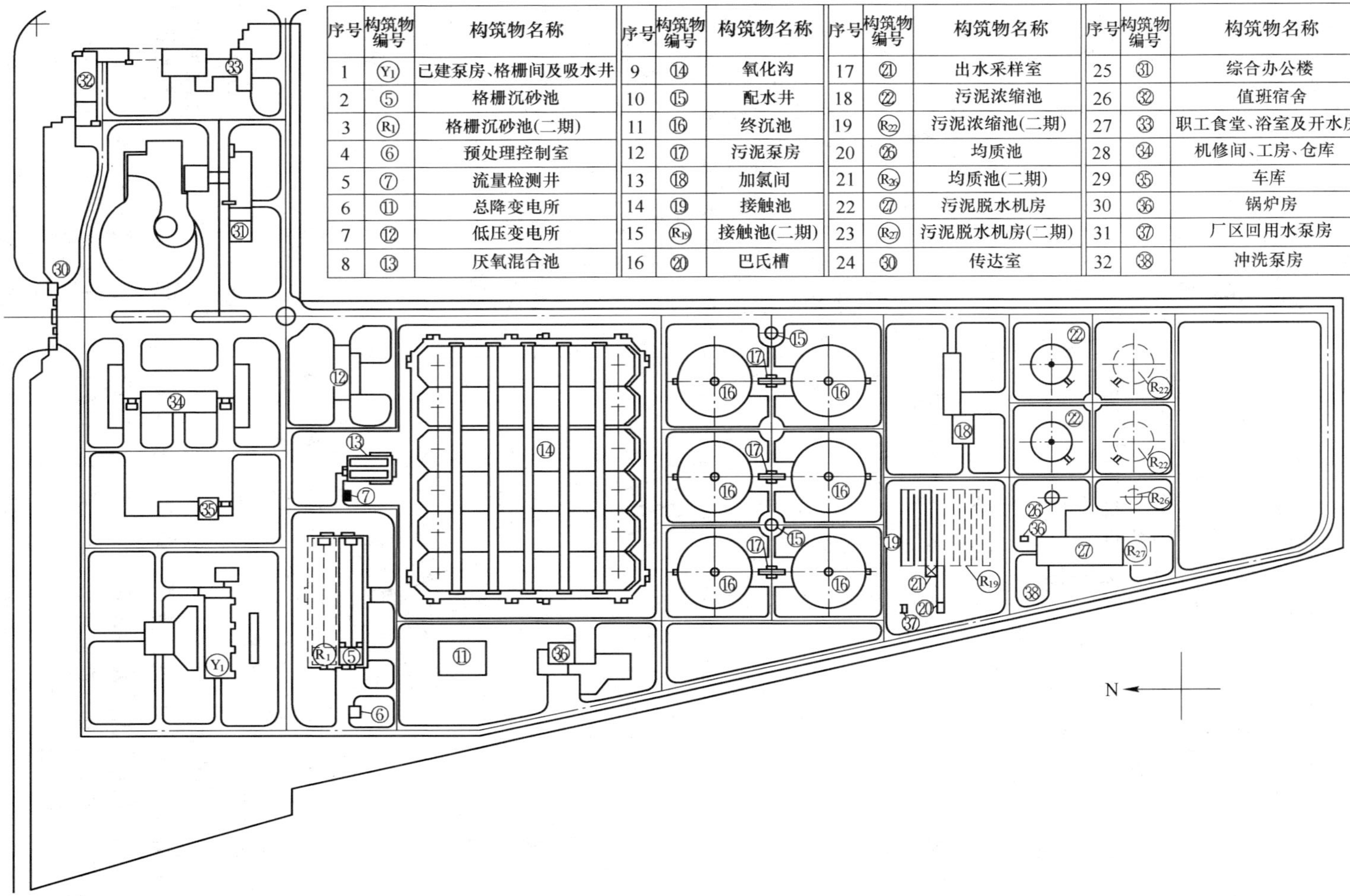

图 8-3　A 市污水处理厂总平面（150000 m^3/d）

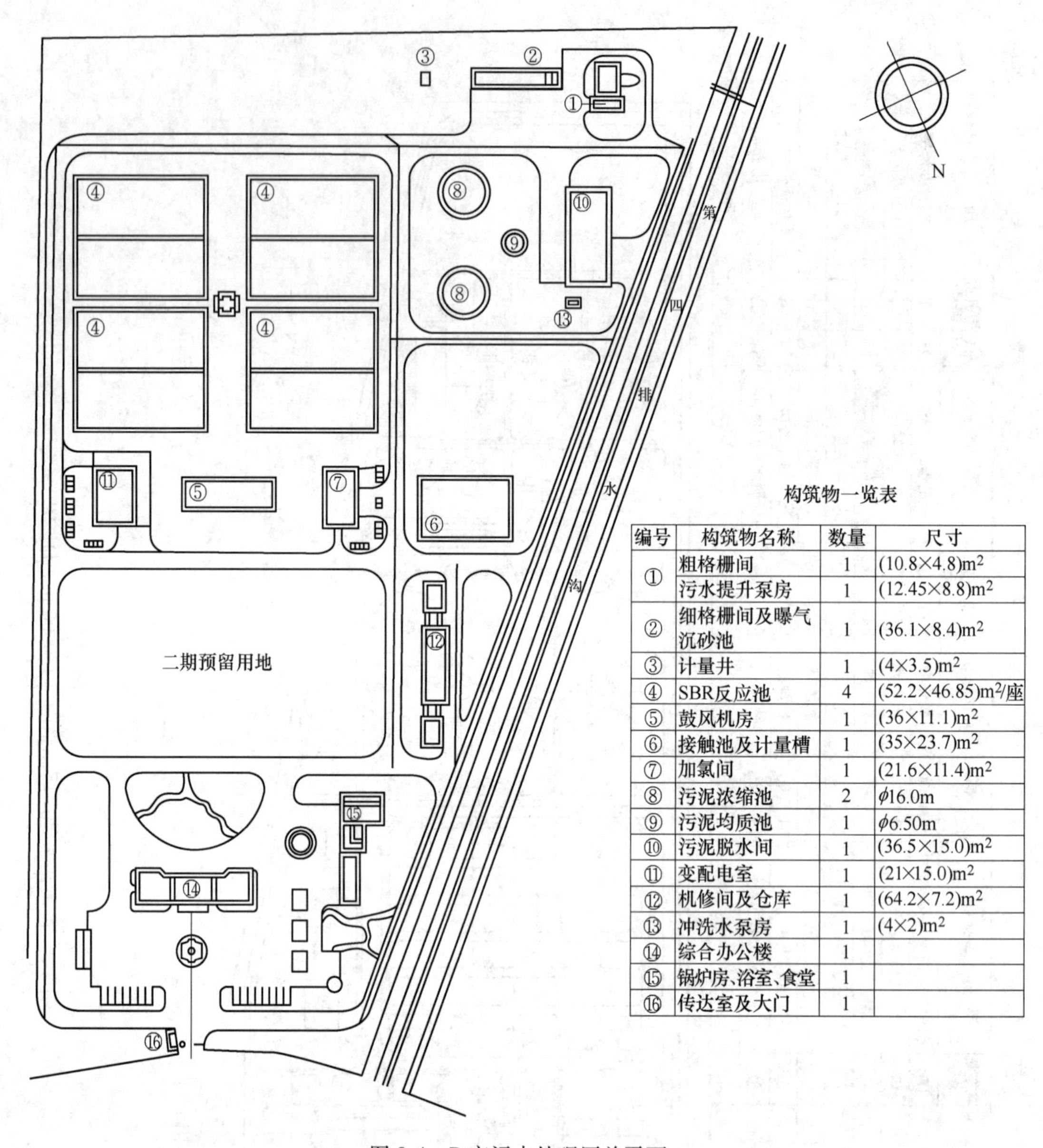

构筑物一览表

编号	构筑物名称	数量	尺寸
①	粗格栅间	1	(10.8×4.8)m²
	污水提升泵房	1	(12.45×8.8)m²
②	细格栅间及曝气沉砂池	1	(36.1×8.4)m²
③	计量井	1	(4×3.5)m²
④	SBR反应池	4	(52.2×46.85)m²/座
⑤	鼓风机房	1	(36×11.1)m²
⑥	接触池及计量槽	1	(35×23.7)m²
⑦	加氯间	1	(21.6×11.4)m²
⑧	污泥浓缩池	2	ϕ16.0m
⑨	污泥均质池	1	ϕ6.50m
⑩	污泥脱水间	1	(36.5×15.0)m²
⑪	变配电室	1	(21×15.0)m²
⑫	机修间及仓库	1	(64.2×7.2)m²
⑬	冲洗水泵房	1	(4×2)m²
⑭	综合办公楼	1	
⑮	锅炉房、浴室、食堂	1	
⑯	传达室及大门	1	

图 8-4　B 市污水处理厂总平面

B　高程布置

a　高程布置的任务

污水处理厂高程布置的任务是：确定各处理构筑物和泵房等的标高，选定各连接管渠的尺寸并决定其标高；计算各部分的水面标高，以使污水能按处理流程在处理构筑物之间通畅地流动，保证污水处理厂的正常运行。

b　水头损失确定

在处理流程中，相邻构筑物的相对高差，取决于这两个构筑物之间的水面高差，这个水面高差的数值就是流程中的水头损失，它主要由构筑物本身的、连接管（渠）的及计量设备的水头损失三部分组成。所以进行高程布置时，必须首先计算这些水头损失，而且计算所得的数值应考虑留有余地以保证安全。

（1）水流流过各处理构筑物的水头损失，包括从进池到出池的所有水头损失在内；在做初步设计时可按表 8-10 估算。污水流经处理构筑物的水头损失，主要产生在进口、出口和需要的跌水处，流经构筑物本身的水头损失则较小。

表 8-10　处理构筑物的水头损失

构筑物名称		水头损失/cm	构筑物名称	水头损失/cm
格栅		10~25	污水跌水入池	50~150
沉砂池		10~25	生物滤池（工作高度为 2 m 时）：	
沉淀池	平流	20~40		
	竖流	40~50	（1）装有旋转式布水器；	270~280
	辐流	50~60	（2）装有固定喷洒布水器	450~475
双层沉淀池		10~20	混合池或接触池	10~30
曝气池：污水潜流入池		25~50	污泥干化场	200~350

（2）水流流过连接前后两座构筑物的管道（包括配水设备）的水头损失，包括沿程与局部水头损失，可按式（8-3）计算。

$$h = h_1 + h_2 = \sum iL + \sum \xi \frac{v^2}{2g}(\mathrm{m}) \tag{8-3}$$

式中　h_1——沿程水头损失，m；

h_2——局部水头损失，m；

i——单位管长的水头损失，根据流量、管径和流速等查阅中国建筑工业出版社于 2017 年 5 月出版的《给水排水设计手册》获得；

L——连接管段长度，m；

ξ——局部阻力系数，查设计手册获得；

v——连接管中的流速，m/s；

g——重力加速度，$\mathrm{m/s^2}$。

连接管中流速一般为 0.6~1.2 m/s，进入沉淀池时流速可以低些，进入曝气池或反应池时流速可以高些。流速太低，会使管径过大，相应管件及附属构筑物规格也增大；流速太高时，则要求管（渠）坡度较大，会增加填、挖土方量等。确定管径时，必要时应适当考虑留有水量发展的余地。

（3）水流流过计量设备的水头损失。计量槽、薄壁计量堰、流量计的水头损失，可通过有关计算公式、图表或设备说明书确定。一般污水厂进、出水管上计量仪表中水头损失可按 0.2 m 计算，流量指示器中的水头损失可按 0.1~0.2 m 计算。

C　高程布置的注意事项

水力计算时，应选择一条距离最长、水头损失最大的流程进行计算，并应适当留有余地，以使实际运行时能有一定的灵活性。

计算水头损失时，一般应以近期最大流量（或泵的最大出水量）作为构筑物和管渠的设计流量，计算涉及远期流量的管渠和设备时，应以远期最大流量为设计流量，并酌加扩建时的备用水头。

设置终点泵站的污水处理厂，水力计算常以接受处理后污水水体的最高水位作为起点，逆污水处理流程向上倒推计算，以使处理后污水在洪水季节也能自流排出，而水泵需要的扬程则较小，运行费用也较低。但是，同时应考虑到构筑物的挖土深度不宜过大，以免土建投资过大和增加施工上的困难，还应考虑到维修等原因需将池水放空而在高程上提出的要求。

在进行高程布置时还应注意污水流程与污泥流程的配合，尽量减少需抽升的污泥量。污泥干化场、污泥浓缩池（湿污泥池）、消化池等构筑物高程的决定，应注意它们的污泥水能自动排入污水入流干管或其他构筑物的可能性。

在绘制总平面图的同时，应绘制污水与污泥的纵断面图或工艺流程图。绘制纵断面图时采用的比例尺：横向与总平面图相同，纵向为（1∶50）~（1∶100）。

8.2.1.7 其他专业设计

在污水处理厂工程设计过程中，涉及的相关专业主要包括总图专业、建筑专业、结构专业、电气自控专业、机械专业、暖通专业等。各个专业之间都需要相互沟通、反馈专业条件及信息，以便及时发现设计中可能出现的相互冲突和矛盾的环节，从而及时协调解决。

A 总图设计

工艺专业根据单体构筑物的平面尺寸和处理工艺流程，布置各个单体构筑物的具体平面位置，确定位置后提交给总图专业完成污水处理厂厂区总图的设计。总图专业结合厂区道路、绿化、管沟等详细情况，再重新对单位构筑物进行具体定位，并与工艺专业进行协商，在双方都认同的情况下，将厂区平面、绿化、道路、生产和生活构筑物进行精确的布置和定位。

在厂区平面确定的基础上，工艺专业需要提供给总图专业处理工艺高程布置图。总图专业据此对整个厂区进行竖向设计，确定污水处理厂地面的具体高程布置情况，目的首先是尽可能利用竖向标高，使雨水能自流排除，不会造成地面积水；其次是结合污水处理体构筑物的高程，尽可能减少厂区施工时的土方填挖量。

在污水处理厂设计中，总图专业需要完成的设计图纸包括：厂区总平面布置图，厂区绿化总图，厂区道路、管沟布置图，厂区竖向总图，厂区土方平衡图和厂区效果图。一般情况下，中、小型污水处理厂总图专业的设计内容，由工艺专业一并完成。

B 建筑设计

建筑设计的任务主要是完成厂区生产和生活建（构）筑物的建筑图纸。根据工艺专业提供的基础条件和功能要求，建筑专业对建（构）筑物进行功能划分和专业设计，包括建（构）筑物外形、建（构）筑物内设备基础、墙板预留洞口，并与工艺专业进行交流反馈，在双方都认同的情况下，将建（构）筑物设计完成后的图纸提交给后续的相关专业（如结构专业）进行设计。

在污水处理厂设计中，变电所的建筑条件由电气专业向建筑专业提供；锅炉房的建筑条件由暖通专业向建筑专业提供；其余生产和生活建（构）筑物的建筑条件由工艺专业向建筑专业提供。

C 结构设计

结构设计的任务是依据已经完成的工艺设计，根据工程地质、水文地质、气象特点和材料供应等，分析各构筑物受力特点，确定结构型式与计算简图，设计建（构）筑物的墙体、池壁等详细结构尺寸和配筋，并预留工艺专业、建筑专业、电气专业、暖通专业等相关专业需要的孔洞、预埋件等，最后完成结构施工图。工艺专业和建筑专业的意图，最终都依靠结构图纸的设计来具体实现。在项目进行施工时，结构施工图纸是工程施工的主要依据。

结构设计应向工艺设计提供对工艺构筑物构造设计（尤其是细部构造）的意见，构件、设备、管道与附件加工制作安装意见，以及构筑物结构设计尺寸。同时，结构设计应从工艺设计获得以下资料：构筑物工艺施工图（包括细部构造详图、设备、构件、管道及其附件安装图），大型设备荷重、基础设置要求，预埋件和预留孔洞的位置和尺寸要求。同样，构筑物工艺布置时就结构方面应考虑以下问题。

（1）小型处理构筑物平面尺寸布置时，长度应控制在20 m×(1.1~1.2) m之内，否则池长方向需设沉降缝等，池直臂深度与池宽之比 H/B 应控制在2.0 m之内，否则垂直墙厚度变化过大。工艺设计时，对于结构部件要有尺寸概念，否则有时会造成工艺布置的返工。

（2）房屋的尺寸取决于工艺设备的尺寸，但决定工艺尺寸时也要照顾到建筑设计的尺寸确定原理，例如建筑模数的确定。

（3）工艺设计时要经常想到设备等如何与结构部件衔接，特别是由于工艺的特殊要求，需要在墙、板上开孔或穿洞时更要注意，否则结构设计就不好处理。

（4）工艺构筑物内可能会出现水压变化的情况，应与结构设计协调考虑，例如，构筑物（SBR反应池、浓缩污泥池）内水面的升降变化，构筑物本身深度的差异（平流沉淀池的平底与污泥斗处的水深差，混凝沉淀池反应区浅沉淀区深等）。

（5）构筑物基础的埋深主要考虑因素有：在冰冻线下面，在埋没深度处土壤耐压力是否足够，尽量避免埋在地下水位下（土壤的允许耐压力是随深度增加而增加，但遇水时施工需排水，且可能有浮力影响问题）。

D 电气与自控设计

污水处理工程电气与自控设计的任务包括：确定供电的负荷等级、变（配）电所的位置、线路走向及电气与自控的设计标准，完成变（配）电所、控制室的布置、线路布置和用电设备安装等施工图。该专业设计应力求简单、运行可靠、操作方便、设备少且便于维修。

进行电气与自控制设计之前，设计人员应了解污水处理工程的概况，并由工艺设计提供以下资料：

（1）工艺总体布置图、工艺流程图；

（2）工程用电设备的型号、规格、工作制、安装和备用的台数、安装位置（工艺施工图）等；

（3）工艺对用电设备控制的设计要求；

（4）工艺过程或设备的自动运行程序和要求。

随着污水处理现代化程度的提高，许多处理构筑物的操作都通过自动化程序进行控制。通过仪表传送信号，并通过相应电动设备的开、停来自动完成对应的操作。因此，工艺专业需要向自控专业提供控制条件，然后自控专业来完成相应的仪表自控设计。

E　暖通设计

污水处理厂中，一些建（构）筑物需要进行供暖和通风设计。单体建（构）筑物的采暖面积以及建（构）筑物的通风次数，需要由工艺专业向暖通专业提供，然后由暖通专业完成具体的专业设计工作。

F　工程概预算

在污水处理厂设计的各个阶段，均涉及工程投资和成本计算，需要工艺专业向预算专业提供下述资料：

（1）污水处理厂总平面图，厂区内所有管线、管配件、工艺设备的规格、数量、材料清单，管线埋深；对于套用标准图的管配件，要标明标准图的图号；对于可以套用标准路的阀门井（套筒）、隔油池、窨井，要标明标准图的图号。

（2）所有工艺设备、管道及附件的规格、数量、材料清单、压力要求。

G　除臭设计

污水厂除臭系统应包括臭气源封闭加罩或加盖、臭气收集、臭气处理和处理后排放等部分。除臭设计应进行源强和组分分析，根据臭气发散量、浓度和臭气成分选用合适的处理工艺，包括除臭风量确定、气体收集与输送系统设计以及恶臭气体处理设计。

8.2.2　技能

污水厂的设计应在确保污水厂处理后达到排放要求的前提下，考虑现实的经济和技术条件，以及当地的具体情况（如施工条件），选择的处理工艺流程、构（建）筑物型式、主要设备、设计标准和数据等，应最大限度地满足污水厂功能的实现，使处理后污水符合水质要求。设计采用的各项设计参数必须可靠，并考虑安全运行的条件。

遵循以上原则，同学们应能根据污水处理的任务和目的，综合本课程学习的内容，进行污水处理（再生水）厂的工艺设计，包括水厂厂址选择、工艺选择、构筑物计算及水厂总平面布置等一系列工作。

8.2.3　任务

8.2.3.1　污水处理厂总体布置

A　平面布置

某城市污水处理厂构（建）筑物见表 8-11，构（建）筑物详图如图 8-5 所示。请剪图 8-5 中构（建）筑物平面，根据图 8-6 显示的工艺流程图，在图 8-7 中进行污水厂平面布置。

布置步骤：（1）布置生产构筑物，注意预留管线及道路位置。（2）布置生产辅助建筑，尽量区分生产区及办公区。（3）布置场内道路。（4）布置厂区内各种管线。

表 8-11　污水处理厂构（建）筑物

序号	名称	尺寸	单位	数量	序号	名称	尺寸	单位	数量
1	深井泵房	42.3 m^2	座	1	12	厂区排水泵房	6 m×9 m	座	1
2	门卫室	38.2 m^2	座	1	13	清水池	6 m×12 m	座	1
3	细格栅间	7.5 m×15 m	座	1	14	接触池	18.3 m×20 m	座	1
4	沉砂池	D=4.5 m	座	2	15	变电所		座	1
5	SBR 反应池	53 m×25 m	座	4	16	锅炉房	242 m^2	座	1
6	加氯间及氯库	19.5 m×7.5 m	座	1	17	综合楼	1356 m^2	座	1
7	污泥浓缩脱水间	24 m×22.8 m	座	1	18	机修仓库		座	1
8	鼓风机房	18 m×10.5 m	座	1	19	车库		座	1
9	污水排放泵房	15 m×9 m	座	1	20	露天仓库		座	1
10	粗格栅及污水提升泵房	261 m^2	座	1	21	吸水井	7 m×2 m	座	1
11	厂区自用水泵房	15 m×7.5 m	座	1	22	篮球场		座	1

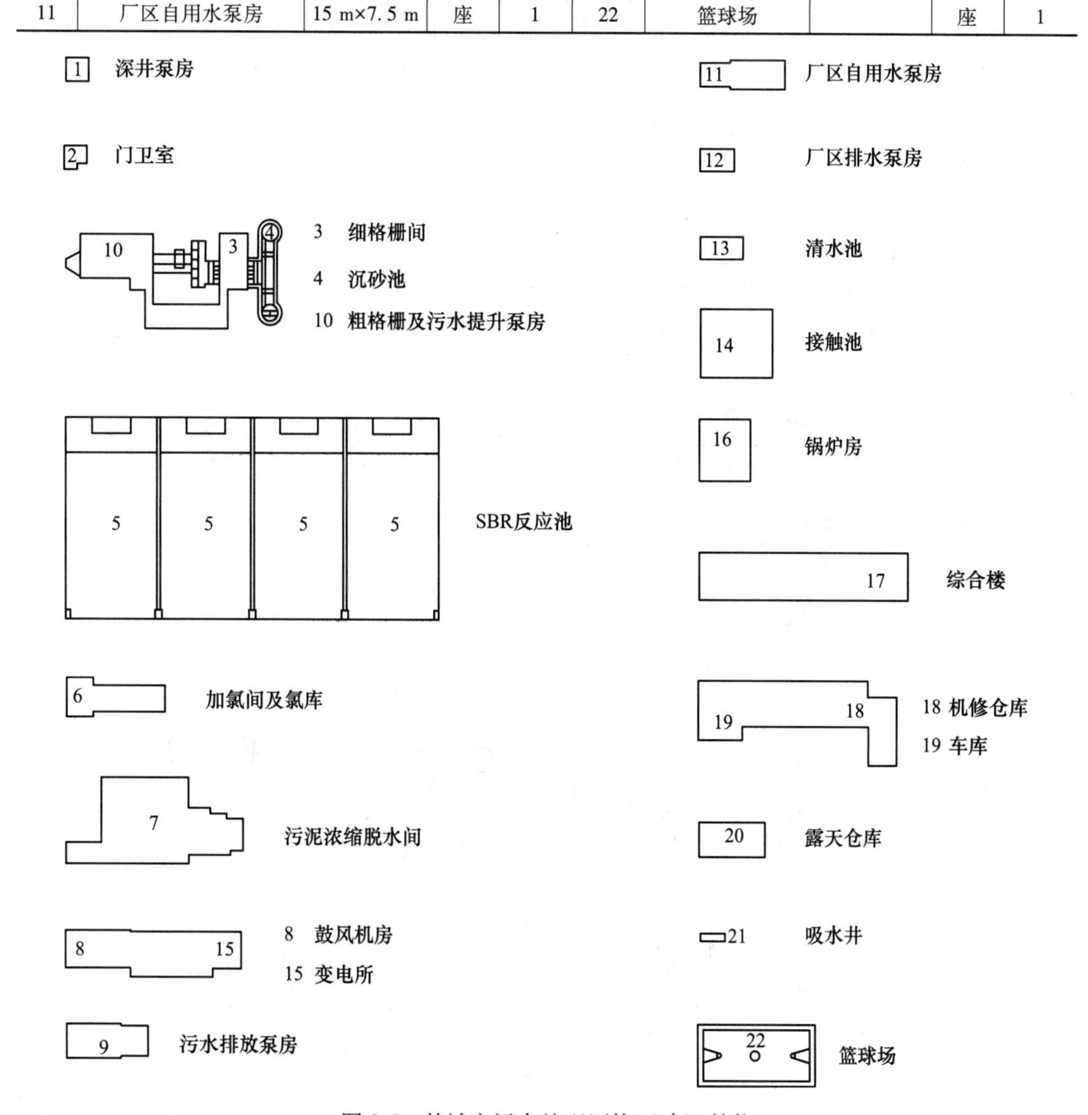

图 8-5　某城市污水处理厂构（建）筑物

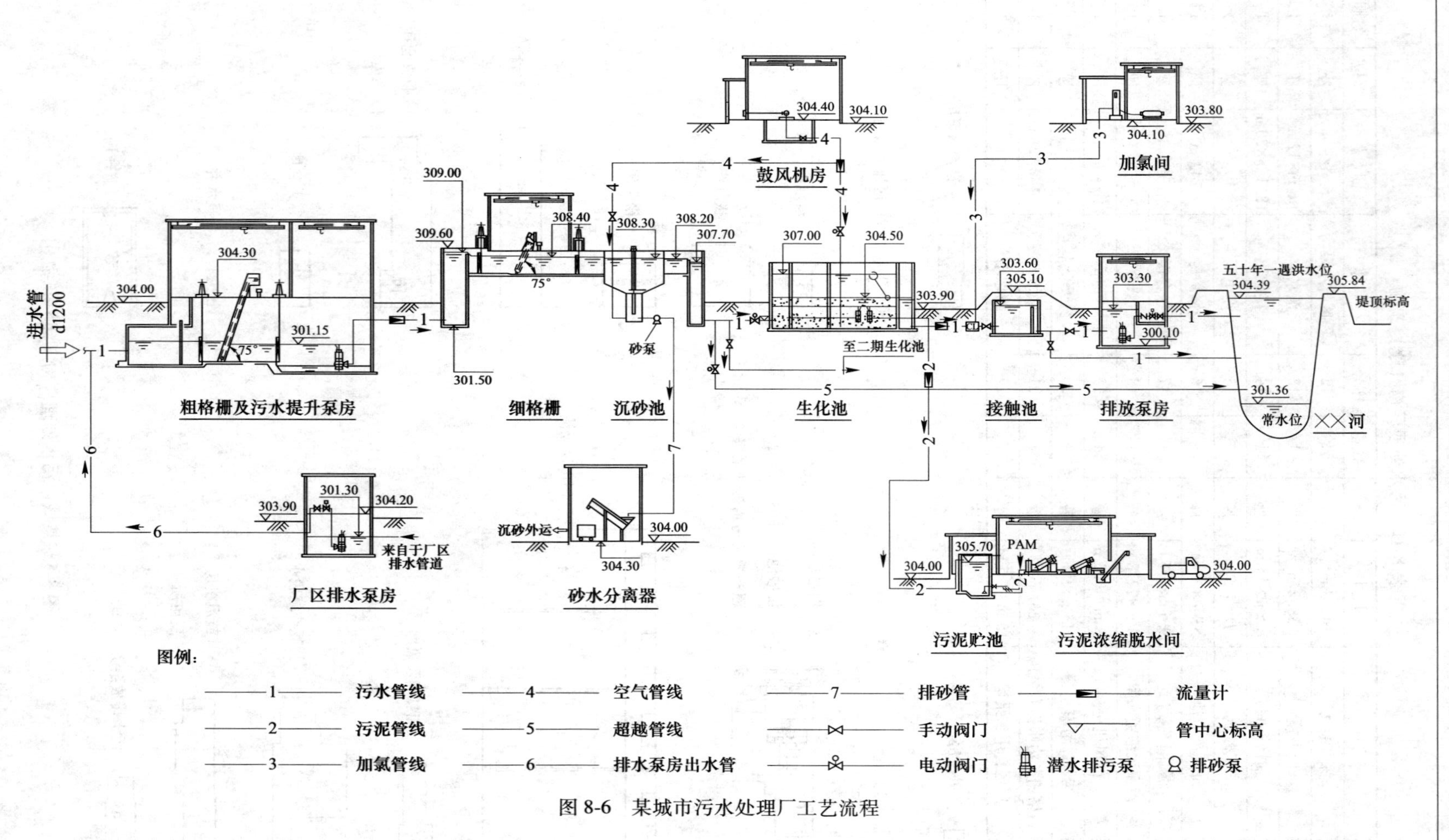

图 8-6　某城市污水处理厂工艺流程

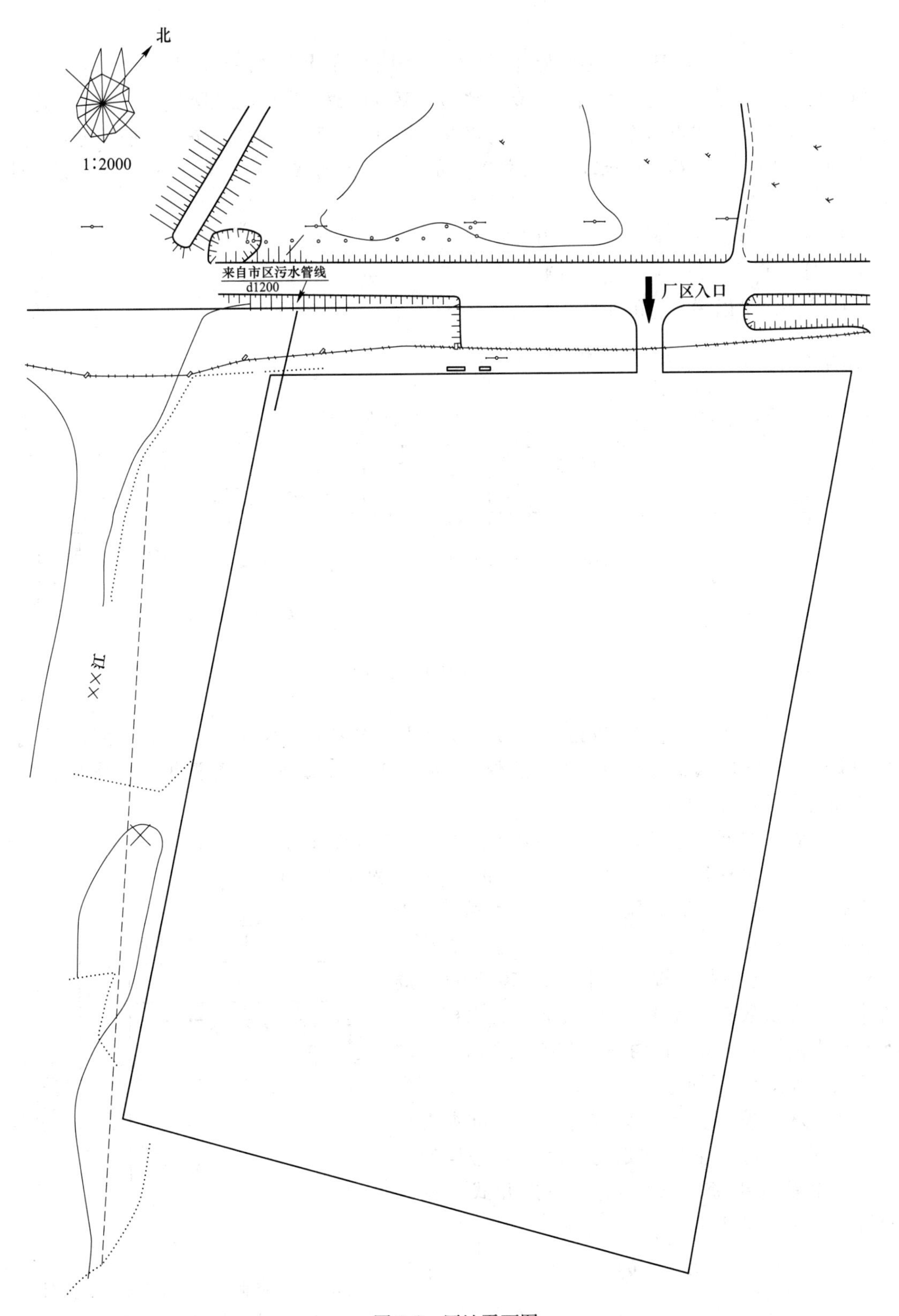

图 8-7　厂址平面图

B　高程布置

现以图 8-8 所示的某城市污水处理厂为例，说明高程计算过程。该厂初次沉淀池和二次沉淀池均为方形，周边均匀出水，曝气池为 4 座方形池，表面机械曝气器充氧，完全混合型，也可按推流式吸附再生法运行。污水在入初沉池、曝气池和二沉池之前，分别设立了薄壁计量堰（F_2、F_3 为矩形堰，堰宽 0.7 m，F_1 为梯形堰，底宽 0.5 m）。该厂设计流量如下：

近期：Q_{avg} = 174 L/s，Q_{max} = 300 L/s。

远期：Q_{avg} = 348 L/s，Q_{max} = 600 L/s。

回流污泥量以污水量的 100% 计算。

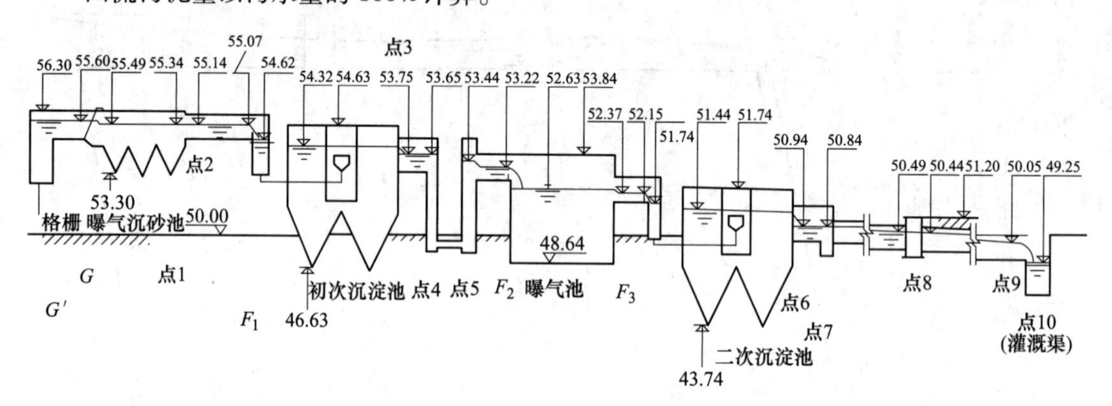

图 8-8　污水处理高程布置

处理后的污水排入农田灌溉渠道以供农田灌溉，农田不需水时排入某江。由于某江水位远低于渠道水位，故构筑物高程受灌溉渠水位控制。计算时，以灌溉渠水位作为起点，逆流程向上推算各水面标高。

考虑到二次沉淀池挖土太深时不利于施工，故排水总管的管底标高与灌溉渠中的设计水位平接（跌水 0.8 m）。污水处理厂的设计地面高程为 50.00 m。

高程计算中，管道沿程水损为管道坡降 i 与管道长度 l 的乘积，渠道沿程水损即为渠道起、终点水位差；局部水头损失按流速水头的倍数计算（局部水头损失系数查设计手册）；沉淀池集水槽中的水头损失由堰上水头、自由跌落和槽起端水深三部分组成，如图 8-9 所示。

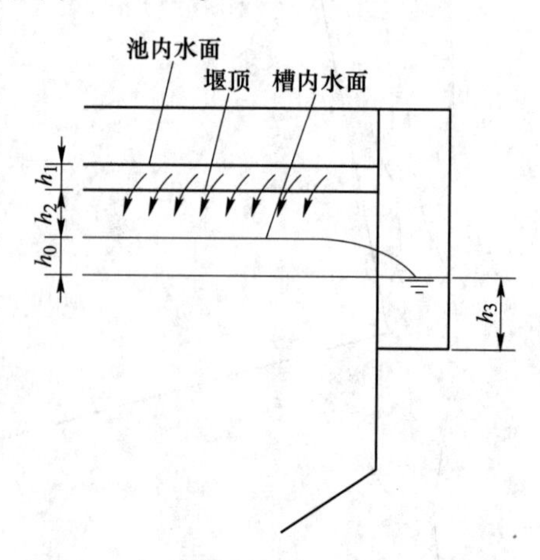

图 8-9　沉淀池集水槽水头损失计算图

h_1—堰上水头；h_2—自由跌落；h_0—集水槽起端水深；h_3—总渠起端水深

堰上水头按有关堰流公式计算，也可查表得到。沉淀池、曝气池集水槽为平底，且为均匀集水，自由跌水出流，故按式（8-4）和式（8-5）计算。

$$B = 0.9Q^{0.4} \tag{8-4}$$

$$h_0 = 1.25B \tag{8-5}$$

各构筑物间连接管渠的水力计算，见表 8-12。

表 8-12　污水处理厂高程计算

设计点编号	管渠名称	设计流量 /L·s^{-1}	管渠设计参数						水头损失					水位/m
			尺寸 D 或 $B×H$	h/D	水深 h /m	i	流速 v /m·s^{-1}	长度 l /m	沿程水损/m	局部水损/m	自由跌落/m	堰上水头/m	合计/m	
1	2	3	4	5	6	7	8	9	10	11	12	13	14	15
⑩	灌溉渠													49. 25
		600	1000 mm	0. 8	0. 8						0. 8		0. 80	
⑨	出厂管前一段													50. 05
		600	1000 mm	0. 8	0. 8	0. 001	1. 01	390	0. 39		0. 05		0. 44	
⑧	出厂管后一段													50. 49
		300	600 mm	0. 75	0. 45	0. 0035	1. 37	100	0. 35				0. 35	
⑦	沉淀池出水总渠终点													50. 84
		150	0. 6 m×1. 0 m		0. 35~0. 25			28	0. 10				0. 10	
⑥	沉淀池出水总渠起点													50. 94
		75/2	0. 3 m×0. 53 m		0. 38			28	0. 38		0. 1	0. 02	0. 50	
E	沉淀池集水槽													51. 44
		150	450 mm			0. 0028	0. 94	10	0. 03	0. 27			0. 30	
F′$_3$	计量堰后水位													51. 74
		150									0. 15	0. 26	0. 41	
F$_3$	计量堰前水位													52. 15
		600	0. 84 m×1. 0 m		0. 64~0. 42			18	0. 22				0. 22	
D$_2$	曝光池出水总渠													52. 37
		150	0. 6 m×0. 55 m		0. 26				0. 26				0. 26	
D	曝气池集水槽													52. 63
		300									0. 2	0. 38	0. 58	
F$_2$	计量堰													53. 21
		300	0. 84 m×0. 85 m		0. 62~0. 54				0. 08	0. 15			0. 23	
⑤	曝气池配水渠													53. 44
		300	600 mm			0. 0024	1. 07	27	0. 06	0. 14			0. 21	
④	初沉池出水总渠终点													53. 65
		150	0. 6 m×1. 0 m		0. 35~0. 25			5	0. 10				0. 10	
③	初沉池出水总渠起点													53. 75
		150/2	0. 35 m×0. 53 m		0. 44			28	0. 44		0. 1	0. 03	0. 57	
C	初沉池集水槽													54. 32
		150	450mm			0. 0028	0. 94	11	0. 03	0. 27			0. 30	
F′$_1$	计量堰后水位													54. 62
		150									0. 15	0. 3	0. 45	
F′$_1$	计量堰前水位													55. 07
		150	0. 8 m×1. 5 m		0. 48~0. 46			3	0. 02	0. 05			0. 07	
②	沉砂池出水渠													55. 14
									0. 2				0. 20	
①	沉砂池配水渠													55. 34
									0. 15				0. 15	
G	格栅出水													55. 49
													0. 11	
G′	格栅进水													55. 60

注：构筑物流量包括回流污泥量；管渠计算按最不利条件，即推流式运行时污水集中从一端入池计算。

从图 8-9 及表 8-12 高程计算结果可见，在污水处理流程中，从栅前水位 55.49 m 开始到排放点（灌溉渠水位）49.25 m，污水厂总水头损失为 6.24 m，相对较高，应考虑降低其水头损失。换句话说，该处理系统在降低水头损失、节省能量方面，是有潜力可挖的。该系统采用的初次沉淀池、二次沉淀池，在形式上都是不带刮泥设备的多斗辐流式沉淀池，且都采用配水井进行配水。曝气池采用的是 4 座完全混合型曝气池，而污水采用水头损失较大的倒虹管进入曝气池。初次沉淀池进水处的水位标高为 54.32 m，二次沉淀池出水处的标高为 50.84 m，这一区段的水头损失为 3.48 m，是整个系统水头损失的 56%。如将初次沉淀池和二次沉淀池都改用平流式，曝气池也改为廊道式的推流式，而且将初次沉淀池-曝气池-二次沉淀池这一区段直接串联连接，中间不用配水井，采用相同的宽度，这些措施将大大地降低水头损失。经粗略估算，这一区段的水头损失可降至 1.4 m 左右，可将水头损失降低 2.08 m，整个系统的水头损失能够降到 4.16 m，这样能够显著地节省能量，降低运行成本。

8.2.3.2　课程设计

污水处理课程设计的目的在于加深理解所学专业知识，培养运用所学专业知识的能力，在设计、计算、绘图方面得到锻炼。针对一座城市污水处理厂，要求对主要污水处理构筑物的工艺尺寸进行设计计算，确定污水厂的平面布置和高程布置，最后完成设计计算说明书和设计图（污水处理厂平面布置图和污水处理厂高程图），设计深度一般为初步设计的深度。

A　任务书

a　设计题目

中原某城市日处理水量 160000 m^3污水处理厂工艺设计

b　基本资料

（1）污水水量与水质：

1）污水处理水量 160000 m^3/d；

2）污水中 COD_{Cr} 450 mg/L，BODs 200 mg/L，SS 250 mg/L，氨氮 15 mg/L。

（2）处理要求。污水经二级处理后应符合要求：COD_{Cr}≤60 mg/L，BOD_5≤20 mg/L，SS≤30 mg/L，氨氮≤5 mg/L。

（3）处理工艺流程。污水拟采用传统活性污泥法工艺处理，具体流程：进水→分流闸井→格栅间→污水泵房→出水井→计量槽→沉砂池→初沉池→曝气池→二沉他→消毒池—出水。

（4）气象与水文资料：

1）风向，多年主导风向为北东风；

2）气温，最冷月平均为-3.5 ℃、最热月平均为 32.5 ℃，极端气温最高为 41.9 ℃、最低为-17.6 ℃，最大冻土深度为 0.18 m；

3）水文，降水量多年平均为每年 728 mm，蒸发量多年平均为每年 1210 mm；

4）地下水水位，地面下 5~6 m。

（5）厂区地形。污水厂选址区域海拔标高在 64~66 m 之间，平均地面标高为 64.5 m；平均地面坡度为 0.3%~0.5%，地势为西北高，东南低。厂区征地面积为东西长 380 m，南北长 280 m。

c 设计内容

（1）对工艺构筑物选型作说明；

（2）主要处理设施（格栅、沉砂池、初沉池、曝气池、二沉池）的工艺计算；

（3）污水处理厂的平面和高程布置。

d 设计成果

（1）设计计算说明书一份；

（2）设计图纸：污水平面图和污水处理高程图各一张。

B 指导书

a 总体要求

（1）在设计过程中，要发挥独立思考、独立工作的能力。

（2）课程设计的重点训练是污水处理主要构筑物的设计计算和总体布置。

（3）课程设计不要求对设计方案作比较，处理构筑物选型按其技术特征加以说明。

（4）设计计算说明书，应内容完整（包括计算草图），简明扼要，文句通顺，字迹端正。

（5）设计图纸应按标准绘制，内容完整，主次分明。

b 设计要点

（1）污水处理设施设计一般规定为：

1）该市排水系统为分流制。

2）处理构筑物流量的计算。提升泵站、格栅和沉砂池应按雨季设计流量计算；初次沉淀池按旱季设计流量设计、雨季设计流量校核，校核的沉淀时间不应小于 30 min；二级处理构筑物按旱季设计流量设计、雨季设计流量校核；管渠应按雨季设计流量计算，并按每期工作水泵的最大组合流量校核。

3）处理构筑物的个（格）数不应少于 2 个（格），并应按并联设计。

（2）格栅设计如下：

1）采用平面型式，倾斜安装机械格栅；

2）城市排水系统为暗管系统，且有中途泵站，仅在泵前格栅间设计中格栅；

3）格栅过栅流速不应小于 0.6 m/s，不应大于 1.0 m/s；

4）栅前水深应与入厂污水管规格（DN1800 mm）相适应；

5）格栅尺寸 B、H 参见设备说明书，应选中间值。

（3）沉砂池设计如下：

1）采用平流式；

2）水力停留时间不小于 45 s；

3）最大流速应为 0.30 m/s，最小流速应为 0.15 m/s；

4）有效水深不大于 1.5 m，每格宽度不应小于 0.6 m；

5）沉砂量取 0.03 L/m^3，贮砂时间为 2 d，重力排砂。

（4）初沉池设计如下：

1）采用平流式；

2）除原污水外，还有浓缩池、消化池及脱水机房上清液进入；

3）表面负荷可选 1.5~4.5 m^3/(m^2 · h)，沉淀时间 0.5~2.0 h；

4）沉淀池的有效水深应取 2.0~4.0 m；

5）排泥方法为机械刮泥，静压排泥；

6）沉淀池贮泥时间应与排泥方式适应，静压排泥时贮泥时间为 2 d，净水头不小于 1.5 m；

7）说明书中应对进出水整流措施作说明。

（5）曝气池设计如下：

1）采用传统活性污泥法，推流式鼓风曝气；

2）曝气池进水配水点除起端外，沿流长方向距池起点 1/2~3/4 池长以内可增加 2~3 个配水点，增加曝气池运行方式；

3）曝气池污泥负荷取 0.3 $kgBOD_5/(kgMLSS \cdot d)$；

4）污泥回流比 R 取 25%~75%，在计算污泥回流设施及二沉池贮泥量时，R 取大值；

5）SVI 值选 120~150 mL/g，污泥浓度可计算确定，但不应大于 3500 mg/L；

6）曝气池应布并计算空气管，并确定所需供风的风量和风压。

（6）二沉池如下：

1）采用中心进水、周边出水式辐流二沉池；

2）二沉池面积按表面水力负荷法计算，表面水力负荷取 0.6~1.5 $m^3/(m^2 \cdot h)$；

3）计算中心进水管，应考虑回流污泥，且 R 取大值；

4）沉淀池贮泥时间为 2 h；

5）说明书中应说明进出水配水设施。

（7）平面布置设计如下：

1）平面布置时，重点考虑厂区功能区划、处理构筑物布置、构筑物之间及构筑物与管渠之间的关系。

2）厂区平面布置时，除处理工艺管道之外，还应有空气管、自来水管与超越管、管道之间及其与构筑物、道路之间应有适当间距。

3）污水厂厂区主要车行道宽 4~7 m，车行道转弯半径 6.0~10.0 m，人行道 1.5~2.0 m，道路两旁应留出绿化带及适当间距。

4）污泥处理按污泥来源及性质确定，本课程设计选用浓缩—厌氧消化—机械脱水工艺处理，但不做设计。污泥处理部分场地面积预留，可相当于污水处理部分占地面积的 20%~30%。

5）污水厂厂区适当规划设计机房（水泵、风机、剩余污泥、回流污泥、变配电用房）、办公（行政、技术、中控用房）、机修及仓库等辅助建筑。

6）厂区总面积控制在（280×380）m^2 以内，比例尺 1∶1000。图面参考《给水排水制图标准》，重点表达构（建）筑物外形及其连接管渠，内部构造及管渠不表达。

（8）高程布置设计如下：

1）构筑物水头损失可按表 8-10 估算，连接管渠水头损失按公式 $h = h_1 + h_2 = \sum iL + \sum \xi \frac{v^2}{2g}$(m) 进行计算；

2）污水进入格栅间水面相对原地面标高为-2.7 m，二沉池出水井出水水面相对原地面标高为-0.30 m；

3）污水泵、污泥泵应分别计算静扬程、水头损失（局部水头损失估算）和自由水头确定扬程；

4）高程布置图横向和纵向比例一般不相等，横向比例可选 1∶1000 左右，纵向 1∶500 左右。

c　成果要求

设计计算说明书和设计图纸是反映设计成果的技术文件，课程设计应满足初步设计深度对设计文件的要求。

（1）设计计算说明书要求：

1）说明污水厂污水处理的工艺过程，说明选择构筑物型式的理由；

2）说明构筑物设计参数，并列出数值；

3）计算污水处理构筑物或设施的主要工艺尺寸，应列出所采用全部计算公式和采用的计算数据，并且附相应计算草图；

4）说明采用的污水泵、鼓风机、剩余污泥和回流污泥泵的型式和主要参数；

5）说明主要处理构筑物的排泥方法；

6）结合污水厂总体布置原则与污水处理实际过程需要，说明污水厂平面布置和高程布置的合理性，并附平面和高程布置草图；

7）设计计算说明书应有封页和目录；

8）说明书针对计算和说明，应内容完整、条理清楚、简明扼要、文句通顺、字迹端正。

（2）设计计算书目录可参考如下：

第一章　总论

　第一节　设计任务和内容

　第二节　基本资料

第二章　污水处理工艺流程说明

第三章　处理构筑物设计

　第一节　格栅间和泵房

　第二节　沉砂池

　第三节　初沉池

　第四节　曝气池

　第五节　二沉池

第四章　主要设备说明

第五章　污水厂总体布置

　第一节　主要构（建）筑物与附属建筑物

　第二节　污水厂平面布置

（3）设计图纸有：

1）污水厂总平面图应按初步设计要求去完成，图上应绘出主要处理构筑物、处理建筑物、辅助构（建）筑物、附属建筑物、道路、绿化地带及厂区界限等，并用坐标表示其外形尺寸和相互距离，应有坐标轴线或坐标网格。

2）总平面图上绘出各种连接管渠，管道以单线条表示，并标明管径；图中应附构（建）筑物一览表，说明各构（建）筑物的名称、数量及主要外形尺寸；图中应附图名、图例及必要的文字说明；图中应附比例尺。

3）污水高程图上应绘出主要处理构筑物和设施的构造简图，应绘出各构筑物之间的连接管渠。图上应标出各处理构筑物的顶、底及水面标高，主要管渠、设备机组和地面标高。图上应附处理构筑物、设备名称。图上应附图例、比例尺。

4）图中文字一律用仿宋体书写，图例的表示方法应符合一般规定和制图标准。图纸应注明图标栏及图名。图纸应清洁美观，主次分明，线条粗细有别。图幅应采用2号图，必要时可选用1号图。

C 污水处理工程课程设计步骤

（1）明确设计任务及基础资料，复习有关污水处理的知识和设计计算方法。

（2）分析污水处理工艺流程和污水处理构筑物的选型。

（3）确定各处理构筑物的流量。

（4）初步计算各处理构筑物的占地面积，并由此规划污水厂的平面布置和高程布置，以便考虑构筑物的形状、安设位置，相互关系以及某些主要尺寸。

（5）进行各处理构筑物的设计计算。

（6）确定辅助构（建）筑物、附属建筑物的数量及面积。

（7）进行污水厂的平面布置和高程布置。

（8）设计图纸绘制。

（9）设计计算说明书校核整理。

任务8.3 污水处理厂的验收及运行

【知识目标】

（1）掌握污水厂（站）调试目的和步骤。

（2）掌握工艺参数获取途径及在工艺运行中的作用。

【技能目标】

（1）能进行污水处理厂调试。

（2）能进行污水处理厂运行控制。

（3）能读懂运行控制参数及数据。

（4）能对调试运行相关参数进行分析，采取适当措施保证出水水质。

【素养目标】

（1）培养安全意识、环保意识、节约意识。

（2）培养知识综合应用能力。

（3）培训理论联系实际能力。

8.3.1 主要理论

8.3.1.1 污水厂的竣工验收

当污水厂的处理构（建）筑物、辅助构（建）筑物及附属建筑物的土建工程、主要工艺设备安装工程、室内室外管道安装工程已全部结束，已形成生产运行能力（达到设计规模），即使有少数非主要设备及某些特殊材料短期内不能解决，或工程虽未按设计规定的内容全部建成（指附属设施），但对投产、使用影响不大时，可报请竣工验收。

竣工验收由建设单位组织施工、设计、管理（使用）、质量监督及有关单位联合进行。隐蔽工程必须通过中间验收，中间验收由施工单位会同建设、设计及质量监督部门共同进行。

工程项目的竣工验收程序主要有自检自验（施工单位完成）、提交正式验收申请和验收报告与资料（施工单位完成）、现场预验收（由施工、建设单位、设计及质检部门完成）、正式验收（由以上单位完成），并做好以下工作：

（1）对各单体工程进行预检，查看有无漏项，是否符合设计要求；

（2）核实竣工验收资料，进行必要的复检和外观检查；

（3）对土建、安装和管道工程的施工位置、质量进行鉴定，并填写竣工验收鉴定书；

（4）办理验收和交接手续；

（5）建设单位将施工及竣工验收文件归档。

8.3.1.2 污水厂的运行管理

A 试运行

通过试运行可以进一步检验土建工程、设备和安装工程的质量，是保证正常运行过程能够高效节能的基础，进一步达到污水治理项目的环境效益、社会效益和经济效益。污水处理工程试运行，不但要检验工程质量，更重要的是要检验工程运行是否能够达到设计的处理效果。污水处理工程试运行的内容和要求有：

（1）通过试运行检验土建、设备和安装工程的质量，建立相关设施的档案材料，对相关机械、设备及仪表的设计合理性、运行操作注意事项等提出建议。

（2）对某些通用或专用设备进行带负荷运转，并测试其能力。例如，水泵的提升流量与扬程、鼓风机的出风风量、压力、温度、噪声与振动等，曝气设备充氧能力或氧利用率，刮（排）泥机械的运行稳定性、保护装置的效果、刮（排）泥效果等。

（3）单项处理构筑物的试运行，要求达到设计的处理效果，尤其是采用生物处理法的工程，要培养（驯化）出微生物污泥，并在达到处理效果的基础上，找出最佳运行工艺参数。

（4）在单项设施试运行的基础上，进行整个工程的联合运行和验收，确保污水处理能够达标排放。

试运行工作一般由业主、试运行承担单位（或设计单位）来共同完成，设计单位或设备供货方参与配合，最后由建设主管单位、环保主管部门进行达标验收。

B 运行管理

运行管理是对企业生产活动进行计划、组织、控制和协调等工作的总称。污水处理企业的运行管理指从接纳原污水至净化处理排出达标污水的全过程的管理。

运行管理的主要内容有：

(1) 准备。准备包括技术、物资、动力（能源）、人力与组织等的准备，如劳动者的培训与组织、运行过程中相关要素的布置及准备。

(2) 划编制生产方案和作业计划。生产方案是运行的重要依据，其内容应包括运行程序与作业计划、技术指标与要求、运行故障与解决方法、岗位设置与人员安排、水质检验指标与测试要求、运行成本指标与要求等。

(3) 组织。合理组织运行过程中各工序的衔接协调，包括各级生产部门之间的协调和劳动组织的完善。

(4) 运行控制。对运行过程进行全面控制，包括进度、消耗、成本、质量、故障等的控制。运行控制的内容如下：

1) 确定运行控制指标，如处理能力指标、处理效果指标、处理成本指标等。

2) 下达和落实控制指标。

3) 检查和测定实际完成情况。

4) 检测结果与标准比较。

5) 及时反映并采取纠偏措施处理运行不良状况。

C　水质管理

污水处理厂（站）水质管理工作是各项工作的核心和目的，是保证达标的重要因素。为了保证出水水质达标，除了要设立各项水质管理制度外，还需要定期的对水质进行检验。水质检验是污水处理厂确认和调节运行状态的重要手段之一，水质检验的项目和测试方法，参照国家排放标准。

水质采样点除进厂口、出厂口、主要处理设施进出水口设置常规采样点外，还可在一些特殊或局部位置设采样点。进、出厂口采样点一般每班采样 2~4 次，并将每班各次水样等量混合后测定一次，每日报送一次测试结果；主要处理设施应每周采样 2~4 次，并分别测定、报送结果。在处理设施试运行阶段也每班采样、测试。

8.3.2　技能

了解并掌握主要水质指标的测定方法，具体方法见表 8-13。

表 8-13　水污染物监测分析方法

序号	控制项目	测定方法	测定下限/$mg \cdot L^{-1}$	方法来源
1	化学需氧量（COD）	重铬酸盐法	30	GB 11914—89
2	生化需氧量（BOD）	稀释与接种法	2	GB 7488—87
3	悬浮物（SS）	重量法		GB 11901—89
4	总氮	碱性过硫酸钾-消解紫外分光光度法	0.05	GB 11894—89
5	氨氮	蒸馏和滴定法	0.2	GB 7478—87
6	总磷	钼酸铵分光光度法	0.01	GB 11893—89

8.3.3 任务

测定污水厂进出水中的化学需氧量（COD）、生化需氧量（BOD）、悬浮物（SS）、总氮、氨氮和总磷，并完成表 8-14。

表 8-14 进出水中的化学指标分析

序号	控制项目	进水	出水	去除率
1	化学需氧量（COD）			
2	生化需氧量（BOD）			
3	悬浮物（SS）			
4	总氮			
5	氨氮			
6	总磷			

参 考 文 献

[1] 高红武. 水污染治理技术 [M]. 北京：中国环境出版集团，2015.
[2] 张宝军. 水处理工程技术 [M]. 重庆：重庆大学出版社，2022.
[3] 施汉昌. 污水生物处理——原理、设计与模拟 [M]. 北京：中国建筑工业出版社，2011.
[4] 李歘. 水污染控制技术 [M]. 北京：冶金工业出版社，2019.
[5] 高永. 工业废水处理工艺与设计 [M]. 北京：化学工业出版社，2020.
[6] 高庭耀. 水污染控制工程 [M]. 北京：高等教育出版社，2015.
[7] 王学刚. 水处理工程实验 [M]. 北京：冶金工业出版社，2016.